JN256035

医学系のための
生化学

石崎 泰樹 編著

裳華房

Biochemistry for Medical Staff and Students

edited by

YASUKI ISHIZAKI

SHOKABO
TOKYO

はじめに

本書は，医療の分野に進む学生に対して生化学を概説することを目的とするものである。医師，看護師，薬剤師等を目指す学生にとって，生化学は人体の正常な機能を理解する上で，解剖学や生理学と並んで必須の学問である。また疾患，とくに代謝疾患，内分泌疾患，遺伝性疾患等を理解するためには生化学的知識は欠かせないものである。例えば糖尿病のことを考えてみよう。糖尿病は本書の 20 章に記載されているように，インスリンの分泌不足か，インスリン感受性の低下のために，“グルコース飢餓状態”となっている病気である。この場合，インスリンが細胞に対してどのような効果をもたらすのか,“グルコース飢餓状態”とは何なのかという生化学的知識が無ければ，糖尿病を理解することは不可能である。また近年糖尿病の治療薬として様々な薬剤が開発されているが，それらの薬剤がどうして糖尿病に有効なのかも，生化学的知識無しには理解することはできない。そもそもグルコースが細胞にとってどのような意味をもつのかを理解すること無しには，糖尿病という病気は理解できない。また腎機能が低下しているときに，なぜタンパク質摂取を制限しなければならないかも，アミノ酸代謝に関する生化学的知識無しには理解することはできない。痛風の病態および治療法も，ヌクレオチド代謝に関する生化学的知識無しには到底理解できないであろうし，高コレステロール血症の治療薬としてスタチンが頻用されている理由も，コレステロール生合成に関する生化学的知識無しには理解できないであろう。

世の中には生化学の教科書は，すでにたくさん出版されている。そのような中で，敢えて本書を出版するのは，冒頭にも記したように，医師，看護師，薬剤師等を目指す学生にとってできるだけ利用しやすい教科書を提供したいと思ったからである。細かな化学反応機構についての記載は省いたので，これに関しては成書を参考にされたい。2 章以降の各章の冒頭にはその章の概要を簡単に記載，なるべく図表を多用して理解の助けとし，章末には理解度確認問題を置いて理解度が確認できるようにした。章によっては応用問題を置いて応用的知識の自主的獲得を促した。これらの問題は可能な限り症例を用いて，bench-to-bedside 的な視点を読者に提供できるように心掛けた。実際に臨床の現場に出てからも必要に応じて本書をひもといていただきたい。近年，医療現場では多職種連携の重要性が指摘されている。医師，看護師，薬剤師等を目指す方たちの共通のプラットフォームの一つとして本書を活用していただければ幸いである。

アメリカの有名な作家マーク・トゥエインは「健康に関する本を読むときには注意しなければならない。ミスプリントのせいで命を失うことにもなりかねない。」と言っている。本書を編むに当たっても細心の注意を払ったつもりであるが，見過ごした誤りがあるかもしれない。誤りを見つけた読者は是非とも裳華房編集部にお知らせいただきたい。

25章，26章については，淡路健雄博士（埼玉医科大学医学部薬理学教室 准教授）の査読に感謝する。最後に，本書は裳華房編集部の野田昌宏・筒井清美両氏の多大なご努力無しには出版し得なかった。ここに深甚なる謝意を表したい。

2017年9月

著者を代表して

石崎 泰樹

目　　次

第Ⅰ部　序　論

1章　生化学への招待　2

石崎泰樹

2章　生化学を理解するための有機化学　4

荒木拓也

第Ⅱ部　生体高分子

3章　アミノ酸とタンパク質　38

石崎泰樹

4章　糖　質　49

石崎泰樹

5章　脂　質　57

倉知　正

6章　ヌクレオチドと核酸　71

石崎泰樹

第Ⅲ部　代　謝

7章　代謝概論　78

石崎泰樹

8章　酵　素　82

石崎泰樹

9章　補酵素とビタミン　88

石崎泰樹

10章 解糖系とグルコース以外のヘキソースの代謝 93

石崎泰樹

11章 糖新生 104

石崎泰樹

12章 ペントースリン酸経路 110

石崎泰樹

13章 グリコーゲン代謝 115

石崎泰樹

14章 クエン酸回路 128

石崎泰樹

15章　電子伝達系と酸化的リン酸化　136

石崎泰樹

16章　アミノ酸代謝　143

石崎泰樹

17章　アミノ酸代謝の関与する生合成系　158

石崎泰樹

18章　ヌクレオチド代謝　166

石崎泰樹

19章　脂質代謝　179

倉知　正

20章 燃料代謝の制御と障害 205

石崎泰樹

第Ⅳ部 遺伝子の複製と発現

21章 DNAの生化学 216

丸山 敬・吉河 歩

22章 RNAの生化学と転写 233

丸山 敬・吉河 歩

23章　リボソームの生化学と翻訳　247

丸山　敬・吉河　歩

24章　染色体の生化学と発現制御　260

丸山　敬・吉河　歩

第Ⅴ部　情報伝達系

25章　細胞内情報伝達（GPCR など）　276

丸山　敬

26章 細胞外情報伝達（ホルモンなど） 299

丸山 敬

編 集

石崎（いしざき） 泰樹（やすき） 群馬大学大学院医学系研究科 教授

執筆者一覧

石崎（いしざき） 泰樹（やすき） 群馬大学大学院医学系研究科 教授（1，3，4，6～18，20章）
荒木（あらき） 拓也（たくや） 群馬大学大学院医学系研究科 准教授（2章）
倉知（くらち） 正（まさし） 群馬大学大学院医学系研究科 助教（5，19章）
丸山（まるやま） 敬（けい） 埼玉医科大学医学部薬理学教室 教授（21～26章）
吉河（よしかわ） 歩（あゆむ） 網走厚生病院 医員（元 埼玉医科大学医学部薬理学教室 助教）（21～24章）

中扉デザイン：Zavadskyi Ihor/Shutterstock.com

第Ⅰ部　序　論

第Ⅰ部

1章　生化学への招待

生化学は生命現象を化学的手段によって解明する学問である。すなわち「生物体がどんな物質から成り立っているか，それらの物質がいかにして合成され分解されるか，これらの化学物質が生体システムの中でどんな機能を営んでいるかを究明する科学の一分野」（生化学辞典第4版，東京化学同人より）である。私が学生時代，薬理学の教授だった江橋節郎先生（1922-2006. 骨格筋の収縮制御でカルシウムイオンが大きな役割を果たしていることを発見し，世界で初めてカルシウム結合タンパク質トロポニンを同定・精製。東大医学部教授，生理学研究所所長などを歴任。1975年文化勲章受章）が次のようにおっしゃったのを覚えている。「生化学は組織・細胞をすりつぶして研究する学問である。生理学は個体・組織・細胞というシステムをそのまま残して研究する学問であり，薬理学はその中間である。」まさに生化学は，生きている組織・細胞をすりつぶし，その中の化学物質を研究する学問といえよう。

20世紀は生命科学の中で生化学が花形の時代であった。ノーベル医学生理学賞を受賞した業績を見ても，O. H. Warburgの呼吸酵素の研究，F. A. LipmannのCoAの発見，H. A. Krebsのクエン酸回路の提唱，S. A. Ochoa，A. KornbergのRNA，DNAの生合成の機構に関する研究，E. W. Sutherland，Jr.のホルモン作用機構に関する発見・サイクリックAMPの役割の解明，E. H. Fischer，E. G. Krebsの生体制御機構としての可逆的タンパク質リン酸化の発見など，生化学領域のものが圧倒的に多い（カルシウムが細胞内情報伝達で果たす役割の大きさを考えると，江橋先生やカルモジュリンの発見者の垣内史朗先生にはノーベル医学生理学賞が授与されるべきであったと思う）。しかしながら，ヒトのような高等動物の生命現象を理解するためには従来の生化学的手法だけでは十分ではなく，現在では様々な学問領域の手法を駆使した研究戦略が用いられている。この意味で，現在の生命科学の花形は分子生物学（分子遺伝学＋分子生理学）あるいは分子細胞生物学になっている。ただし今でも，これらの学問の基盤をなすものとして生化学が重要な位置を占めていることは言うまでもない。

本書ではまず第Ⅰ部の2章で，生化学を理解するために最低限必要な有機化学の知識を学ぶ。生物体を構成している化学物質のほとんどは有機化合物だからである。次に第Ⅱ部で生体高分子について学ぶ。生物体を組み立てる設計図は核に含まれる遺伝子上にあり，遺伝子を構成しているのはデオキシリボ核酸（DNA）という生体高分子である。この遺伝子からまずリボ核酸（RNA）が作られ（メッセンジャーRNA，RNAはこの他にも多彩な機能を果たしている），それを鋳型にアミノ酸がつなげられタンパク質が合成される（アミノ酸もタンパク質の構成要素の他に種々の機能を果たしている）。DNAとRNAを構成しているのはヌクレオチドであり，ヌクレオチドはこれら核酸の構成要素というだけでなく他にも重要な役割を果たしている。タンパク質は生物体の中で種々の重要な機能を果たしている。まず酵素として生物体内のほとんどすべての化学反応を触媒している（二酸化炭素が水に溶けて炭酸となる単純な反応でも，生体内では酵素が触媒している）。またDNAからの遺伝情報読み出しの調節を担う転写因子などとして，種々の細胞内外の信号伝達系の構成要素として，細胞を支える細胞骨格・細胞運動の担い手として，免疫系を支える免疫グロブリンとしてなど，タンパク質抜きには生体機能は考えられない。この他に生体にとって不可欠な高分子として糖質がある。糖質は生体機能が要求するエネルギーを供給・貯蔵する燃料分子であるだけでなく，細胞内外の情報伝達にも関わっている。また脂質も生体に不可欠の高分子である。脂質は細胞の膜系（細胞膜，小胞体膜，核膜など）の構成要素であり，燃料分子でもあり，情報伝達物質でもある。

第Ⅲ部では代謝について学ぶ。代謝とは細胞内で起こる化学反応のすべてを指し，大きく異化（分解）代謝と同化（合成）代謝に分けられる。先に述べたように，生体内の化学反応のほとんどすべては酵素によって触媒されている。まず酵素，それを助ける補酵素，補酵素の重要な原料となるビタミン（水溶性ビタミンのほとんど，ここではそれ以外のビタミンについても解説する）について学ぶ。次に生体機能が要求するエネルギーを供給する解糖系（グルコースの異化経路）とグルコース以外の糖質代謝，糖質以外の物質からグルコースを合成する糖新生経路，細胞内の還元力通貨であるNADPHとヌクレオチドの構成要素であるリボースを供給するペントースリン酸経路，骨格筋のエネルギー貯蔵と肝臓の血糖値維持機能に欠かせないグリコーゲンの代謝，エネルギー代謝の最終経路であるクエン酸回路と電子伝達系・酸化的リン酸化について学ぶ。またアミノ酸代謝，ヌクレオチド代謝，脂質代謝，および燃料代謝の制御と障害について学ぶ。

第Ⅳ部では遺伝子の複製と発現，その制御系について学ぶ。高等動物が1個の細胞（受精卵）から発生し，数十兆個の細胞（数百種あると考えられている）からなる個体になる際には，また個体が正常に生活を営んでいくためにも，遺伝子が正確に複製されその発現が正確に制御されなければならない。遺伝子そのものの変異，あるいは遺伝子発現制御の異常は，がんをはじめ様々な疾患をもたらす。いまや各個人の全遺伝子の塩基配列が決定され，それをもとに個別の治療（テイラーメード医療）戦略が組み立てられる時代がすぐそこまで来ている。その時代に備えてこの章の内容を良く理解して欲しい。

最後に第Ⅴ部では細胞内外の情報伝達について学ぶ。細胞外の情報伝達系として最も重要なものは内分泌系（ホルモン）であるが，他にも神経伝達物質，種々のサイトカイン，増殖因子，ガス性信号分子（一酸化窒素，一酸化炭素など）が，細胞間の情報伝達手段として用いられている。これらが細胞膜表面あるいは細胞内の受容体分子に結合し，細胞内の情報伝達系が活性化される。これら情報伝達系の異常も，がんをはじめ様々な疾患をもたらす。

本書は医療の分野に進む学生を主な対象とし，彼らに将来仕事の現場で役立つ生化学的知識を提供することを目的としている。断片的な知識はものの役には立たない。体系化されて初めて役立つものとなるのである。その意味で，本書を味読して，役立つ生化学的知識の体系的習得に努めていただきたい。

2章　生化学を理解するための有機化学

生理活性を示す生体内物質や医療に用いられる物質のほとんどが有機化合物で構成されていることから，医学の基本を理解するためには有機化学の基礎が重要となる。本章では，生化学，とくに医学系における生化学を理解するために必須となる有機化学の基礎を習得することを目標とする。

2·1　有機化合物と共有結合

有機化合物は主に**共有結合**によって成り立っており，共有結合の切断や生成によって多くの化学反応が進む。共有結合は構成する原子同士で互いの電子を共有することによって形成される化学結合であり，共有する電子の偏り（**極性**）によってその物質の反応性が異なる。ここでは，共有結合を形成するために必要な“原子がもつ電子の状態”を中心に，有機化合物の性質を説明する。

2·1·1　原子と電子

生体に関する有機物質を構成する原子は周期表の第1～3周期にほとんど含まれていることから，第1～3周期を中心に，原子の構成について説明する。

第1周期に属する原子は原子核の周りに2つの電子を保有できる1つの外殻（K殻），第2周期に属する原子はそれに加えて8つの電子を保有できる外殻（L殻）をもつ。このK殻，L殻（M, N, O... と続く）を**電子殻**（**主殻**）という。また，各電子殻にはs軌道，p軌道（d,

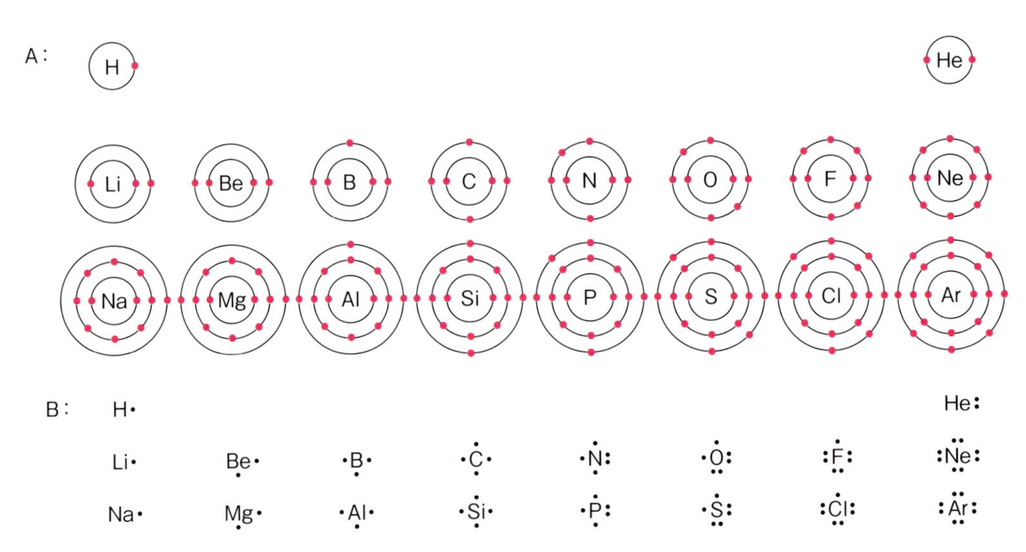

図2·1　電子の配置図はAのようになるが，電子配置が変化するのは主に最外殻の電子配置であるため，最外殻の電子数のみを表記することが多い。

f，g，h... と続く）と呼ばれる**電子軌道**（**副殻**）が存在し，各軌道に最大で2つの電子が配置される（K殻はs軌道のみ，L殻はs，p軌道のみで構成（2・1・3参照））。

第1〜3周期に属する原子における最外殻の電子数は族番号の下1桁と一致し，電子配置が同周期の希ガス（He, Ne, Ar）と同様の電子配置をとることで安定化する（**オクテット則**）（図2・1A）。なお，図として電子の数を示す場合，本章ではとくに断りが無い限り最外殻の電子数を記す（図2・1B）。

2・1・2　共有結合（単結合，二重結合，三重結合）（ルイス構造式）

原子が保有する電子を共有することにより，安定な状態を形成する結合が共有結合である。電子の共有状況は電子を・で示した**ルイス構造**を書くとわかりやすいが，2つの電子で構成される1つの共有結合を1本の直線で示した**ケクレ構造**で記されることが多い（図2・2）。なお，アンモニアをルイス構造で記載した場合，窒素原子上に共有されずに1組（2個）の電子が残るが，このような電子の組を**非共有電子対**と呼ぶ。

メタンやアンモニアのように，各原子間で1つずつの電子を共有することで1つの共有結合を生成した場合を**単結合**と呼ぶ。エテン（エチレン；C_2H_4）は2つの炭素原子間でそれぞれ2つの電子を提供（合計4つの電子を共有）することで構成されており，これを**二重結合**，さらにエチン（アセチレン；C_2H_2）は2つの炭素原子間でそれぞれ3つの電子を提供（合

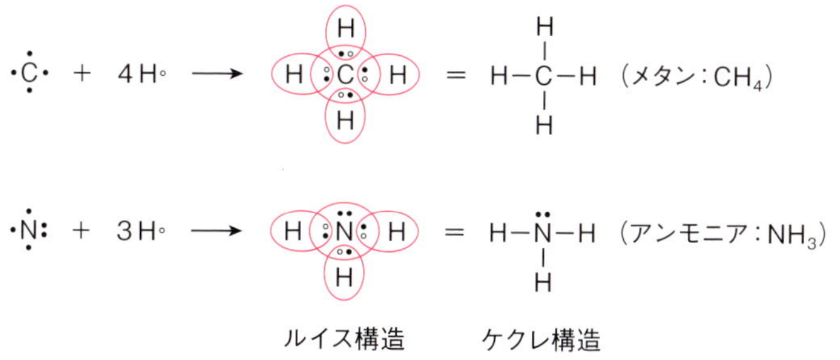

（メタン：CH_4）

（アンモニア：NH_3）

ルイス構造　　ケクレ構造

図2・2　メタンは炭素原子と水素原子間で1つずつの電子を互いに共有し，炭素原子は“自身の電子4つ”と“水素原子が有する1つずつの電子”，合計8つの電子を保有し，水素原子はそれぞれ“炭素原子と1つずつの電子を共有”することで“自身の有する電子1つ”と合わせて2つの電子を有し，それぞれ安定化する。通常，電子はすべて●で示すが，ここでは炭素原子および窒素原子に由来する電子を●，水素原子に由来する電子を○として示した。

エテン（C_2H_4）

二重結合

エチン（C_2H_2）

三重結合

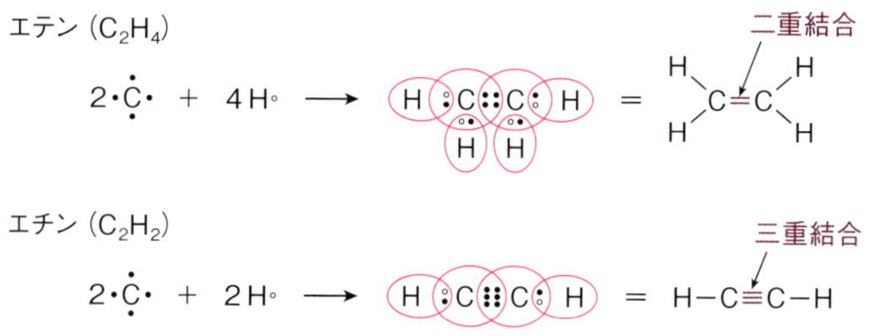

図2・3　エテンは炭素原子間で合わせて4つの電子を共有することで二重結合を形成し，エチンは炭素原子間で合わせて6つの電子を共有することで三重結合を形成する。なお，電子は通常すべて●で示すが，ここでは炭素原子に由来する電子を●，水素原子に由来する電子を○として示した。

計6つの電子を共有）することで構成されているが，これを**三重結合**という（図2･3）。なお，単結合のみで構成される有機化合物を**飽和炭化水素**，二重結合や三重結合を含む有機化合物を**不飽和炭化水素**という。

2･1･3　電子殻と電子軌道

電子は原子核の周りの規定された空間（電子殻）に存在し，それぞれの電子殻が収容できる電子の数は，それぞれの電子殻が有する固有のエネルギー値によって $2n^2$（K，L，M…の順に主量子数（n）は 1, 2, 3…）個と決定される。電子軌道は **s 軌道**, **p 軌道**, d 軌道（f, g, h… と続く）から構成され，K 殻には 1 つの s 軌道（1s），L 殻には 1 つの s 軌道（2s）と 3 つの p 軌道（2p），M 殻には 1 つの s 軌道（3s），3 つの p 軌道（3p）と 5 つの d 軌道（5d）が存在する。医学・生理学で扱う元素のほとんどは第 1 ～ 3 周期に属しており，これらの反応性を理解するためには s 軌道，p 軌道が重要になる（図2･5）。

s 軌道は原子核を中心とした球形で，その内部に電子が分布している。一方，p 軌道は原子核を中心とした 3 つの対称な空間に電子が分布しており，3 つの軌道は分布方向が異なるだけで同じエネルギーをもつ（図2･4）。

通常，電子はエネルギーが最も安定になるように各軌道に配置されており，この状態を**基底状態**という。なお，基底状態の電子配置は次の**構成原理**，**パウリの排他原理**，**フントの規則**によって規定される。

構成原理：電子はエネルギー準位の低い軌道から順に収容される（1s ＜ 2s ＜ 2p ＜ 3s ＜ 3p ＜ 4s ＜ 3d…）（図2･5）。

パウリの排他原理：1 つの軌道には 2 個の電子までしか収容できず，2 つの電子は互いに逆の微小磁場（スピン）を有する（スピンの向きは矢印の向きで表される）（図2･5）。

フントの規則：同エネルギーの軌道がある場合，各軌道に 1 つずつの電子が収容され，各軌道に 1 つずつ電子が収容されたのちに 2 つ目の電子が収容される（図2･6）。

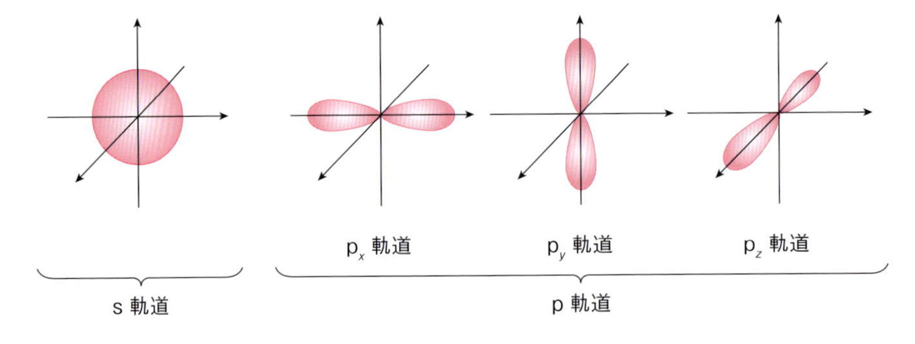

図2･4　s 軌道は原子核を中心とした球形で，その内部に電子が分布する。2s 軌道の径は 1s 軌道よりも大きく，原子核－電子間のクーロン力が小さくなるため，2s 軌道の方が 1s 軌道よりエネルギー準位は高い。p 軌道は各主殻に 3 つずつ存在し，原子核を中心とした 3 つの対称な空間に電子が分布する。この 3 つの空間は互いに直行し，分布する方向が異なるだけで同じエネルギーをもつ。p 軌道は s 軌道に比べて原子核から遠く，そのエネルギー準位は s 軌道よりも高い。

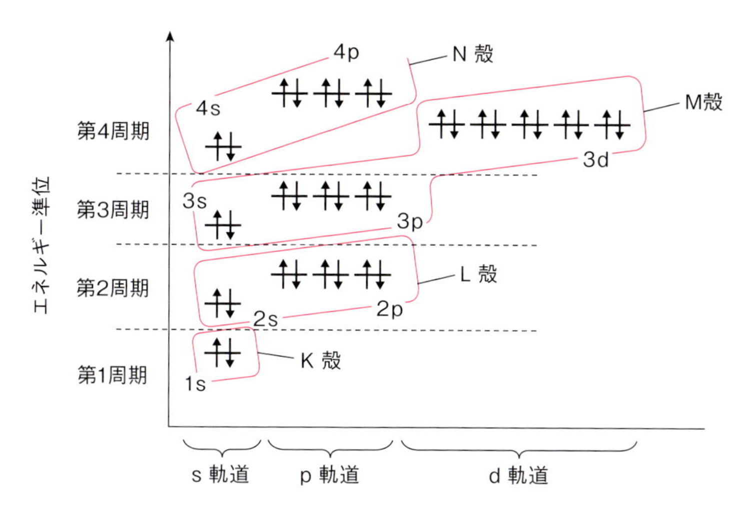

図 2·5　電子の入りやすさは 1s > 2s > 2p > 3s > 3p > 4s > 3d > 4p > ... と続き，M 殻の 3d 軌道に電子が入る前に N 殻の 4s に電子が入る。**第 1 ～ 3 周期に属する原子はそれぞれ K，L，M 殻の s 軌道および p 軌道が埋まった状態で安定になるため，K，L，M 殻にそれぞれ，2，8，8 個の電子を保有する状態が安定となる。**

電子の入りやすさ（エネルギー準位の低さ）は 1s > 2s > 2p > 3s > 3p と続くが，3d よりも 4s のエネルギー準位が低いため，3p の後は 3p > 4s > 3d > 4p > ... と続く。なお，第 3 周期に属する原子は M 殻に存在する s，p，d 軌道のうち s，p 軌道のみを有するため，最外殻に 8 個の電子を有すると安定化する（図 2·5）。

生理学で最も重要な元素である炭素と酸素を例に，両原子の電子配置を図 2·6 に示した。なお，最外殻に存在する電子のうち，各軌道に 1 つしか電子が含まれていない状態の電子（不対電子）の数を**価電子数**と呼ぶ。

2·1·4　軌道の混成

最も単純な有機化合物であるメタン（CH_4）は 4 つの炭素原子－水素原子間の距離がすべて同じであり，またその結合角もすべて同じであることが知られている（図 2·7A）。炭素原子の基底状態における最外殻の電子配置は 2s に 2 つ，$2p_x$，$2p_y$ に 1 つずつであり，$2p_x$，$2p_y$

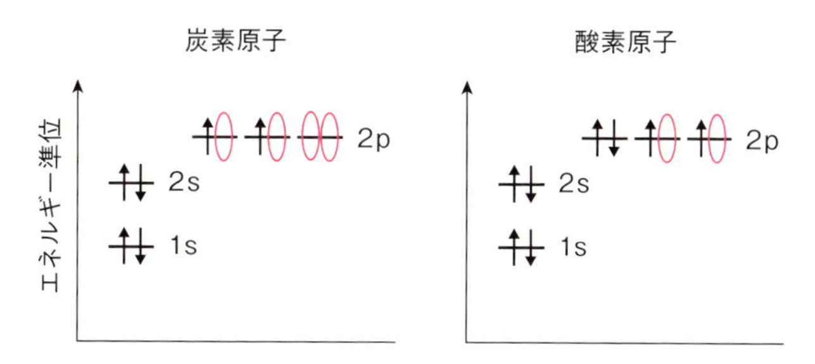

図 2·6　炭素原子は 6 個の電子を，最外殻に 4 個の電子を有しており，1s に 2 つ，2s に 2 つ，2 つの 2p（$2p_x$，$2p_y$）に 1 つずつの電子が含まれている。したがって，$2p_x$ と $2p_y$ に 1 つずつ，$2p_z$ に 2 つの電子が入ると安定化する。なお，p_x，p_y，p_z のエネルギー準位は同一であり，実際には電子が入る際の順位性はない。

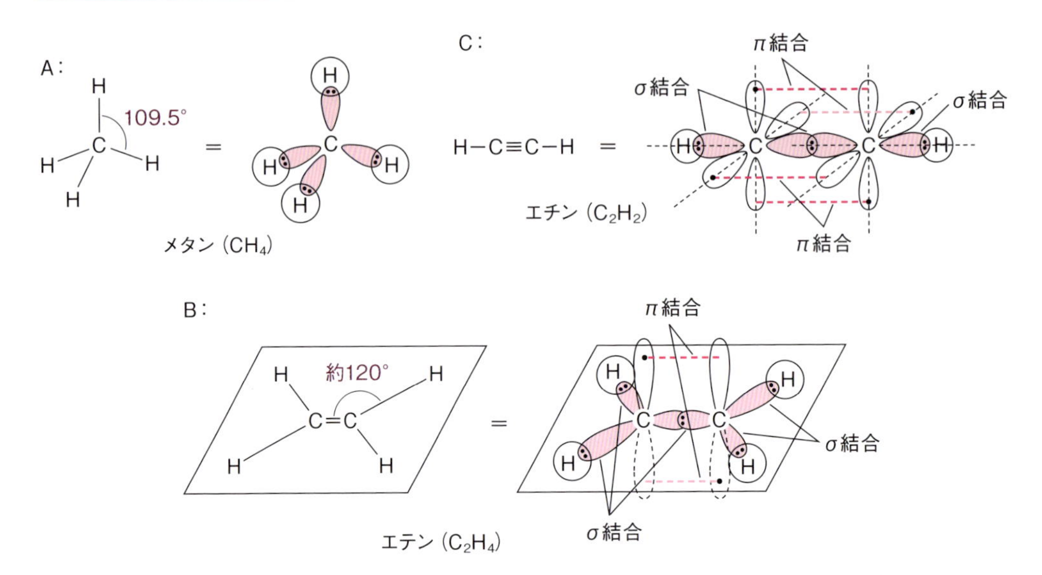

図 2·7　A:メタンを構成する軌道を表したものであり，炭素原子が有する赤色の軌道が sp^3 混成軌道，白色の丸は水素原子が有する s 軌道を示す。B：エテンを構成する軌道を表したものであり，炭素原子が有する赤色の軌道は sp^2 混成軌道，白色の軌道は p 軌道を示す。炭素原子が有する p 軌道間の 2 本の赤色の点線は π 結合（2 本の点線で 1 つの π 結合を構成）を意味し，軌道軸上で結合した σ 結合に比べて結合エネルギーは低い。σ 結合と 1 組の π 結合を合わせて二重結合を構成している。C：炭素原子が有する赤色の軌道は sp 混成軌道，白色の軌道は p 軌道を示す。エチンの場合は π 結合を 2 組もち，これと σ 結合を合わせて三重結合を形成している。

に 1 つずつ，$2p_z$ に 2 つの空き枠を有しているが，この空き軌道を用いて 4 つの水素原子がすべて同一の状態で結合することを説明することはできない。4 つの水素原子が同レベルで結合するためには，最外殻に 4 つの同エネルギーの軌道に電子の空き枠を各々 1 つずつ準備する必要がある。つまり，2s，$2p_x$，$2p_y$，$2p_z$ を同一のエネルギー状態とし，それぞれの軌道に 1 つずつ電子が収容される状態を考える必要がある。このように，2s，$2p_x$，$2p_y$，$2p_z$ が同一のエネルギー状態の軌道を構成した場合の軌道を **sp^3 混成軌道**という（図 2·8）。なお，sp^3 混成軌道は s 軌道や p 軌道とは異なり，原子核に対して非対称的であり，原子核から同心状に等間隔で 4 方向に向かった形（正四面体構造）をとる。sp^3 混成軌道をとった炭素は 4 つの sp^3 混成軌道にそれぞれ 1 つずつ収容した電子と，4 つの水素原子が各々 1s 軌道に有する 1 つの電子を共有することで 4 つの共有結合を形成し，メタンを構成する（図 2·7A）。

同様に，二重結合を有するエテン（C_2H_4）は 2 つの炭素原子と 4 つの水素原子がすべて同一平面上にあり，炭素原子－水素原子間の結合間隔は同一，かつ各原子間の角度はほぼ等しいことが知られている（図 2·7B）。この状態を説明するためにも混成軌道を考える必要があり，3 つの同エネルギーを有する軌道が必要になる。これが **sp^2 混成軌道**であり，2s 軌道と 2 つの 2p 軌道が同エネルギー軌道として存在する（図 2·8）。このとき，sp^2 混成軌道（2s，$2p_x$，$2p_y$ 軌道から構成）は平面上に約 120 度間隔で広がり，残った $2p_z$ 軌道は平面に対して垂直方向にもとの形状のまま存在する。炭素原子は 3 つの sp^2 混成軌道を利用して，2 つの

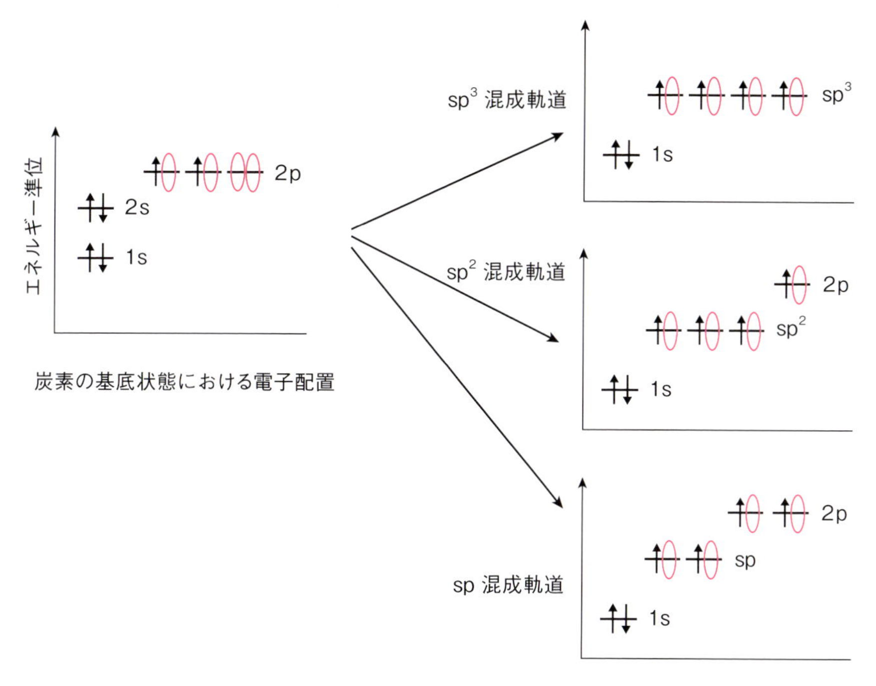

図 2･8　基底状態における電子配置から s 軌道と 3 つの p 軌道のエネルギーを同位にすることで sp^3 混成軌道を形成し，同様に s 軌道と 2 つの p 軌道のエネルギーを同位にすることで sp^2 混成軌道，s 軌道と 1 つの p 軌道で sp 混成軌道が形成される。

水素原子および 1 つの炭素原子と共有結合する。エテンを構成する 2 つの炭素原子にはそれぞれ 1 つずつの 2p 軌道（$2p_z$ 軌道）が残るが，これらの軌道は互いに平行に存在し，p 軌道の側面で重なり合うことで共有結合を形成する。炭素原子－炭素原子間に見られる 2 つの結合のうち，電子軌道軸と結合が一致する前者の結合を **σ 結合**，軌道軸と結合方向が一致しない後者のような結合（例：エテンを構成するの 2 つの $2p_z$ 軌道）を **π 結合**と呼ぶ（エテンの炭素原子－炭素原子間結合は 1 つの σ 結合と 1 つの π 結合で構成された二重結合である）（図 2･7B）。なお，π 結合の結合エネルギーは小さく，σ 結合に比べて化学反応を受けやすいのが特徴である。

さらに，構成する炭素原子と水素原子がすべて一直線に並ぶエチン（C_2H_2）の構造を説明するには，2s 軌道と 1 つの 2p 軌道が同エネルギー状態になって構成される **sp 混成軌道**が必要になる（図 2･7C，図 2･8）。残った 2 つの 2p 軌道は炭素原子－水素原子間の結合軸に対して垂直に，かつ 2 つの軌道が直角になるように存在している。この 2 つの 2p 軌道は sp^2 混成軌道時の残りの 2p 軌道と同様にそれぞれで π 結合を形成する。

2･1･5　芳香族性

有機化合物をその構造や性質によって分類すると，大きく**飽和炭化水素**と**不飽和炭化水素**に分けられ（2･1･2 参照），不飽和炭化水素はさらにベンゼンに代表される**芳香族不飽和炭**

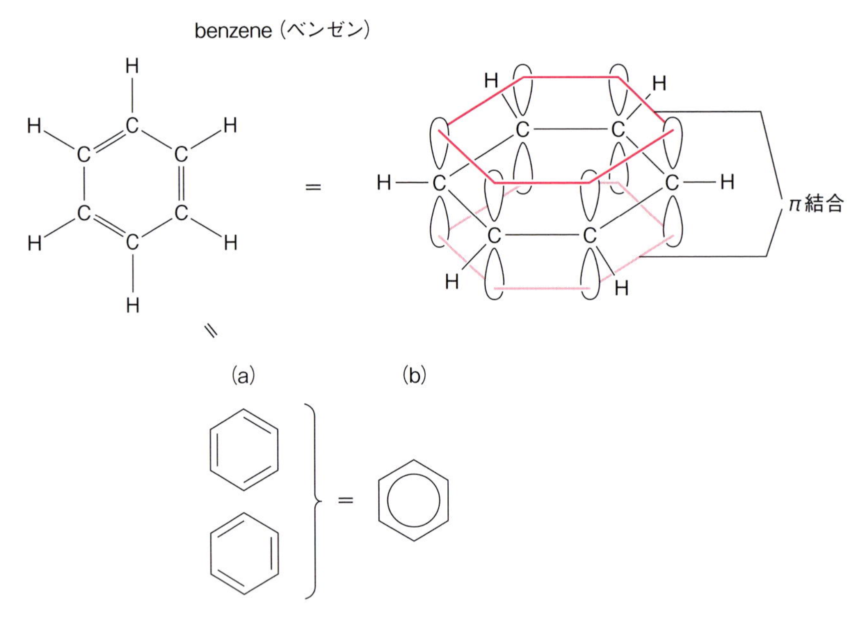

図 2・9 ベンゼンは sp^2 混成軌道をもつ炭素原子が平面状に並んだ構造を取り，すべての炭素原子の p 軌道がその平面から垂直方向に分布している。

化水素と，エテンなどの**非芳香属不飽和炭化水素**に分けられる。芳香族不飽和炭化水素は，シクロヘキサンなどの環状飽和炭化水素（2・1・9 D 参照）などとは大きく異なる性質をもち，化合物としての高い安定性から医薬品の構造の一部としても広く用いられている。

ベンゼンを構成する電子に注目すると，ベンゼンを構成する炭素が有する p 軌道上の電子は，隣り合うすべての炭素原子同士で共有できる状態になっており，p 軌道に 1 つずつ存在する電子が隣り合う p 軌道上を自由に環状移動することができる（図 2・9）。このように，電子が特定の位置以外に移動できる状態を**電子の非局在化**といい，電子が移動する前後の構造を**共鳴構造**（前後の関係を**共鳴関係**）という（図 2・9(a)）。電子の非局在化，とくに大きな共鳴構造の構築はエネルギー的な安定化を起こすことが知られており，ベンゼンが有する環状の共鳴は非常に安定な状態であることが知られている。なお，環状の共鳴構造を有するだけでは安定な状態とはならず，次の 3 つの条件（**ヒュッケル則**）を満たした場合に高い安定性を獲得することが知られている。

1. 環状構造を構成するすべての原子が p 軌道を有する
2. 隣り合う原子の p 軌道同士がすべて平行である
3. 環状構造を構成する原子の p 軌道に含まれる電子の数が $4n + 2$ 個である

これらの条件を満たす物質が芳香族炭化水素と称され（図 2・10），該当する構造部分（芳香環）は必然的に平面になる。不飽和炭化水素であるエテンの二重結合のうち，π 結合は σ 結合に比べて反応しやすいが，芳香族炭化水素は安定な環状共鳴を有することから，他の物質によって二重結合が切断されるような反応は生体内ではほとんど見られない。

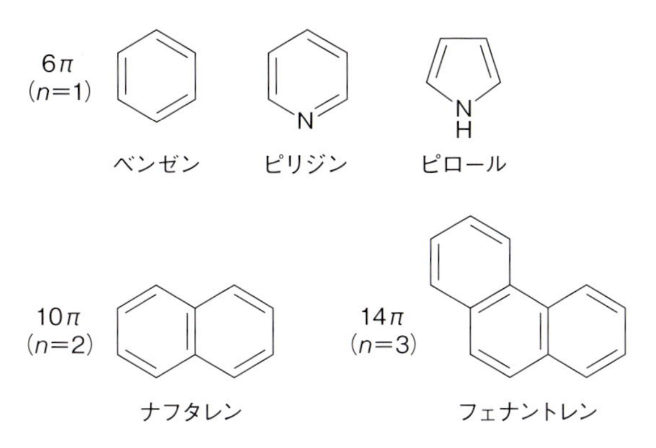

図2·10　6π，10π，14πの芳香族炭化水素を示す。すべての構造における環状構造のp軌道が平面上にあり，ヒュッケル則を満たしている。なお，ピロールは構成する窒素上の非共有電子対をp軌道の電子の一部として利用することでヒュッケル則を満たしている。

なお，ベンゼンの構造式は図2·9の（a）のように記載されるが，実際には前述の通り，非局在化が生じていることから，図2·9の（b）のように記載されることもある。

2·1·6　イオン化エネルギー，電子親和力と電気陰性度

原子や分子から電子を引き抜くのに要するエネルギーを**イオン化エネルギー**と呼び，逆に電子を与えた際にその物質から放出されるエネルギーを**電子親和力**と呼ぶ。つまり，イオン化エネルギーが小さいほど陽イオンになりやすく，電子親和力が大きいほど陰イオンになりやすいことになる。

同一周期の原子間では周期表の右側ほどイオン化エネルギーは大きくなり，希ガスで極大となる。同様に電子親和力も基本的には周期表の右側の方が大きい傾向にあるが，電子親和力は希ガスで極小になる。

これら各原子がもつ固有のエネルギーに対して，分子内で原子が電子を引き寄せる能力の相対的な尺度を**電気陰性度**と呼ぶ。電気陰性度は同じ周期に属する原子同士であれば周期表の右にいくほど，また同じ族に属する原子同士であれば周期表の上にいくほど大きくなる。電気陰性度は相対的な値であるため，異なる原子間における電気陰性度の差を考えることが重要となる。

2·1·7　分子の極性

炭素原子－炭素原子間結合に用いられる電子は基本的には2つの炭素原子間で均等に共有されているが，炭素原子－酸素原子間結合に用いられている電子は電気陰性度の大きい酸素原子側に偏り，炭素原子側は正（$\delta+$），酸素原子側は負（$\delta-$）に偏っている。これは炭素原子－酸素原子間の結合部位に化学反応が生じる際に非常に重要な電子的偏りとなる。このような電子分布の偏りを**分極**と呼び，結合電子の分布が非対称な場合，結合に**極性がある**という。一般的には分子全体の電子分布の偏りがある場合に極性がある（分子）という。

2·1·8　主な官能基

有機化合物の性質はその化合物が有する官能基によって大きく異なる。ここでは生化学的

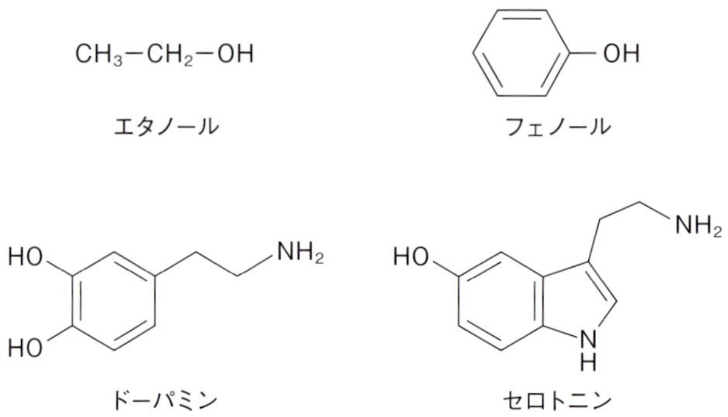

CH_3-CH_2-OH

エタノール

フェノール

ドーパミン

セロトニン

図 2・11　アルコールとフェノール類の構造

な側面から重要と思われる官能基について，その構造と特徴について説明する（各官能基の反応性の詳細については 2・3・3 を参照）。

A. アルコール，フェノール

アルコールとフェノールは共にヒドロキシ基（–OH）を有する化合物群であるが，sp^3 混成軌道を形成する炭素にヒドロキシ基が結合したものをアルコール類，ベンゼン環を構成する炭素（sp^2 混成軌道）にヒドロキシ基が結合したものをフェノール類といい，共に R–OH で表される（R は炭化水素基を示す）（図 2・11）。なお，フェノールはベンゼンのうちの 1 つの水素がヒドロキシ基に置換した物質の固有名称であるが，そのような構造を有する物質をフェノール類と総称することが多い。なお，アルコールはヒドロキシ基が結合した炭素原子の状態によって反応性が異なり，ヒドロキシ基が結合している炭素原子に別の炭素原子が 1，2，3 個結合しているものをそれぞれ第一級，第二級，第三級アルコールと呼ぶ（図 2・12）。

ヒドロキシ基の酸素原子と水素原子は電気陰性度の差によって，酸素原子が負に，水素原子が正に分極しており，他の分子が有するヒドロキシ基と分子間水素結合を形成することができる（図 2・13）。フェノールはアルコール類と比べて非常に酸性度が高いのが特徴である。これはフェノールから水素イオンが解離して生成されるフェノキシドイオンが安定な共鳴構造をとることができるためである（図 2・14）。なお，フェノールもアルコールと同様に多くの化合物と反応はできるが，フェノキシドイオンが安定であるため，その反応性はアルコール類と比べて低い。

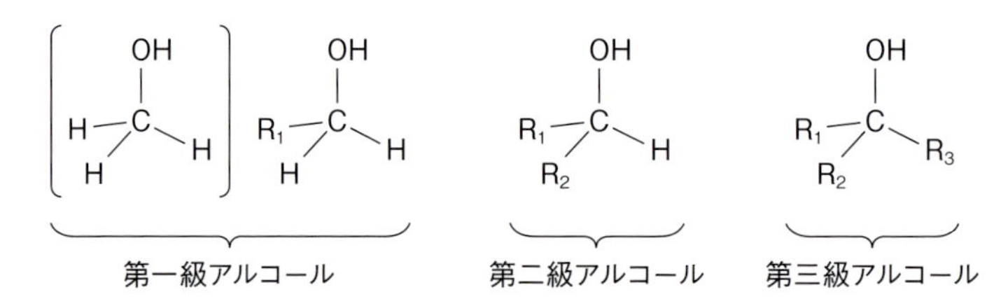

図 2・12　アルコールの級数と構造式

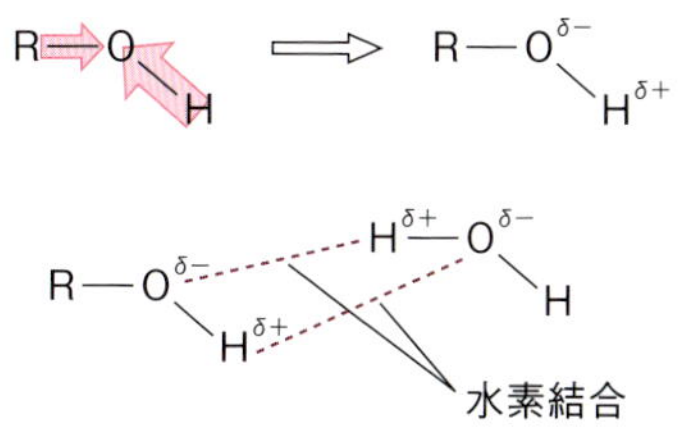

図 2·13　酸素原子－水素原子間では電気陰性度の大きな酸素原子側に電子が引きつけられ，酸素原子が負に帯電している。同様に水分子も分極しており，正と負に分極した原子間で水素結合するため，アルコールは高い水溶性を有する。

B. アルデヒド，ケトン

炭素原子－酸素原子間二重結合からなるカルボニル基を骨格とするものをケトンと呼び，カルボニル基を構成する炭素に水素が 1 つ以上結合しているものをとくにアルデヒド（R–CHO で表される）と呼ぶ（図 2·15A, B）。また，酸素原子が大きな電気陰性度を有するため，カルボニル基は酸素が負に，炭素が正に分極しており，この分極がカルボニル基の反応性に大きく関係している（図 2·16）（2·3·2·1·2 参照）。

C. カルボン酸

カルボニル基とヒドロキシ基の両方を 1 つの炭素上に有する化合物をカルボン酸（R–COOH もしくは R–CO_2H と表される），その官能基をカルボキシ基と呼ぶ（図 2·15C）。カルボン酸はカルボニル基とヒドロキシ基両方の性質に加え，酸性を示すことが大きな特徴であり，生体内の酸性化合物の多くがカルボキシ基を有する。

D. アミン

アンモニアの誘導体であるアミンは，塩基性を示す生体内物質として非常に重要な役割を担っている。アミンは構成する窒素原子に結合する炭素の数によってさらに分類され，窒素

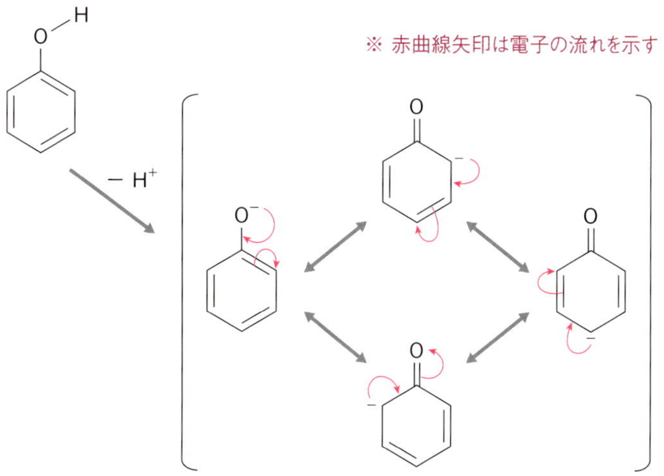

図 2·14　フェノールからプロトンが乖離すると，酸素原子が負に帯電するが，これがベンゼン環の p 軌道と合わさって共鳴構造を構成するため，フェノキシドイオンが安定化する。

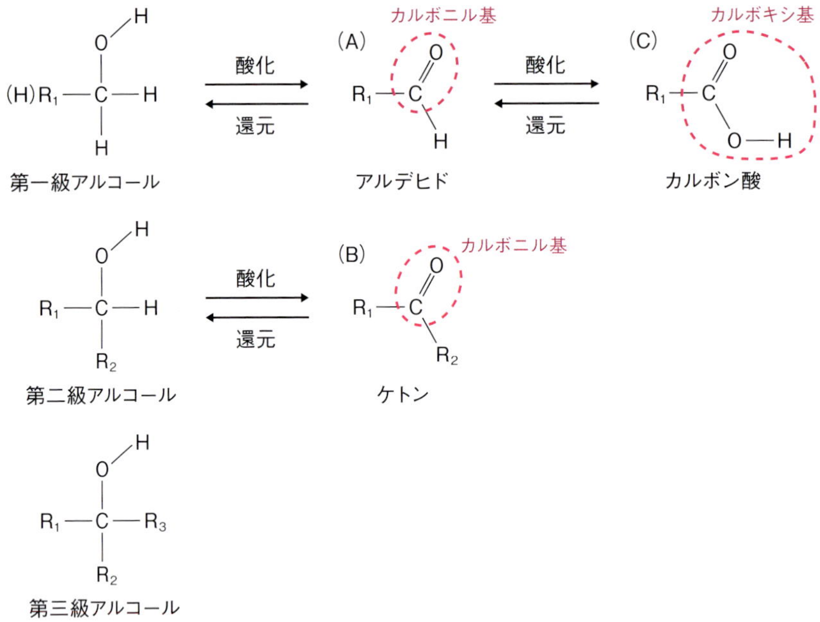

第一級アルコール　酸化／還元　(A) アルデヒド（カルボニル基）　酸化／還元　(C) カルボン酸（カルボキシ基）

第二級アルコール　酸化／還元　(B) ケトン（カルボニル基）

第三級アルコール

図 2·15　第一級アルコールは酸化によってアルデヒドを経由し，さらに酸化を受けることでカルボン酸になるが，第二級アルコールは酸化によってケトンになり，それ以上は酸化を受けない。一方，第三級アルコールはほとんど酸化反応を受けない

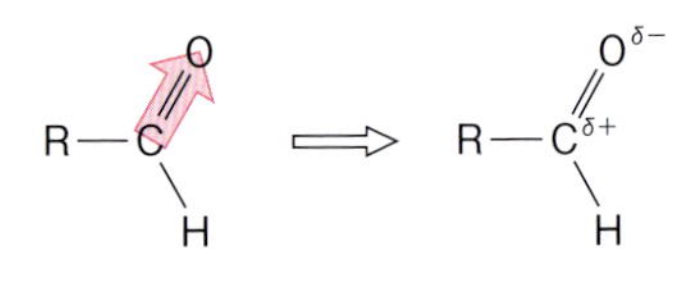

図 2·16　酸素原子が大きな電気陰性度を有するため，カルボニル基は酸素が負に，炭素が正に分極する

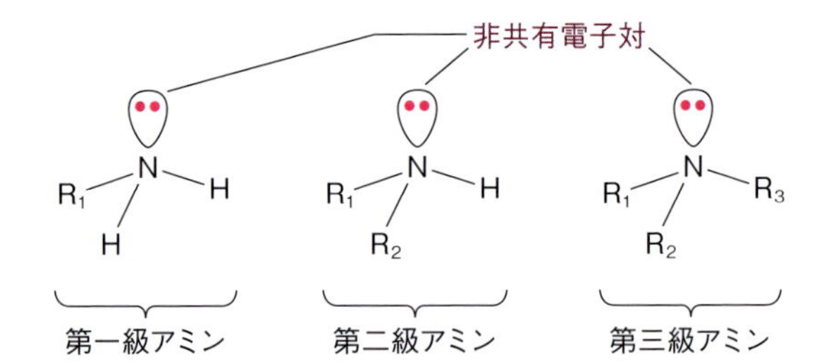

図 2·17　アミンの級数と構造式
すべてのアミンに非共有電子対があり，アミンの反応性に大きく影響している。

原子に結合する炭素原子の数が 1，2，3 個のアミンをそれぞれ第一級，二級，三級アミンと呼ぶ（図 2·17）。なお，アミンを構成する窒素原子は sp^3 混成軌道をとり，sp^3 混成軌道のうちの 1 つの軌道は窒素原子自身が有する 2 つの電子（非共有電子対）で埋められているのも特徴であり，塩基性やその他の反応性にも大きく影響している。

E. その他（ニトロ基，チオール基）

上述の官能基以外にも，ニトロ基，チオール基，スルホ基などが主要な官能基として知られている。ニトロ基は $-NO_2$ で表され，生体では各種生体内成分のニトロ化反応に関与している。チオール基は –SH で表され，アルコールよりも強い酸性を示す。アミノ酸の一部に存在し，2 つのチオール基が酸化することによってジスルフィド結合（R–S–S–R′）がタンパ

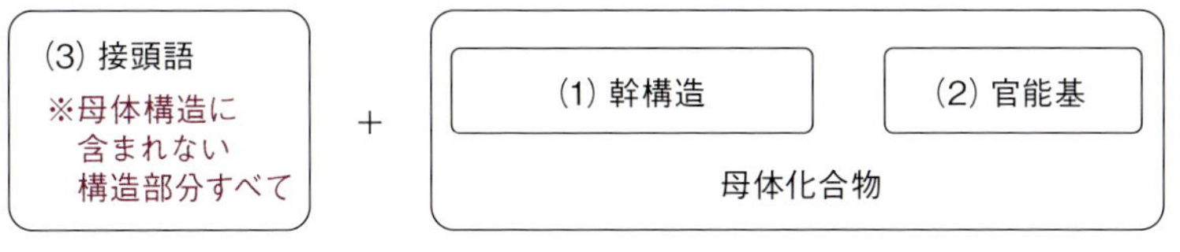

図 2・18　IUPAC 命名規則の基本原理
幹構造に語尾となる官能基をつけたものが母体化合物となり，それ以外のものはすべて接頭語とする。

ク質の高次構造の構築に関与している。

2・1・9　有機化合物の命名法

1892 年に世界共通の命名規則として IUPAC（International Union of Pure and Applied Chemistry）命名規則が提案された。IUPAC 命名規則は 2013 年の 12 月に大きく変更され，変更以前のものと新たな命名規則の両方が認められているが，ここでは新たな命名規則に従い，IUPAC 命名規則のうち，IUPAC が推奨する置換命名法について説明する。

A. IUPAC 命名規則の仕組み

化合物を“母体化合物の誘導体”として命名するのが基本となる。母体化合物の幹構造は最も長い炭素鎖を有する構造部分とし，後に述べる優先順位の高い官能基を語尾に，それ以外の構造部分は接頭語として 1 文字目のアルファベット順に母体化合物の前に付けることで命名する（図 2・18）。

B. 鎖状炭化水素の命名

鎖状の飽和炭化水素を alkane（アルカン）と総称する。IUPAC ではギリシャ語やラテン語の数詞を用い，直鎖アルカンは“炭素数の数詞＋ane”の形で記載する（数詞の最後が母音の場合は数詞の母音を省略する）。ただし，炭素数が 1～4 の場合は慣用名が用いられる（表 2・1）。分枝アルカン（枝分かれを有するアルカン）の場合は，最も長い炭素鎖を母体（主鎖）として，そこに別の炭素鎖が置換していると考え，次の手順で命名する（図 2・19）。

表 2・1　有機化学で用いられる数詞の表記と読み方

	数詞	字訳	直鎖アルカンの名称		アルキル基の名称		
1	mono	モノ	methane	（メタン）	methyl	（メチル）	慣用名
2	di	ジ	ethane	（エタン）	ethyl	（エチル）	慣用名
3	tri	トリ	propane	（プロパン）	propyl	（プロピル）	慣用名
4	tetra	テトラ	butane	（ブタン）	butyl	（ブチル）	慣用名
5	penta	ペンタ	pentane	（ペンタン）	pentyl	（ペンチル）	
6	hexa	ヘキサ	hexane	（ヘキサン）	hexyl	（ヘキシル）	
7	hepta	ヘプタ	heptane	（ヘプタン）	heptyl	（ヘプチル）	
8	octa	オクタ	octane	（オクタン）	octyl	（オクチル）	
9	nona	ノナ	nonane	（ノナン）	nonyl	（ノニル）	
10	deca	デカ	decane	（デカン）	decyl	（デシル）	

他によく使われる数詞　20：icosa（イコサ），22：docosa（ドコサ）

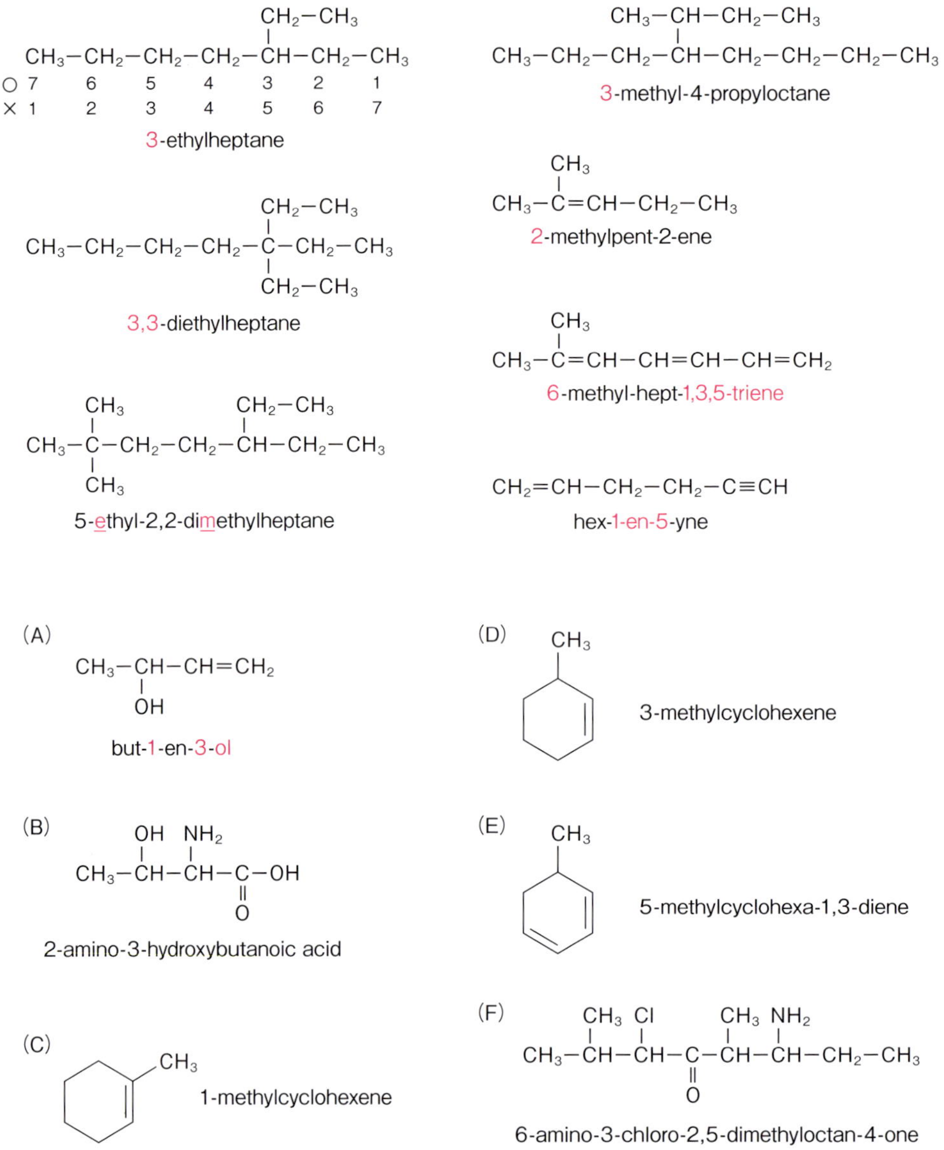

CH_2-CH_3
$CH_3-CH_2-CH_2-CH_2-CH-CH_2-CH_3$
○ 7　6　5　4　3　2　1
× 1　2　3　4　5　6　7
3-ethylheptane

$CH_3-CH-CH_2-CH_3$
$CH_3-CH_2-CH_2-CH-CH_2-CH_2-CH_2-CH_3$
3-methyl-4-propyloctane

CH_2-CH_3
$CH_3-CH_2-CH_2-CH_2-C-CH_2-CH_3$
CH_2-CH_3
3,3-diethylheptane

CH_3
$CH_3-C=CH-CH_2-CH_3$
2-methylpent-2-ene

CH_3　CH_2-CH_3
$CH_3-C-CH_2-CH_2-CH-CH_2-CH_3$
CH_3
5-ethyl-2,2-dimethylheptane

CH_3
$CH_3-C=CH-CH=CH-CH=CH_2$
6-methyl-hept-1,3,5-triene

$CH_2=CH-CH_2-CH_2-C\equiv CH$
hex-1-en-5-yne

(A)
$CH_3-CH-CH=CH_2$
OH
but-1-en-3-ol

(B)
OH　NH_2
$CH_3-CH-CH-C-OH$
O
2-amino-3-hydroxybutanoic acid

(C)
CH_3
1-methylcyclohexene

(D)
CH_3
3-methylcyclohexene

(E)
CH_3
5-methylcyclohexa-1,3-diene

(F)
CH_3　Cl　CH_3　NH_2
$CH_3-CH-CH-C-CH-CH-CH_2-CH_3$
O
6-amino-3-chloro-2,5-dimethyloctan-4-one

図 2・19　命名法の例

i.　最も長い炭素鎖を母体（主鎖）として命名する。炭素数が同じものが複数ある場合には ii の規則に従って置換基の位置番号を決め，その一番小さい位置番号がより小さくなるものを主鎖とする。それでも同じ場合には置換基ができるだけ数多くなるように（枝分かれが多くなるように）主鎖を選ぶ。

ii.　主鎖の両端から炭素に番号（位置番号）を振り，置換基の位置番号の中で最小のものが小さくなる番号の振り方で位置番号を決定する。

iii.　置換基を同様に命名するが，置換基の場合は ane ではなく yl を用いる。

iv. 置換基の位置番号を示したのちに置換基を記載し，主鎖を記載する。ただし，置換基が複数ある場合には置換基のアルファベット順に並べる。なお，位置番号の前後はハイフンで区切る。

＊同じ置換基が複数ある場合にはまとめて表記し，その数を数詞で接頭語として付ける（methyl が２つの場合は dimethyl，３つの場合は trimethyl）。この場合，複数の置換基の位置番号が同じ場合も位置番号は省略せずに記載し，置換基の数を示す数詞は置換基の名称の順番を考える際には考慮しない（2-dimethyl ではなく，2,2-dimethyl とし，dimethyl よりも ethyl の方が先に記載される）。

なお，置換基が分枝アルカンになる場合もあるが，この場合は置換基を上述のルールで命名し，これを主鎖の接頭語として使用する。不飽和炭化水素の場合はその結合様式によって化合物名の語尾が変わる。**二重結合の場合は数詞＋ ene（エン），三重結合の場合は数詞＋ yne（イン）となり**，それぞれ一般的に **alkene（アルケン）**，**alkyne（アルキン）**と呼ばれる。なお，二重結合，三重結合の場合，その結合がある位置を示す必要があるため，ene もしくは yne の前に結合の位置番号を示す。また，二重結合が複数ある場合は ene を diene もしくは triene とし，同様に三重結合の場合は diyne もしくは triyne とする。

二重結合や三重結合が複数含まれる鎖状不飽和炭化水素の場合には，多重結合を最も多く含む炭素鎖を主鎖とし，多重結合の数が同じ場合には炭素数の多い方を主鎖とする。二重結合と三重結合が両方とも主鎖に存在する場合，語尾は -enyne（エニン）となり，二重結合と三重結合に同じ番号が付く場合は，二重結合により小さな番号を当てる。置換基上に二重結合もしくは三重結合がある場合には語尾が enyl もしくは ynyl となる。

C. 官能基

語尾に付ける官能基は1つのみに限定されており，残りの官能基は置換基として接頭語にし，アルカンと同様に主鎖の位置番号と併せてアルファベット順に並べる。母体の語尾に付ける官能基の選択については優先順位が決まっており，その順位に従って語尾か接頭語かが決まる。各官能基を接頭語もしくは語尾に付ける際の名称を表にまとめる（表 2･2）（図 2･19A，B，F）。

D. 環状炭化水素の命名

環状炭化水素は cycloalkane（シクロアルカン）と総称され，主鎖の前に cyclo（シクロ）を付けて表記する。多重結合を含む場合には多重結合の両端が 1，2 位となり，多重結合を複数含む場合は鎖状炭化水素（枝分かれのない炭化水素）と同様，多重結合に最も小さい番号が振られるようにするとともに，二重結合と三重結合が共存する場合は二重結合を優先する。なお，**多重結合が１つの場合は，多重結合の位置は 1，2 位に限定されるため明記せず，置換基の場所のみ示す**。また，環状構造と鎖状構造が共存する場合は環状構造を母体とし，鎖状構造を置換基とする。環状構造が２つある場合には炭素数が多い方を母体とし，炭素数の小さい方を cycloalkyl の形で表す置換基とする（図 2･19C，D，E）。

表 2・2 官能基を有する化合物の命名

優先順位	化合物	構造式	接頭語の場合	接尾語の場合
高	カルボン酸	$R\text{-}CO_2H$	carboxy-	-oic acid -carboxylic acid
	スルホン酸	$R\text{-}SO_3H$	sulfo-	-sulfonic acid
↑	エステル	$R\text{-}CO_2\text{-}R'$	alkyloxycarbonyl-	alkyl -oate alkyl -carboxylate
	アミド	R-CONH-R′	calbamoyl-	-amide -carboxamide
	アルデヒド	R-CO-H	formyl-	-aldehyde -carbaldehyde
	ケトン	R-CO-R′	oxo-	-one
	アルコール	R-OH	hydroxy-	-ol
↓	チオール	R-SH	sulfanyl-	-thiol
	アミン	$R\text{-}NH_2$	amino-	-amine
低	エーテル	R-O-R′	alkoxy-	-ether
	スルフィド	R-S-R′	alkylsulfanyl-	-sulfide

E. ハロゲン化合物の命名

ハロゲンを含む化合物はハロゲンを置換基として命名する。なお，ハロゲンは接頭語としてのみ使用できる規則となっている。置換基として接頭語に示す場合の規則は上述のアルカンなどと同様である（図 2・19F）。

F. ベンゼン環を有する化合物の命名

ベンゼン誘導体はベンゼンを母核として命名する。なお，ベンゼン（benzene）は IUPAC で認められた慣用名であり，同様にいくつかの慣用名の使用が認められている（図 2・20）。

なお，置換基が付く位置番号が小さくなるように番号を振るが，その優先順位はアルファベット順となる（methyl と ethyl では ethyl の位置番号が小さくなるようにする）。

2・2 立体化学

同一の分子式をもつが化合物としては異なるものを**異性体**という。異性体の中には原子の並び順や骨格自体が異なる**構造異性体**や，立体配置が異なる**立体異性体**が存在する。立体異

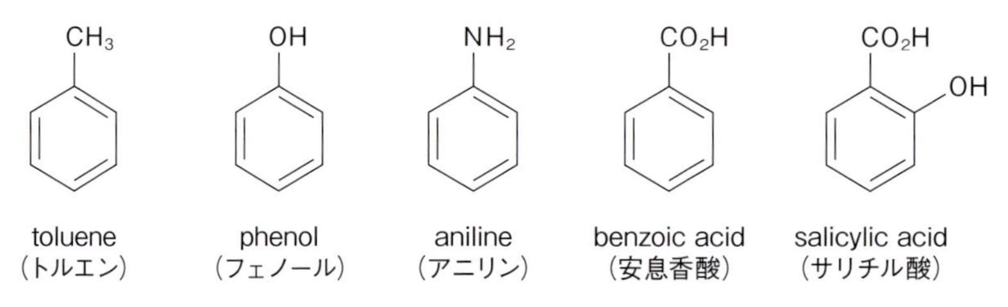

図 2・20 ベンゼン環を有する化合物の命名

性体はさらに立体的な配置が異なる**立体配置異性体**と，単結合の回転によって生じる**立体配座異性体**に分類され，前者はさらに**鏡像異性体（エナンチオマー）**と**ジアステレオマー**に分類される。ここでは立体異性体についてその性質と特徴を説明する。なお，有機化合物の立体構造を示す際にはくさび破線表記（紙面の手前側に出るものをくさび形で，紙面の奥側に出るものを破線で表記）が広く用いられており（図2・21），本項においてもくさび破線表記を用いる。

2・2・1　鏡像異性体（エナンチオマー）

2次元で表記するとまったく同じだが，立体的に見るとお互いに鏡に映した形となり，決して重ね合わせることのできない化合物同士を**鏡像異性体（エナンチオマー）**と呼ぶ。このような性質を**キラリティー**と呼び，互いに**キラル**な分子であるという（鏡に映したものがもとの化合物と一致する場合は**アキラル**な分子という）。ヒトの体を構成するアミノ酸にはキラルな分子とアキラルな分子が存在し，グリシンは後者で他のアミノ酸は前者である（図2・21）。キラリティーを示す原因となっている（炭素）原子は sp^3 混成軌道をとり，そこに結合する4つの原子団がすべて異なるのが特徴であり，その原子を**不斉（炭素）原子**，その場所を**キラル中心**もしくは**不斉中心**といい，図中では＊で示すことが多い。

エナンチオマーの性質

特定方向の振幅を有する光を特定の化合物の水溶液に当てると，その光の振幅の方向性を回転させることがある。この性質を**旋光性**といい，旋光性を示す物質を**光学活性物質**という。エナンチオマーはほとんどの物理化学的性質は同じであるが，この旋光性が異なるのが大きな特徴である。なお，エナンチオマーである2つの化合物を等量含む混合物を**ラセミ体**といい，医薬品の中にはラセミ体として使用しているものと，片方のエナンチオマーのみを精製して使用しているものが存在する。生成したエナンチオマーを旋光性に従って命名すると，観測者から見て偏光面を右に回転させる物質を（＋）もしくは（d）で表し，左に回転させ

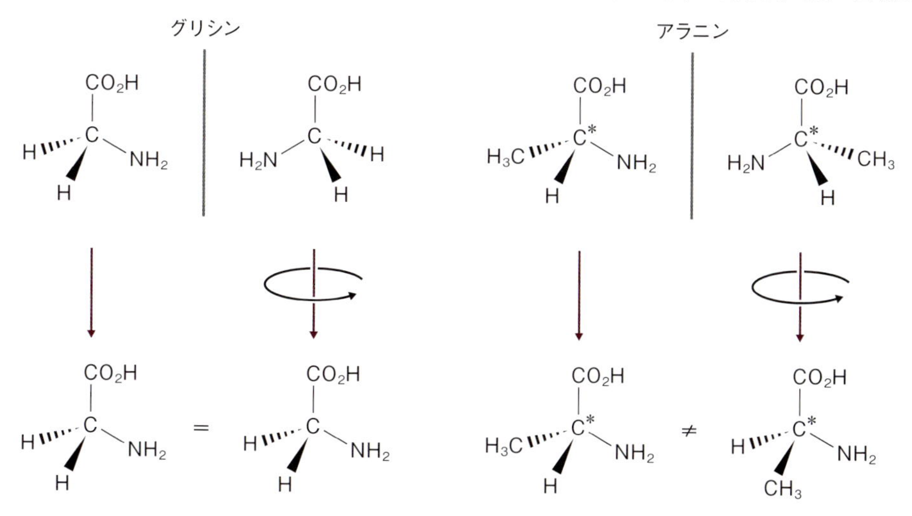

図2・21　グリシンは鏡に映した物質と元の物質が重なり合うが，アラニンは両者が決して重なり合わない。

る物質を（−）もしくは（l）で表す。つまり，d体，l体の分類は偏光度分析によって決まるものであり，物質の構造からは判断できない（l は levorotatory, d は dextrorotatory の略）。

エナンチオマーは物理化学的な性質はほぼ同じであるとされているが，ヒトはアミノ酸のうち l-アミノ酸から構成されており，また抗生物質として広く使用されているレボフロキサシンは名前の通り l 体であるが，d 体に比べて高い抗菌活性をもつとともに副作用が少ない物質として開発されている。このように，d 体，l 体の性質の違いは生理反応を考える上では非常に大きな意味をもち，医学薬学分野において注目されている。

2･2･2 ジアステレオマー

光学活性中心を 2 つ以上有する化合物や二重結合をもつ化合物の場合，エナンチオマーではないが決して重なり合うことの無い立体異性体が存在することがある。このように，立体異性体ではあるがエナンチオマーではないものを**ジアステレオマー**という（図 2･22）。環状構造を有する場合には光学活性中心を 2 つ以上有することが多く，この場合もジアステレオマーが存在することがある。

$CH_3-CH(Cl)-CH(Cl)-CO_2H$

2,3-dichlorobutanoic acid

(a) (b) (c) (d)

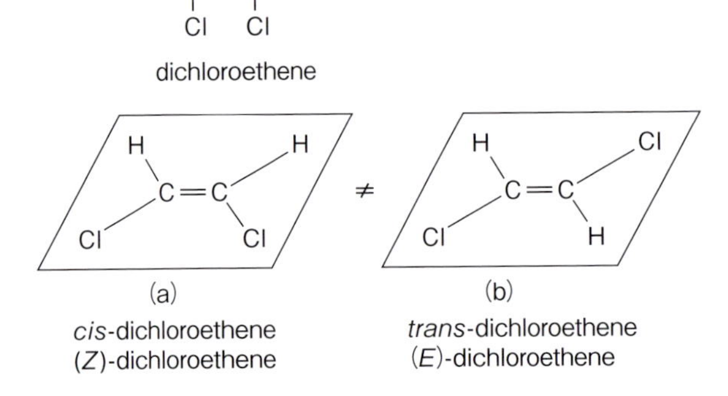

cis-dichloroethene
(*Z*)-dichloroethene

trans-dichloroethene
(*E*)-dichloroethene

図 2･22 2,3-dichlorobutanoic acid には a から d までの 4 種類の立体構造が存在し，a と b，c と d はそれぞれエナンチオマーである。一方，a と c，d および b と c，d は σ 結合部分を回転させても絶対に重ならない。同様に dichloroethene を立体的に記載すると，二重結合を境界として同じ側に塩素原子が出ているものと異なる側に塩素原子が出ているものの 2 種類が存在することがわかる。二重結合はその結合を軸に回転することができず，これら 2 つの物質も決して重ならないことがわかる。

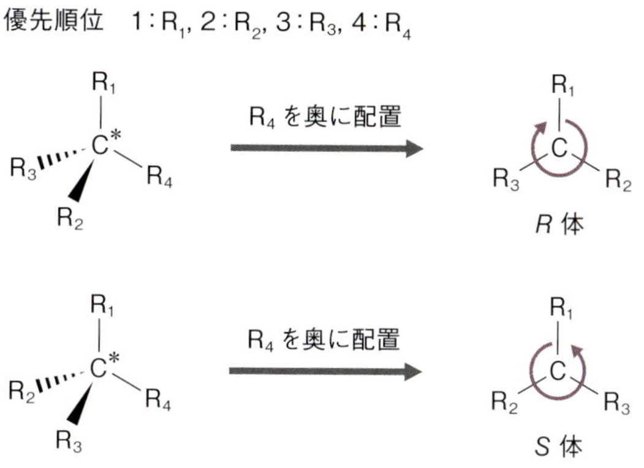

図 2·23　最も優先順位の低い R_4 を不斉炭素の奥側においた時に R_1，R_2，R_3 が右回りであれば *R*，左回りであれば *S* となる。

2·2·3　立体異性体の表示法

生化学では生理活性の異なるエナンチオマーを扱うことが多々あり，それらの物質を明確に分ける必要があるが，d 体，l 体の分類はその構造からは判断できない。そこで化学構造に基づくエナンチオマーやジアステレオマーの表記方法が開発された。ここでは，*R/S* 表示法，*cis-trans* 表記法および *E/Z* 表記法を説明する。

R/S 表示法

不斉炭素原子の周りに R_1，R_2，R_3，R_4 の異なる 4 つの構造が結合している場合，この不斉炭素原子を中心とした並び方は 2 通りしか存在しないため，不斉炭素原子を中心に右回りのものを *R*，左回りのものを *S* と表記する（*R/S* 表記はイタリックで表す）。具体的には，次に説明する順位則に従って，R_1 ～ R_4 に順位を付け，優先順位の高い方から R_1，R_2，R_3，R_4 となった場合，最も優先順位の低い R_4 を不斉炭素の奥側においたときに R_1，R_2，R_3 が右回り（時計回り）であれば *R*，左回りであれば *S* と表記する（図 2·23，図 2·24）。

優先順位：不斉炭素に結合している原子の原子番号が大きい方を優先とする。原子番号が同じ場合には，その原子に直接結合している原子のうち最も大きい原子番号の原子で同様に比較する。多重結合の場合は，同数の単結合が存在すると考える。つまり，炭素原子ー酸素原子間二重結合がある場合，その炭素原子には 2 つの酸素原子が結合していると考えて優先順位を付ける。*E* 体，*Z* 体（後述）では *Z* 体を優先する。

なお，*R* 体と *S* 体を両方含む場合には（*RS*）と記載する。

cis-trans 表記法，*E/Z* 表記法

dichloroethene（図 2·22 下）を考えると，塩素原子が二重結合を挟んで同じ側に出ているものと，二重結合を挟んで逆側に出ているものが存在する。これを区別するために *cis-trans* 表記を用いる。*R/S* 表記の際に用いた優先順位の決め方に従って優先順位を付け，優先順位の高いもの同士が同じ側に出ているものを *cis* 形（*Z* 体），逆側に出ているものを *trans* 形（*E* 体）という。

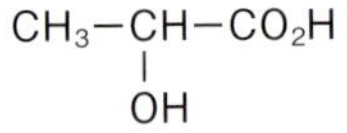

$CH_3-CH(OH)-CO_2H$

2-hydroxypropanoic acid（乳酸）
優先順位　1：OH，2：CO_2H，3：CH_3，4：H

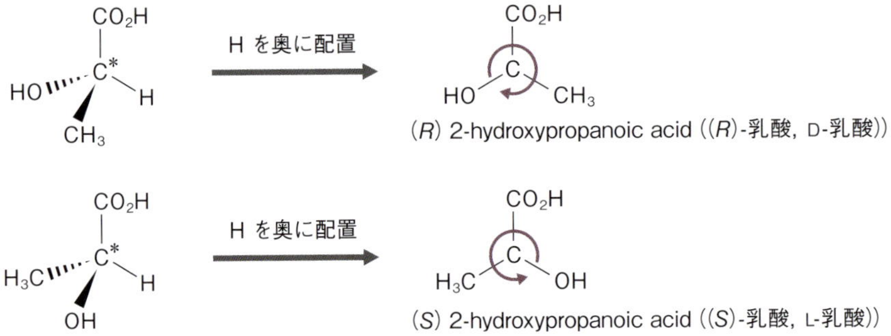

CO_2H / HO / C* / H / CH_3　H を奥に配置 →　CO_2H / HO / C / CH_3
(*R*) 2-hydroxypropanoic acid（(*R*)-乳酸，D-乳酸））

CO_2H / H_3C / C* / H / OH　H を奥に配置 →　CO_2H / H_3C / C / OH
(*S*) 2-hydroxypropanoic acid（(*S*)-乳酸，L-乳酸））

図 2·24　乳酸を例に考えると，優先順位は酸素原子＞2つの炭素原子＞水素原子となり，炭素原子はさらに酸素原子が結合しているカルボニル基＞水素原子が結合しているメチル基となるため，ヒドロキシ基＞カルボニル基＞メチル基＞水素原子となる。したがって，水素原子を奥に置いた場合，ヒドロキシ基，カルボニル基，メチル基の並び方によって *R*，*S* が決定される。

同様に 1,2-dichlorocyclohexane を考えた場合にもジアステレオマーが存在するが，この場合は *E*/*Z* 表記は用いず，*cis*- もしくは *trans*- で表記する。

2·2·4　立体配座異性体

cyclohexane を構成する炭素は sp^3 混成軌道をとっているためベンゼンとは異なり同一平面上には並ばず，図 2·25 のようになる。このとき，炭素原子一炭素原子間結合の向きによって 2 つの形に変わるが，同一方向に折れ曲がったものを舟形配座，反対方向に折れ曲がったものをいす形配座という。

参考：フィッシャーの投影式

有機化合物の立体構造を示す際には，くさび破線表記を使うことが多いが，それ以外にもフィッシャー投影式が用いられることがある。ルールは単純であり，縦横の直線の交点は炭

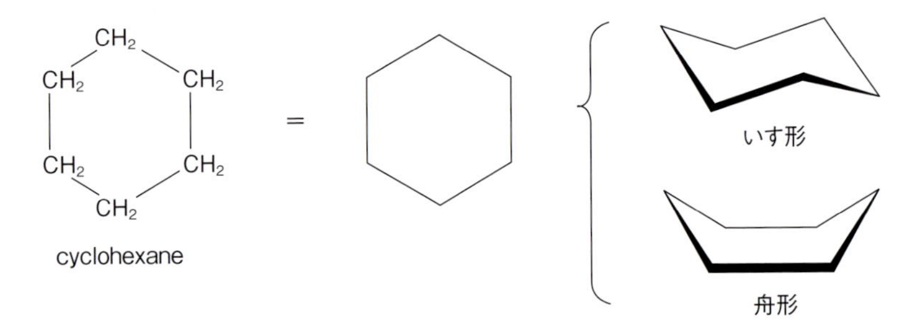

図 2·25　構成する sp^3 混成軌道では各単結合は自由に回転できるため，これらの配座間では熱力学的な平衡関係が成り立っている。ただし，cyclohexane においては，いす形配座の状態が最も熱力学的に安定であり，ほとんどがいす形で存在している。これは環状グルコースも同様である。

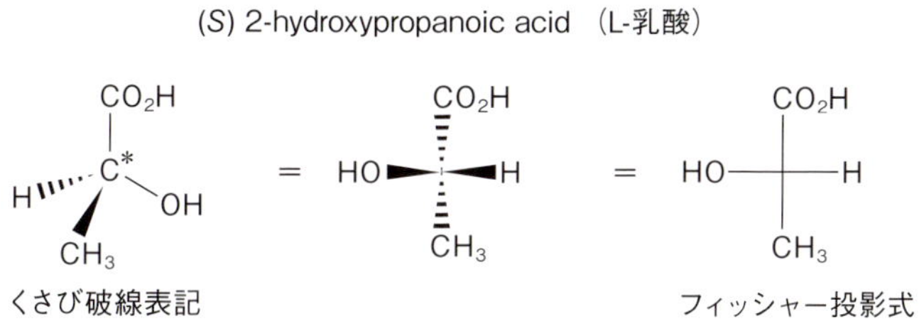

(S) 2-hydroxypropanoic acid (L-乳酸)

くさび破線表記　フィッシャー投影式

図 2·26　L-乳酸((S)2-hydroxypropanoic acid)をくさび破線表記とフィッシャー投影式で示した。フィッシャー投影式における交点は炭素原子を示し，上下の線は図面の奥に，左右の線は図面の手前に向かう結合を示す。

素原子を示し，縦線は紙面の奥に，横線は紙面の手前側に出ていることを示す（図 2·26)。

2·3　有機化合物の反応

有機化合物の反応の基礎

有機化学における反応とは，原子間の結合が開裂して別の原子と新たな結合を形成，もしくは同一化合物内で新たな結合を形成することにより別の化合物に構造を変えることを示す。ここでは，有機化学における反応機構を理解するために必要となる電子の“動き”を中心に，有機化学の反応理論を説明する。

2·3·1　有機化合物の反応機構

共有結合に用いられる電子が原子間もしくは分子間で移動することにより，結合の開裂や新たな結合の生成が生じる。反応機構を説明する場合，電子の移動は矢印で示され，電子の移動によって正電荷を帯びた場合は“＋”，負電荷を帯びた場合は“－”と表記される（図 2·27)。

有機化学の反応に用いられる試薬の中で，自身は電子不足であり電子が豊富な部位（原子）に反応する試薬を**求電子試薬**（electrophile），自身は電子豊富であり電子不足の部位（原子）に反応する試薬を**求核試薬**（nucleophile）という。

2·3·2　付加，置換，脱離反応

有機化学における反応は，大きく**付加反応**，**置換反応**，**脱離反応**，**転位反応**に分類される。**付加反応**とは，多重結合に官能基または原子が結合し，新たな単結合を生成する反応であり，

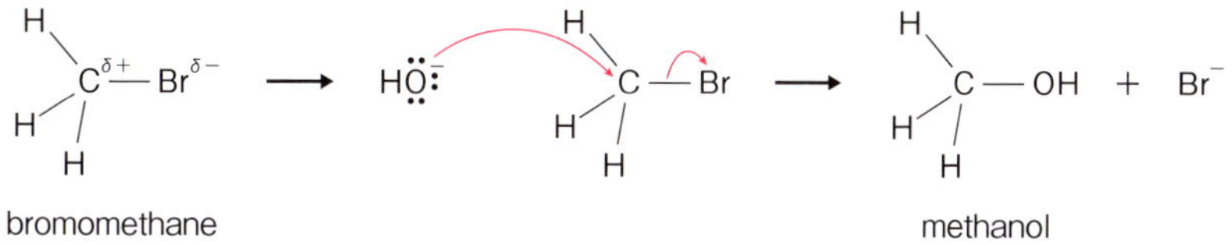

bromomethane　methanol

図 2·27　bromomethane 中の臭素原子－炭素原子間結合において，電子は電気陰性度の大きい臭素原子側に偏り，臭素原子は負に，炭素原子は正に帯電する。この正に帯電した炭素原子に対して水酸化物イオンの非共有電子対が攻撃することにより，bromomethane 中の炭素と結合を形成する。同時に，炭素原子－臭素原子間の結合が開裂，電子が臭素原子に移動し，臭素イオンが生成する。

反応基質（元の化合物）の官能基や原子が他のものと置き換わることで新たな生成物が生じる反応を**置換反応**という。一方，反応基質からいくつかの官能基や原子が除かれ，多重結合を形成する反応を**脱離反応**といい，付加反応と逆向きの反応であるといえる。なお，官能基が自己分子内で結合位置を変化させ，分子構造の骨格に変化を与える反応を**転位反応**という。ここでは，有機化合物の反応において代表的な付加反応，置換反応および脱離反応について説明する。

2･3･2･1　付加反応

付加反応は，炭素原子－炭素原子間二重結合を含む化合物およびカルボニル化合物に特徴的な反応であり，生成物を理解するためにはその立体選択性，位置選択性を理解することが重要となる。なお，付加反応のうち求電子試薬（2･3･1 参照）が反応基質に付加するものを**求電子付加反応**，求核試薬（2･3･1 参照）が反応基質に付加するものを**求核付加反応**と呼ぶ。

2･3･2･1･1　求電子付加反応

求電子付加反応は，炭素原子－炭素原子間二重結合の π 電子に対して求電子試薬が反応することで進行する。この場合の炭素原子－炭素原子間二重結合の π 電子を**電子供与体**という。求電子試薬は多くの種類が存在するが，ここでは求電子付加反応の例として，アルケンに対するハロゲン化水素，水，ヒドロホウ素，ハロゲン分子の付加について説明する。

・アルケンに対するハロゲン化水素の付加反応

アルケンとハロゲン化水素の反応によってハロゲン化アルカンが生じる反応は求電子付加反応の代表例である（図 2･28）。第一段階の反応（図 2･28(a)）は高い活性化エネルギーが必要となり，その反応速度は遅いことが知られている。propene と臭化水素の反応における生成物としては，1-bromopropane と 2-bromopropane の 2 種類が考えられるが，アルケンにハロゲン化水素が付加するときには，水素原子はより多くの水素原子をもつ炭素原子側に付加することが知られており（**Markovnikov 則**）（図 2･28 では二重結合の両端に CH_2 と CH があるが，水素原子の数が多い CH_2 側に水素原子は付加する），2-bromopropane が主生成

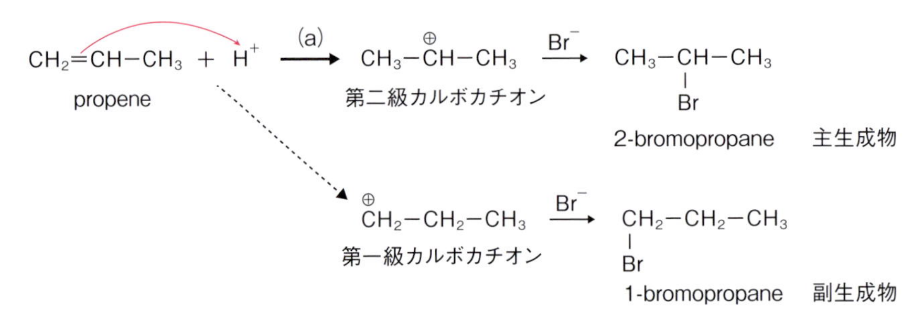

図 2･28　反応の第一段階は，propene が有する炭素原子－炭素原子間二重結合上の π 電子に対するプロトンの求電子的な付加反応であり，これにより**カルボカチオン中間体**が生成する。次に正電荷をもつ反応性の高いカルボカチオンが臭化物イオンと結合することで安定化する。なお，矢印は電子の流れを示しているため，第一段階の反応において propene からプロトンに矢印が向かっているが，これは propene に対するプロトンの求電子反応を示している。

物となる（図 2・28）。アルケンのハロゲン水素化反応の起こりやすさは，生成するカルボカチオン中間体の安定性に起因する。生成するカルボカチオンは，第三級＞第二級＞第一級の順で安定であることが知られており，アルケンの二重結合を構成する炭素に多くの炭素が結合している場合に反応が生じやすい（図 2・28 ではより安定な第二級カルボカチオンを経る反応が進みやすい）。

＊参考：カルボカチオン

多段階の化学反応において，反応の進行のしやすさは反応中間体の安定性に依存する。一般的に炭素原子を含む反応中間体のうち，正電荷を帯びた炭素原子を有するものをカルボカチオン，負電荷を帯びた炭素原子を有するものをカルボアニオンという。

・アルケンに対する水の付加反応

アルケンに対する水の付加反応によってアルコールが生成するが，この場合も前述の Markovnikov 則に従って主生成物が決定され，propene に水を付加させた場合には propan-2-ol が生成する（図 2・29）。

・アルケンのヒドロホウ素化反応

propene に対して求電子試薬であるボランを反応させた場合，上述の Markovnikov 則に反した propan-1-ol が生成するため注意が必要である（図 2・30）。これは，ボラン中の BH_2 が立体的に大きいため，立体的な障害性の問題から BH_2 が propene の二重結合を形成する 2 つの炭素原子のうち，立体的な空間が広い方（アルキル基の結合数が少なく，水素が多く結合している方の炭素）に位置しようとするためである。その結果，遷移状態に水分子が反応し，ホウ素原子と -OH が置換することでアルコールが生成するが，Markovnikov 則に反した，propan-1-ol が生成する（**anti-Markovnikov 則**）。なお，炭素原子－炭素原子間二重結合を含む平面を考えた場合，ホウ素原子と水素原子は同じ方向から付加するが，このような付加様式を **syn 付加**といい，逆方向から付加するものを **anti 付加**という。

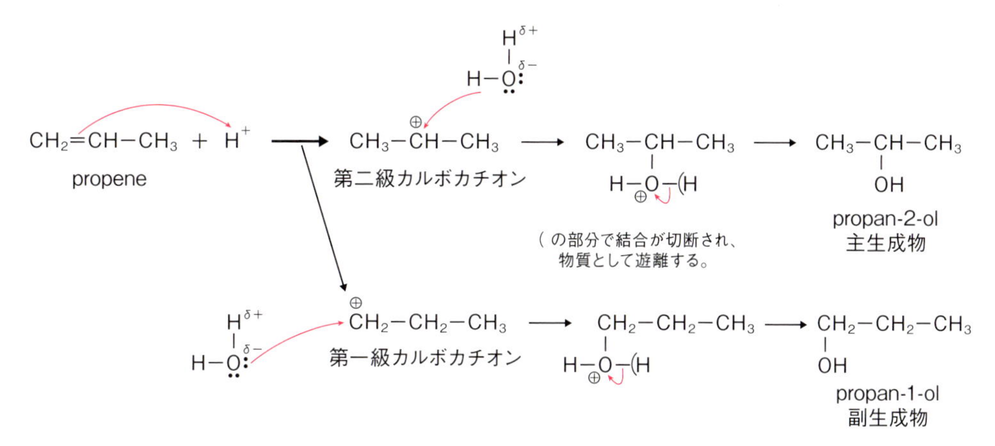

図 2・29　第一段階として酸触媒から生じるプロトンが propene 中の π 電子を攻撃（求電子反応）することで，カルボカチオン中間体が生成する。次にカルボカチオン中間体に対して水分子中で負に分極した酸素原子が反応し，Markovnikov 則に従った propan-2-ol が生成する。

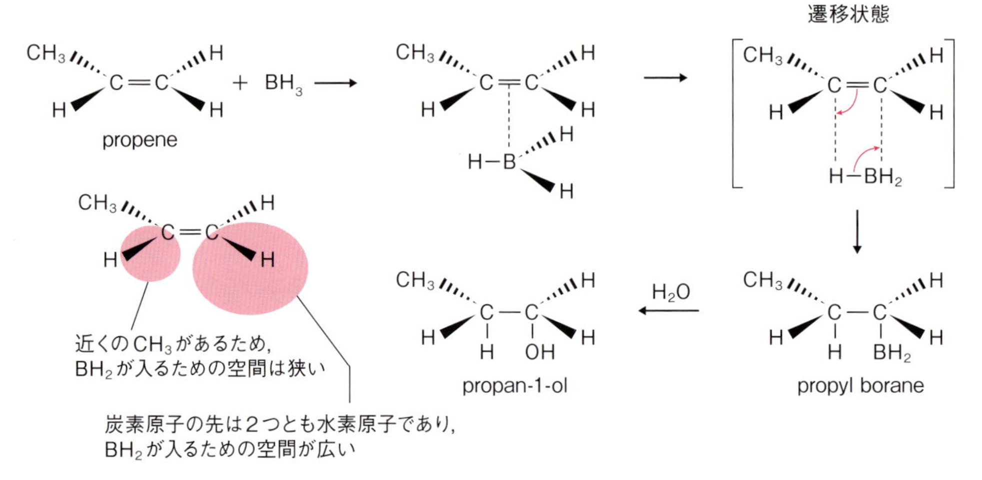

図 2·30 propene の π 電子に対してボラン (BH_3) 中の空の p 軌道を有するホウ素原子が配位し，電子が propene からホウ素原子に移動する。続いて水素原子が propene の二重結合を形成する片方の炭素と，ホウ素原子はもう一方の炭素と結合を形成し，遷移状態となる。この時，ボラン中の BH_2 と水素原子を比べた場合 BH_2 の方が立体的に大きいため，BH_2 は propene の二重結合を形成する 2 つの炭素原子のうち，立体的な空間が広い方に位置し，逆にボラン中の水素原子はより多くのアルキル基が結合している炭素に結合することになる。

・アルケンに対するハロゲンの付加反応

アルケンに対するハロゲンの付加反応は anti 付加で進行することが特徴である。propene と臭素の反応では，中間生成物として生成した環状のブロモニウムイオンに対して，臭化物イオンが反応する際，ブロモニウムイオンを形成している臭素原子の逆側からしか反応できないため，アルケンに対するハロゲンの付加反応は anti 付加となる（図 2·31）。

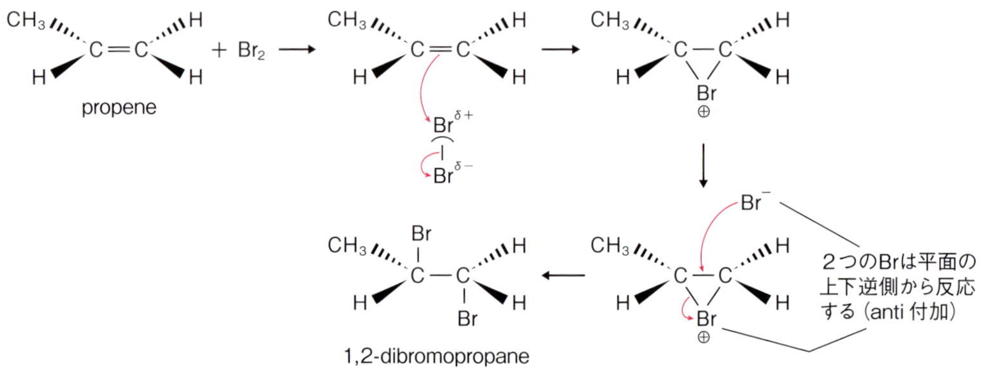

図 2·31 正に分極した臭素原子が propene の π 電子に対して反応し，負電荷を帯びた臭素原子を追い出すと，結合した臭素原子は propene の二重結合を形成するもう片方の炭素と反応し，環状のブロモニウムイオンを生成する。次に，追い出された臭化物イオンが propene の二重結合を構成していた部分に対して反応して 1,2-dibromopropane が生成するが，臭化物イオンはブロモニウムイオンを構成している臭素原子の逆側からしか反応できない。

2･3･2･1･2　求核付加反応

求核付加反応は，分子内で強い分極を有する化合物に生じやすい反応であり，正電荷を帯びた炭素原子と，負電荷を帯びた酸素原子を有するカルボニル化合物がその例である。生化学においてはヘミアセタールを経由する反応が重要であり，生体内でのグルコースの立体変換を説明するのに必要となる。アセトン（C_3H_6O）とエタノールを反応させた場合（図2･32），ケトンを構成する酸素原子と炭素原子は酸素原子が負に，炭素原子が正に分極しているため，この正に帯電したアセトン中の炭素原子に対するエタノール中の酸素原子による求核反応が生じる。これによりヘミアセタールが生成するが，さらにエタノールによる求核反応が進み，アセタールが生成する。グルコースは水溶液中で *α*-グルコースと *β*-グルコースが鎖状グルコースを介して平衡状態をとるが，これはアセタールの生成反応と同じ反応機構によるものである（図2･33）。

2･3･2･2　置換反応

置換反応は，求核試薬が有する非共有電子対が正電荷を帯びた炭素原子を攻撃することで進行する。置換反応は置き換わる置換基によって2種類に分類され，反応基質に対して求核試薬が置き換わる場合を**求核置換反応**（S_N：nucleophilic substitution），求電子試薬が置き換わる場合を**求電子置換反応**（S_E：electrophilic substitution）という。

2･3･2･2･1　求核置換反応

求核置換反応は反応機構の違いにより1分子置換反応（S_N1 反応）と2分子置換反応（S_N2 反応）に分類される。S_N1 反応はカルボカチオンの生成とカルボカチオンへの求核試薬の付加の二段階の反応からなり，3-bromo-3-methylhexane と水の反応において 3-methylhexan-3-

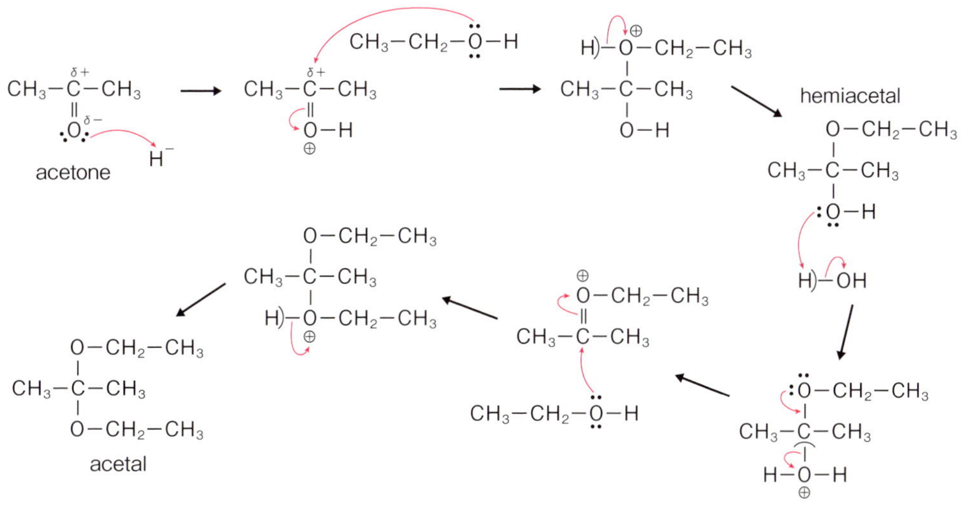

図2･32　正に帯電したカルボニル基を構成する炭素原子に対してエタノール中の酸素原子が有する非共有電子対が求核攻撃し，反応中間体であるオキソニウムイオンを経てヘミアセタールを形成する。さらに，ヒドロキシ基のプロトン化に伴う脱水反応，第二段階のエタノールによる求核反応を経てアセタールが生成する。

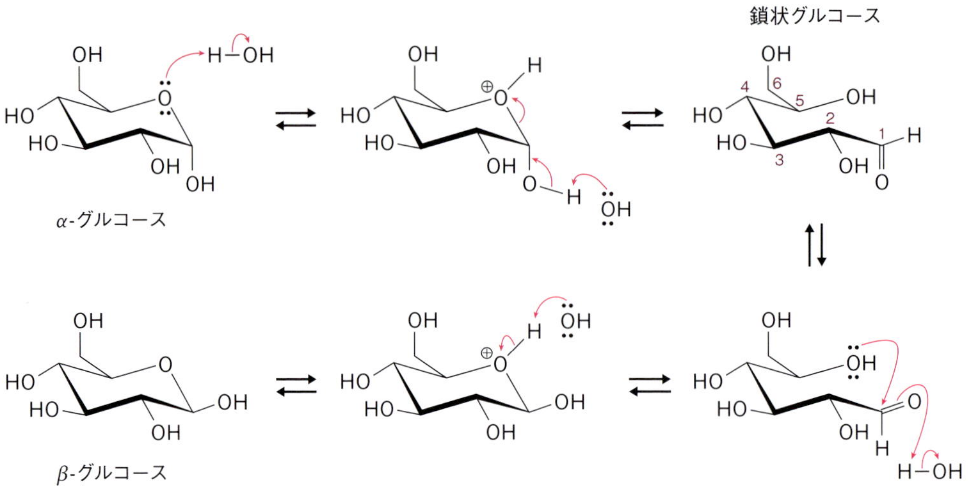

図 2·33　グルコースを水に溶解すると，分子内で 1 番目の炭素原子を含むカルボニル基と 5 番目の炭素原子に結合したヒドロキシ基が分子内アセタール反応を起こすことで，鎖状グルコースからヘミアセタール構造を有する環状グルコースへと変換される。この際，鎖状グルコースを平面で記載した場合にヒドロキシ基が平面の上下のどちらから攻撃するかによって α と β グルコースが決定される。

ol が生成される（図 2·34）。なお，S_N1 反応においては，求核試薬はカルボカチオンがとる平面構造に対して両面から攻撃することが可能なため，反応基質が不斉炭素を有する場合の反応生成物はラセミ体となるのが特徴である。S_N1 反応の反応性は，生成するカルボカチオン中間体の安定性に依存しており，ハロゲン化アルカンにおける反応の生じやすさは，アルカン部分の構造として第三級＞第二級＞第一級＞メチル基となる。

一方，S_N2 反応は反応基質に対して別の物質が作用することによって起こる反応であ

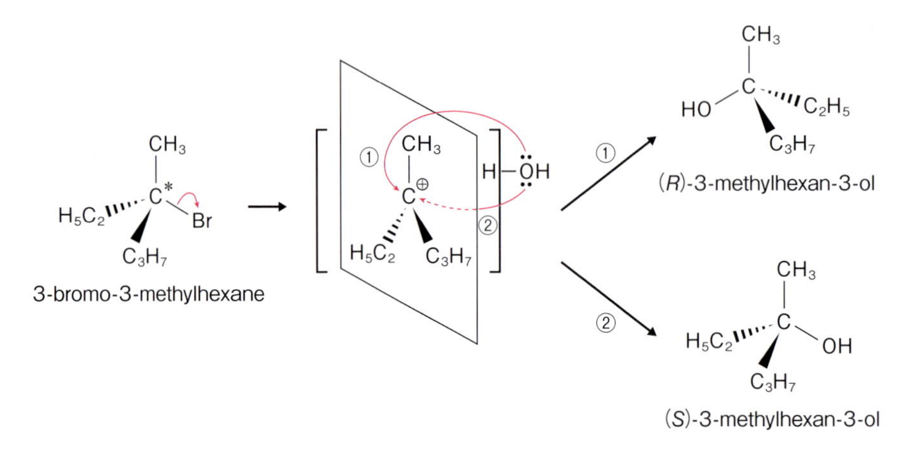

図 2·34　臭素原子が自発的に脱離して平面構造の sp^2 混成軌道を有するカルボカチオン中間体が形成された後，求核試薬である水分子中の酸素原子がカルボカチオン中間体の炭素原子に求核攻撃することで，3-methylhexan-3-ol を生成する。これは S_N1 反応であるため，求核試薬である水はカルボカチオンがとる平面構造に対して両面から攻撃可能であり，①②両方の反応が進むため *R* 体と *S* 体の両方が生成される。

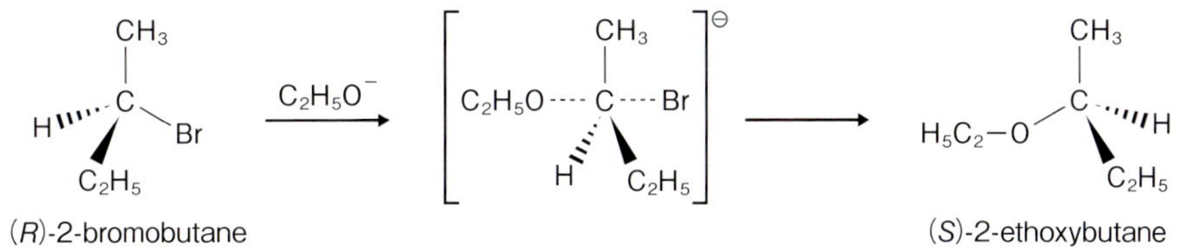

(*R*)-2-bromobutane　(*S*)-2-ethoxybutane

図 2·35　(*R*)-2-bromobutane 中で正に分極した炭素原子に対して臭素原子の逆側からエトキシドイオンが求核攻撃し，反応基質とエトキシドイオンが同時に結合したような最も反応エネルギーの高い遷移状態をとる。その後，C-OC_2H_5 結合の形成と C-Br 結合の開裂が同時に起こり，(*S*)-2-ethoxybutane を生成する。エトキシドイオンが炭素原子の逆側から攻撃するため，基質の立体配置が反転している点が重要である。

り，反応中間体を経由せず，遷移状態を経由した一段階反応で進むのが 1 つの特徴である。2-bromobutane とナトリウムエトキシド（Na^+-OC_2H_5）の反応では 2-ethoxybutane が生成されるが（図 2·35），反応途中で遷移状態をとるには，求核試薬（$C_2H_5O^-$）が C-Br 結合の反対側から近づく必要がある。このため，不斉炭素原子を有する基質の場合は基質の立体配置が反転する。この反転を **Walden 反転**という。S_N2 反応の反応性は，求核試薬が近づく場合の近づきやすさ（基質の炭素原子周辺の立体障害）に依存しており，S_N1 反応とは逆にメチル基＞第一級＞第二級＞第三級となり，第三級ではほとんど起こらない。

2·3·2·2·2　求電子置換反応

芳香族炭化水素化合物は平面構造部分の上下に π 電子が広がっており，この π 電子が電子供与体となって求電子試薬と反応し，反応基質のプロトンなどと置き換わることで新たな芳香族化合物を生成することができる。1 置換ベンゼンに 2 つ目の置換基が導入される位置は 3 か所あり，置換基の結合している炭素の隣の炭素から順にオルト位，メタ位，パラ位とされ，それらの位置に置換された生成物を，**オルト（*o*-）置換体**，**メタ（*m*-）置換体**，**パラ（*p*-）置換体**という（図 2·36）。

2·3·2·3　脱離反応

隣り合う 2 つの炭素原子にそれぞれ結合した原子（物質）が脱離するとともに，炭素原子間で新たな π 結合を形成する反応を脱離反応という。置換反応と同様に，脱離反応にも 1 分子脱離反応（E1 反応）と 2 分子脱離反応（E2 反応）が存在する。

E1 反応は，カルボカチオン中間体を経由して 2 つの遷移状態を経る二段階の反応であ

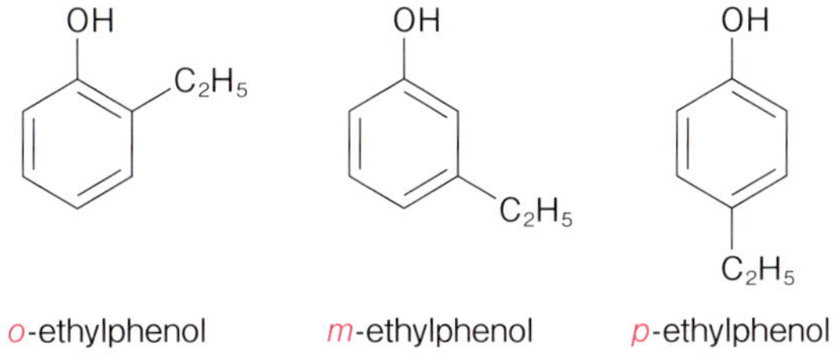

o-ethylphenol　*m*-ethylphenol　*p*-ethylphenol

図 2·36　置換基の反応位置に基づく命名法

り，カルボカチオン中間体の生成がその律速段階となる。E1 反応の例として 2-bromo-2-methylbutan からの臭化水素の脱離反応によって 2-methylbut-2-ene が主に生成されるが（図 2･37），反応の生じやすさは S_N1 反応の場合と同様，生成するカルボカチオン中間体の安定性に依存（ハロゲン化アルカン部分の構造として，第三級＞第二級＞第一級）する。また，カルボカチオン中間体から脱離するプロトン（カチオンに隣り合う炭素に結合している水素）が 2 種類存在する場合，どちらのプロトンが脱離するかによって生成するアルケンが異なるが，その反応性は生成するアルケンの安定性に依存する。アルケンは二重結合を構成する炭素原子により多くのアルカンが結合している場合に安定になる傾向にあり，また長鎖がシス形で存在する場合よりもトランス形で存在する場合の方が安定になる。したがって，カチオンと隣り合う炭素が 2 つ存在する場合，水素置換基が少ない方の炭素原子から水素原子が脱離する（**Zaitsev 則**）。また，反応生成物が幾何異性体を有する場合は，シス異性体よりもトランス異性体が優先して生成される。

E2 反応は，ハロゲンが結合する炭素原子と隣り合う（これを β 位という）炭素原子に結合した水素原子の引き抜きとハロゲン原子の脱離が同時に起こり，1 つの遷移状態を経て起こる一段階反応である。E2 反応においても脱離する β 位のプロトンが 2 種類存在する場合は，Zaitsev 則に従った脱離反応が生じるため，2 (*R*) -bromo-3 (*S*) -methylpentane とナトリウムエトキシド (Na^+-OC_2H_5) との反応では 3-methylpent-2-ene が生成する。ここで，*cis*-3-methylpent-2-ene が生成されるが，*trans*-3-methylpent-2-ene は生成しないのが E2 反応の特徴である（図 2･38）。これは，塩基（エトキシドイオン）が隣接する β 位のプロトンを引き抜くため，立体障害の影響を受けないようにする必要があり，引き抜かれるプロトンは脱離する基に対して同一平面の反対側の位置（アンチ配位）をとる必要があるためである。このように，E2 反応においては生成物の *cis/trans* 配置を考える必要がある。なお，アンチ配位は図 2･38 の 3 番目の炭素を A の方向から見た際の形を示す **Newman 投影式**（図 2･38A, B）

2-bromo-2-methylbutane

2-methylbut-2-ene（主生成物）

2-methylbut-1-ene（副生成物）

図 2･37　2-bromo-2-methylbutane から臭化物イオンが自発的に脱離することでカルボカチオンが生成し，その後プロトンが脱離する際に炭素原子 - 水素原子間の共有結合に用いられていた電子を用いて炭素原子 - 炭素原子間に二重結合を形成する。なお，Zaitsev 則に従い，水素原子は水素置換基が少ない方の炭素原子から脱離するため，2-methylbut-2-ene が主生成物となる。

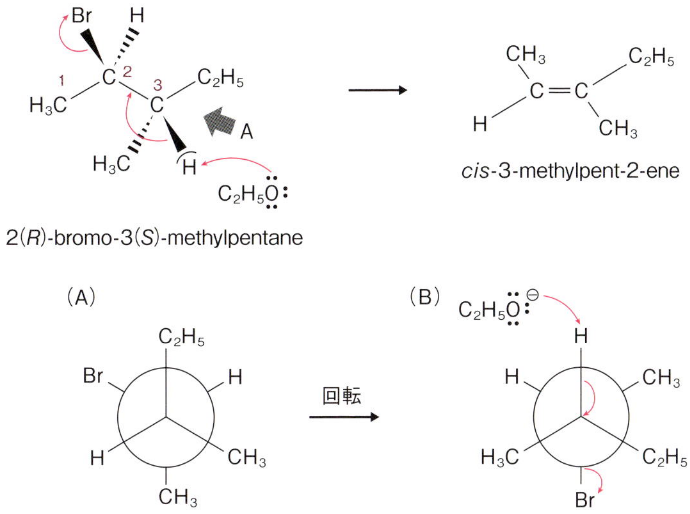

図 2・38　3 位の炭素原子に結合した水素原子に対してエトキシドイオンが反応し，水素原子の引き抜きが起こるとともに，臭素原子の脱離が一段階で起こる。3 番目の炭素を A の方向から見たときは（A）のようになり，この図を Newman 投影式と呼ぶが，引き抜かれるプロトンは脱離する臭素原子に対して同一平面の反対側の位置をとる必要があるため，2 番目と 3 番目の炭素軸を中心に手前と奥側の原子をそれぞれ回し，3 番目の炭素原子に結合した水素原子と 2 番目の炭素原子に結合した臭素原子が同一直線上に並ぶような状態（B）で反応が進む。したがって，2(*R*) -bromo-3(*S*)-methylpentane から臭化水素が脱離する場合，E2 反応では *cis*-3-methylpent-2-ene が生成される。

を記載するとわかりやすい。

2・3・3　官能基の反応

有機化学における基本的な反応について，前項までに説明した。ここでは代表的な官能基の反応について説明する。

2・3・3・1　アルコール，フェノール

アルコールの反応にはヒドロキシ基が有する特徴が大きく関与しており，酸化反応によってケトンやアルデヒド，カルボン酸となるが，その反応性はアルコールの級数によって異なる（図 2・15）。また，ヒドロキシ基の酸素原子は非共有電子対を有するため，酸性条件下においてプロトン化することで脱離反応が進行する。一般的にヒドロキシ基は脱離能の高い脱離基とは言い難いが，酸性条件下においてヒドロキシ基の酸素原子をプロトン化することで脱離能が高くなり，炭素－酸素間の開裂が容易に起こるようになる。この反応は E1 反応であり，反応中間体としてカルボカチオンを生成するため，得られる主生成物は Zaitsev 則に従う（図 2・39）。

一方，塩基性条件下では求核試薬となり，ハロゲン化アルカンとの反応によるエーテル生成に代表される求核置換反応を起こす。ナトリウムエトキシドと 2-chlorobutane における S_N2 反応では 2-ethoxybutane を生成するが，前述の通り S_N2 反応においては立体構造が反転

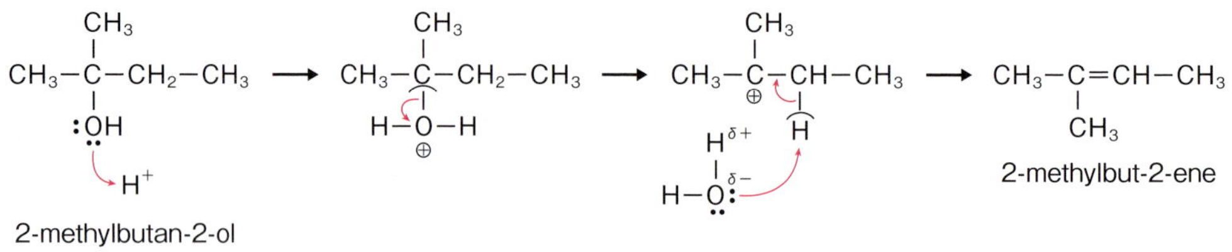

$CH_3-C(CH_3)(OH)-CH_2-CH_3$ → $CH_3-C(CH_3)(\overset{\oplus}{O}H_2)-CH_2-CH_3$ → $CH_3-\overset{\oplus}{C}(CH_3)-CH_2-CH_3$ → $CH_3-C(CH_3)=CH-CH_3$

2-methylbutan-2-ol　　2-methylbut-2-ene

図 2･39　2-methylbutane-2-ol のヒドロキシ基は酸性条件下でオキソニウムイオンとなり，水として脱離する。これは E1 反応であるため，得られるアルケンは Zaitsev 則に従った 2-methylbut-2-ene となる。

することに注意が必要である（Walden 反転）（図 2･40）。なお，第三級アルカンなどの立体障害の高いハロゲン化アルカンを反応基質とした場合，S_N2 反応ではなく E2 反応が進行し，アルケンが生成する。アルコールは酸性条件下で分子内脱水を起こすことも特徴であり，これによりアルケンが生成される。

フェノールは，芳香環が有する π 結合により求電子置換反応を起こし，オルト置換体とパラ置換体を生成する。なお，ヒドロキシ基が結合している炭素が sp^2 混成軌道をとっており，非常に安定なことから，アルコールにおける脱水反応で容易に起こる炭素−酸素間の開裂は起こらない。なお，反応性は低いがフェノールもアルコール類と同様にエーテルやエステルなどに変換できる。また酸化反応も同様に受け，キノンを形成することが知られている。

生体内においては，アミノ酸や核酸塩基の一部としてタンパク質や核酸が高次構造をとるために必要な水素結合を構成するのに役立っている。

2･3･3･2　アルデヒド，ケトン

アルデヒドやケトンを構成するカルボニル基において，炭素原子は正，酸素原子は負に分極しており，この正に分極した炭素原子に対する求核付加反応が重要な反応である（図 2･41，図 2･32 参照）。上述の通り，α- グルコースと β- グルコースの相互変換が生化学にお

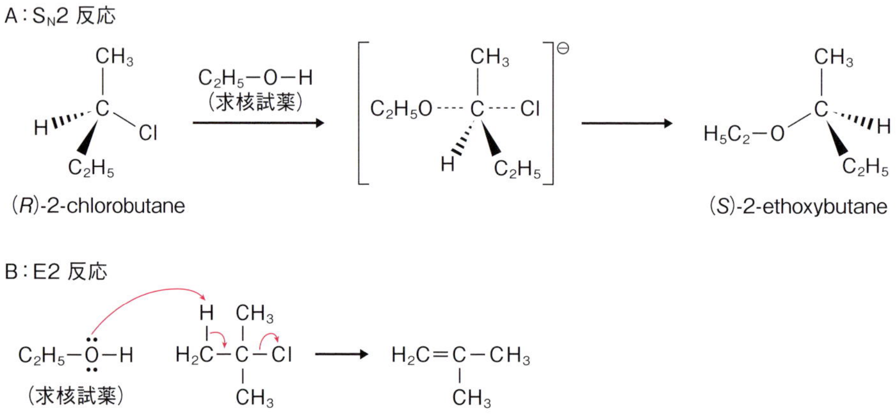

A：S_N2 反応

(R)-2-chlorobutane　+　C_2H_5-O-H（求核試薬）→ [$C_2H_5O\cdots C\cdots Cl$]$^{\ominus}$ → (S)-2-ethoxybutane

B：E2 反応

$C_2H_5-\ddot{O}-H$（求核試薬）　$H_2C(H)-C(CH_3)_2-Cl$ → $H_2C=C(CH_3)-CH_3$

図 2･40　ナトリウムエトキシドと 2-chlorobutane における S_N2 反応では，遷移状態を形成した後，C-OC_2H_5 結合の形成と C-Cl 結合の開裂が同時に起こることで 2-ethoxybutane が生成するが，S_N2 反応の特徴である Walden 反転が起こることに注意が必要である。なお，立体障害の高いハロゲン化アルカンを反応基質とした場合，E2 反応によりアルケンが生成する。

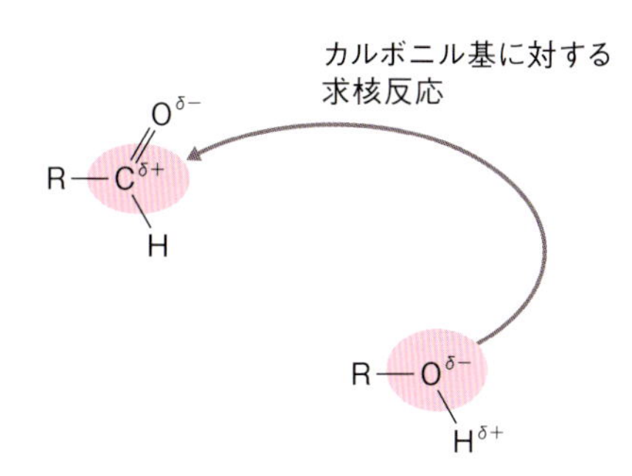

図 2·41　カルボニル基を構成する酸素原子－炭素原子間において，大きな電気陰性度を有する酸素原子は負に帯電し，炭素原子は性に帯電する。この正に帯電した炭素原子に対する求核反応がカルボニル基を有する有機化合物の重要な反応である。

いては重要な反応である（2·3·2·1·2 参照）。

2·3·3·3　カルボン酸

カルボン酸は酸としての反応の他，カルボニル基やヒドロキシ基が有する反応性を有し，両官能基が 1 つの炭素原子を中心に構成されていることから，アルデヒドやケトンと異なる特徴的な反応性も有する。カルボン酸の反応で重要なのは，エステルやアミドなどのカルボン酸誘導体を生成する点（図 2·42）であり，酸性条件化における酢酸と propanol による

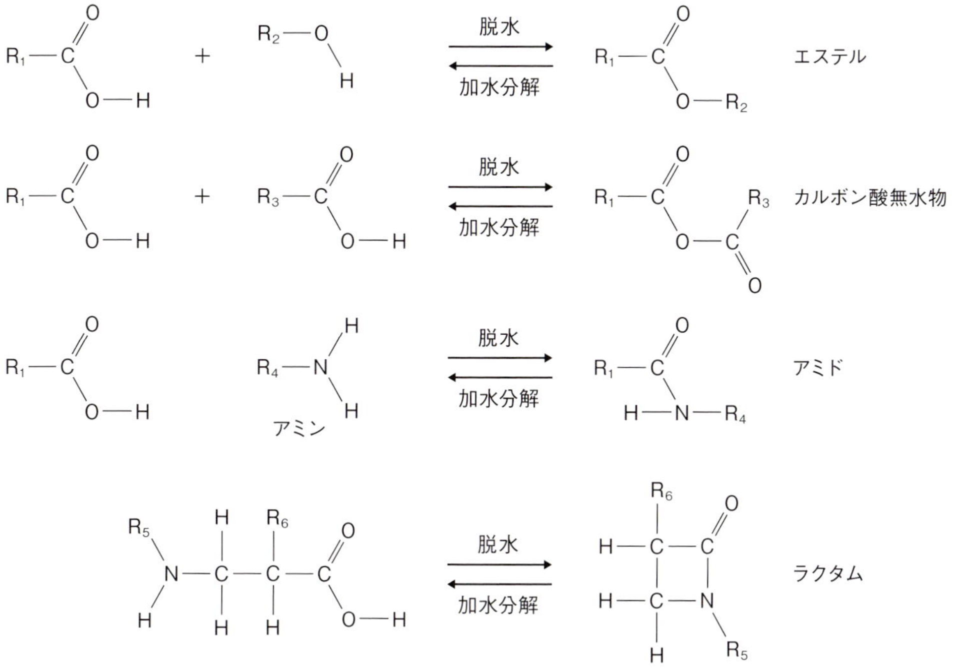

脱水 / 加水分解　エステル

脱水 / 加水分解　カルボン酸無水物

アミン　脱水 / 加水分解　アミド

脱水 / 加水分解　ラクタム

図 2·42　カルボン酸の反応と生成物

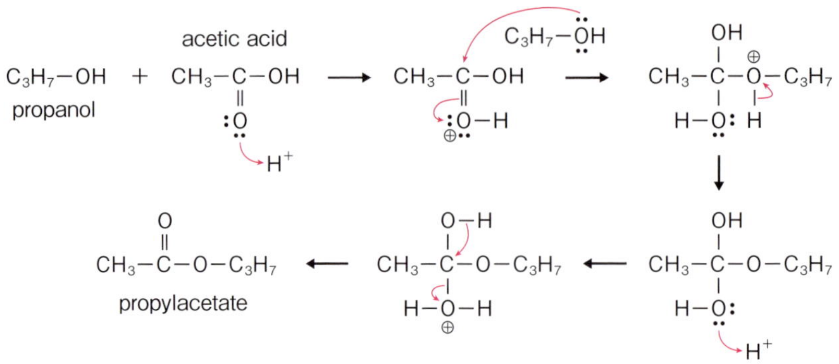

C_3H_7-OH + $CH_3-C(=O)-OH$ (acetic acid) ⟶ $CH_3-C(=\overset{\oplus}{O}-H)-OH$ + $C_3H_7-\ddot{O}H$ ⟶ $CH_3-C(OH)(O-H)-\overset{\oplus}{O}(H)-C_3H_7$ ⟶ $CH_3-C(OH)(H-\ddot{O}:)-O-C_3H_7$ ⟶ $CH_3-C(O-H)(H-\overset{\oplus}{O}-H)-O-C_3H_7$ ⟶ $CH_3-C(=O)-O-C_3H_7$

propanol　H⁺　propylacetate

図 2・43　プロトン化された酢酸のカルボニル基に対して propanol が求核攻撃し，ジオールの形になる。次に 2 つのヒドロキシ基のうちの片方がプロトン化して脱水反応が起こった後，残ったヒドロキシ基が脱プロトン化することで，propylacetate が生成する。これは求核付加反応であるが，ヒドロキシ基が脱離基として反応するため，付加脱離反応と呼ばれることもある。

分子間エステル反応では propylacetate（図 2・43），5-hydroxypentanoic acid による分子内エステル化反応では環状エステル（ラクトン）である δ-valerolactone（図 2・44），ethanamine と酢酸によるアミド化反応では *N*-ethyl acetamide（図 2・45）が生成される。アミド化反応も同様に分子内で起こる可能性があり，生成物はラクタムと呼ばれる（図 2・42）。ペニシリン系やセファロスポリン系抗生物質は基本骨格として β ラクタム環構造を有しており，β ラ

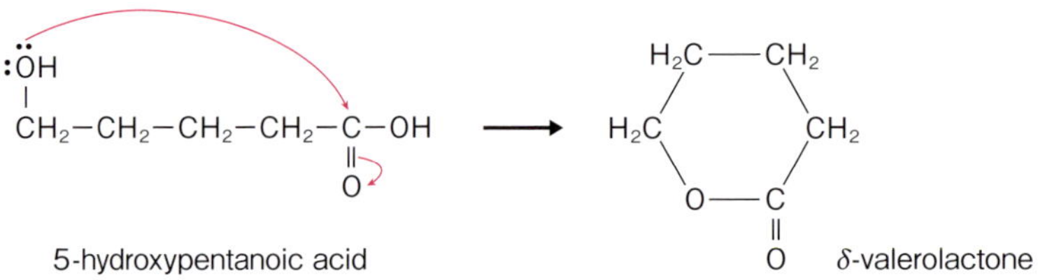

$:\ddot{O}H-CH_2-CH_2-CH_2-CH_2-C(=O)-OH$ ⟶ (環状) H_2C-CH_2, H_2C, CH_2, $O-C(=O)$

5-hydroxypentanoic acid　δ-valerolactone

図 2・44　分子内にカルボキシ基とヒドロキシ基の両方を有する 5-hydroxypentanoic acid は分子内でエステル化反応を生じ，環状エステルである δ-valerolactone が生成される。

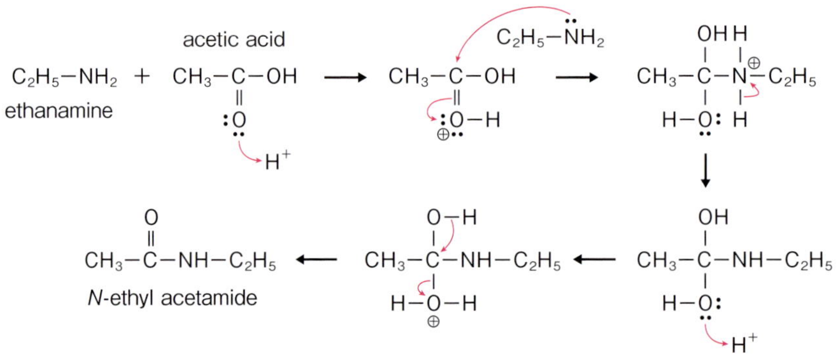

$C_2H_5-NH_2$ + $CH_3-C(=O)-OH$ (acetic acid) ⟶ $CH_3-C(=\overset{\oplus}{O}-H)-OH$ + $C_2H_5-\ddot{N}H_2$ ⟶ $CH_3-C(OH)(H-\ddot{O}:)-\overset{\oplus}{N}(H)(H)-C_2H_5$ ⟶ $CH_3-C(OH)(H-\ddot{O}:)-NH-C_2H_5$ ⟶ $CH_3-C(O-H)(H-\overset{\oplus}{O}-H)-NH-C_2H_5$ ⟶ $CH_3-C(=O)-NH-C_2H_5$

ethanamine　H⁺　*N*-ethyl acetamide

図 2・45　カルボン酸とアルコールの反応（図 2・43）と同様の機構により，カルボン酸とアミンからはアミドが生成される。

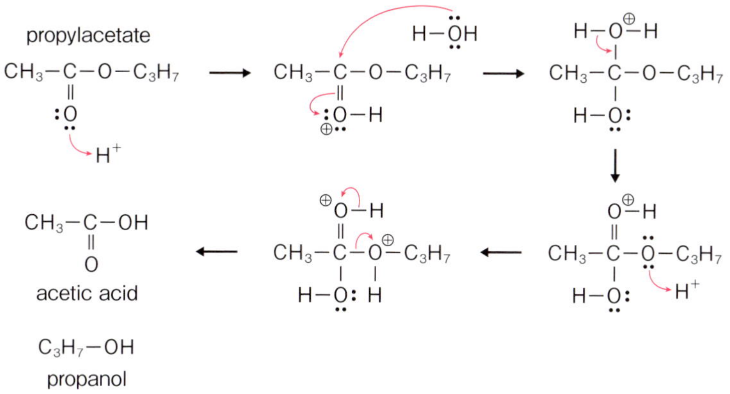

propylacetate

acetic acid

C_3H_7-OH
propanol

図 2・46　propylacetate のカルボニル基がプロトン化された後，水分子中の酸素原子によってカルボニル基を構成する炭素原子が求核攻撃を受け，ジオールを生成する。次に propoxy 基が脱離し，脱離したプロポキシドイオン（$-OC_3H_7$）が水素原子を引き抜くことで，酢酸と propanol が生成する。

クタム系抗生物質と呼ばれている。

なお，エステル化やアミド化は可逆的な反応であり，加水分解を受けることでそれぞれカルボン酸，アミンに戻る（図 2・46）。エステルは脱離能の高い置換基を有しているため，加水分解反応をはじめとする種々の反応が起こりやすい。一方，アミドはアミド基の窒素原子の非共有電子対がカルボニル基側に引き寄せられることから，アミド基の窒素原子がプロトン受容体として働かず，プロトン供与体として働く。このためアミドの反応性は低くなることが知られている。また，炭素－窒素間の結合は部分的に二重結合性を帯びているため，炭素－窒素結合間の回転は抑制される。このことは，生体内おいてアミド構造を有するタンパク質の立体構造を決める要因として重要な役割を果たしている。

2・3・3・4　アミン

アミンを構成する窒素原子上には非共有電子対があり，これによりアミンは塩基性を示し，酸性度の高い化合物に対しては塩基として，求電子的な炭素をもつ化合物においては求核試薬として働く。アミンの求核性は非常に高く，ハロゲン化アルカンに対して求核試薬として作用し，S_N2 反応を起こす（図 2・47）。生体内における代表的なアミンの反応は，前述のアミド化反応（2・3・3・3 参照）と亜硝酸とのニトロ化反応である。ニトロ化反応は求核置換反応であり，亜硝酸と強酸を反応させせることにより生じるニトロシルカチオンとアミンの反応が重要である（図 2・48）。得られる生成物は *N*-ニトロソ化合物と呼ばれ，発がん性が高いことが知られている。また，亜硝酸ナトリウムは肉の加工食品の発色剤や保存剤として用いられており，これらが容易に反応して発がん性物質である *N*-ニトロソ化合物が生成し，人体に悪影響を及ぼすことも知られている。

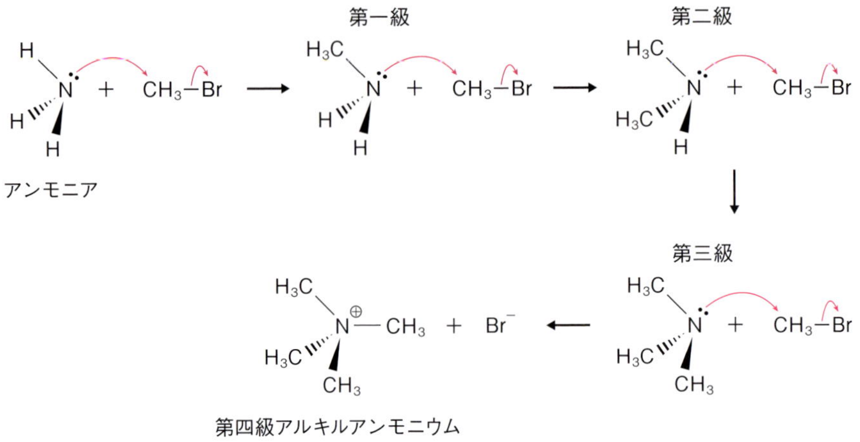

第一級　第二級　第三級

アンモニア

第四級アルキルアンモニウム

図 2·47　生成物のアルキルアミンは反応基質であるアミンよりも反応性が高く，S_N2 反応はさらに進行し，最終的に第四級のアルキルアンモニウム塩を生成する。

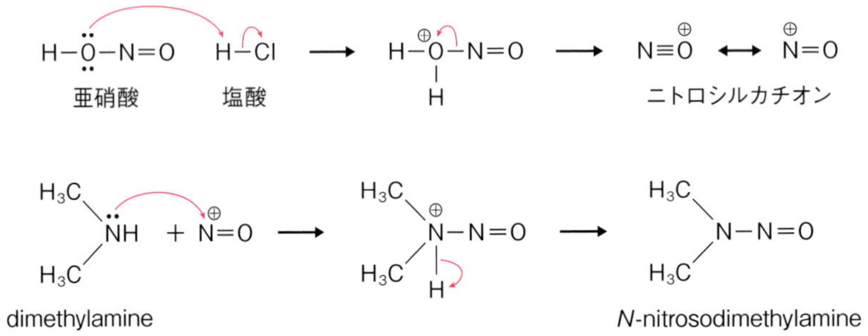

亜硝酸　塩酸　ニトロシルカチオン

dimethylamine　*N*-nitrosodimethylamine

図 2·48　亜硝酸と強酸を反応させることでニトロシルカチオンが生じる。このニトロシルカチオンに対して魚介類に含まれる dimethylamine が求核攻撃することで *N*-nitrosodimethylamine が生成する。この *N*-nitrosodimethylamine は *N*-ニトロソ化合物の一種であり，高い発がん性を有する。

第Ⅱ部　生体高分子

3章　アミノ酸とタンパク質

アミノ酸は同一分子内にカルボキシ基（$-COO^-$）とアミノ基（$-NH_3^+$）を含む化合物である。アミノ酸がペプチド結合で直鎖状に重合したものがタンパク質である。タンパク質はほとんどすべての生命現象において重要な役割を（触媒・信号伝達・構造物などとして）果たす。アミノ酸およびアミノ酸由来の化合物は，単体でも信号伝達などにおいて重要な役割を果たしている。

3·1　アミノ酸

タンパク質を構成するアミノ酸（標準アミノ酸）は 20 種ある。どれも同一分子内にカルボキシ基（$-COO^-$）とアミノ基（$-NH_3^+$）をもっており，カルボキシ基が結合している炭素（α 炭素，C_α）にアミノ基が結合している α-アミノ酸である［厳密にはプロリンは α 炭素にイミノ基（-NH-）が結合している α-イミノ酸である］。20 種のアミノ酸の違いは α 炭素に結合している側鎖の違いによる。グリシン（キラル炭素をもたない）を除く 19 種の α-アミノ酸には D 体と L 体の 2 種類の鏡像異性体（エナンチオマー，光学異性体）が存在するが，タンパク質を構成する標準アミノ酸は L 体である。

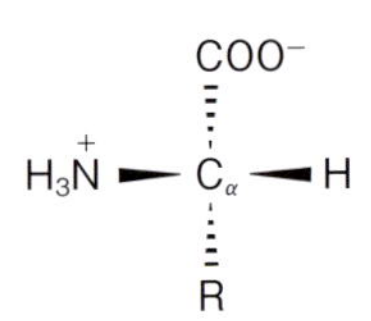

図 3·1　L-α-アミノ酸
標準アミノ酸は 20 種あるが側鎖（R-）が違うだけである。R = H のグリシンを除く 19 種のアミノ酸はすべて L 体である。この図で実線のくさび形で表された結合は紙面に対して読者側に飛び出しており，点線のくさび形で表された結合は紙面に対して奥側に引っ込んでいることを表している。

アミノ酸は酸性基であるカルボキシ基（$-COO^-$）と塩基性基であるアミノ基（$-NH_3^+$）をもっており，中性 pH 近辺ではカルボキシ基が負に，アミノ基が正に荷電し，正負両電荷をもつ。この状態を両性イオン（双性イオン，zwitterion）と呼ぶ。

アミノ酸は側鎖に荷電をもつものもあり，その分子全体としての電荷は pH によって変化する。いずれにせよ，アミノ酸およびそれが重合したタンパク質の水溶液は（弱酸性のカルボキシ基と弱塩基性のアミノ基をもっているので）緩衝作用をもつ。緩衝作用をもつ水溶液に酸あるいは塩基を添加しても pH は大きく変化しにくい。

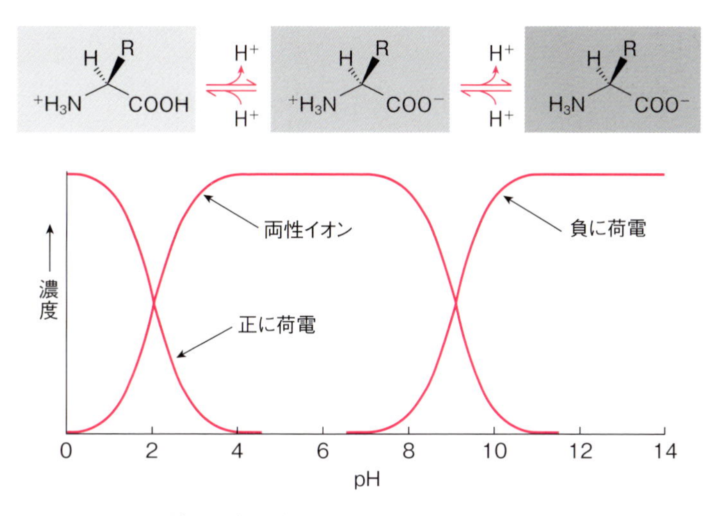

図 3·2　アミノ酸のイオン形
アミノ酸は pH が低いときには全体として正に荷電し，中性 pH 近辺では正負両電荷をもち（両性イオン），pH が高いときには負に荷電する。

BOX1　酸と塩基

酸はプロトン（H^+）供与体であり，塩基はプロトン受容体である。

$$酸（HA）\rightleftarrows H^+ + 塩基（A^-）$$

水溶液のプロトン濃度は，

$$pH = -\log[H^+]$$

で表される。水溶液の pH と弱酸（HA）の濃度およびその共役塩基（A^-）の濃度の関係は，ヘンダーソン・ハッセルバルヒ（Henderson-Hasselbalch）の式で表される。

$$HA \rightleftarrows H^+ + A^-$$

$$K_a = [H^+][A^-] / [HA]$$

$$pK_a = -\log K_a = -\log([H^+][A^-] / [HA])$$

$$= pH + \log([HA] / [A^-])$$

$$\mathbf{pH = pK_a + \log([A^-] / [HA])}$$

3·2　アミノ酸の分類と性質

アミノ酸は側鎖の性質により次の 3 種に分類される。

3·2·1　非極性側鎖アミノ酸

非極性側鎖をもつアミノ酸はグリシン，アラニン，バリン，ロイシン，イソロイシン，フェニルアラニン，トリプトファン，メチオニン，プロリンの 9 つである。これらのアミノ酸の側鎖はプロトンを受け取りも与えもしないし，水素結合・イオン結合にも関わらないが，疎水相互作用を促進する。したがって水溶液中に存在するタンパク質の中では，非極性側鎖はタンパク質の内側に集まってかたまりを作る傾向がある。細胞膜に埋め込まれているタンパク質の中では，逆に外側の細胞膜に接する表面に存在する傾向がある。

3・2・2　無電荷極性側鎖アミノ酸

無電荷極性側鎖をもつアミノ酸はセリン，トレオニン（これら 2 つはヒドロキシ基をもつ），アスパラギン，グルタミン（これら 2 つはカルボニル基とアミド基をもつ），チロシン（フェニール性ヒドロキシ基をもつ），システイン（チオール基をもつ）の 6 つである。セリン，トレオニン，チロシンのヒドロキシ基は水素結合を作ることができるし，リン酸基などの結合部位にもなる（酵素のリン酸化・脱リン酸は活性調節において非常に重要な役割を果たす）。またアスパラギンとグルタミンのカルボニル基とアミド基も水素結合を作ることができる。システインのチオール基（-SH）は多くの酵素の活性部位となり，重要である。また 2 つのシステイン残基（タンパク質中に組み込まれたアミノ酸をアミノ酸残基と呼ぶ）のチオール基が酸化され，ジスルフィド結合（-S-S-）と呼ばれる共有結合性の架橋を形成できる。2 分子のシステインがジスルフィド結合で結合したものをシスチンと呼ぶ。

3・2・3　電荷をもつ極性側鎖アミノ酸

リシン，アルギニンは生理的 pH で正電荷をもつ塩基性アミノ酸である。遊離ヒスチジンは生理的 pH ではほとんど電荷をもたないが，タンパク質中のヒスチジン残基の側鎖は正電

BOX2　アミノ酸の 3 文字表記と 1 文字表記

アミノ酸は 3 文字表記あるいは 1 文字表記で表されることが多い。

アミノ酸	3 文字表記	1 文字表記
アラニン（alanine）	Ala	A
アルギニン（arginine）	Arg	R
アスパラギン（asparagine）	Asn	N
アスパラギン酸（aspartic acid）	Asp	D
システイン（cysteine）	Cys	C
グルタミン（glutamine）	Gln	Q
グルタミン酸（glutamic acid）	Glu	E
グリシン（glycine）	Gly	G
ヒスチジン（histidine）	His	H
イソロイシン（isoleucine）	Ile	I
ロイシン（leucine）	Leu	L
リシン（lysine）	Lys	K
メチオニン（methionine）	Met	M
フェニルアラニン（phenylalanine）	Phe	F
プロリン（proline）	Pro	P
セリン（serine）	Ser	S
トレオニン（threonine）	Thr	T
トリプトファン（tryptophan）	Trp	W
チロシン（tyrosine）	Tyr	Y
バリン（valine）	Val	V
アスパラギンもしくはアスパラギン酸	Asx	B
グルタミンもしくはグルタミン酸	Glx	Z

非極性側鎖アミノ酸

グリシン　アラニン　バリン　ロイシン

イソロイシン　フェニルアラニン　トリプトファン　メチオニン　プロリン

側鎖

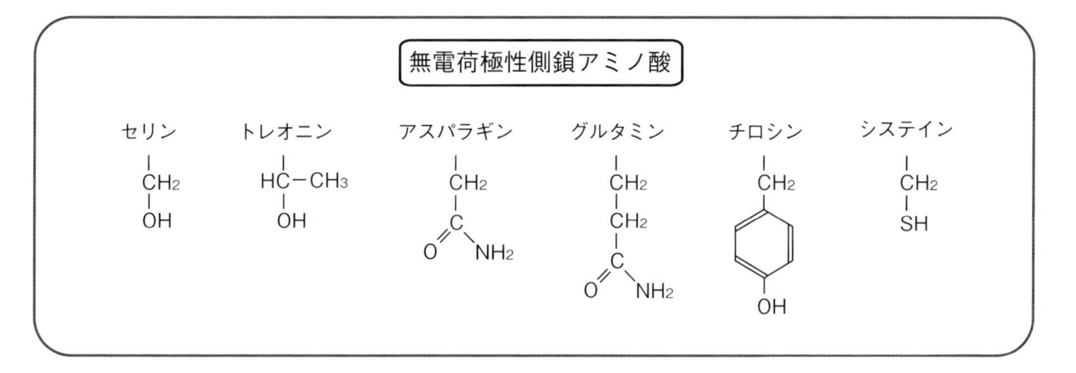

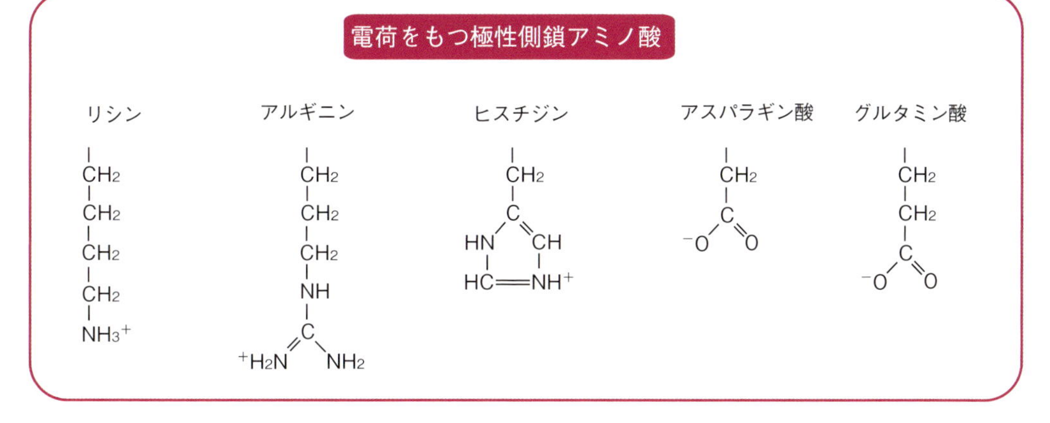

図 3·3　非極性側鎖アミノ酸・無電荷極性側鎖アミノ酸・電荷をもつ極性側鎖アミノ酸
それぞれの側鎖を示す。

荷をもったり電荷をもたなかったりする（タンパク質中のイオン環境に依存して）。アスパラギン酸とグルタミン酸は生理的 pH で負電荷をもつ酸性アミノ酸である。

3･2･4　特殊なアミノ酸およびアミノ酸誘導体

ある種のタンパク質中には，それを構成するポリペプチド鎖（3•3，3•4 節参照）が合成されてから特異的に修飾されるアミノ酸残基が存在する。*O*- ホスホセリン，*γ*- カルボキシグルタミン酸，4- ヒドロキシプロリン，3- メチルヒスチジン，*ε*-*N*- アセチルリシンなどである。タンパク質を構成する標準アミノ酸は（グリシンを除き）L 体であるが，細菌のある種の比較的短いポリペプチドには D- アミノ酸も含まれる（細胞壁の構成成分，細菌が産生するペプチド性抗生物質バリノマイシン，グラミシジン A，アクチノマイシン D などの成分）。また哺乳類の脳には D- セリンが存在し，グルタミン酸受容体の一種である NMDA 受容体を介して神経伝達に関与していると考えられている。

アミノ酸およびその誘導体には単体で生理活性をもつものがある。グルタミン酸，*γ*- アミノ酪酸（GABA，グルタミン酸誘導体），グリシン，チロシン誘導体のアドレナリン・ノルアドレナリン・ドーパミン，セロトニン（トリプトファン誘導体）は神経伝達物質として機能する。またヒスタミン（ヒスチジン誘導体）やセロトニンはオータコイド（ある種の細胞によって産生され，近傍の別の種類の細胞の機能に影響を及ぼす化学物質）として機能する。チロシン誘導体であるチロキシン（サイロキシン）は甲状腺で産生・分泌されるホルモンである。

3･3　ペプチド結合

あるアミノ酸の *α*- カルボキシ基（C_α に結合しているカルボキシ基）と，別のアミノ酸の *α*- アミノ基（C_α に結合しているアミノ基）の間で水が失われてできる結合を，ペプチド結合と呼ぶ。ペプチド結合は次の性質をもつ。

① 加水分解しにくく安定である。

② 平面構造をとる。

③ 水素結合供与体（NH 基）と水素結合受容体（CO 基）の両者をもつ。

④ 無電荷である。

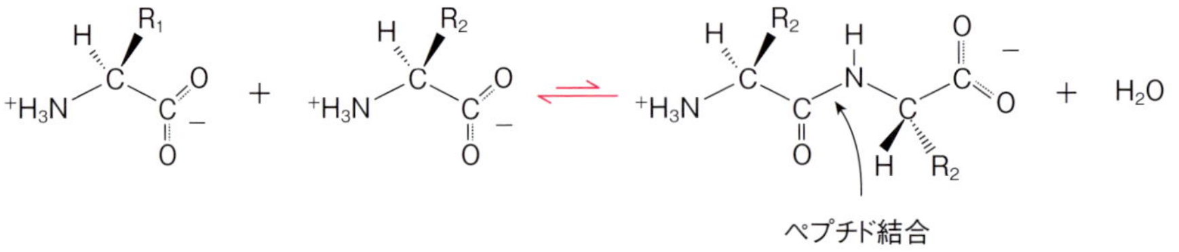

ペプチド結合

図 3･4　ペプチド結合
あるアミノ酸（側鎖 R_1）の *α*- カルボキシ基と別のアミノ酸（側鎖 R_2）の *α*- アミノ基の間で H_2O が失われてできる共有結合をペプチド結合と呼ぶ。

ペプチド結合により，2 個以上のアミノ酸が重合したものをペプチドと呼ぶ。2 個のアミノ酸が重合したものをジペプチド，3 個の場合はトリペプチド，数個の場合はオリゴペプチド，それ以上はポリペプチドと呼ぶ。ペプチドに組み込まれたアミノ酸をアミノ酸残基と呼ぶ。ペプチドは直鎖状（枝分かれの無い）の重合体である。

3·4　タンパク質

3·4·1　タンパク質の一次構造

アミノ酸がペプチド結合により，一列に重合したものがタンパク質である。すなわちタンパク質はポリペプチド（およびその組み合わせ）である。タンパク質のアミノ酸配列を一次構造と呼ぶ。アミノ酸配列には方向性がある。すなわち α- アミノ基がペプチド結合に使われていないアミノ酸残基が一方の端にあり（これをアミノ末端もしくは N- 末端と呼ぶ），α- カルボキシ基がペプチド結合に使われていないアミノ酸残基がもう一方の端にある（これをカルボキシ末端もしくは C- 末端と呼ぶ）。アミノ酸配列は遺伝子のヌクレオチド配列によって決定される（22 章参照）。

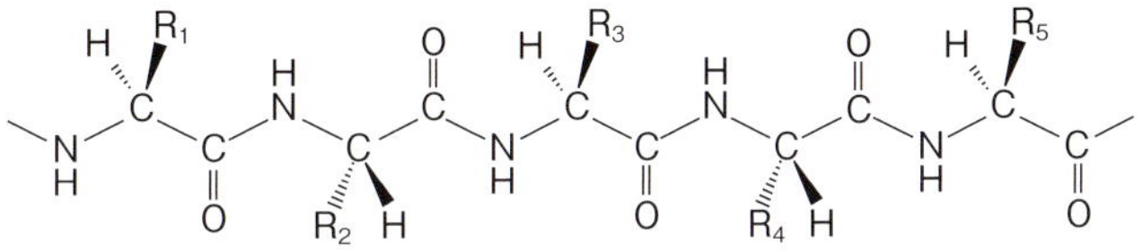

図 3·5　ポリペプチド鎖
アミノ酸がペプチド結合により一列に重合したものをポリペプチドと呼び，タンパク質はポリペプチドから構成されている。

3·4·2　タンパク質の二次構造

タンパク質を構成するポリペプチド鎖は，ランダムな立体構造をとるわけではなく，一次構造上近くにあるアミノ酸残基で形成される（規則的な）立体構造をとるのが一般的である。この局所的な立体構造を二次構造と呼ぶ。二次構造には α ヘリックス, β シート, 逆ターン（β ベンド）などがある。

① α ヘリックス

α ヘリックスはポリペプチドが右巻きのらせん（左巻きもあり得るがほとんど右巻きである）に折りたたまれている構造である。側鎖はらせんの外側に突き出ている。

α ヘリックスではポリペプチド鎖の i 番目のアミノ酸残基の CO 基は $i+4$ 番目のアミノ酸残基の NH 基と水素結合を作り, 安定化する。2 つの α ヘリックスが互いに巻きあってスーパーヘリックス（α ヘリカルコイルドコイル）構造をとることもある。筋肉中のミオシン，トロポミオシン，血栓中のフィブリン，毛髪中のケラチン（中間径フィラメントタンパク質）などである。

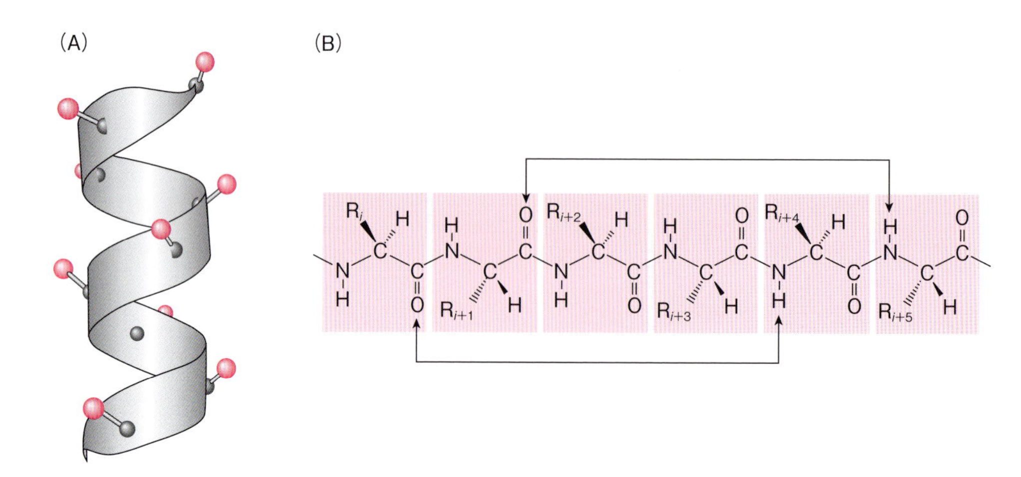

図 3·6　αヘリックス
ポリペプチド鎖が側鎖を外側に突き出すようにしてらせん状に折りたたまれる二次構造をαヘリックスと呼ぶ。(A) αヘリックスはしばしば幅広いリボンとして描かれる。(B) i 番目のアミノ酸残基の CO 基は $i+4$ 番目のアミノ酸残基の NH 基と水素結合を作る。(文献 3-2 より改変)

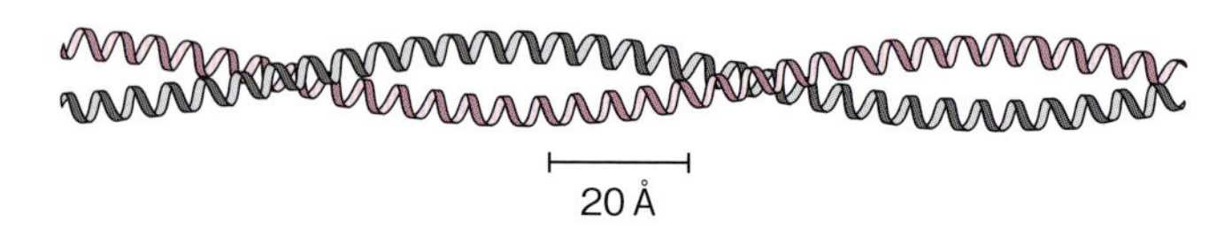

図 3·7　スーパーヘリックス
2 本のαヘリックスが互いに巻きあって，スーパーヘリックス構造をとることがある。

② βシート

βシートはβストランドと呼ばれる構造に折りたたまれたポリペプチド鎖の一部が 2 本以上並んで形成する構造である。別のポリペプチド鎖によるβシートもあるし，一つのポリペプチド鎖の異なる部分がβシートを形成する場合もある。

βシートは逆平行βシートと平行βシートの 2 種類ある。逆平行βシートでは，隣り合うβストランドが逆向きに並ぶ。隣り合うストランドの NH 基と CO 基の間で水素結合を作ることにより，1 つのストランドのアミノ酸残基は隣のストランドの 1 つのアミノ酸残基と結合する。平行βシートでは，隣り合うβストランドが同じ向きに並ぶ。1 つのストランドのアミノ酸残基は水素結合により，隣のストランドの 2 つのアミノ酸残基と結合する。多くのストランド（4・5 本が多いが 10 本以上のこともある）がβシート構造をとりうる。平行，逆平行が混在することもある。

ポリペプチド鎖は逆ターン(βベンド, βターン)とΩループで方向を変える。多くの逆ターンでは i 番目のアミノ酸残基の CO 基は $i+3$ 番目のアミノ酸残基の NH 基と水素結合を作る。Ωループはαヘリックスやβストランドとは異なり, 規則的な繰り返し構造はとらない。逆ターンとΩループはタンパク質の表面に存在し，しばしば他のタンパク質との相互作用に関与することが多い。

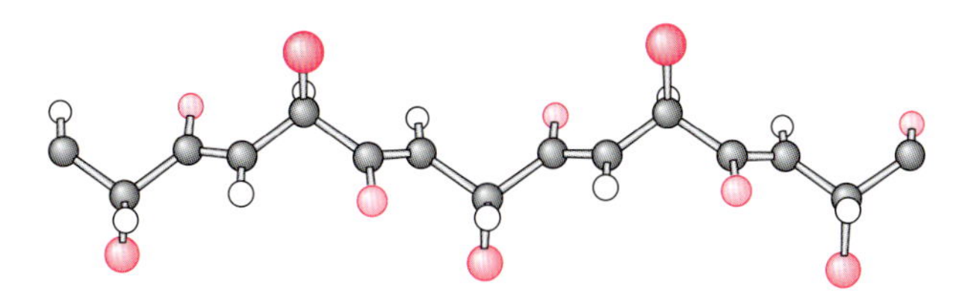

図3·8　βストランド
βストランドでは側鎖は交互にストランドの平面の上と下に出ている。

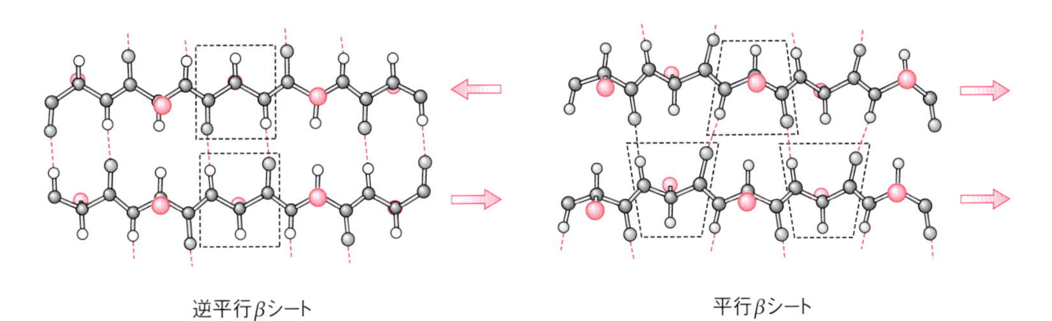

図3·9　逆平行βシートと平行βシート
βシートには隣り合うβストランドが逆向きに並ぶ逆平行βシートと同じ向きに並ぶ平行βシートがある。（文献3-2より改変）

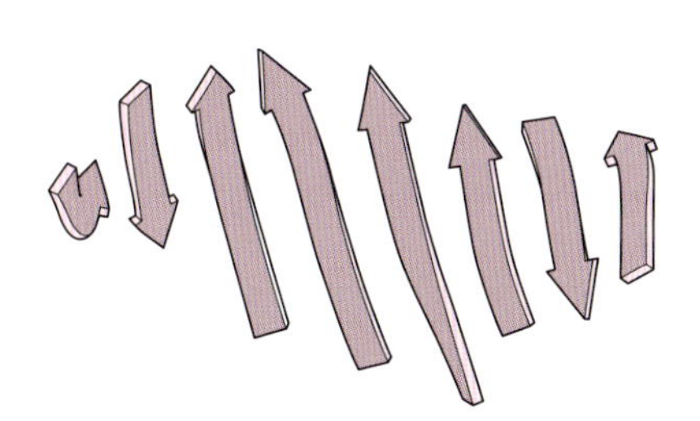

図3·10　βシートの矢印による表記
βストランドは幅広い矢印（N端からC端への向き）で表されることが多い。（文献3-2より改変）

3·4·3　タンパク質の三次構造

タンパク質の三次構造とは，二次構造を作った部分がいかに折りたたまれ，側鎖も含めてタンパク質分子の各原子が空間的にどう配置されるかを示す構造である。現在知られるタンパク質の構造はX線結晶解析か核磁気共鳴（NMR）によって決まったものである。ポリペプチド鎖が折りたたまれて三次構造を作る際に，一般的には，親水性のアミノ酸残基（無電荷極性側鎖ないし電荷をもつ極性側鎖をもつアミノ酸残基）はタンパク質表面に，疎水性のアミノ酸残基（非極性側鎖をもつアミノ酸残基）はタンパク質内部に位置するように折りたたまれる。チャネルのような膜タンパク質の場合には，膜に接する部分に疎水性アミノ酸残基が，イオンなどの通り道になる部分には親水性アミノ酸残基が位置するように折りたたまれる。

3·4·4 タンパク質の四次構造

ほとんどのタンパク質，とくに分子量が 100 kD 以上のタンパク質は 2 本以上のポリペプチド鎖からできていることが多い。これらのポリペプチドのサブユニットは特定の位置関係で会合する。サブユニットの空間配置がタンパク質の四次構造である。

3·4·5 タンパク質の一次構造が高次構造を決定する

ウシ・リボヌクレアーゼは 124 のアミノ酸残基から構成され，4 つのジスルフィド結合によってクロスリンク（架橋）されている。これを尿素ないし塩化グアニジウム（非共有結合を切る作用をもつ）中で β メルカプトエタノールで処理する（ジスルフィド結合を切る）と，高次構造は失われランダムコイル構造になり，酵素活性は失われる（変性する）。透析により徐々に尿素（塩化グアニジウム）および β メルカプトエタノールを除くと，それだけで次第に酵素活性は回復してきた。すなわちリボヌクレアーゼの活性発現に必要なタンパク質の高次構造を作る情報はそのアミノ酸配列にすべて含まれていることが示唆された（アンフィンゼン Christian Anfinsen の実験）。多くのタンパク質がそれだけで自然に正しく折りたたまれるが，シャペロンと呼ばれるタンパク質の助けを必要とするものもある。

BOX3 ミスフォールディング病（コンホメーション病）

ペプチド鎖が折りたたまれて（フォールディング），タンパク質の高次構造が作られるが，このとき，間違った折りたたまれ方（ミスフォールディング）が原因で引き起こされる病気が見つかっており，これをミスフォールディング病（コンホメーション病）と呼ぶ。代表的なものとしてアミロイドーシス，アルツハイマー病，牛海綿状脳症（BSE），クロイツフェルト・ヤコブ病などがある。

3·4·6 タンパク質の翻訳後修飾

タンパク質は翻訳（23 章参照）によりアミノ酸が重合して作られるが，ポリペプチド鎖ができた後で，最終的に機能を発現する以前に様々な修飾を受ける。プロテアーゼによりポリペプチド鎖の特定の部位が切断される場合と，リン酸化，メチル化，アセチル化，アデニリル化，ADP リボシル化，糖（鎖）付加などのアミノ酸残基修飾が行われる場合がある。多くの酵素はセリン残基・トレオニン残基ないしチロシン残基がリン酸化され，その活性が調節される（ある酵素ではリン酸化により活性が促進され，ある酵素では逆にリン酸化により活性が抑制される）。

3·4·7 プロテオーム

特定の細胞が特定の条件下に置かれたときに，その細胞内に存在する全タンパク質のことをプロテオームと呼ぶ。ゲノム情報は酵素やホルモン，その受容体など様々なタンパク質に作り変えられて初めて，細胞の生命活動に必要な機能が発揮できるようになる。このとき個々のタンパク質はそれぞれ固有の限られた機能しかもたないので，多くの種類の異なるタンパク質が必要になる。このように，細胞の活動に必要な全タンパク質をひとまとめにして捉えた概念がプロテオームであり，プロテオームを研究することをプロテオミクスと呼ぶ。

応用問題

A氏は82歳の元高校教師。かかりつけ医から神経内科に「ここ6年間に物忘れがひどくなってきた」ということで紹介された。身体的診察，神経学的検査，精神状態検査，MRI検査の結果，神経内科医は認知症おそらくB病によるものと診断した。(1)コリンエステラーゼ阻害剤が投与されたが，症状は大きくは改善されなかった。管理ケアホームに入所したが，入所後3年間で精神状態は悪化し，食事を拒否，栄養失調により85歳で死去した。(2)死後の剖検で診断が確定した。

1. A氏の疾患名Bは何か。
2. (1) でコリンエステラーゼ阻害剤が投与されたのはなぜか？
3. (2) でどのような病理学的所見から診断が確定したのか？
4. この診断を確定するために除外すべき疾患は何か？
5. この疾患の分子病態を説明せよ。

解　答

1. アルツハイマー病。

2. アルツハイマー病ではコリン作動性ニューロンの脱落が痴呆症状の発現に寄与していると考えられることから，アセチルコリンの分解酵素であるコリンエステラーゼを阻害すれば，アセチルコリンの濃度が上昇し，症状の改善が見られるだろうと期待されたから。

3. 海馬，側頭葉内側，頭頂葉，前頭葉などにニューロンの脱落，反応性グリオーシスを伴う萎縮が見られ，細胞外の老人斑，ニューロン内の神経原線維変化が認められれば，アルツハイマー病の診断が確定する。

4. うつ病，電解質異常，アルコール依存症を含む薬物乱用，甲状腺疾患（甲状腺機能低下症），ビタミンB_1欠乏症（ウェルニッケ脳症），正常圧水頭症，慢性硬膜下血腫などを除外しなければならない。

5. 現在主流であるアミロイドカスケード仮説で説明する。770アミノ酸残基のアミロイド前駆体タンパク質（APP）は機能不明の膜タンパク質であり，APPにβセクレターゼとγセクレターゼというタンパク質分解酵素が作用して，βアミロイド（Aβ）が切り出される。AβにはAβ40（40アミノ酸残基）とAβ42（42アミノ酸残基）の2種類あるがこのうち，Aβ42は凝集性が高く，そのβ領域が会合して大きなβシート構造を形成（ミスフォールディング），これが核となって老人斑が形成されると考えられている。ただし神経毒性を発揮するのは大きな老人斑よりもAβのオリゴマーであると考えられている。神経原線維変化の主要構成成分は微小管結合タンパク質タウがリン酸化されたものである。この場合もミスフォールディングにより不溶性の凝集体（神経原線維変化）が形成される。

引用文献

3-1） Voet, D. *et al.*（田宮信雄ら訳）（2014）『ヴォート基礎生化学（第 4 版）』東京化学同人.

3-2） Berg, J. M. *et al.*（入村達郎ら訳）（2013）『ストライヤー生化学（第 7 版）』東京化学同人.

3-3） Bhagavan, N.V. and Chung-Eun Ha.（2015）“Essentials of Medical Biochemistry, 2nd ed.” Academic Press.

4章 糖 質

糖質すなわち炭水化物は最も多量に存在する生体分子である。基本的には3種類の元素すなわち炭素C，水素H，酸素Oしか含まず，$(C \cdot H_2O)_n$ $(n \geqq 3)$の形で表される（このため“炭・水化物”と呼ばれている）。糖質の主な機能はエネルギーの供給と貯蔵であるが，他にも重要な機能を担っている。

4·1 糖質の機能

糖質の機能としては次の5つが挙げられる。

① エネルギーを供給する燃料

多くの細胞はグルコースを解糖系で燃やして（酸化して）化学エネルギーを得ている。この化学エネルギーはいったんATP（アデノシン三リン酸）の形に変換されてから利用される。

② エネルギー貯蔵形態（グリコーゲン，デンプン）

動物はエネルギーをグリコーゲンという多糖，植物はデンプンという多糖として細胞内に貯蔵する。グリコーゲンは主として骨格筋と肝臓に蓄えられている。

③ 構造の構成要素（セルロース，キチン）

植物の細胞壁はセルロースという多糖，昆虫や甲殻類などの外骨格はキチンという多糖から構成されている。

④ DNA，RNAの構成要素（リボース，デオキシリボース）

遺伝情報を担うDNA，RNAの基本構成要素であるヌクレオチドは核酸塩基のプリン，ピリミジンとデオキシリボース（DNA）ないしリボース（RNA）から構成されるヌクレオシドにリン酸が結合したものである。

⑤ 細胞間認識の目印

細胞膜には糖タンパク質や糖脂質のような複合糖質が存在し，これらが細胞間認識に関与している。ABO式血液型抗原も糖タンパク質や糖脂質のオリゴ糖成分である。

4·2 単 糖

単糖とは炭素原子3個以上を含む，枝分かれの無い，ヒドロキシ基を2個以上もつアルデヒドまたはケトンであり，これが糖質の基本構成要素である。単糖のアルデヒド基ないしケト基から最も遠い不斉中心におけるH基とOH基の空間配置がD-グリセルアルデヒドと同じものをD-糖，L-グリセルアルデヒドと同じものをL-糖と命名する（図4·1）。ヒトの場合，糖の圧倒的多数はD-糖である。

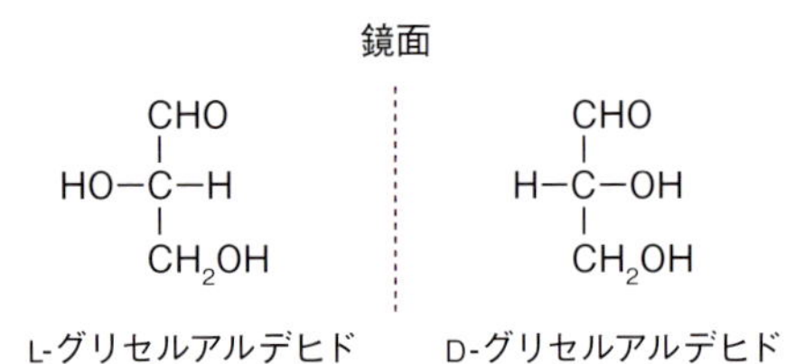

図 4·1　フィッシャー投影によるグリセルアルデヒドの構造
グリセルアルデヒド（2 位の炭素原子がキラル中心）の 2 つの鏡像異性体の表記法の 1 つとしてフィッシャー投影がよく用いられる。

BOX1　エピマーについて

エピマー：ただ 1 つの炭素原子についての空間配置のみが異なる 2 つの立体異性体の単糖を互いにエピマーの関係にあるという。例えば図 4·2 の D- グルコースと D- マンノースは C2 エピマー，D- グルコースと D- ガラクトースは C4 エピマーの関係にある。

4·2·1　単糖の分類

単糖は含まれる炭素の数およびアルデヒド基をもつか，ケト基をもつかで分類される。

3：トリオース（グリセルアルデヒド）　**4：テトロース**（エリトロース）
5：ペントース（リボース）　**6：ヘキソース**（グルコース）
7：ヘプトース（セドヘプツロース）
アルドース：アルデヒド基をもつ（グルコース）　**ケトース**：ケト基をもつ（フルクトース）

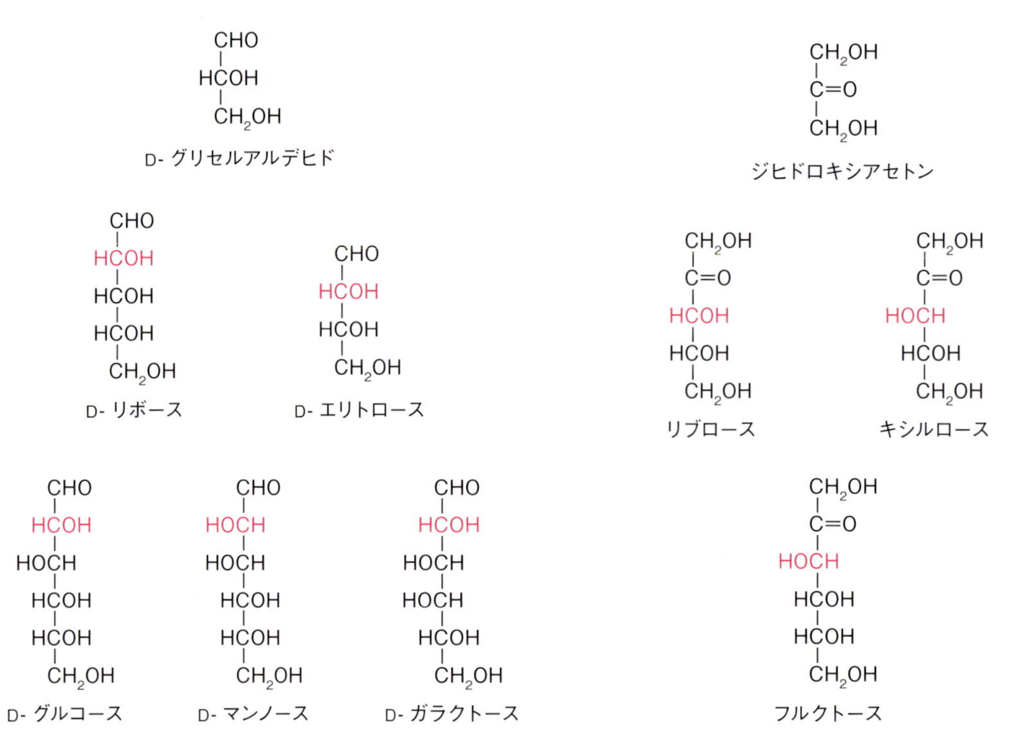

図 4·2　主なアルドース
アルデヒド基をもつ単糖をアルドースと呼ぶ。ここには生体にとって重要な D- 体を示す。

図 4·3　主なケトース
ケト基をもつ単糖をケトースと呼ぶ。ここには生体にとって重要な D- 体を示す。

4·2·2　単糖の環化

5個以上の炭素からなる単糖は，アルデヒド（ケト）基が同じ分子内のアルコール基と反応して環化した形で存在する方が多い。単糖が環化することにより，もとのカルボニル炭素がキラル中心になる。環化することによりキラル中心となる炭素をアノマー炭素と呼ぶ。アルドースの場合 炭素1が，ケトースの場合 炭素2がアノマー炭素になり，α-アノマー，β-アノマーが生じる。溶液中の糖のαアノマーとβアノマーは，互いに自発的に相互変換可能である。六員環の糖をピラノース，五員環の糖をフラノースと呼ぶ。環状化合物の炭素の立体配置はハース（Haworth）式で示すことが多い。糖のアノマー炭素に結合している酸素（カルボニル基の酸素）が他の構造と結合していない場合，その糖は還元力をもつので，還元糖と呼ぶ。

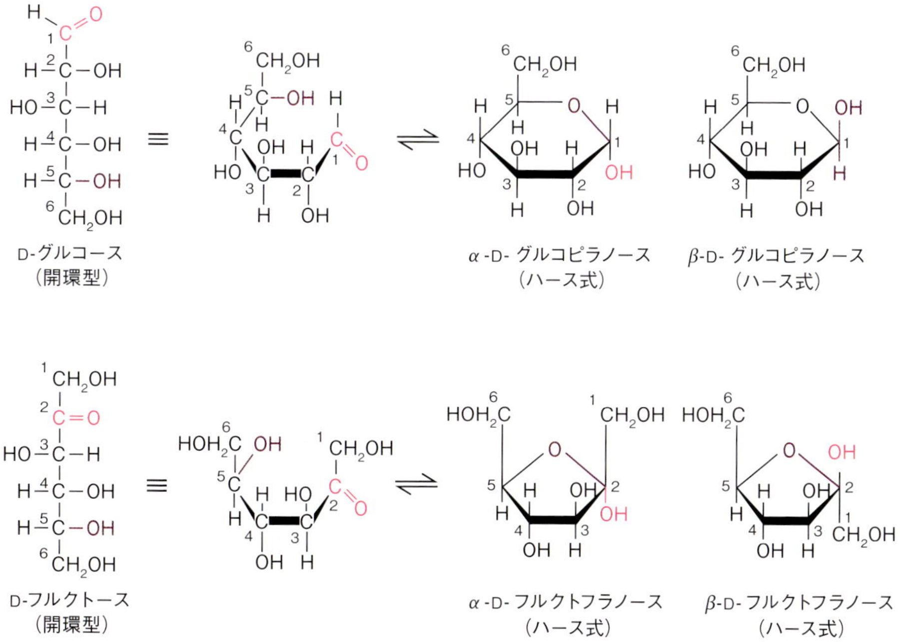

D-グルコース（開環型）　α-D-グルコピラノース（ハース式）　β-D-グルコピラノース（ハース式）

D-フルクトース（開環型）　α-D-フルクトフラノース（ハース式）　β-D-フルクトフラノース（ハース式）

図4·4　単糖の環化
単糖は，そのアルデヒド（ケト）基が同じ分子内のアルコール基と反応して環化した形で存在することが多い。

4·2·3　単糖の誘導体

アルドン酸：アルドースのアルデヒド基が酸化されたもの（グルコン酸など）。

ウロン酸：アルドースの第一級アルコールが酸化されたもの（グルクロン酸など）。

デオキシ糖：OH基の1つがH基に置換した糖（デオキシリボースなど）。

アルジトール（糖アルコール）：アルドースやケトースを還元して得られるポリヒドロキシアルコール（キシリトール，グリセロール，(*myo*-) イノシトールなど）。

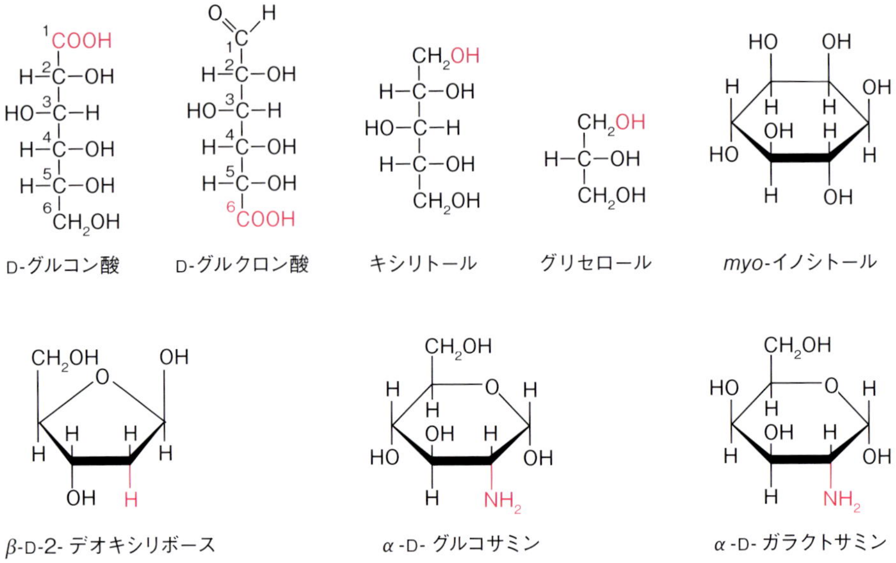

D-グルコン酸　D-グルクロン酸　キシリトール　グリセロール　*myo*-イノシトール

β-D-2-デオキシリボース　*α*-D-グルコサミン　*α*-D-ガラクトサミン

図 4·5　主な単糖の誘導体
生理的に重要な単糖の誘導体を示す。

アミノ糖：OH 基の 1 つがアミノ基に替わった糖（D-グルコサミン，D-ガラクトサミンなど）。アミノ基は多くの場合アセチル化されている。*N*-アセチルノイラミン酸（*N*-アセチルマンノサミン＋ピルビン酸）およびその誘導体をシアル酸と呼ぶ。

4·3　多　糖

アノマー炭素とアルコールの酸素との結合をグリコシド結合と呼ぶ。単糖同士はグリコシド結合によって結合する。

二糖:2 つの単糖が結合したもの（乳糖 ラクトース，ショ糖 スクロース，麦芽糖 マルトース）。

オリゴ糖：3 個から 12 個程度の単糖が結合したもの。

多糖：12 個以上，場合によっては数百個以上の単糖が結合したもの。

4·3·1　構造多糖

植物の細胞壁の主な構成成分はセルロースであり，セルロースはグルコースが $\beta(1 \to 4)$ グリコシド結合（グルコースの 1 位の β アノマー炭素と別のグルコースの 4 位炭素の間のグリコシド結合）で直鎖状に結合したもの。ヒトは $\beta(1 \to 4)$ グリコシド結合を分解する酵素をもたないのでセルロースは栄養にはならない。甲殻類，昆虫などの外骨格の主な構成成分はキチンであり，キチンは *N*-アセチルグルコサミンが $\beta(1 \to 4)$ グリコシド結合で重合したもの。これも栄養にはならない。

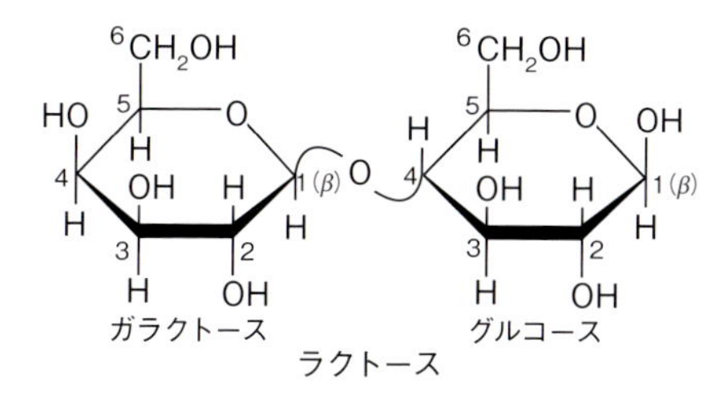

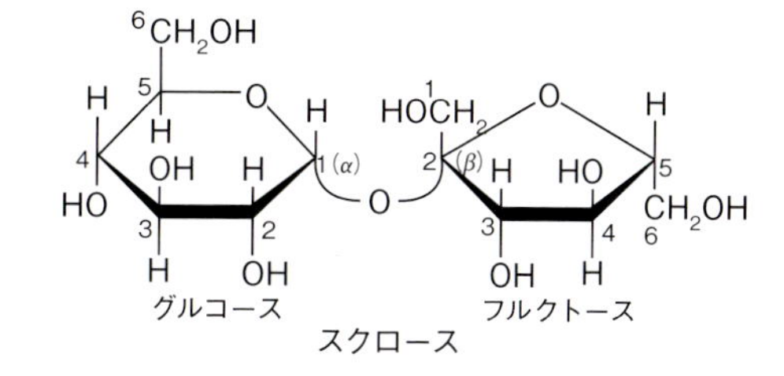

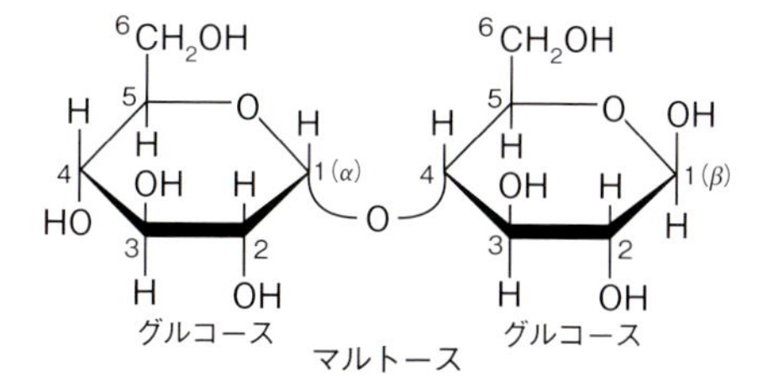

図 4·6 主な二糖
生理的に重要な二糖を示す。

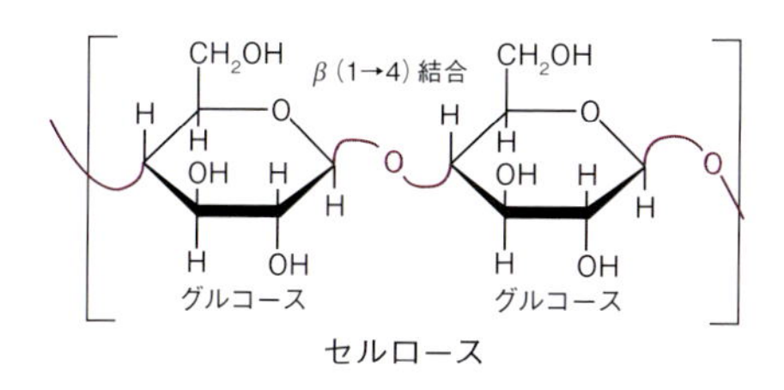

β (1→4) 結合
NHCCH$_3$
N-アセチルグルコサミン *N*-アセチルグルコサミン
キチン

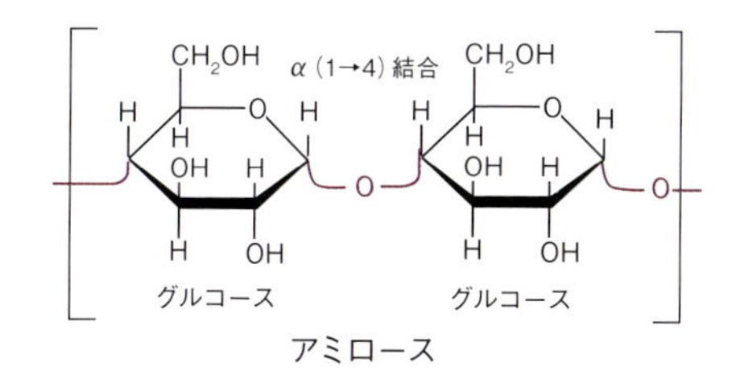

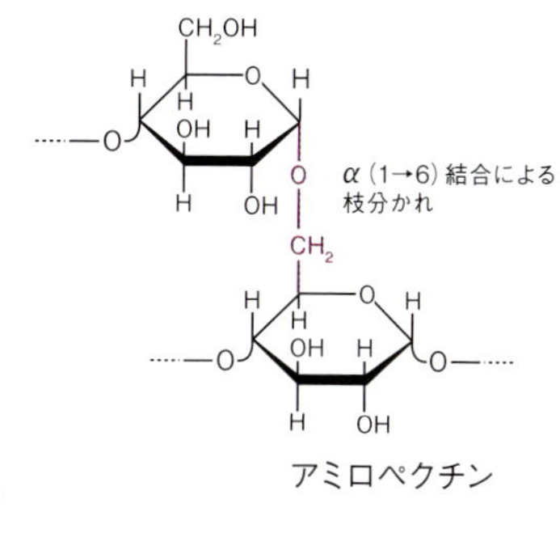

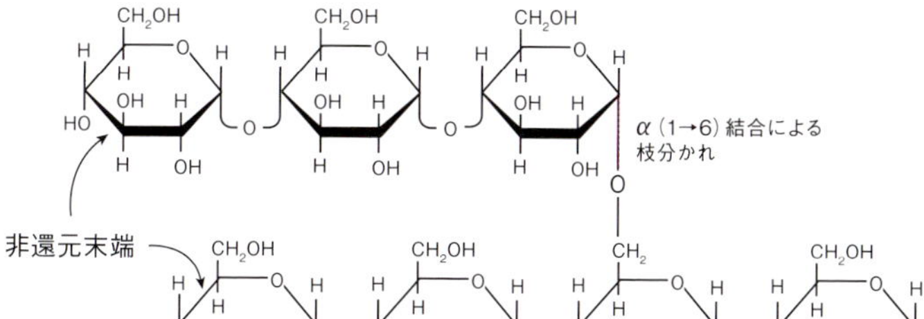

図 4·7 構造多糖と貯蔵多糖
生理的に重要な多糖を示す。

4･3･2 貯蔵多糖

植物の主なエネルギー貯蔵形態はデンプンである。デンプンはアミロースとアミロペクチンから構成される。アミロースは数千のグルコースが α(1 → 4) グリコシド結合（グルコースの 1 位の α アノマー炭素と別のグルコースの 4 位炭素の間のグリコシド結合）で直鎖状に結合したもの。アミロペクチンはグルコースが α(1 → 4) グリコシド結合で結合した上に，ところどころに α(1→6) グリコシド結合（グルコースの 1 位の α アノマー炭素と別のグルコースの 6 位炭素の間のグリコシド結合）で枝分かれがある構造で，分子量は 4 億ドルトン（ドルトンは分子や原子の質量の単位で，炭素の同位元素 ^{12}C 1 原子の質量の 12 分の 1）にも達する。動物の主なエネルギー貯蔵形態は中性脂肪（トリグリセロール）だが，一部はグリコーゲンとして，骨格筋や肝臓にグリコーゲン顆粒として蓄えられる。グリコーゲンはアミロペクチンに似た構造でグルコースが α(1 → 4) グリコシド結合で重合したものが骨格をなすが，α(1 → 6) グリコシド結合による枝分かれがもっと多い。

4･4 複合糖質

糖質はプリン塩基やピリミジン塩基，ステロイドやビリルビンなどの芳香環，タンパク質（糖タンパク質やグリコサミノグリカン），脂質（糖脂質）などの非糖質構造にグリコシド結合で結合する。

4･4･1 グリコサミノグリカン

グリコサミノグリカンは長い，分枝の無い，複合多糖で，二糖ユニットの繰り返し構造 [酸性糖 – アミノ糖]$_n$ から構成され，負に荷電している。酸性糖は D- グルクロン酸かその炭素 –5 エピマーである L- イズロン酸である。アミノ糖は D- グルコサミンか D- ガラクトサミンで，これらのアミノ基は，通常アセチル化されており正の電荷を失っている。グリコサミノグリカンは一般的には少量のタンパク質と結合してプロテオグリカンを形成してい

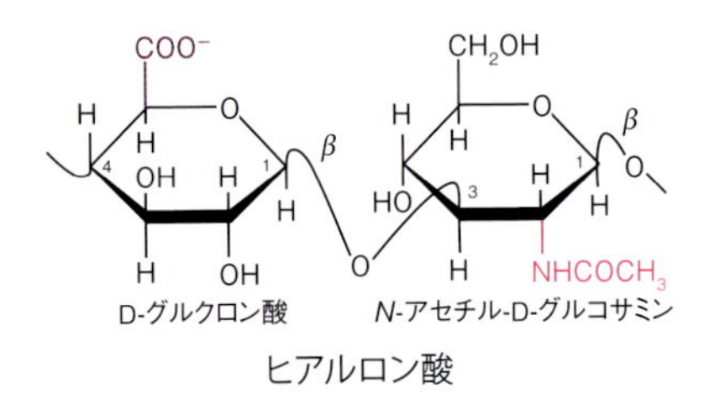

COO⁻
CH₂OH
⁻O₃SO
β
NHCOCH₃
D-グルクロン酸
N-アセチル-D-ガラクトサミン4-硫酸
コンドロイチン4-硫酸

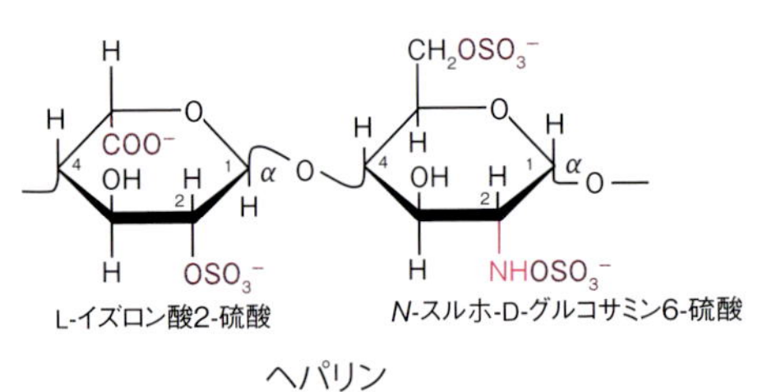

図 4･8 主なグリコサミノグリカン
生理的に重要なグリコサミノグリカンの一部を示す。

る（典型的には95%以上が糖質）。グリコサミノグリカンは大量の水と結合する性質があり，ゲル様基質を形成する。粘性と弾力性があるので，結合組織の細胞間質の主要な構成成分として，衝撃吸収因子・潤滑因子として機能している。ヒアルロン酸，コンドロイチン4-硫酸，ヘパリン（これは血液凝固阻害因子として機能）などが代表的なグリコサミノグリカンである。

4·4·2　プロテオグリカン

ヒアルロン酸以外のグリコサミノグリカンはすべて，タンパク質と共有結合してプロテオグリカン単量体を形成している。軟骨に存在するプロテオグリカン単量体ではコアタンパク質に線状のグリコサミノグリカン鎖が共有結合している。多くのプロテオグリカン単量体が1分子のヒアルロン酸と結合してプロテオグリカン集合体を形成する。この結合は共有結合ではなく，コアタンパク質とヒアルロン酸とのイオン相互作用によるものである。

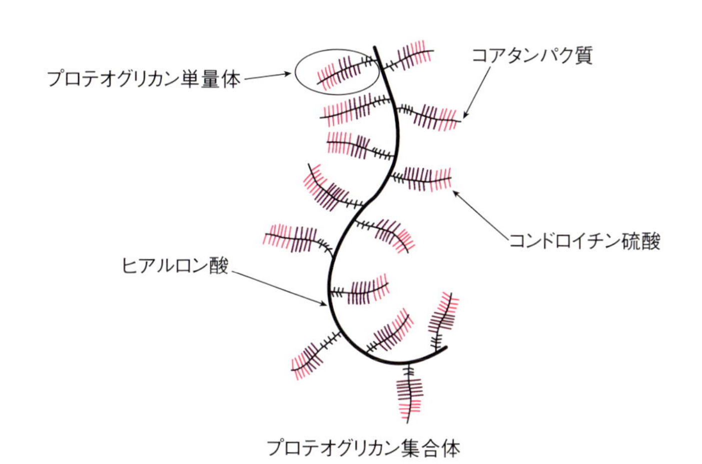

図4·9　プロテオグリカン
グリコサミノグリカンはコアタンパク質と共有結合してプロテオグリカン単量体を形成し，多くのプロテオグリカン単量体が1分子のヒアルロン酸とイオン相互作用により結合してプロテオグリカン集合体を形成する。（文献4-1より改変）

4·4·3　糖タンパク質

オリゴ糖が共有結合しているタンパク質を糖タンパク質という。糖タンパク質の糖質はしばしば直線状ではなく分枝をもち，負に荷電しているとは限らない。膜結合性糖タンパク質は，細胞表面認識（他の細胞，ホルモン，ウイルスなどによる），細胞表面抗原性（血液型抗原など）など広範囲の細胞現象に関与している。さらにヒト血漿中の球状タンパク質のほとんどすべては糖タンパク質である。

応用問題

A氏は10歳の少年。5年間にわたる腹部膨満と間欠性の呼吸困難を主訴として小児科受診。診察により，軽度の知的障害，低身長，特徴的な顔貌（突出した前額，低鼻稜などのガーゴイル様顔貌），喘鳴，腹部膨満，肝脾腫が明らかになった。またX線検査でトルコ鞍がJ型をしていることが明らかになった。

1. 最も疑わしい疾患は何か。
2. この疾患の分子病態を説明せよ。
3. 診断を確定するためにどのような検査が必要か。
4. この疾患の治療法は何か。

解　答

1. ムコ多糖症（MPS）II型（ハンター症候群）。

2. MPS II型はイズロン酸-2-スルファターゼの先天的欠損によりグリコサミノグリカンの分解ができず，リソソームに蓄積することにより引き起こされる。イズロン酸-2-スルファターゼをコードする遺伝子はX染色体上にあるので，伴性劣性遺伝である。リソソーム内の加水分解酵素の先天的欠損によりリソソーム内にグリコサミノグリカン（ムコ多糖は旧名称）が蓄積する疾患をムコ多糖症（MPS）と呼び，リソソーム病（リソソーム酵素の欠損・異常によりリソソームで分解されるべき物質が蓄積する疾患）の一種である。MPSには他にI型（α-L-イズロニダーゼ欠損，ハーラー症候群，常染色体劣性遺伝）など数種類が知られている。

3. 尿中のグリコサミノグリカン（デルマタン硫酸，ヘパラン硫酸）濃度の測定で高値が示されれば上記の診察所見と併せてほぼ診断は明らかであるが，イズロン酸-2-スルファターゼ酵素活性の低下・欠損が示されれば確定する。

4. イズロン酸-2-スルファターゼ欠損による疾患なので，この酵素補充療法として遺伝子組換えイズロン酸-2-スルファターゼ（エラプレース）を点滴投与する治療法が開発された。しかしながら，この酵素は血液脳関門を通過しないので，中枢神経症状には無効である。他には臍帯血移植，骨髄移植がある。

引用文献

4-1） Voet, D. *et al.*（田宮信雄ら訳）（2014）『ヴォート基礎生化学（第4版）』東京化学同人.

4-2） Berg, J. M. *et al.*（入村達郎ら訳）（2013）『ストライヤー生化学（第7版）』東京化学同人.

4-3） Bhagavan, N. V. and Chung-Eun Ha.（2015）"Essentials of Medical Biochemistry, 2nd ed." Academic Press.

5章 脂 質

脂質はヒトが生きていくためには欠くことのできない重要な要素であり，糖質やタンパク質と並ぶ三大栄養素の1つである。脂質は長鎖状あるいは環状の炭化水素鎖をもつ多様な生体分子で，有機溶媒には可溶であるが，水には不溶である。生体内では様々な種類の脂質が多様な役割を果たしている。中性脂肪は1gあたり約9kcalの熱量を産生することができる効率のよいエネルギー貯蔵体として脂肪組織に蓄えられる。リン脂質は脂質二重層を形成して生体膜の構成成分となる。タンパク質との複合体であるリポタンパク質は脂質運搬体として働く。また，脂質はコレステロールや胆汁酸などのステロイド化合物の原料，生理機能調節作用などの役割をもつ。

5·1 脂質の性質

生体構成要素の1つである脂質（lipid）は，分子内に親水性と疎水性の部分をもつ両親媒性分子である（図5·1）。脂質分子の疎水性部分は，分子内で大きな割合を占める非極性の長鎖状あるいは環状の炭化水素により構成される。このため，水のような極性溶媒に不溶あるいは難溶であるが，エーテルやクロロホルムなどの非極性溶媒には可溶な性質をもつ。

脂肪酸やリン脂質は両親媒性であることから界面活性剤としての機能をもつ。両親媒性分子は水と油の界面において極性基（親水性）を水相に，非極性基（疎水性）を油相に向けて配列する。この性質により，脂質分子は生体内の水環境において脂質二重膜やミセルなどの構造体を形成し，生体内において様々な役割を果たす。

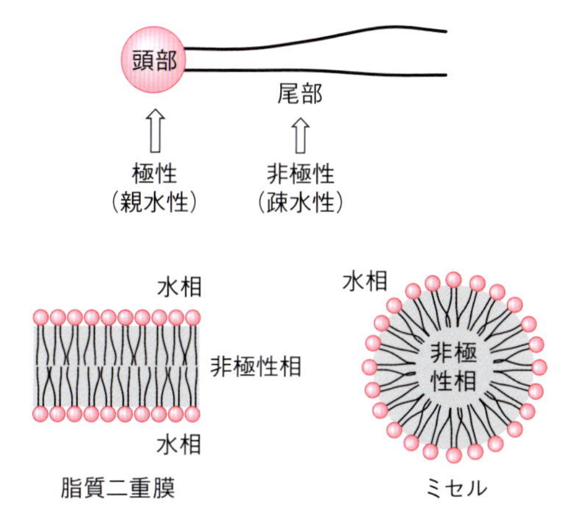

図5·1 脂質の性質
脂質は両親媒性の分子で，脂質二重膜やミセルなどの構造体を形成する。

5・2　脂質の分類

脂質は，その構造に基づいて単純脂質，複合脂質，誘導脂質の3つに大別される。

単純脂質は脂肪酸と様々なアルコールがエステル結合した化合物であり，油脂とロウに分けられる。油脂は脂肪酸とグリセロールがエステル結合したアシルグリセロール（中性脂肪）で，グリセロールに3分子の脂肪酸がエステル結合したトリアシルグリセロール（トリグリセリド）が大部分を占める。

複合脂質は脂肪酸とアルコールに加え，リン酸，糖，含窒素化合物を含む。疎水性の炭化水素鎖と親水性の極性基をもつことから両親媒性である。リン酸基を含むリン脂質は生体膜の主要成分であり，脂質二重膜を形成する。糖を含む糖脂質も生体膜の構成成分となる。脂質とタンパク質の複合体であるリポタンパク質は，生体内における脂質運搬体として働く。

誘導脂質は単純脂質，複合脂質の加水分解産物であり，脂肪酸やコレステロールなどがある。コレステロールはステロイドホルモンの原材料であるとともに，脂質の消化に重要な胆汁酸の生合成の原材料でもある。

5・3　脂肪酸

5・3・1　飽和脂肪酸と不飽和脂肪酸

脂肪酸は，疎水性の炭化水素基と親水性のカルボキシ基（-COOH）からなるカルボン酸である。生体内において脂肪酸の大部分はグリセロールなどのアルコール類とエステル結合した形で存在する。血中ではアルブミンと結合して輸送される非エステル型の遊離脂肪酸も存在する。天然の脂肪酸は，炭素数が偶数の炭素の直鎖化合物である。炭化水素鎖に含まれる炭素数に従って，短鎖（炭素数6以下），中鎖（8～12），長鎖（14以上）に分類される。脂肪酸は炭化水素鎖に二重結合をもたない飽和脂肪酸と二重結合をもつ不飽和脂肪酸に大別される（表5・1）。

飽和脂肪酸は，生体内で糖質や一部のアミノ酸から生合成することができる。生体内の主要な飽和脂肪酸としてパルミチン酸（炭素数16）やステアリン酸（炭素数18）が挙げられる。飽和脂肪酸の融点は，炭素数の増加に伴って高くなり，カプリン酸（C_{10}）以上の飽和脂肪酸は常温で固体である。

不飽和脂肪酸は，分子内の二重結合の数により一価不飽和脂肪酸（二重結合が1つ）と多価不飽和脂肪酸（二重結合が2つ以上）に分けられる。生体内の主要な不飽和脂肪酸としては，オレイン酸，リノール酸，α-リノレン酸，γ-リノレン酸（いずれも炭素数18），アラキドン酸（炭素数20）が挙げられる。このうち，リノール酸，α-リノレン酸，アラキドン酸は，生体内で生合成できない，あるいは合成能が低く必要量を合成することができないため食物から摂取しなければならない必須脂肪酸である。不飽和脂肪酸は二重結合の数の増加に伴って融点が低くなり，常温で液体である。

表 5･1　脂 肪 酸

慣用名	系統名	炭素数 ：二重結合の数（位置）	分子式	融点 (℃)
飽和脂肪酸				
酪酸	ブタン酸	4:0	C_3H_7COOH	-7.9
カプロン酸	ヘキサン酸	6:0	$C_5H_{11}COOH$	-3.0
カプリル酸	オクタン酸	8:0	$C_7H_{15}COOH$	16.7
カプリン酸	デカン酸	10:0	$C_9H_{19}COOH$	31.4
ラウリン酸	ドデカン酸	12:0	$C_{11}H_{23}COOH$	44.0
ミリスチン酸	テトラデカン酸	14:0	$C_{13}H_{27}COOH$	54.0
パルミチン酸	ヘキサデカン酸	16:0	$C_{15}H_{31}COOH$	63.0
ステアリン酸	オクタデカン酸	18:0	$C_{17}H_{35}COOH$	69.6
アラキジン酸	イコサン酸	20:0	$C_{19}H_{39}COOH$	75.5
ベヘン酸	ドコサン酸	22:0	$C_{21}H_{43}COOH$	81.5
リグノセリン酸	テトラドコン酸	24:0	$C_{23}H_{47}COOH$	86.0
不飽和脂肪酸				
パルミトレイン酸	Δ 9 ヘキサデセン酸	16:1 (9)	$C_{15}H_{29}COOH$	5.0
オレイン酸	Δ 9 オクタデセン酸	18:1 (9)	$C_{17}H_{33}COOH$	13.4
リノール酸	Δ 9,12 オクタデカジエン酸	18:2 (9,12)	$C_{17}H_{31}COOH$	5.0
α-リノレン酸	Δ 9,12,15 オクタデカトリエン酸	18:3 (9,12,15)	$C_{17}H_{29}COOH$	-11.0
γ-リノレン酸	Δ 6,9,12 オクタデカトリエン酸	18:3 (6,9,12)	$C_{17}H_{29}COOH$	-26.0
アラキドン酸	Δ 5,8,11,14 エイコサテトラエン酸	20:4 (5,8,11,14)	$C_{19}H_{31}COOH$	-49.5
EPA	Δ 5,8,11,14,17 エイコサペンタエン酸	20:5 (5,8,11,14,17)	$C_{19}H_{29}COOH$	-54.0
DPA	Δ 7,10,13,16,19 ドコサペンタエン酸	22:5 (7,10,13,16,19)	$C_{21}H_{33}COOH$	-78.0
DHA	Δ 4,7,10,13,16,19 ドコサヘキサエン酸	22:6 (4,7,10,13,16,19)	$C_{21}H_{31}COOH$	-44.0

5･3･2　脂肪酸の構造

脂肪酸の構造は，分子を構成する炭素原子の数，二重結合の数と位置などにより決められる（図 5･2）。不飽和脂肪酸は分子内に二重結合があるため幾何異性体が存在する。天然の不飽和脂肪酸はほとんどがシス形である。

脂肪酸を構成する炭素原子は通常カルボキシ基の炭素を 1 として順に番号を付ける。カルボキシル炭素に近い 2，3，4 位の炭素原子は α，β，γ 炭素とも呼ばれる。この番号を使って，脂肪酸の炭素鎖の長さ，二重結合の数と位置が示される。例えばアラキドン酸（20：4 (5,8,11,14)）は，炭素数が 20 で，4 つの二重結合が（5-6，8-9，11-12，14-15）の炭素間にあることを示す。また，末端のメチル基（ω 端）の炭素（ω 炭素）を n として，カルボキシ基に向けて順に n-1，n-2･･･ と数えることもある。この場合，n-2 と n-3 の炭素間に二重結合がある不飽和脂肪酸を n-3 系列（あるいは ω3）とし，n-5 と n-6 の炭素間に二重結合がある不飽和脂肪酸を n-6 系列（あるいは ω6）とする。α-リノレン酸，エイコサペンタエン酸（EPA），ドコサヘキサエン酸（DHA）は n-3 系列，リノール酸，γ-リノレン酸，アラキドン酸は n-6 系列の不飽和脂肪酸である。

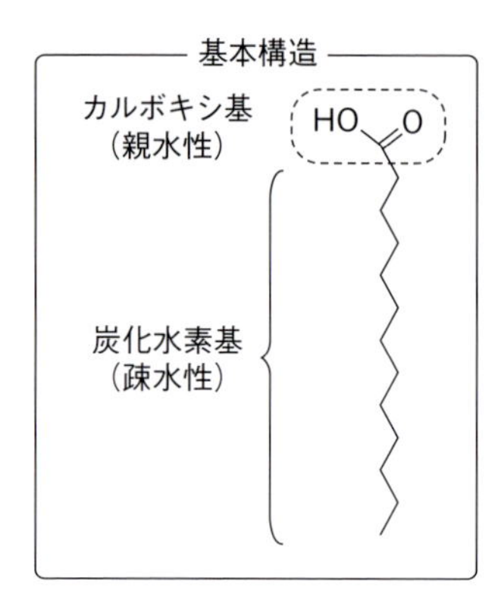
基本構造
カルボキシ基
（親水性）
HO
O
炭化水素基
（疎水性）

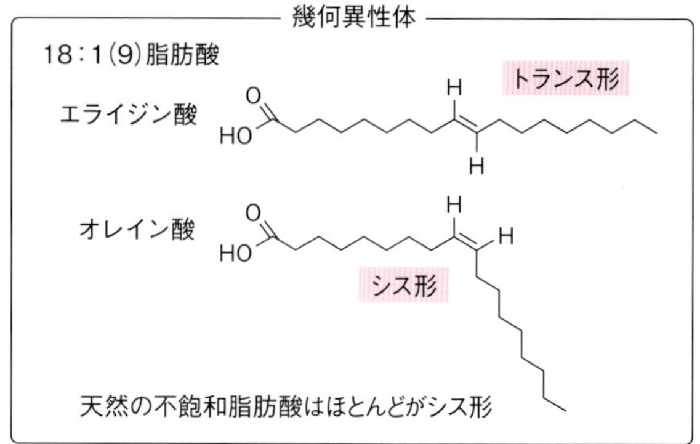
幾何異性体
18:1(9)脂肪酸
エライジン酸
トランス形
オレイン酸
シス形
天然の不飽和脂肪酸はほとんどがシス形

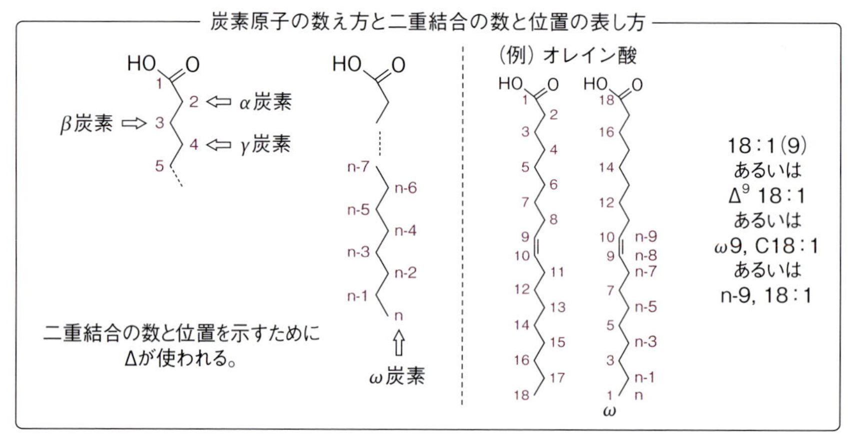
炭素原子の数え方と二重結合の数と位置の表し方
2 ⇦ α炭素
β炭素 ⇨ 3
4 ⇦ γ炭素
ω炭素
二重結合の数と位置を示すために
Δが使われる。
（例）オレイン酸
18:1(9)
あるいは
Δ9 18:1
あるいは
ω9, C18:1
あるいは
n-9, 18:1

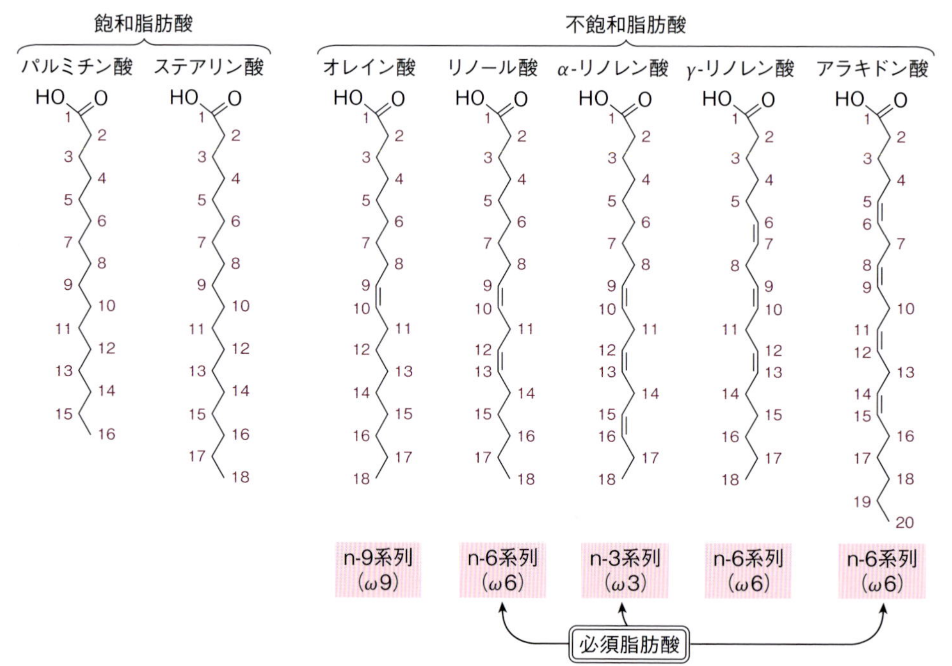
飽和脂肪酸
パルミチン酸
ステアリン酸
不飽和脂肪酸
オレイン酸
リノール酸
α-リノレン酸
γ-リノレン酸
アラキドン酸
n-9系列
(ω9)
n-6系列
(ω6)
n-3系列
(ω3)
n-6系列
(ω6)
n-6系列
(ω6)
必須脂肪酸

図 5·2　脂肪酸の構造

5･4　アシルグリセロール（中性脂肪）

アシルグリセロール(中性脂肪)は，グリセロールに脂肪酸がエステル結合した構造をもつ。その大部分は脂肪酸が3つ結合したトリアシルグリセロール（トリグリセリド）であり，非極性で水に不溶である。その他に脂肪酸が2つ結合したジアシルグリセロール（ジグリセリド），脂肪酸が1つ結合したモノアシルグリセロール（モノグリセリド）がある（図5･3）。食物から摂取される脂質のほとんどはトリアシルグリセロールである。また，トリアシルグリセロールは生体におけるエネルギー貯蔵体であり，脂肪組織などに蓄えられる。アシルグリセロールに含まれる主な脂肪酸は，パルミチン酸，ステアリン酸，オレイン酸，リノール酸などである。脂肪酸組成により融点が異なり，常温で液体のものが油 oil，固体のものが脂 fat である。中性脂肪は熱量価が高いエネルギー源(中性脂肪:9 kcal/g，糖質やタンパク質:4 kcal/g）であり，皮下や腹腔の脂肪組織に蓄えられる。また，体温の拡散を防ぐ断熱材としての役割も担う。

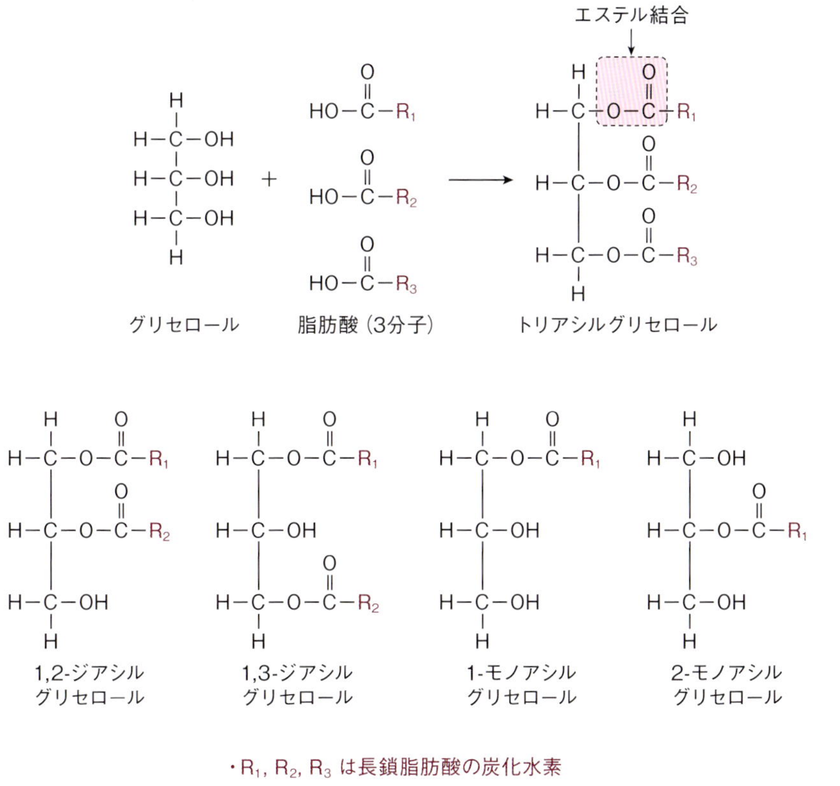

エステル結合

グリセロール　＋　脂肪酸（3分子）　→　トリアシルグリセロール

1,2-ジアシルグリセロール　1,3-ジアシルグリセロール　1-モノアシルグリセロール　2-モノアシルグリセロール

・R_1, R_2, R_3 は長鎖脂肪酸の炭化水素

図5･3　アシルグリセロール（中性脂肪）の構造
アシルグリセロールは，パルミチン酸，ステアリン酸，オレイン酸，リノール酸などの脂肪酸がグリセロールにエステル結合した構造（カルボン酸エステル）をもつ。

5·5 リン脂質

リン脂質は分子内にリン酸基をもち，リン酸基にアルコールがエステル結合した構造をもつ。脂肪酸が結合する骨格の違いにより，グリセロリン脂質とスフィンゴリン脂質に分けられる。脂肪酸と同様にリン脂質も両親媒性であり，リン酸基およびそれに結合するアルコール類が親水性部分を，脂肪酸が疎水性部分を構成する。

5·5·1 グリセロリン脂質

グリセロリン脂質は生体膜の主要な構成成分で，グリセロール 3- リン酸の誘導体である。最も単純なグリセロリン脂質はホスファチジン酸である。ホスファチジン酸はグリセロール

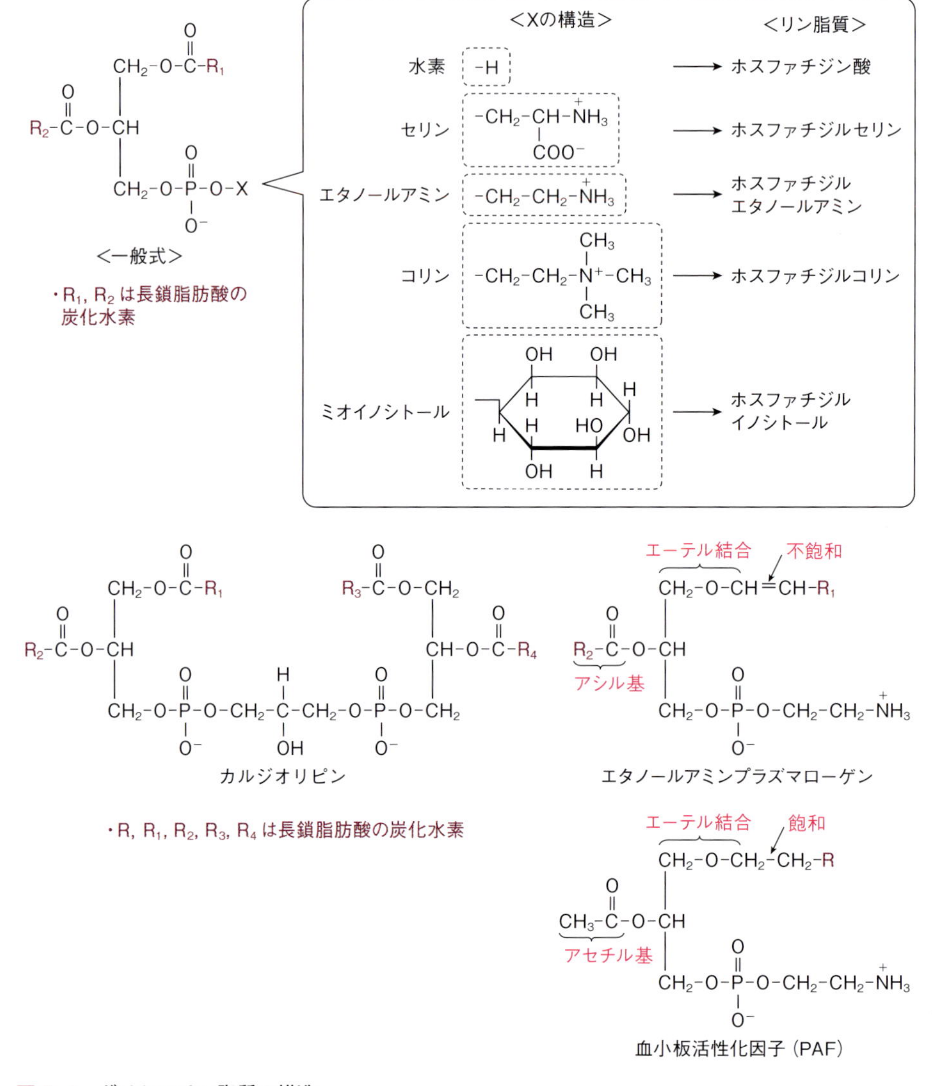

図 5·4　グリセロリン脂質の構造

グリセロリン脂質は，分子内にアルコールがエステル結合（リン酸エステル）したリン酸基をもつ。

を骨格とし，その1位と2位の炭素に脂肪酸が，3位のヒドロキシ基にリン酸がエステル結合した構造をもつ。1位の炭素に結合するのは炭素数16あるいは18の飽和脂肪酸，2位の炭素に結合するのは炭素数16～20の不飽和脂肪酸であることが多い。

ホスファチジン酸は他のグリセロリン脂質の前駆体であり，リン酸基がアルコール類とエステルを生成する。ホスファチジン酸のリン酸にコリンが結合したホスファチジルコリン(レシチン）は生体内に最も多く存在するグリセロリン脂質である。その他，エタノールアミンが結合したホスファチジルエタノールアミン，セリンが結合したホスファチジルセリン，イノシトールが結合したホスファチジルイノシトールなどがある。(図5･4)

ミトコンドリアの主要な脂質であるカルジオリピンは，2分子のホスファチジン酸がリン酸基を介してグリセロールにエステル結合したものである。

グリセロリン酸の1位の炭素への脂肪酸の結合がエステル結合でなく，エーテル結合したエーテルリン脂質がある。プラズマローゲンは不飽和炭化水素鎖がエーテル結合した構造をもち，神経組織に豊富に存在するエタノールアミンプラズマローゲン，心筋に豊富に存在するコリンプラズマローゲンがある。血小板活性化因子（platelet-activating factor：PAF）は，グリセロール骨格の1位炭素には飽和炭化水素基がエーテル結合し，2位炭素には脂肪酸ではなくアセチル基が結合している特異な構造をもつ。血小板活性化因子は最も強力な生体活性分子として知られ，強力に血栓形成を促進する。

5･5･2　スフィンゴリン脂質

スフィンゴ脂質はアミノアルコールであるスフィンゴシンを骨格とし，そのアミノ基に脂肪酸がアミド結合したセラミドを基本構造とする。セラミドは糖脂質の前駆体でもある。スフィンゴシンの1位のヒドロキシ基がエステル化されてリン酸とコリンが結合したものがスフィンゴミエリンである。スフィンゴミエリンは神経髄鞘（ミエリン）の重要な構成要素であり，脳神経系組織に大量に存在する（図5･5)。

5･6　糖脂質

糖脂質は分子内に糖をもつ。脂肪酸が結合する骨格の違いにより，スフィンゴ糖脂質とグリセロ糖脂質に分類される。動物には主としてスフィンゴ糖脂質が存在する。リン脂質と同様に，分子内にスフィンゴシンと脂肪酸から構成される疎水性部分と糖部分から構成される親水性部分をもつ両親媒性で，生体膜の構成成分となる。とくに，脳神経組織に多く存在する。

スフィンゴ糖脂質はセラミドのヒドロキシ基に単糖またはオリゴ糖が結合した構造をもつ。糖部分が電荷をため，中性（無電荷）スフィンゴ糖脂質と酸性スフィンゴ糖脂質に分けられる。中性スフィンゴ糖脂質としては，グルコースが結合したグルコセレブロシド，ガラクトースが結合したガラクトセレブロシドなどがある。酸性スフィンゴ糖脂質としては，シアル酸を含むガングリオシドや硫酸基を含むスルファチドなどがある（図5･6)。

OH
H−C−CH=CH(CH2)12CH3
H2N−C−H
H−C−OH
H

スフィンゴシン

OH
H−C−CH=CH(CH2)12CH3
O H
R−C−N−C−H
H−C−OH
H

セラミド

・Rは長鎖脂肪酸の炭化水素

OH
H−C−CH=CH(CH2)12CH3
O H
R−C−N−C−H
O CH3
H−C−O−P−O−CH2−CH2−N+−CH3
H OH CH3

スフィンゴミエリン

図 5·5 スフィンゴリン脂質の構造
スフィンゴリン脂質は，スフィンゴシンを骨格として脂肪酸とリン酸基が結合している。リン酸基にはアルコールがエステル結合（リン酸エステル）する。

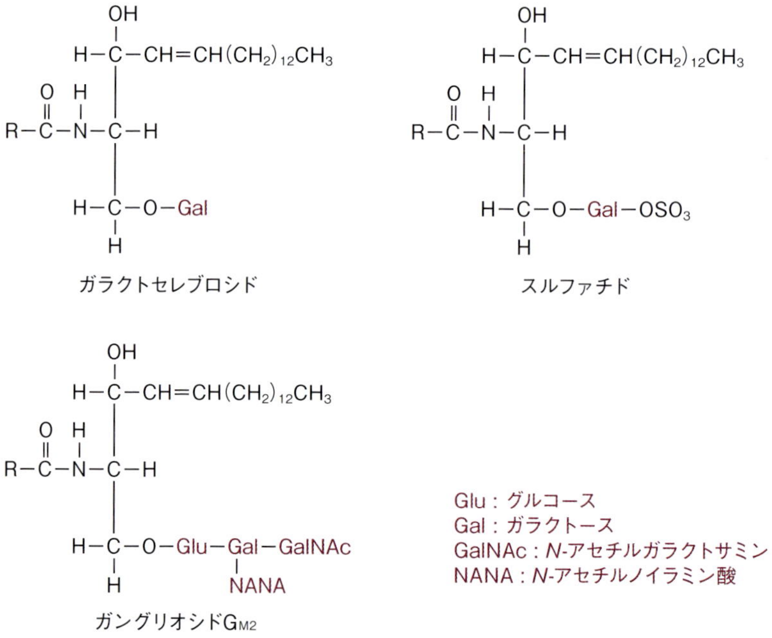

OH
H−C−CH=CH(CH2)12CH3
O H
R−C−N−C−H
H−C−O−Gal
H

ガラクトセレブロシド

OH
H−C−CH=CH(CH2)12CH3
O H
R−C−N−C−H
H−C−O−Gal−OSO3
H

スルファチド

OH
H−C−CH=CH(CH2)12CH3
O H
R−C−N−C−H
H−C−O−Glu−Gal−GalNAc
H NANA

ガングリオシドG$_{M2}$

Glu：グルコース
Gal：ガラクトース
GalNAc：*N*-アセチルガラクトサミン
NANA：*N*-アセチルノイラミン酸

図 5·6 スフィンゴ糖脂質の構造
スフィンゴ糖脂質は，スフィンゴシンを骨格として脂肪酸と糖が結合した構造をもつ。両親媒性である。

5·7　リポタンパク質

脂質は，その分子内に疎水性の長い炭化水素鎖が存在することから水にはほとんど溶けない。このため，摂取された食物由来の脂質や肝臓で合成された脂質は，リポタンパク質と呼ばれるタンパク質との複合体を形成し，血液を介して様々な組織へ輸送される。

リポタンパク質は，疎水性のトリアシルグリセロールとコレステロールエステルから構成される核が，リン脂質，遊離コレステロール，両親媒性のアポリポタンパク質により構成される膜に覆われた構造をもつ（図 5·7）。アポリポタンパク質は，リポタンパク質の構造安定化やリポタンパク質代謝に関わる酵素の活性化，細胞表面にある受容体の認識部位になるなどの機能をもつ。アポリポタンパク質は構造と機能によって A から E までの 5 つに分けられる（表 5·2）。

リポタンパク質は比重によって分類され，比重の小さいものからカイロミクロン（キロミクロン），超低密度リポタンパク質（VLDL），中間密度リポタンパク質（IDL），低密度リポ

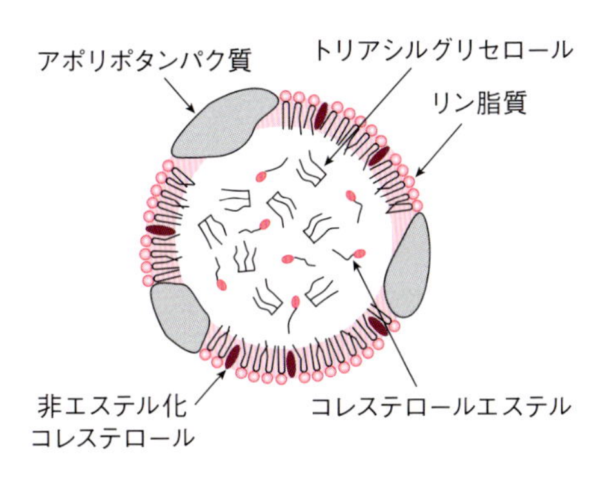

図 5·7　リポタンパク質粒子の構造
脂質は水に不溶である。脂質はリポタンパク質と複合体を形成して血中を輸送される。

表 5·2　アポリポタンパク質の機能

アポリポタンパク質	
apoA-I	HDL の主要構成成分。LCAT を活性化
apoA-II	HDL の主要構成成分
apoB-48	カイロミクロンにのみ存在
apoB-100	LDL の主要構成成分。LDL 受容体の主要なリガンド
apoC-I	カイロミクロンに存在。LCAT，LPL を活性化
apoC-II	主に VLDL に存在。LPL の活性化
apoC-III	主にカイロミクロン，VLDL，HDL に存在。LPL の阻害
apoD	HDL に存在
apoE	LDL 受容体の主要なリガンド

LCAT：レシチン－コレステロール－アシルトランスフェラーゼ，
LPL：リポタンパク質リパーゼ

表 5･3　リポタンパク質の分類

リポタンパク質	直径	比重	成分	主な アポリポタンパク質
カイロミクロン	90 ～ 1000 nm	< 0.95	TG: ～ 85% CL: ～ 6% PL: ～ 7% AP: ～ 2%	apoA-I apoB-48 apoC-II apoE
VLDL	30 ～ 90 nm	0.95 ～ 1.006	TG: ～ 55% CL: ～ 20% PL: ～ 15% AP: ～ 10%	apoB-100 apoC-II apoE
IDL	25 ～ 35 nm	1.006 ～ 1.019	TG: ～ 30% CL: ～ 30% PL: ～ 25% AP: ～ 15%	apoB-100 apoC-II apoE
LDL	20 ～ 25 nm	1.019 ～ 1.063	TG: ～ 8% CL: ～ 50% PL: ～ 22% AP: ～ 20%	apoB-100
HDL	8 ～ 10 nm	1.063 ～ 1.210	TG: ～ 5% CL: ～ 20% PL: ～ 30% AP: ～ 45%	apoA-I apoA-II apoC-I apoE

TG：トリアシルグリセロール，CL：コレステロール，PL：リン脂質，
AP：アポリポタンパク質

タンパク質（LDL），高密度リポタンパク質（HDL）の 5 つがある。比重の小さいものほど粒子径が大きく，トリアシルグリセロールの割合が高い。比重の増加に従って，粒子径が小さくなるとともにリン脂質やタンパク質の割合が高く，トリアシルグリセロールの割合が低くなる（表 5･3）。

5･8　ステロイド

ステロイド環（ステロイド核）と呼ばれる 4 つの隣接する炭化水素の環構造をもつ化合物の総称で，コレステロール，胆汁酸，ステロイドホルモンなどが含まれる。(図 5･8)

5･8･1　コレステロール

動物組織に最も多く存在するステロールであり，リン脂質と共に生体膜の主要な構成成分である。リポタンパク質の構成成分として血中にも含まれている。胆汁酸やステロイドホルモンなどの生合成の原料となる。

5･8･2　胆 汁 酸

胆汁酸は胆汁の重要な構成成分であり，肝臓で生合成されたのち胆嚢に貯蔵され，脂質の摂取により胆嚢から十二指腸に分泌される。胆汁酸は分子内にヒドロキシ基およびカルボキシ基をもつことから，両親媒性である。この性質により，脂質消化における乳化剤として機能する。主な胆汁酸として，コール酸，デオキシコール酸，ケノデオキシコール酸などがある。胆汁酸のカルボキシ基とグリシンあるいはタウリンのアミノ基がアミド結合して抱合さ

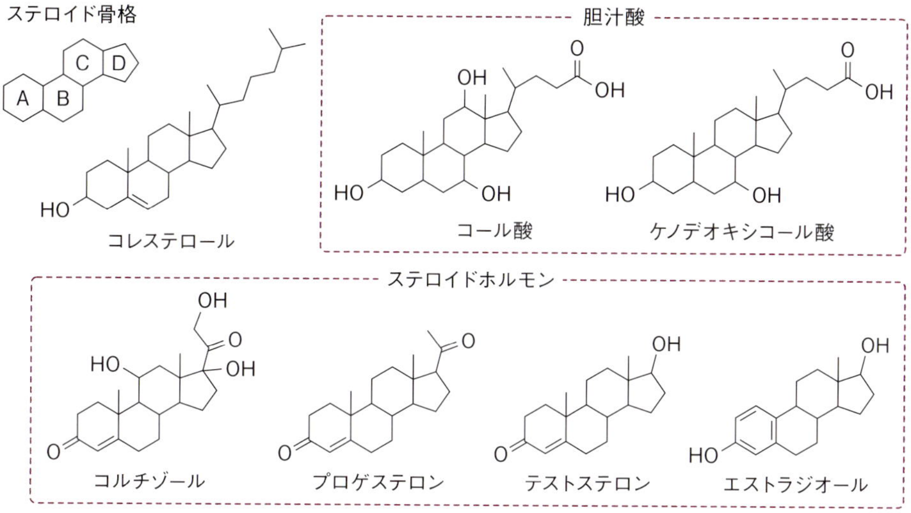

図5・8　コレステロールから合成される主な化合物
コレステロールを原料として，脂質消化に利用される胆汁酸や性ホルモンなどのステロイドホルモンが生合成される。

れ，胆汁酸塩となる。グリココール酸，グリコケノデオキシコール酸，タウロコール酸，タウロケノデオキシコール酸などがある。胆汁酸塩は両親媒性が高く，より有効な乳化剤であることから，胆汁に含まれる胆汁酸の大部分は抱合型の胆汁酸塩である。脂質消化に利用された胆汁酸の 90%以上は回腸で吸収され，肝臓へと運ばれて再利用される（腸肝循環）。

5・8・3　ステロイドホルモン

コレステロールを前駆体として副腎や生殖腺において生合成される。ステロイドホルモンは，コルチコステロイドと性ホルモンに大別される。コルチコステロイドは，さらにグルココルチコイドとミネラルコルチコイドに分けられる。副腎皮質ではコルチゾール，アンドロゲン，アルドステロンが，卵巣と胎盤ではエストロゲンが，睾丸ではテストステロンが生合成される。生合成されたステロイドホルモンは，血中アルブミンと結合して血流により標的器官へと輸送される。

5・9　エイコサノイド

ω6 系のアラキドン酸，ω3 系のエイコサペンタエン酸（EPA）などの炭素数 20 の多価不飽和脂肪酸から生体内で作られる生理活性物質を総称してエイコサノイドという。プロスタグランジン，ロイコトリエン，トロンボキサンなどがある（図 5・9）。エイコサノイドは，ほぼすべての組織で産生されるが，寿命が短いため産生細胞の近くでのみ作用する。エイコサノイドは低濃度で作用し，その生理作用は血管拡張・収縮，血小板凝集抑制・促進，子宮収縮，気道収縮など様々である。

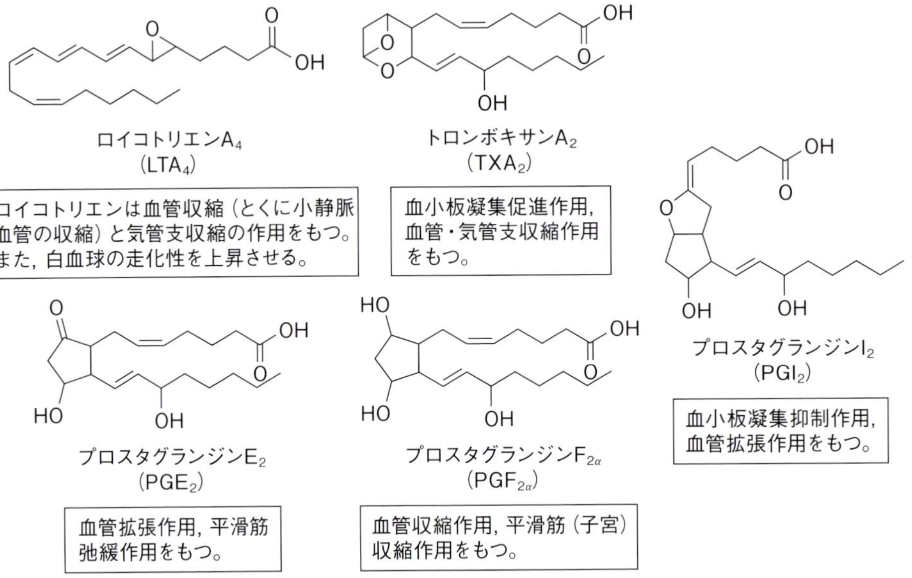

ロイコトリエンA_4
(LTA_4)

ロイコトリエンは血管収縮（とくに小静脈血管の収縮）と気管支収縮の作用をもつ。また，白血球の走化性を上昇させる。

トロンボキサンA_2
(TXA_2)

血小板凝集促進作用，血管・気管支収縮作用をもつ。

プロスタグランジンI_2
(PGI_2)

血小板凝集抑制作用，血管拡張作用をもつ。

プロスタグランジンE_2
(PGE_2)

血管拡張作用，平滑筋弛緩作用をもつ。

プロスタグランジン$F_{2\alpha}$
($PGF_{2\alpha}$)

血管収縮作用，平滑筋（子宮）収縮作用をもつ。

図 5･9　エイコサノイド
生体内で多価不飽和脂肪酸から合成されるエイコサノイドは様々な生理活性を示す。

5･10　生体膜

細胞や細胞小器官はリン脂質を主要成分とする膜（生体膜）により外界を隔て，内部環境を維持している。生体膜は代謝に関与する物質の出入りの制御や膜表面に存在する受容体を介して外界からの情報を得るなどの機能をもつ。

5･10･1　生体膜の構造

生体膜の主要な構成成分はリン脂質である。リン脂質は分子内に親水性基と疎水性基をもつ両親媒性であるため，水溶液中において疎水性基同士は凝集し，親水性基は極性をもつ水分子と静電的結合あるいは水素結合を作って水相へ配向することにより脂質二重層を形成する（図 5･1)。生体膜の基本構造は脂質二重層であり，二重層内に受容体などの様々なタンパク質が埋め込まれている（流動モザイクモデル）(図 5･10)。

脂質二重膜内の脂質分子は比較的自由に動くことができ，膜面内で移動する水平拡散や反対面へと動く反転拡散（フリップフロップ）といった動きをする。とくに，水平拡散はきわめて速く，脂質二重膜に流動性を与える。脂質二重膜の流動性は主に膜脂質の炭化水素鎖の長さと不飽和度（二重結合の数）に依存する。炭素数が少なく，不飽和度が高い脂肪酸炭素鎖から構成される膜脂質を多く含む脂質二重膜ほど流動性は高い。膜の流動性は温度と関連しており，低温では流動性が下がり，水平拡散の頻度が低下する。魚類などの低温環境下に生息する動物では，膜脂質に不飽和脂肪酸を多く含むことにより膜の流動性が保たれている。また，膜の流動性は膜内に存在するコレステロールにより影響を受ける。コレステロールは不飽和脂肪酸による隙間を埋めるように存在し，コレステロールの増加は膜の流動性を低下

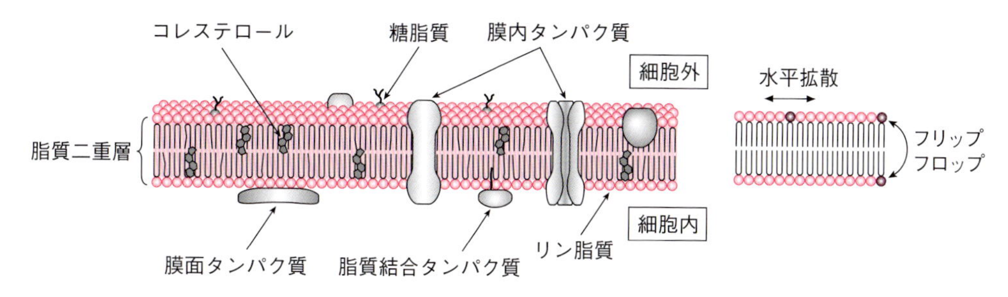

図 5·10 細胞膜の構造
生体膜（細胞膜）はリン脂質を主成分とする脂質二重膜であり，外界を隔て，内部環境を維持している。生体膜にはイオンチャネルなどの膜輸送タンパク質や，外界からの刺激を細胞内へと伝達する受容体タンパク質が存在する。脂質二重膜内の脂質分子は水平拡散やフリップフロップにより動くことができ，膜に流動性を与える。

させる。

5·10·2 生体膜の機能

①物質輸送

生体膜の基本構造である脂質二重層は，酸素や二酸化炭素などの気体分子や疎水性（脂溶性）の低分子を通過させることができるが，グルコース，アミノ酸，電荷をもつイオンなど多くの生体構成分子を自由に通過させることはない。脂質二重層を通過できない物質の膜通過は膜輸送タンパク質を利用して行われる。

膜輸送タンパク質による物質輸送は，受動輸送と能動輸送に分類される。受動輸送はエネルギーを必要とせず，輸送物質（溶質）の濃度勾配あるいは電位勾配に従ってイオンを輸送する。一方，能動輸送はエネルギーを消費して，輸送物質の濃度勾配に逆らって積極的に物質を輸送する。膜輸送タンパク質には膜に穴を形成して特定のイオンを通過させる働きをもつチャネルタンパク質と，特定の基質と結合して膜の反対側に移動させるキャリアタンパク質がある。

チャネルによる輸送は受動輸送である。主なチャネルとしてイオンチャネル（Na^+チャネル，K^+チャネルなど）やアクアポリンがある。チャネルにはゲートがあり，ゲートの開閉により膜の両側における濃度勾配あるいは電位勾配に依存したイオンの通過を制御している。細胞外からの伝達物質（ホルモン，神経伝達物質），細胞内シグナル伝達物質，膜電位，機械的刺激などにより，チャネルのゲートが開閉される。

キャリアタンパク質による輸送には受動輸送と能動輸送がある。キャリアタンパク質には，イオンの輸送に関わるイオンポンプ，薬物の排出やアミノ酸などの輸送に関わる ABC 輸送体（ABC：ATP-binding cassette），グルコースを輸送するグルコース輸送体などがある。イオンポンプは ATP 加水分解エネルギーを利用して，膜の両側におけるイオン濃度勾配に逆らって特定のイオンを能動輸送するキャリアタンパク質である。細胞内外にはイオン組成に大きな違いがあり，例えばナトリウムイオン濃度は細胞外で高く（細胞外：約 140 mM，細胞内：約 15 mM），カリウムイオン濃度はその逆（細胞外：約 4 mM，細胞内：約 140 mM）

である。イオンポンプは，細胞内外におけるこのイオン濃度の差を保ち，細胞の恒常性を維持する役割を担う。イオンポンプには，Na^{+}-K^{+}ポンプ，Ca^{2+}ポンプ，プロトンポンプなどがある。グルコース輸送体（GLUT：glucose transporter）は細胞内外のグルコース濃度の勾配に依存してグルコースを受動輸送するキャリアタンパク質で，すべての細胞に存在する。グルコースは細胞内で解糖系によりエネルギー産生に使われるため，細胞内のグルコース濃度は細胞外の濃度に比べて低い状態にあり，グルコース輸送体を介して細胞外からグルコースが取り込まれている。

②情報伝達

細胞は外部からの多くの情報を受容し，それに対応して活動している。細胞膜にはホルモンなどの生理活性物質をはじめとする細胞外からの刺激を受け取り，その刺激を細胞内へと伝達する受容体タンパク質が存在する（図 5•10）。脂質二重層により構成される生体膜は，このような情報伝達の場を与える。

理解度確認問題

脂質消化に利用された胆汁酸の大部分は腸肝循環により再利用される。胆管結石などにより胆道閉塞が発症して胆汁酸を含む胆汁の分泌が低下すると，どのような障害が生じるかを考察せよ。

解　答

胆汁の流れが減少または停止すること（胆汁うっ滞）により肝細胞の壊死が引き起こされ，黄疸が生じるとともに血清胆汁酸が増加する。肝臓での胆汁酸合成は低下し，腸内に分泌される胆汁酸がさらに減少する。胆汁酸不足により脂質や脂溶性ビタミン（A，D，E，K）の吸収障害が生じる。

引用文献

5-1） Voet, D. *et al.*（田宮信雄ら訳）（2014）『ヴォート基礎生化学（第 4 版）』東京化学同人.

5-2） Berg, J. M. *et al.*（入村達郎ら訳）（2013）『ストライヤー生化学（第 7 版）』東京化学同人.

5-3） Harvey, R. A., Ferrier, D. R.（石崎泰樹，丸山 敬訳）（2015）『イラストレイテッド生化学（原書 6 版）』丸善出版.

6章　ヌクレオチドと核酸

ヌクレオチドは，核酸（DNAとRNA）の基本構成要素であり，遺伝情報の担い手である。ヌクレオチドは，糖質，脂質，タンパク質合成の際に，活性化中間体の担体（キャリア）としても働く。また，補酵素A，FAD，NAD^+，$NADP^+$など重要な補酵素の構成成分でもある。

さらにサイクリックAMP（cAMP）やサイクリックGMP（cGMP）などのヌクレオチドは，細胞内情報伝達系でセカンドメッセンジャーとして働く。

またATPは，細胞における“エネルギー通貨”として重要な役割を果たしている。さらにATP，ADP，AMPは，多くの中間代謝経路において重要な酵素の活性を調節している。

6･1　ヌクレオチドの構造

窒素性塩基にリボースもしくはデオキシリボースというペントースが結合したものをヌクレオシドと呼び，それに1～3個のリン酸基が付加したものをヌクレオチドと呼ぶ。窒素性塩基はプリンとピリミジンの2つの種類がある。

6･1･1　プリンとピリミジンの構造

DNAもRNAもアデニン（A）とグアニン（G）というプリン塩基を含む。DNAはシトシン（C）とチミン（T）というピリミジン塩基を含むが，RNAはシトシン（C）とウラシル（U）というピリミジン塩基を含む。

6･1･2　ヌクレオシド

窒素性塩基にリボースもしくはデオキシリボースが結合してヌクレオシドになる（糖がリボースの場合リボヌクレオシド，糖がデオキシリボースの場合デオキシリボヌクレオシド）。

A，G，C，Uのリボヌクレオシドをアデノシン，グアノシン，シチジン，ウリジンと呼ぶ。

A，G，C，Uのデオキシリボヌクレオシドは，その前に“デオキシ”を付けてデオキシアデノシンなどと呼ぶ（デオキシチミジンは，“デオキシ”であることは自明なので単にチミジンと呼ぶことが多い）。

6･1･3　ヌクレオチド

ヌクレオチドは，ヌクレオシドの一リン酸，二リン酸，三リン酸である。

塩基	塩基 (X=H)	ヌクレオシド (X=リボース)	ヌクレオシド (X=リボースリン酸)
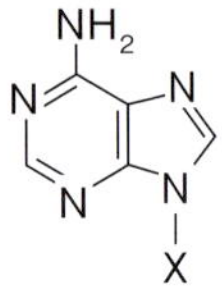	アデニン A	アデノシン A	アデニル酸 アデノシン一リン酸 AMP
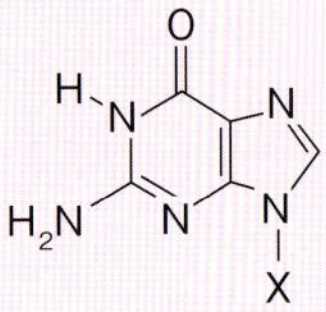	グアニン G	グアノシン G	グアニル酸 グアノシン一リン酸 GMP
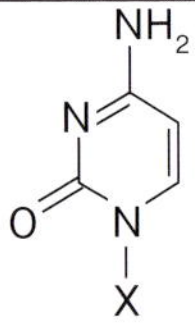	シトシン C	シチジン C	シチジル酸 シチジン一リン酸 CMP
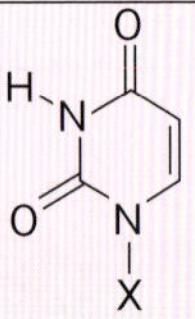	ウラシル U	ウリジン U	ウリジル酸 ウリジン一リン酸 UMP
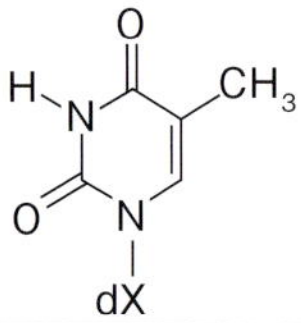	チミン T	(デオキシ) チミジン dT	(デオキシ) チミジル酸 (デオキシ) チミジン一リン酸 dTMP

図 6・1 塩基，ヌクレオシド，ヌクレオチド

窒素性塩基にはアデニン，グアニンの 2 種類のプリン塩基，シトシン，ウラシル，チミンの 3 種類のピリミジン塩基がある。これらにリボースまたはデオキシリボースが結合したものをヌクレオシドと呼び，さらにリン酸が結合したものをヌクレオチドと呼ぶ。

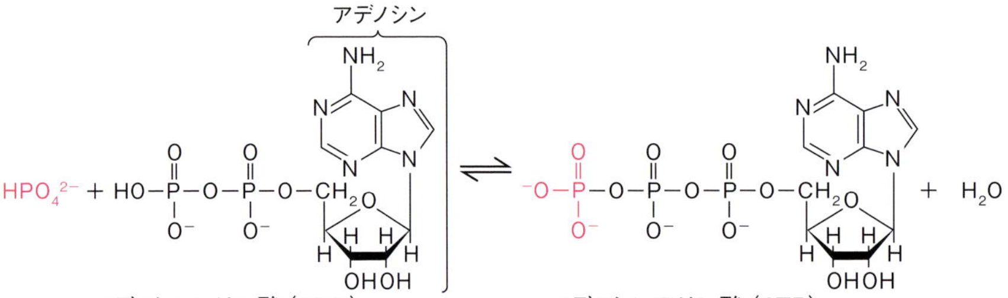

アデノシン

HPO_4^{2-} + アデノシン二リン酸 (ADP) ⇌ アデノシン三リン酸 (ATP) + H_2O

図 6・2 ADP と ATP

アデノシン三リン酸 (ATP) は，細胞のエネルギー通貨と呼ばれる生体にとって重要な分子である。ATP は，アデニンヌクレオシド (アデノシン) に 3 個のリン酸が付いたヌクレオチドである。

6·2　核酸の構造

核酸はヌクレオチドがリボースの3′と5′のリン酸でつながった重合体（ポリヌクレオチド鎖）である。ヌクレオチド間をつなぐリン酸の結合をホスホジエステル結合と呼ぶ。5′が他のヌクレオチドと結合していない端を5′末端（遊離のリン酸基が存在），3′が他のヌクレオチドと結合していない端を3′末端（遊離のヒドロキシ基が存在）と呼ぶ。このように核酸には方向性（極性）が存在し，通例5′末端を左に，3′末端を右に書くことになっている。

6·2·1　DNAの構造

DNAはデオキシリボヌクレオシド一リン酸が3′→5′ホスホジエステル結合によって共有結合したポリヌクレオチド鎖である。一本鎖DNAをもつウイルスを除き，DNAは二本鎖として存在し，2本のポリヌクレオチド鎖が1つの軸(対称軸）のまわりに二重らせんを形成している。DNAの二本鎖は両方とも右巻き

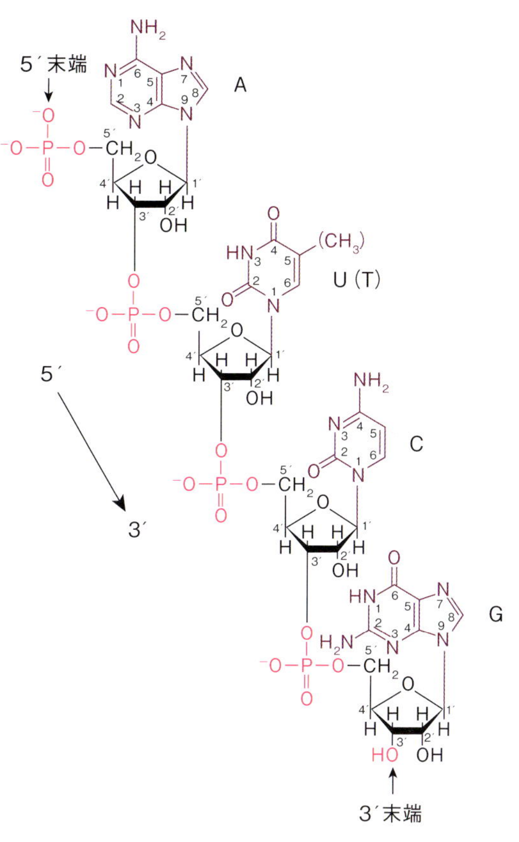

図6·3　核酸の構造
核酸はヌクレオチドがリボースの3′と5′のリン酸でつながった重合体（ポリヌクレオチド鎖）である。核酸には方向性が存在し，通例5′末端を左に，3′末端を右に書くことになっている。

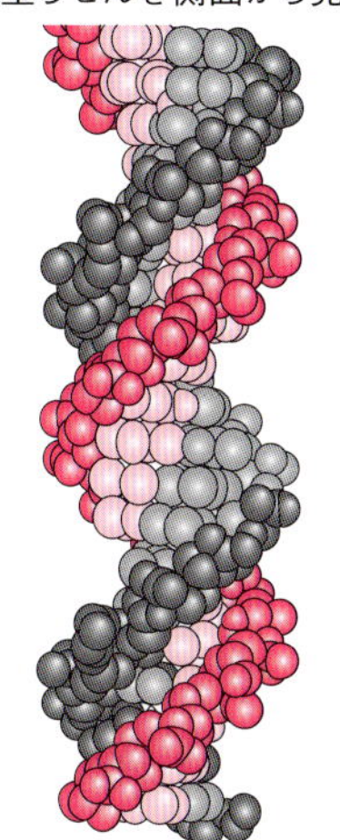

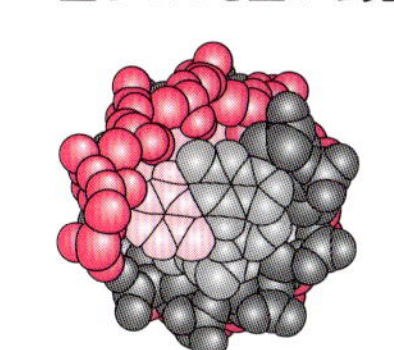

図6·4　DNAの二重らせん構造モデル（ワトソン・クリックモデル）
DNAは二本鎖として存在し，2本のポリヌクレオチド鎖が1つの軸（対称軸）のまわりに二重らせんを形成している。DNAの二本鎖は両方とも右巻きであるが，逆平行（極性が逆）である。塩基はデオキシリボースとリン酸の鎖による二重らせんの中心部にあり，1本の鎖の塩基ともう1本の鎖の塩基が水素結合により塩基対を形成する。（文献6-2より改変）

BOX1　DNA の変性と再生

二本鎖 DNA の溶液を加熱すると塩基対間の水素結合が壊れて相補鎖が解離する。この過程を DNA の変性と呼び，二重らせん構造の半分が変性する温度を融解温度 T_m と呼ぶ。一本鎖 DNA は二本鎖 DNA に比べて 260 nm の吸光度が高いため，吸光度を測定することにより，DNA 変性を調べることができる。T_m は GC 含量が多ければ多いほど高いが，これは GC 間の水素結合が AT 間の水素結合に比べて 1 本多いことも関係している。変性した DNA の溶液の温度を下げていくと相補鎖同士の水素結合が再生して二本鎖 DNA 構造が復帰する。これを DNA の再生またはリアニーリングと呼ぶ。RNA と DNA の相補鎖も RNA-DNA ハイブリッド二重らせんを形成する。

であるが，逆平行（極性が逆）である。塩基はデオキシリボースとリン酸の鎖による二重らせんの中心部にあり，1 本の鎖の塩基ともう 1 本の鎖の塩基が水素結合により塩基対を形成する。この際必ず，アデニン（A）とチミン（T），グアニン（G）とシトシン（C）が塩基対を形成する。そのため，二重らせんの一方のポリヌクレオチド鎖は相手の鎖に対して必ずある一定の塩基配列をもつものとなる。この関係を相補的（complementary）と呼ぶ。二本鎖 DNA においてはアデニンとチミンが同数（A = T)，グアニンとシトシンが同数（G = C）になる。これをシャルガフ（Schargaff）の法則と呼ぶ。この相補性から，DNA の二重らせんの一方の鎖は相手の鎖の合成の鋳型になることができる。これが DNA が遺伝情報の担い手として機能する基盤である。DNA の二重らせん構造モデルを提唱したのは James Watson と Francis Crick であり，これは 20 世紀最大の生物学上の発見といわれている。

6･2･2　真核生物の DNA の構成

真核細胞では DNA はミトコンドリアの中か核の中に存在する。ミトコンドリア DNA は一般的には環状二本鎖 DNA としてマトリックス中に存在する。ミトコンドリア DNA は呼吸鎖酵素の一部をコードしている（他に rRNA，tRNA の一部も）。核内の DNA がゲノムの構成要素である。

核内の DNA はタンパク質と結合してクロマチン（染色質）を形成している。クロマチンの基本構成単位はヌクレオソームである。ヌクレオソームは DNA とヒストンという塩基性タンパク質から構成される。8 個のヒストン分子（ヒストンオクタマー）[（H2A，H2B，H3，H4$)_2$] が芯を作り，その周りに DNA が巻き付き，ビーズ状の構造物を形作る。このビーズ同士をビーズ形成に関与しないリンカー DNA がつないでいる。ヒストン H1 は DNA を

BOX2　ゲノム

ゲノムとは生物が正常に機能するために最小限必要な遺伝子群を含む染色体 1 組を指す。ヒトなどの二倍体生物では，生殖細胞（卵と精子，配偶子ともいう）はゲノム 1 組をもっているだけだが，体細胞はゲノム 2 組をもっている。

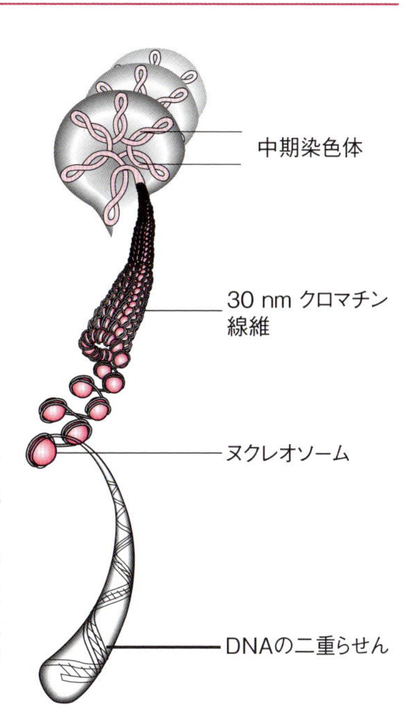

図 6・5　クロマチンの構造
クロマチンの基本構成単位はヌクレオソームである。ヌクレオソームは DNA とヒストンという塩基性タンパク質から構成される。8 個のヒストン分子が芯を作り，その周りに DNA が巻き付き，ビーズ状の構造物を形作る。このビーズ同士をビーズ形成に関与しないリンカー DNA がつないでいる。ヌクレオソームは互いに密集してコイルを形成し，それがさらにジグザグに折りたたまれて直径 30 nm のクロマチン線維になる。細胞分裂の際にはクロマチン線維はさらに凝集されて染色体（クロモソーム）となる。

BOX3　ゲノムインプリンティング（ゲノム刷込み，遺伝子刷込み）

ヒトは父親由来のゲノム 1 組と母親由来のゲノム 1 組をもっているが，ある遺伝子の発現の程度が，父親由来のものと母親由来のものとで異なる場合がある。父親由来のものが発現しない場合，父性刷込み（母性発現）と呼ぶ。ゲノムインプリンティングは，哺乳類の発生や成長，脳の機能などに重要な役割を果たしている。分子機構は完全には解明されていないが，DNA やヒストンのメチル化・アセチル化などが関与すると考えられている。

ヒストンオクタマーによる芯に固定すると同時にヌクレオソーム同士を近付けている。ヌクレオソームは互いに密集してコイルを形成し，それがさらにジグザグに折りたたまれて直径 30 nm のクロマチン線維になる。細胞分裂の際にはクロマチン線維はさらに凝集されて染色体（クロモソーム）となる。染色体はヒトでは 22 対の常染色体と一対の性染色体（XX または XY）からなる。染色体の両端はテロメアという特殊な構造になっている。テロメアにおいては DNA の 3′ 末端にグアニン（G）の多い配列が 1000 回以上も反復している。

6・2・3　RNA の構造

RNA は，リボヌクレオシド一リン酸が 3′ → 5′ ホスホジエステル結合によって共有結合したポリヌクレオチド鎖であるが，DNA に比べてかなり小さく，多くの RNA 鎖は一本鎖で存在する（部分的には二本鎖を形成する場合もある）。

①リボソーム RNA（rRNA）

リボソームは，タンパク質合成の場であり，rRNA といくつかのタンパク質から構成されている。真核細胞には 4 種類の rRNA が存在する（28 S，18 S，5.8 S，5 S）。

②トランスファー RNA（tRNA）

tRNA は，翻訳の際にメッセンジャー RNA 上のコドン（遺伝暗号）に対応するアミノ酸を運搬する RNA であり，分子内に多数の塩基対を形成し，特徴的な立体構造をもっている。

③メッセンジャー RNA（mRNA）

mRNA は，遺伝情報を核内の DNA から細胞質に運び，タンパク質合成の鋳型として機能する。mRNA はタンパク質をコードする領域の他に，その 5′ 末端，3′ 末端に非翻訳領域が存在する。真核生物の mRNA では 3′ 末端にアデニンの繰り返し配列（ポリ A テール）が存在し，5′ 末端は 7- メチルグアノシンが三リン酸結合（5′ → 5′）したキャップ構造となっている。

理解度確認問題

DNA の二重らせん構造からシャルガフの法則を説明しなさい。

解　答

DNA の二重らせん構造では，一方の DNA 鎖上のアデニン（A）は，他方の DNA 鎖上のチミン（T）と塩基対を形成する。同様に一方の DNA 鎖上のグアニン（G）は他方の DNA 鎖上のシトシン（C）と塩基対を形成する。したがって，二本鎖 DNA ではアデニンとチミンが同数（A ＝ T），グアニンとシトシンが同数（G ＝ C）になる。

引用文献

6-1) Voet, D. *et al.*（田宮信雄ら訳）（2014）『ヴォート基礎生化学（第 4 版）』東京化学同人.

6-2) Berg, J. M. *et al.*（入村達郎ら訳）（2013）『ストライヤー生化学（第 7 版）』東京化学同人.

第Ⅲ部　代　謝

第Ⅲ部

7章 代謝概論

細胞内では，二酸化炭素 CO_2 が水 H_2O に溶けるというような単純な化学反応も酵素によって触媒される。すなわち細胞内で起こる化学反応のほとんどは酵素反応である。細胞内でこれらの酵素反応が単独で起こることはまれであり，酵素反応は複数が組み合わされて**経路**と呼ばれる連続する反応を構成している。経路においては1つの反応の生成物は次の反応の基質となる。異なる経路が交差し，化学反応ネットワークを形成する。これらをまとめて**代謝**と呼ぶ。ほとんどの経路は**異化（分解）経路**か**同化（合成）経路**に分類される。異化経路ではタンパク質，多糖，脂質のような高分子（燃料分子）が CO_2，H_2O，NH_3（アンモニア）のような少数の単純な分子に分解されるとともに，そのときに放出される化学エネルギーを ATP と NADPH の形に変える。同化経路では単純な分子から複雑な高分子が合成される。この際，必要なエネルギーは ATP が提供し，還元力は NADPH が提供する。

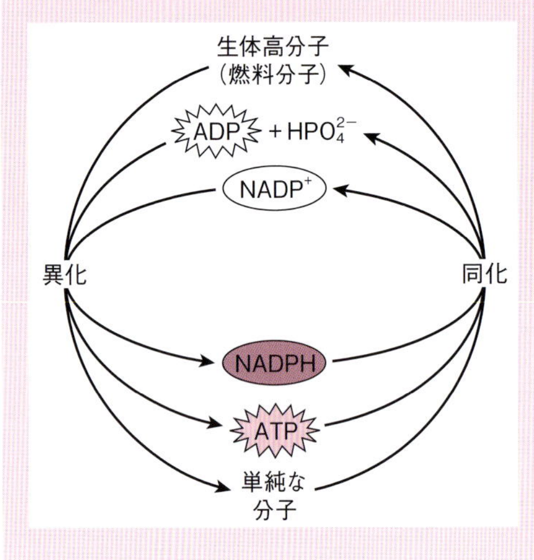

図 7·1　異化経路と同化経路
代謝は生体高分子を分解する異化経路と合成する同化経路に大別される。異化によって細胞のエネルギー通貨である ATP と還元力通貨である NADPH が得られる。同化に際しては ATP と NADPH が消費される。

7·1　異化経路

細胞は異化経路によって燃料分子を分解し，放出される化学エネルギーを **ATP** の形で獲得する。異化経路は燃料分子を別の高分子の合成に用いるためにも利用される。燃料分子を分解することにより，エネルギーを獲得する過程は，次の3つの段階に分けられる。

7·1·1　燃料分子の加水分解

燃料分子は，その構成要素に分解される。例えばタンパク質はアミノ酸に，多糖は単糖に，トリアシルグリセロールは遊離脂肪酸とグリセロールに分解される。

7・1・2　構成要素のアセチル CoA への変換

アミノ酸，単糖，遊離脂肪酸，グリセロールは**アセチル CoA** に分解される。この段階である程度エネルギーが ATP として獲得されるが，その量は次の段階で獲得される量に比べると小さい。

7・1・3　アセチル CoA の酸化

クエン酸回路が，燃料分子の酸化における最終共通経路である。アセチル CoA がクエン酸回路で酸化されて，ATP が産生されると同時に電子が **NADH** と **$FADH_2$** に受け渡される。この電子が酸化的リン酸化により，NADH と $FADH_2$ から酸素へと受け渡される間に，さらに大量の ATP が産生される。

7・2　同化経路

同化反応は，小さな分子を組み合わせて生体高分子を合成する反応である（アミノ酸からタンパク質を合成するように）。同化反応にはエネルギーが必要であり，多くの場合 **ATP** の ADP と P_i への分解によって供給される。同化反応にはしばしば還元反応が伴い，還元力は **NADPH** によって供給される。

7・3　代謝経路の細胞内局在

代謝経路は細胞内の特定部位で進行する。

ミトコンドリア（マトリックス）：クエン酸回路，脂肪酸酸化，尿素回路の一部，ケトン体の合成・分解（肝）

ミトコンドリア（内膜）：酸化的リン酸化

細胞質ゾル：解糖，ペントースリン酸経路，脂肪酸合成，糖新生，コレステロール合成

核：DNA の複製と転写

ゴルジ体：タンパク質の修飾，細胞膜と分泌小胞の形成

粗面小胞体：膜結合タンパク質と分泌タンパク質の合成

滑面小胞体：脂質の生合成

リソソーム：タンパク質，多糖類，核酸，脂質などの高分子の分解

ペルオキシソーム：過酸化物の処理

7・4　代謝の熱力学

7・4・1　代謝経路は不可逆である

代謝経路は多段階の酵素反応の組み合わせであり，1つでも不可逆反応があると全体が不可逆になる。多くの場合，代謝経路は不可逆反応を含むので，代謝経路は不可逆である。

7・4・2　代謝経路には初めの方に方向決定段階がある

代謝経路には初めの方に不可逆反応，すなわち，方向決定段階がある（例：解糖系のホス

ホフルクトキナーゼによって触媒される段階，10･2･3 項参照）

7･4･3　異化と同化の道は異なる

ある物質 A が異化経路により別の物質 C に変わるとすると，C から A になる経路（同化経路）は，少なくとも 1 つは異化経路を構成するものとは異なる反応を含んでいる（例：解糖系と糖新生，図 11･1 ページ参照）。

図 7･2　異化と同化の道は異なる　ある物質 A が異化経路により別の物質 C に変わるとすると，C から A になる同化経路は，少なくとも 1 つは異化経路には含まれない反応を含んでいる。

7･5　代謝流量の調節

代謝流量（代謝物質の流量）は，その経路の律速段階（一番遅い段階）で決まり，律速段階を触媒する酵素が調節を受けている。

7･5･1　アロステリック調節

多くの酵素は，アロステリック調節を受けている。調節物質は，代謝経路の直接の産物である場合もあり，そうでない場合もある。代謝経路の直接の産物が，経路の後の反応を触媒する酵素を調節する場合，フィードフォワード調節といい，経路の前の反応を触媒する酵素を調節する場合，フィードバック調節という。また，活性化する場合も抑制する場合もある。

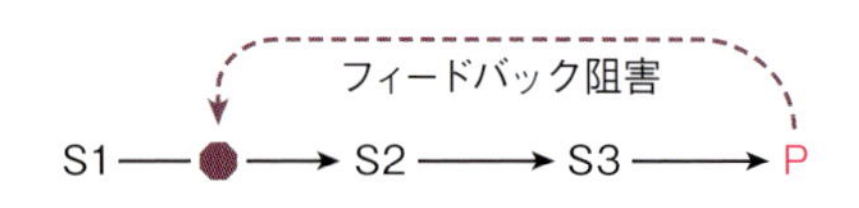

図 7･3　フィードバック調節　代謝経路の産物が経路の前の反応を触媒する酵素を調節する場合，フィードバック調節という。

7･5･2　共有結合修飾

多くの酵素は共有結合修飾を受け，活性を調節されている。一番代表的な共有結合修飾は，リン酸化である。リン酸化により，活性化される場合もあれば（グリコーゲン代謝のグリコーゲンホスホリラーゼ，ホスホリラーゼキナーゼなど），不活化される場合もある（グリコーゲン代謝のグリコーゲンシンターゼ，解糖系のピルビン酸キナーゼなど）。リン酸化する酵素をキナーゼ，脱リン酸する酵素をホスファターゼと呼ぶ。

7･5･3　基質サイクル

ある物質 A が別の物質 B に変換される反応と B から A に変換される反応を別々の酵素が触媒する場合（このとき A から B への反応が発エルゴン反応だとすると B から A への反応は吸エルゴン反応で，多くの場合 ATP の加水分解と共役している。このため A から B，B から A へのサイクルは ATP の消費を伴うので，このようなサイクルは，か

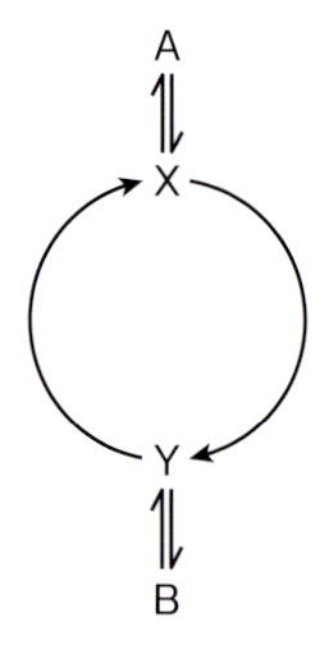

図 7･4　基質サイクル　ある物質 A が別の物質 B に変換される反応と，B から A に変換される反応を別々の酵素が触媒する場合，A から B への流量はこの反応を触媒する酵素の活性化だけでなく，B から A への反応を触媒する酵素の不活化によっても増大する。このような調節を基質サイクルによる調節と呼ぶ。

つては無益サイクルと呼ばれた），AからBへの流量はこの反応を触媒する酵素の活性化だけでなく，BからAへの反応を触媒する酵素の不活化によっても増大する。このような基質サイクルの生理的意味としては，代謝流量の調節（典型的な例は解糖系・糖新生のホスホフルクトキナーゼ，フルクトースビスホスファターゼによる基質サイクル，10•2•3項参照）と並んで，ATPの加水分解に伴う熱産生が挙げられる。ヒトを含む多くの動物で，体熱の大部分は基質サイクルによるものだと考えられている。

7•5•4　遺伝子による調節

酵素量は必要に応じて増減する。これは主として遺伝子からのタンパク質合成の調節によって行われる。インスリンやグルカゴンなどは糖代謝に関わる酵素の転写調節を介して（7•5•2の共有結合修飾を介する調節もあるが），糖代謝に大きな影響を及ぼす。

7•5•1〜7•5•3の調節は短期調節機構（秒から分の単位の調節）であるのに対し，7•5•4は長期調節機構（時間から日の単位の調節）である。

理解度確認問題

代謝流量はどのように調節されているのか，説明しなさい。

解　答

代謝流量は代謝経路の律速段階を触媒する酵素の活性•発現量によって調節を受けている。調節はアロステリック調節，共有結合修飾（リン酸化が最も重要），基質サイクルという3つの短期調節機構と，酵素発現量の遺伝子調節という長期調節機構によって行われている。

引用文献

7-1)　Voet, D. *et al.*（田宮信雄ら訳）(2014)『ヴォート基礎生化学（第4版）』東京化学同人.

7-2)　Berg, J. M. *et al.*（入村達郎ら訳）(2013)『ストライヤー生化学（第7版）』東京化学同人.

第Ⅲ部

8章 酵素

生体内の化学反応のほとんどは，酵素と呼ばれる生体高分子によって触媒される。酵素は少数の例外を除きタンパク質である。酵素には基質を結合し触媒反応を進める活性部位が存在する。酵素は触媒する反応の速度は増加させるが平衡は変えない。酵素は働きかける分子（基質）および基質を生成物（産物）に変換する反応に関して特異性をもつ。多くの酵素はミカエリス・メンテンの速度論に従い，反応の初速度を基質濃度に対してプロットすると双曲線になる。酵素によって触媒される反応の速度を低下させる様式で最もよく見られるのは，競合阻害と非競合阻害である。複数のサブユニットで構成されるアロステリック酵素はミカエリス・メンテンの速度論には従わず，反応の初速度を基質濃度に対してプロットするとS字状（シグモイド）曲線になる。アロステリック酵素では活性部位とは別の部位に調節因子が結合し，酵素活性を調節する。酵素は共有結合修飾や合成・分解の速度変化によっても調節を受ける。

8·1　酵素とは何か？

酵素は生物によって産生され，少数の例外（RNAによって構成されるリボザイム）を除きタンパク質を本体とする生体触媒で，生命活動を担う多種多様な生体反応のほとんどすべてに関与する。一般触媒と同様に，反応の活性化エネルギーの低下によって反応速度の増加をもたらすが，いくつか無機触媒とは異なる特徴をもつ。酵素による触媒反応は非触媒反応に対して $10^6 \sim 10^{12}$ 倍の促進をもたらす。これは同一反応の化学触媒による促進の度合いより少なくとも数桁高い。また無機触媒に比べて穏やかな条件で進行する。通常37℃近辺，常圧，ほぼ中性のpHで反応が進行する（酸性で速度が増加する酵素もあるが）。酵素は基質（酵素が作用する物質）および反応に関して非常に高い特異性をもつ。また多くの酵素の触媒活性は基質以外の物質により調節を受ける。多くの酵素は補因子を必要とする。補因子のうち有機分子を補酵素と呼ぶ。補因子のうち酵素といつも結合しているものを補欠分子族と呼ぶ。補酵素の多くは水溶性ビタミン由来である（補酵素とビタミンに関しては9章参照のこと）。

8·2　酵素の分類

酵素は触媒する反応の性質で以下の6つに分類される。

1. オキシドレダクターゼ　　酸化還元反応

2. トランスフェラーゼ　　基の転移反応
3. ヒドロラーゼ　　加水分解反応
4. リアーゼ　　基の付加・除去に伴って二重結合を作る反応
5. イソメラーゼ　　異性化反応
6. リガーゼ　　ATP の加水分解を伴う結合の生成反応

BOX1　酵素を理解するために必要な熱力学

①自由エネルギー変化（ΔG）は，ある反応が自発的に進行するか否かの情報を与えてくれるが，反応速度に関する情報は与えてくれない。ΔG がマイナスのとき，反応は自発的に進行する（発エルゴン反応）。

② ΔG がゼロのとき，系は平衡状態にあり，変化はない。

③ ΔG がプラスのとき，反応は自発的に進まない。反応を進ませるためには自由エネルギーを与えなければならない（吸エルゴン反応）。

④標準自由エネルギー変化（$\Delta G^{\circ\prime}$）は平衡定数の関数である。

$$\Delta G^{\circ} = -RT\ln K'_{eq}$$

⑤酵素は反応速度を変えるだけで反応の平衡は変えない。

⑥酵素は活性化自由エネルギーを低下させることにより，反応速度を大きくする（酵素は基質と酵素−基質複合体を形成することにより，活性化自由エネルギーを低下させる）。酵素が基質と結合し触媒作用を発揮する部位を活性部位と呼ぶ。

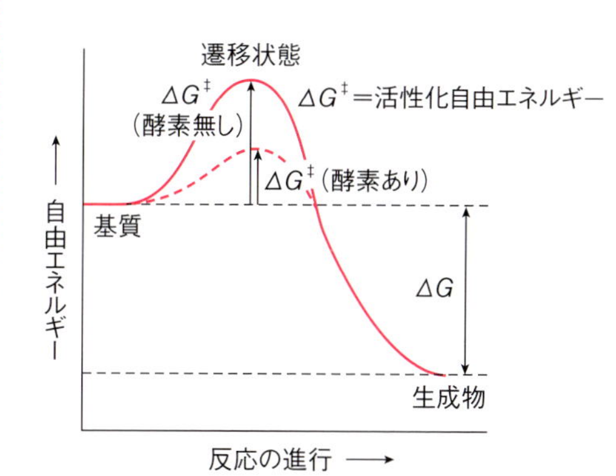

図 8・1　活性化自由エネルギーに及ぼす酵素の影響
酵素は活性化自由エネルギーを低下させることにより反応速度を大きくするが，反応の平衡は変えない。

8・3　酵素反応速度論

8・3・1　ミカエリス・メンテン（Michaelis-Menten）モデル

一定量の酵素に対して基質濃度を変えていったときに反応の初速度がどう変わるかをプロットした場合，多くの場合，双曲線カーブになる。ミカエリス（Leonor Michaelis）とメンテン（Maude Menten）は，基質濃度と反応の初速度の関係がこのような双曲線になるにはどのようなモデルを考えればいいかを提唱した。このモデルでは，①基質濃度 [S] は酵素

濃度 [E] よりもずっと高く，酵素に結合している基質の割合は常に小さい，②酵素−基質複合体濃度 [ES] は一定である（定常状態仮定），③酵素反応を解析するときには反応の初速度 V_0 を用いる，という 3 つの仮定を前提としている。

$$\mathrm{E} + \mathrm{S} \underset{k_{-1}}{\overset{k_{+1}}{\rightleftarrows}} \mathrm{ES} \xrightarrow{k_2\text{（代謝回転数）}} \mathrm{E} + \mathrm{P}$$

$V_0 = k_2\,[\mathrm{ES}]$

[ES] の生成速度＝ $k_1\,[\mathrm{E}][\mathrm{S}]$

[ES] の分解速度＝ $k_{-1}\,[\mathrm{ES}] + k_2\,[\mathrm{ES}] = (k_{-1} + k_2)\,[\mathrm{ES}]$

定常状態で [ES] ＝一定と仮定すると

$k_1\,[\mathrm{E}][\mathrm{S}] = (k_{-1} + k_2)\,[\mathrm{ES}]$

$$\frac{[\mathrm{E}][\mathrm{S}]}{[\mathrm{ES}]} = \frac{(k_{-1} + k_2)}{k_1} = K_\mathrm{m} \qquad \text{（ミカエリス定数）}$$

酵素の全濃度を $[\mathrm{E}]_\mathrm{T}$ とすると

$[\mathrm{E}]_\mathrm{T} = [\mathrm{E}] + [\mathrm{ES}]$ だから

$$\frac{([\mathrm{E}]_\mathrm{T} - [\mathrm{ES}])\,[\mathrm{S}]}{[\mathrm{ES}]} = K_\mathrm{m}$$

$([\mathrm{E}]_\mathrm{T} - [\mathrm{ES}])\,[\mathrm{S}] = K_\mathrm{m}\,[\mathrm{ES}]$

$([\mathrm{S}] + K_\mathrm{m})\,[\mathrm{ES}] = [\mathrm{E}]_\mathrm{T}\,[\mathrm{S}]$

$$[\mathrm{ES}] = \frac{[\mathrm{E}]_\mathrm{T}[\mathrm{S}]}{([\mathrm{S}] + K_\mathrm{m})}$$

$V_0 = k_2\,[\mathrm{ES}]$ だから　$V_0 = \dfrac{k_2[\mathrm{E}]_\mathrm{T}[\mathrm{S}]}{([\mathrm{S}] + K_\mathrm{m})}$

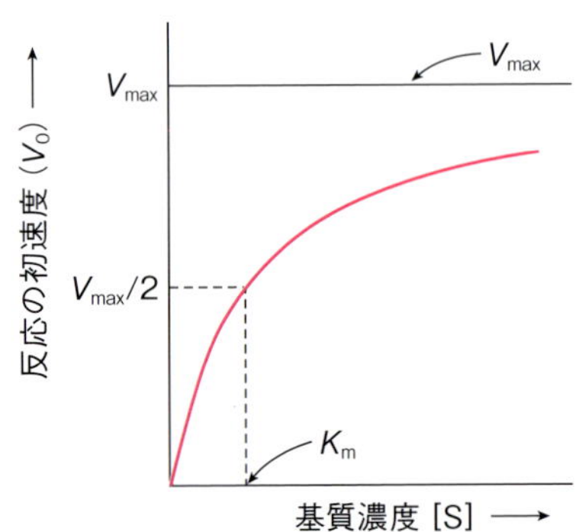

図 8・2　ミカエリス・メンテンプロット
基質濃度を横軸に，反応の初速度を縦軸にとると，双曲線になる。これをミカエリス・メンテンプロットと呼ぶ。

反応の最大速度 $V_\mathrm{max} = k_2\,[\mathrm{E}]_\mathrm{T}$ だから　$V_0 = V_\mathrm{max}\,\dfrac{[\mathrm{S}]}{([\mathrm{S}] + K_\mathrm{m})}$

これは双曲線を表す式である。

基質濃度がミカエリス定数 K_m の値のときに反応の初速度は反応の最大速度 V_{max} の 2 分の 1 になる。ミカエリス定数 K_m は，酵素の基質に対する親和性を反映するものであり，K_m の値が小さいということは高親和性であること，K_m の値が大きいということは低親和性であることを表す。また K_m の値は生体内における基質濃度の目安となる。

8・3・2　ラインウィーバー・バーク（Lineweaver-Burk）プロット（両逆数プロット）

ミカエリス・メンテンプロットは双曲線なので，取扱いが容易ではない。そこで縦軸に反応の初速度 V_0 の逆数を，横軸に基質濃度 [S] の逆数をとると，

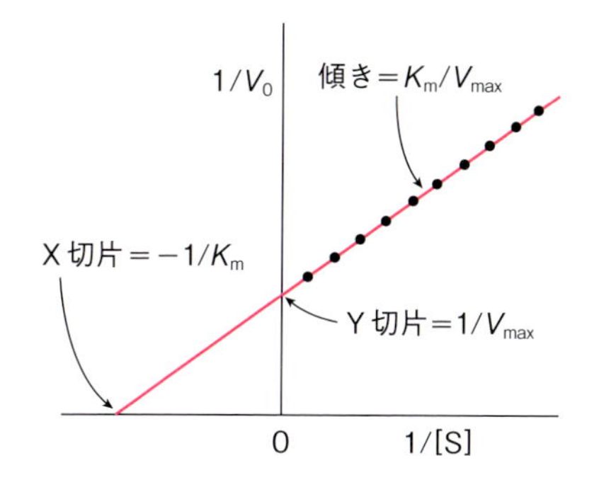

図 8･3　ラインウィーバー・バークプロット
横軸に基質濃度 [S] の逆数を，縦軸に反応の初速度 V_0 の逆数をとると，傾き K_m/V_{max}，縦軸との交点 $1/V_{max}$，横軸との交点 $-1/K_m$ の直線になる。

$$\frac{1}{V_0}=\frac{1}{V_{max}}\frac{[S]+K_m}{[S]}=\frac{1}{V_{max}}\left(1+\frac{K_m}{[S]}\right)=\left(\frac{K_m}{V_{max}}\right)\frac{1}{[S]}+\frac{1}{V_{max}}$$

傾き K_m/V_{max}，縦軸との交点 $1/V_{max}$，横軸との交点 $-1/K_m$ の直線になる。

すなわちラインウィーバー・バークプロットをとると，V_{max} および K_m を容易に知ることができる。

8･3･3　酵素の阻害

いろいろな物質が酵素と可逆的に結合し，基質との結合に影響したり，代謝回転数 k_{cat} $(V_{max}/[E]_T) = k_2$ を変えたりする。酵素活性を減少させる物質を阻害剤と呼ぶ。

8･3･3･1　競合阻害

酵素の基質結合部位に対し正常な基質と直接に競合する物質を競合阻害剤という。このような物質は，ふつう構造が基質に似ているので活性部位に特異的に結合するが，作用は受けない。競合阻害の場合，K_m は大きくなる（親和性は低下する）が，最大速度 V_{max} は変わらない。基質濃度を上げれば阻害効果は打ち消される。

8･3･3･2　非競合阻害

酵素にも酵素−基質複合体にも結合して酵素活性を下げる物質を非競合阻害剤という。この場合，阻害剤は基質結合部位とは異なる部位に結合する。非競合阻害の場合，K_m は変わらない（親和性は変わらない）が，最大速度 V_{max} が小さくなる。

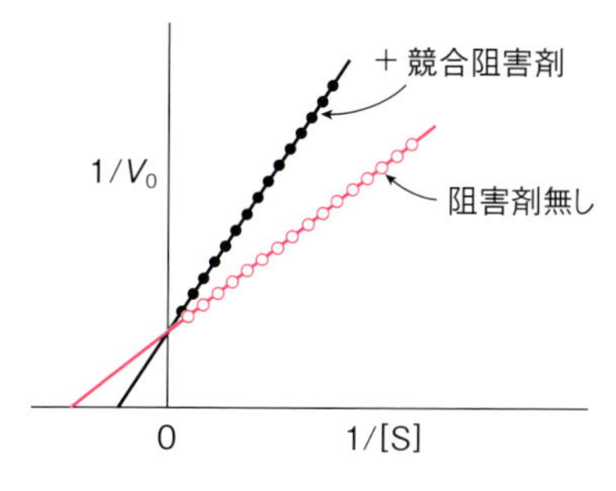

図 8･4　競合阻害
競合阻害の場合，ラインウィーバー・バークプロットをとるとこの図のようになる。K_m は大きくなる（親和性は低下する）が，最大速度 V_{max} は変わらない。

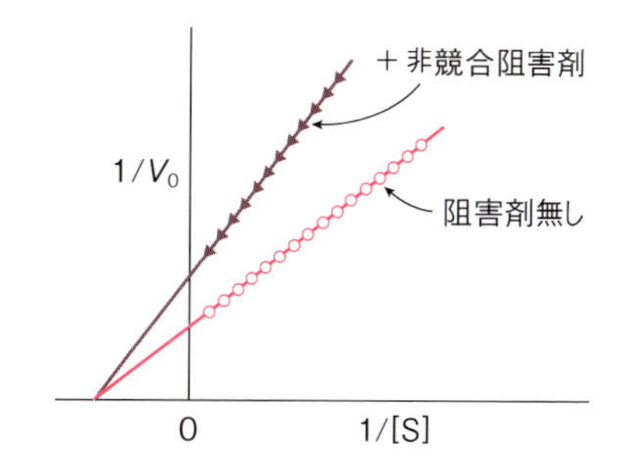

図 8･5　非競合阻害
非競合阻害の場合，ラインウィーバー・バークプロットをとるとこの図のようになる。K_m は変わらないが，最大速度 V_{max} は低下する。

8·4　アロステリック酵素

多くの酵素反応がミカエリス・メンテンモデルで説明できるが，すべての酵素反応が説明できるわけではない。アロステリック酵素と呼ばれる酵素はその代表例である。酵素の基質結合部位と立体構造上異なる部位（allosteric）に低分子のリガンドが結合して，その活性が変わることをアロステリック効果と呼ぶ。アロステリック酵素は複数のサブユニットから構成され複数の活性部位をもっていて，ある 1 つの活性部位に基質が結合すると別の活性部位に基質が結合しやすくなる。この性質を協同性（cooperativity）と呼ぶ。アロステリック酵素の場合，基質濃度に対して反応の初速度をプロットすると S 字状（シグモイド）曲線になる。代謝における重要な調節点に位置する酵素はアロステリック酵素であることが多い。

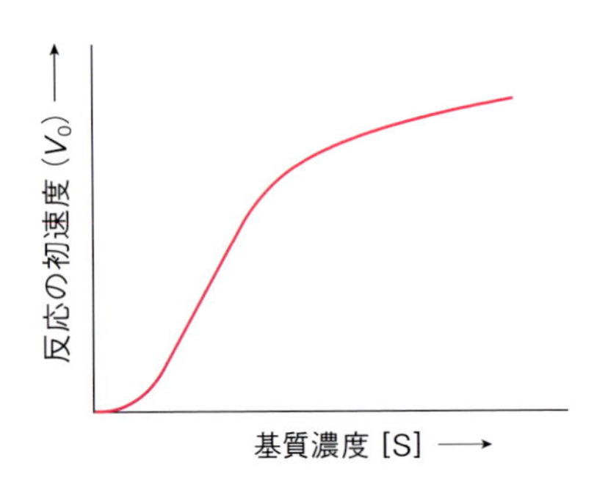

図 8·6　アロステリック酵素
基質濃度を横軸に，反応の初速度を縦軸にとると，アロステリック酵素では S 字状（シグモイド）曲線になる。

8·5　酵素の調節

酵素の調節機構には秒～分単位の短期調節と，時間～日の単位の長期調節がある。短期調節にはアロステリック調節，共有結合修飾などがあり，長期調節には酵素タンパク質の発現量の，合成促進あるいは分解抑制による調節がある。詳しくは 7 章「代謝概論」を参照のこと。

8·6　アイソザイム

化学的に異なるタンパク質分子が同じ化学反応を触媒する場合，この酵素群をアイソザイムと呼ぶ。これらの酵素群は基質に対する親和性，阻害因子に対する感受性などが異なり，組織に応じた反応を行っていると考えられる。アイソザイムの定量は臨床検査にも用いられている。

応用問題

A 氏は 65 歳の肥満気味の男性。夕食を食べた 3 時間後，激烈な心窩部痛と嘔吐により救急外来を受診。血液の生化学検査と CT 検査により，B と診断された。血清の酵素濃度は以下の通りであった。アミラーゼ 1050 U/L（正常範囲は 25-125 U/L），リパーゼ　880 U/L

(18-180 U/L), アラニンアミノトランスフェラーゼ 250 U/L（7-40 U/L), 乳酸デヒドロゲナーゼ 420 U/L（110-210 U/L)。

1. Bとして最も可能性の高い病名は何か。
2. Bを引き起こす原因としては何が考えられるか。

解　答

1. 急性膵炎。強い腹痛を訴え，血清アミラーゼ値もしくはリパーゼ値が高値を示せば，急性膵炎が最も疑われる。CT検査でも特徴的な所見が認められる。アミラーゼは膵臓で合成され，デンプンとグリコーゲンを消化するために消化管に分泌される。リパーゼも同様に膵臓で合成され，脂肪を消化するために消化管に分泌される。急性膵炎では，本来は消化管に分泌されてから活性化されるはずのトリプシン（不活性の前駆体であるトリプシノーゲンが消化管内で限定分解されて活性型のトリプシンになる）が膵臓内で活性化され，トリプシンによる自己消化で膵臓が破壊される。その結果，アミラーゼやリパーゼなどが循環血液中に逸脱してしまう。このように臓器が損傷を受け，本来は臓器特異的に分布し細胞内で機能を果たしている酵素が血中へ逸脱したものを逸脱酵素と呼ぶ。
2. 急性膵炎の原因としては胆石，アルコールが多い。

引用文献

8-1）Voet, D. *et al.*（田宮信雄ら訳）(2014)『ヴォート基礎生化学（第4版）』東京化学同人.

8-2）Berg, J. M. *et al.*（入村達郎ら訳）(2013)『ストライヤー生化学（第7版）』東京化学同人.

8-3）Bhagavan, N. V. and Chung-Eun Ha. (2015) "Essentials of Medical Biochemistry, 2nd ed." Academic Press.

第Ⅲ部

9章　補酵素とビタミン

8章に記したように，多くの酵素は補因子を必要とする。補因子のうち有機分子を補酵素と呼ぶ。補酵素の多くは水溶性ビタミン（ビタミンB群）由来である。水溶性ビタミンには他にアスコルビン酸（ビタミンC）がある。脂溶性ビタミンにはビタミンA，D，E，Kがある。必須脂肪酸をビタミンFと呼ぶこともある。

9·1　補因子・補酵素・共同基質・補欠分子族

酵素の本体は（少数の例外を除いて）タンパク質であるが，それだけでは酵素活性がまったく無いか非常に低く，他の物質が存在する場合に酵素活性が上昇する場合，その物質を補因子と呼ぶ。この場合，酵素タンパク質をアポ酵素と呼び，アポ酵素に補因子が結合して活性のあるホロ酵素になる。補因子には，亜鉛イオン（Zn^{2+}），マグネシウムイオン（Mg^{2+}），ニッケルイオン（Ni^{2+}），マンガンイオン（Mn^{2+}），カリウムイオン（K^{+}）などの金属イオンと有機分子の補酵素がある。補酵素には，酵素に一時的に結合する共同基質と，いつも結合している（共有結合していることが多い）補欠分子族がある。補酵素は酵素反応が起こると化学的に変化するので，反応が持続するためには補酵素はもとの状態に再生されなければならない。

9·2　ビタミンとは何か？

栄養素のうちで，糖質，脂肪，タンパク質（アミノ酸），無機質以外に必要とされる微量の有機物をビタミンと呼ぶ。水溶性ビタミンと脂溶性ビタミンに大別される。ビタミンが欠乏すると，成長障害，体重低下などが起こる。さらにそれぞれのビタミンに特異的な欠乏症状が現れることがある。

9·3　水溶性ビタミン

水溶性ビタミンはビタミンB群とビタミンCがある。

9·3·1　ビタミンB群（ビタミンB複合体）

ビタミンB_1（チアミン），ビタミンB_2（リボフラビン），ナイアシン（ニコチン酸，ニコチンアミド），ビタミンB_6（ピリドキシン，ピリドキサール，ピリドキサミン），パントテン酸，葉酸，ビオチン，ビタミンB_{12}（コバラミン）がある。

ビタミンB_1由来の補酵素チアミン二リン酸（チアミンピロリン酸，TPP）はアルデヒド基転移反応を触媒する酵素の補酵素である。具体的にはトランスケトラーゼ，ピルビン酸デ

表 9·1　ビタミン B 群

総称	化合物	補酵素	多く含む食品	欠乏症
ビタミン B_1	チアミン	チアミン二リン酸	米ぬか，胚芽，豚肉，酵母，豆類，ニンニク，ゴマ	脚気，軸性視神経炎，多発性神経炎，ウェルニッケ脳症，食欲減退，消化障害
ビタミン B_2	リボフラビン	フラビン補酵素	レバー，卵黄，酵母，干し椎茸，緑葉野菜，チーズ，肉類，牛乳，納豆	成長停止，口角炎，口唇炎，舌炎，脂漏性皮膚炎，広汎性表在角膜炎
ナイアシン	ニコチン酸，ニコチンアミド	ニコチンアミド補酵素	レバー，肉類，魚類，豆類，酵母，キノコ，海苔，穀類	ペラグラ
ビタミン B_6	ピリドキシン，ピリドキサール，ピリドキサミン	ピリドキサールリン酸	レバー，牛肉，魚類，酵母，牛乳，卵，大豆	
パントテン酸	パントテン酸	補酵素 A	レバー，肉類，魚類，大豆，酵母，牛乳	
葉酸	葉酸（プテロイルグルタミン酸）	テトラヒドロ葉酸	レバー，腎臓，酵母，緑葉野菜	巨赤芽球性貧血，神経管閉鎖障害（二分脊椎症，無脳症）
ビオチン	ビオチン	ビオシチン	レバー，酵母，胚芽	
ビタミン B_{12}	コバラミン	コバラミン補酵素	レバー，肉類，魚類，牛乳，チーズ	悪性貧血

ヒドロゲナーゼ，2-オキソ（α-ケト）グルタル酸デヒドロゲナーゼ，分枝 2-オキソ（α-ケト）酸デヒドロゲナーゼ，ピルビン酸デカルボキシラーゼなどの補酵素である。ビタミン B_2（リボフラビン）は生体内ではフラビンヌクレオチドすなわち FMN（フラビンモノヌクレオチド），FAD（フラビンアデニンジヌクレオチド）の形でフラビンタンパク質（フラビン酵素を含む）の補欠分子族として機能する。フラビン酵素は酸化還元反応を触媒する。ナイアシン由来の補酵素 NAD (H)（ニコチンアミドアデニンジヌクレオチド）は酸化還元反応を触媒する酵素の補酵素で，体内に最も豊富に存在する補酵素である。NADH は各種の基質を酸化し，エネルギーを獲得するのに用いられる。ナイアシン由来のもう 1 つの補酵素 NADP (H)（ニコチンアミドアデニンジヌクレオチドリン酸）は，NAD のアデニル酸のリボースの 2´ 位にさらにリン酸がエステル結合したものであり，やはり酸化還元反応を触媒する酵素の補酵素であるが，NAD に比べて NADP の関与する反応は少ない。グルコース -6- リン酸デヒドロゲナーゼ，6- ホスホグルコン酸デヒドロゲナーゼ，イソクエン酸デヒドロゲナーゼ（NAD が関与するタイプもある），グルタミン酸デヒドロゲナーゼ（NAD が関与するタイプもある），リンゴ酸酵素などである。ビタミン B_6 由来のピリドキサールリン酸 (PLP) はアミノ基転移を触媒する酵素の補酵素であり，アミノトランスフェラーゼをはじめアミノ酸代謝に関わるリアーゼやシンターゼの多くが PLP を補酵素とする。またグリコーゲンホスホリラーゼも PLP を補欠分子族として共有結合している。パントテン酸由来の補酵素で

ある補酵素Aは，アシル基転移を触媒する酵素の補酵素であり，脂肪酸酸化，ピルビン酸酸化，ステロイド合成，脂肪酸合成，リン脂質合成，クエン酸回路などに関与する。葉酸由来の補酵素であるテトラヒドロ葉酸（THF）は一炭素基転移を触媒する酵素の補酵素であり，アミノ酸代謝，プリンヌクレオチド合成，dTMP合成などに関与する。ビオチン由来の補酵素ビオシチンはカルボキシル化反応を触媒する酵素の補酵素であり，ピルビン酸カルボキシラーゼ，アセチルCoAカルボキシラーゼ，プロピオニルCoAカルボキシラーゼなどの補酵素となっている。ビタミンB_{12}由来のコバラミン補酵素（アデノシルコバラミン，メチルコバラミン）は分子内転位とメチル基転移を触媒する酵素の補酵素で，メチルマロニルCoAムターゼなどが知られている。ビタミンB_{12}の小腸粘膜からの吸収には，ビタミンB_{12}が胃から分泌される内因子という糖タンパク質と結合することが必要で，ビタミンB_{12}欠乏症である悪性貧血はビタミンB_{12}不足よりも胃の内因子産生細胞（壁細胞）が自己免疫疾患で傷害されるためであることが多い。

9･3･2　ビタミンC

一種の糖誘導体であるアスコルビン酸をビタミンCと呼ぶ。アスコルビン酸の生体内における主な機能は電子供与（還元作用）である。活性酸素種の捕捉，血中脂質の過酸化抑制，コラーゲンの生成と維持（プロリンとリシンのヒドロキシル化，壊血病の症状はこの障害に由来する結合組織の脆弱性による）が主な生理作用である。また，副腎皮質ホルモンやカテコールアミンの生成，脂質代謝などの酵素的ヒドロキシル化反応に必須とされている。芽キャベツ，ピーマン，トマト，緑黄色野菜，果物，緑茶などに多く含まれている。

9･4　脂溶性ビタミン

脂溶性ビタミンの主なものはビタミンA，D，E，Kであり，脂肪に含まれる必須脂肪酸をビタミンFと呼ぶこともある。

表9･2　脂溶性ビタミン

総称	化合物	多く含む食品	欠乏症
ビタミンA プロビタミンA	レチノール α-，β-，γ-カロテン，クリプトキサンチン	レバー，ウナギ，卵黄，バター，マーガリン，緑黄色野菜	夜盲症，眼乾燥症，角膜軟化症，毛包性角化症，成長停止
ビタミンD プロビタミンD	コレカルシフェロール，エルゴカルシフェロール 7-デヒドロコレステロール，エルゴステロール	ウナギ，煮干し，シラス干し，イワシ，サケ，サバ，カツオ，椎茸，キクラゲ	くる病，骨軟化症，骨および歯の発育不全，骨粗鬆症
ビタミンE	α-，β-，γ-，δ-トコフェロール，α-，β-，γ-，δ-トコトリエノール	穀物，胚芽油，サフラワー油，緑葉野菜，アーモンド	不妊症，運動機能障害
ビタミンK	フィロキノン，メナキノン	レバー，納豆，チーズ，緑葉野菜	血液凝固障害，肝障害，新生児メレナ
ビタミンF	リノール酸，リノレン酸，アラキドン酸	植物油	皮膚炎，成長停止

動物はビタミンAであるレチノールを合成できず，植物由来のβ- カロテンなどのプロビタミンAから小腸，腎臓，肝臓などで合成する。レチノールはアルデヒドデヒドロゲナーゼによりレチナールに，さらにレチナールオキシダーゼによりレチノイン酸に代謝される。ビタミンAの生理作用として，視覚，聴覚，生殖などの機能維持，成長促進，上皮組織の維持などが挙げられる。ビタミンA過剰症として脳圧亢進，四肢の痛みや腫脹，肝障害などが起こりうる。ビタミンD（コレカルシフェロールおよびエルゴカルシフェロール）はプロビタミンDに紫外線が照射されることにより生成する。ビタミンDそのものには生理活性はほとんど無く，肝臓で25位，腎臓で1α位がヒドロキシル化されて1α, 25- ジヒドロキシビタミンDという活性型になる。活性型ビタミンDは小腸ではカルシウム，リン酸の吸収を促進し，腎臓ではカルシウム，リン酸の再吸収を促進する。また骨芽細胞に作用して非コラーゲン性タンパク質の合成を促し，破骨細胞の形成も促進する。ビタミンD過剰症として軟組織へのカルシウム沈着，腎臓結石を介した腎機能障害などが起こりうる。ビタミンEの生理作用は抗酸化作用で説明できる。ビタミンKは腸内細菌によって必要量のおよそ半分が合成される。ビタミンKはプロトロンビンなど血液凝固系のいくつかのタンパク質のグルタミン酸残基のカルボキシル化において重要な役割を担っており，グルタミン酸残基のカルボキシル化が起こっていない血液凝固因子は正常に機能せず，出血が止まらなくなる。新生児においては消化管からの出血となり，これは新生児メレナと呼ばれる。リノール酸，リノレン酸，アラキドン酸などの必須脂肪酸をビタミンFと呼ぶことがある。

応用問題

A氏は62歳男性。知覚異常，体重減少，貧血により来院。4か月前の定期健診ではとくに異常は指摘されなかったとのこと。しかしながらその後，末梢神経障害，歩行障害，息切れ，舌炎，尿の色の変化などの症状が発現した。血液検査により，MCV（mean corpuscular volume，平均赤血球容積）124 fL（正常範囲 80-100 fL），ヘモグロビン 6.3 g/dL（13.5-17.4 g/dL），ビリルビン 3.4 mg/dL（0.0-1.0 mg/dL），乳酸デヒドロゲナーゼ 1404 U/L（110-210 U/L），ハプトグロビン < 6 mg/dL（16-199 mg/dL），B 61 pg/mL（> 250 pg/dL）が示された。血清鉄検査により，鉄欠乏が明らかになったが，葉酸濃度は正常範囲内であった。また抗内因子抗体陽性で，血清メチルマロン酸濃度およびガストリン濃度が顕著に上昇していた。

1. Bはあるビタミンである。何か。
2. A氏の疾患名は何か。

解　答

1. ビタミンB_{12}。
2. 悪性貧血。悪性貧血のほとんどは，胃の内因子産生細胞（壁細胞）が自己免疫的に傷害され，ビタミン B_{12} の吸収が障害されるために起こる。ビタミン B_{12} 欠乏の結果として，大球性貧血（MCV が大きい），末梢神経障害，舌炎などが起こる。ビタミン B_{12} の誘導体であるアデノシルコバラミンはメチルマロニル CoA をスクシニル CoA へ異性化するメチルマロニル CoA ムターゼの補欠分子である。メチルマロニル CoA ムターゼは奇数鎖脂肪酸，イソロイシン，トレオニン，バリン，メチオニンの代謝に必須の酵素である。

引用文献

9-1) Voet, D. *et al.*（田宮信雄ら訳）（2014）『ヴォート基礎生化学（第 4 版）』東京化学同人.

9-2) Berg, J. M. *et al.*（入村達郎ら訳）（2013）『ストライヤー生化学（第 7 版）』東京化学同人.

9-3) Bhagavan, N. V. and Chung-Eun Ha.（2015）“Essentials of Medical Biochemistry, 2nd ed.” Academic Press.

第Ⅲ部

10章　解糖系とグルコース以外のヘキソースの代謝

解糖系はグルコースを分解して細胞が必要とするエネルギーを供給する重要な代謝経路であり，ほとんどすべての細胞に存在する糖質代謝の中枢であり，細胞質に存在する。グルコースは2分子のピルビン酸になり，放出されたエネルギーによりADPと無機リン酸からATPが2分子合成される。解糖系自体は酸素を必要としない。したがってミトコンドリアを欠く細胞（赤血球など）や十分な酸素供給が得られない細胞（激しく収縮中の骨格筋など）でもATPを獲得することができる。**嫌気的代謝**ではピルビン酸は還元されて**乳酸**になる（**ホモ乳酸発酵**）。**好気的代謝**では，ピルビン酸はミトコンドリアに入り，**クエン酸回路**の主要な燃料分子である**アセチルCoA**になる。アセチルCoAはクエン酸回路により酸化されて，最終的には二酸化炭素と水になる。クエン酸回路自体でもATPが産生されるが，クエン酸回路で生じるNADHおよび$FADH_2$が呼吸鎖における酸化的リン酸化にまわされて大量のATPが産生される。

10･1　グルコースの細胞内への輸送

血中のグルコース（血糖）は細胞膜表面に存在するグルコース輸送体を介して細胞内に入る。血中グルコースの供給源は食事と肝臓である。肝臓からは糖新生およびグリコーゲン分解によるグルコースが血中に放出される。グルコース輸送体は促進拡散系（エネルギーを必

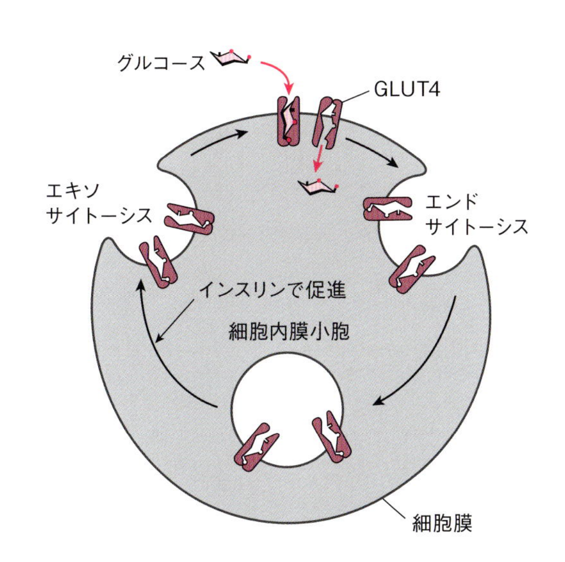

図 10･1　GLUT4による細胞内へのグルコース取り込み
脂肪細胞・筋肉細胞ではグルコース輸送体GLUT4によってグルコースが細胞内に取り込まれる。GLUT4の活性化型（細胞膜表面に存在）の数はインスリンによって増加する。
（文献10-1より改変）

要としない）と能動輸送系（エネルギーが必要）が知られている。促進拡散系は GLUT と呼ばれ，グルコースは濃度勾配に従って（高濃度から低濃度へと）移動する。GLUT4 は脂肪組織と心筋・骨格筋に豊富に存在するグルコース輸送体で，その活性化型（細胞膜表面に存在）の数はインスリンにより増加する。能動輸送系は SGLT と呼ばれ，SGLT1 はグルコースの濃度勾配に逆らう能動的な吸収（小腸）や再吸収（腎臓）を行う。

10・2　解糖系の反応

グルコースからピルビン酸への変換は 10 個の反応から構成されるが，これは 2 段階に分けて考えることができる。初めの 5 反応はエネルギー投資段階で，高エネルギー中間体が 2 分子の ATP を消費して合成される。解糖系の後半の 5 反応はエネルギー回収段階でグルコース 1 分子あたり**基質レベルのリン酸化**により 4 分子の ATP が合成される。このため解糖系全体ではグルコース 1 分子から正味 2 分子の ATP が合成される。好気的代謝ではグルコース 1 分子から 2 分子のピルビン酸ができるときに 2 分子の NADH が合成され，この NADH からミトコンドリアにおける酸化的リン酸化により ATP が産生されるが，嫌気的代謝では乳酸が最終産物であり NADH は NAD^+ に再生され，エネルギー産生には寄与しない。

10・2・1　グルコースのリン酸化

グルコースはリン酸化されグルコース 6- リン酸（G6P）になると，グルコース輸送体を通過することができず，細胞内に閉じ込められる。グルコースのリン酸化はヘキソキナーゼによって触媒される。ヘキソキナーゼによって触媒される反応は ATP の加水分解を伴い，一方向（グルコース→グルコース 6- リン酸）にしか進行しない。ヘキソキナーゼには肝臓に存在するグルコキナーゼと呼ばれるアイソザイムが存在する（アイソザイムについては 8・6 節参照）。

①**ヘキソキナーゼ**：ほとんどの組織では，グルコースのリン酸化はヘキソキナーゼによって触媒される。ヘキソキナーゼは基質特異性が広く，グルコース以外にもフルクトース，マンノースなどをリン酸化し，フルクトース 6- リン酸，マンノース 6- リン酸とする。ヘキソキナーゼのグルコースに対する K_m は低い（高親和性）ので，細胞内グルコース濃度が低くてもグルコースは効率的にリン酸化される。しかしヘキソキナーゼはグルコースに対する V_{max} は低い。ヘキソキナーゼは反応産物であるグルコース 6- リン酸によってアロステリックに阻害される。

②**グルコキナーゼ**：肝臓ではグルコキナーゼがグルコースをリン酸化する。ヘキソキナーゼとは異なりフルクトースをリン酸化しないが，マンノースはリン酸化し，マンノース 6- リン酸とする。フルクトースは肝臓ではフルクトキナーゼによってリン酸化され，フルクトース 1- リン酸になる。ガラクトースはヘキソキナーゼの基質にもグルコキナーゼの基質にもならず，ガラクトキナーゼによってリン酸化され，ガラクトース 1- リン酸になる。グルコースに対する K_m は高く（低親和性），肝細胞内のグルコース濃度が上昇したときだけしかグ

ルコースのリン酸化を行わない。しかし，高い V_{max} 値をもち，グルコース 6-リン酸によって阻害されないので，肝臓は門脈血によって運ばれた大量のグルコースをリン酸化し続けることができる。

10・2・2　グルコース-6-リン酸イソメラーゼ（ホスホグルコースイソメラーゼ）

グルコース 6-リン酸は，グルコース-6-リン酸イソメラーゼ（ホスホグルコースイソメラーゼ）によって異性化されてフルクトース 6-リン酸になる。この反応は可逆的であり，代謝産物の濃度に応じてどちら向きにも進行する。

10・2・3　ホスホフルクトキナーゼ（PFK-1）

フルクトース 6-リン酸は，ホスホフルクトキナーゼ-1（PFK-1）によってリン酸化され，フルクトース 1,6-ビスリン酸になる。この反応は ATP の加水分解を伴う不可逆反応で，**解糖系で最も重要な調節ポイント**であり**律速段階**である。

PFK-1 は ATP（細胞内のエネルギーレベルが高いことを示すシグナル）によってアロステリックに阻害される。クエン酸回路の中間体であるクエン酸もまた PFK-1 を阻害する。逆に PFK-1 は，AMP（細胞内のエネルギー貯蔵が欠乏していることを示すシグナル）によりアロステリックに活性化される。

フルクトース 2,6-ビスリン酸は PFK-1 の最も強力な活性化因子であり，グルコースが豊富であることを示す細胞内シグナルとして機能する。フルクトース 2,6-ビスリン酸はフルクトース-1,6-ビスホスファターゼ-1（FBP アーゼ 1，糖新生の調節酵素の 1 つ）の阻害因子でもある。フルクトース 2,6-ビスリン酸は，解糖系を活性化すると同時に糖新生を抑制するため，解糖系と糖新生が同時に活性化されることはない。フルクトース 2,6-ビスリン酸はホスホフルクトキナーゼ-2（PFK-2）によって合成され，フルクトースビスホスファターゼ-2（FBP アーゼ 2）によってフルクトース 6-リン酸に戻される。PFK-2 活性と FBP アーゼ 2 活性は 1 本のポリペプチド分子の異なる部位に存在する。肝臓のアイソザイムは，cAMP 依存性プロテインキナーゼ（A キナーゼ）によりリン酸化されると PFK-2 活性が抑制され，FBP アーゼ 2 活性が促進される。その結果，細胞内のフルクトース 2,6-ビスリン酸濃度は低下し，解糖系は抑制される（糖新生は促進される）。すなわち空腹時にグルカゴンが分泌され，肝細胞表面の受容体に結合，その下流で A キナーゼが活性化されると，肝臓においては解糖系が抑制され糖新生が促進され，血糖値が保たれるようになる。心筋のアイソザイムは A キナーゼによってリン酸化されると，逆に PFK-2 活性が活性化され，FBP アーゼ 2 活性が抑制される。その結果，細胞内のフルクトース 2,6-ビスリン酸濃度は上昇し，解糖系は活性化される。すなわち興奮時にアドレナリンが分泌されると，心筋細胞表面の β 受容体に結合，その顆粒で A キナーゼが活性化され，解糖系が促進される（後述するようにこのときアドレナリンによりグリコーゲン分解も促進されるので，放出されたグルコースは直ちに解糖系によって代謝されて ATP を供給することになる）。骨格筋のアイソザイムはリン酸化による調節を受けない。

10･2･4　A 型アルドラーゼ

A 型アルドラーゼによりフルクトース 1,6- ビスリン酸は開裂し，ジヒドロキシアセトンリン酸（DHAP）とグリセルアルデヒド 3- リン酸（GAP）になる。この反応は可逆的で調節を受けない。(肝臓と腎臓に存在する B 型アルドラーゼはフルクトース 1,6- ビスリン酸の他にフルクトース 1- リン酸の開裂も触媒しフルクトース代謝に関与する。10•5•1 項を参照)

10･2･5　トリオースリン酸イソメラーゼ

ジヒドロキシアセトンリン酸とグリセルアルデヒド 3- リン酸は，トリオースリン酸イソメラーゼにより相互に変換可能である。この相互変換によりフルクトース 1,6- ビスリン酸の開裂によって正味 2 分子のグリセルアルデヒド 3- リン酸が生じる。

ここまでが解糖系のエネルギー投資段階であり，グルコース 1 分子当たり 2 分子の ATP を投資して，2 分子のグリセルアルデヒド 3- リン酸を合成する。

10•2•6 以降が解糖系のエネルギー回収段階であり，グルコース 1 分子当たり 4 分子の ATP が産生される。

10･2･6　グリセルアルデヒド -3- リン酸デヒドロゲナーゼ（GAPDH）

グリセルアルデヒド 3- リン酸は，グリセルアルデヒド -3- リン酸デヒドロゲナーゼ（GAPDH）によって酸化され, 高エネルギー化合物である 1,3- ビスホスホグリセリン酸（1,3-BPG）に変換される。このとき NAD^+ は還元されて NADH になる。細胞内には限られた量の NAD^+ しか存在しないので，解糖系が進行するためには NADH は NAD^+ に再酸化されなければならない。嫌気的代謝ではピルビン酸が乳酸へ還元されるときに NADH は NAD^+ に酸化される（ホモ乳酸発酵）。好気的代謝では呼吸鎖によって NADH は酸化され NAD^+ となる（このとき酸化的リン酸化により ATP が合成される）。

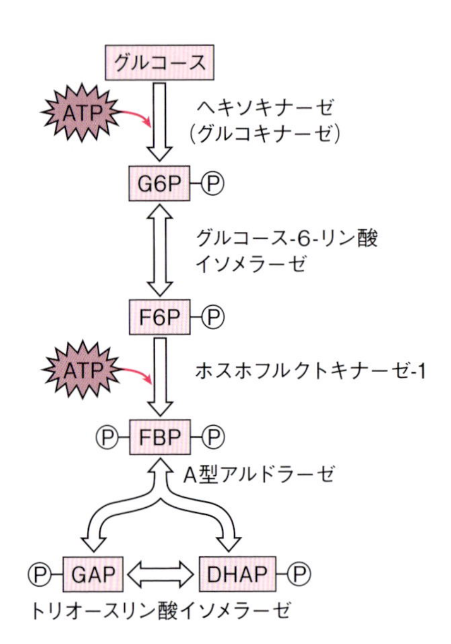

図 10･2　解糖系のエネルギー投資段階
1 分子のグルコースに対して 2 分子の ATP が投じられて 2 分子のグリセルアルデヒド 3- リン酸が作られる。

赤血球では1,3-BPGの一部はビスホスホグリセリン酸ムターゼの作用で2,3-ビスホスホグリセリン酸（2,3-BPG）に変換され，ヘモグロビンへの酸素結合の重要な調節因子として働く。

10·2·7　ホスホグリセリン酸キナーゼ（PGK）

1,3-BPGはホスホグリセリン酸キナーゼ（PGK）によって3-ホスホグリセリン酸に変換され，このとき放出されるエネルギーを用いて，ADPからATPが合成される。この反応は可逆的である。このようにミトコンドリアの呼吸鎖によるATP産生とは異なり，高エネルギー化合物が代謝されるときに放出される化学エネルギーを用いて，直接ATPが産生されることを**基質レベルのリン酸化**と呼ぶ。

10·2·8　ホスホグリセリン酸ムターゼ（PGM）

3-ホスホグリセリン酸はホスホグリセリン酸ムターゼ（PGM）によって2-ホスホグリセリン酸に変換される。この反応も可逆的である。

10·2·9　エノラーゼ

2-ホスホグリセリン酸はエノラーゼによって脱水されて，高エネルギー化合物であるホスホエノールピルビン酸（PEP）が生成する。この反応は可逆的である。

10·2·10　ピルビン酸キナーゼ

PEPはピルビン酸キナーゼ（PK）によりピルビン酸に変換される。このとき放出されるエネルギーを用いて，ADPからATPが合成される。この反応も基質レベルのリン酸化の一

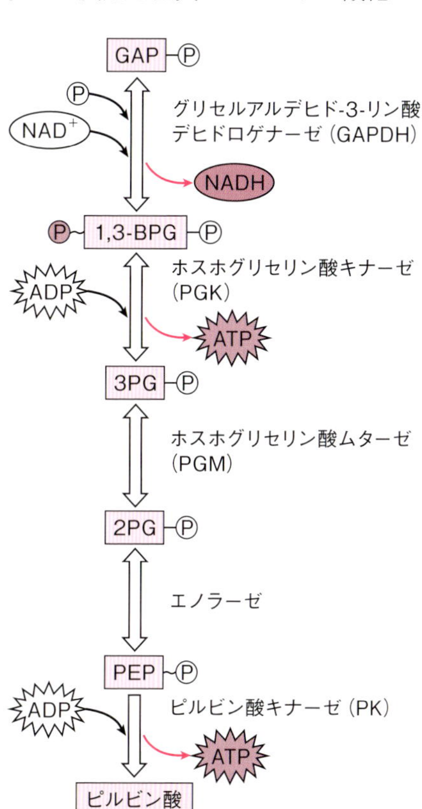

図10·3　解糖系のエネルギー回収段階
1分子のグルコース由来の2分子のグリセルアルデヒド3-リン酸が2分子のピルビン酸に変換される間に4分子のATPと2分子のNADHが産生される。解糖系が進むためには細胞内でNADHがNAD^+に再酸化されなければならない。

例である。この反応は解糖系の3番目の不可逆反応である。ピルビン酸キナーゼはPFK-1の産物であるフルクトース1,6-ビスリン酸によって活性化される。PFK-1活性が上昇するとフルクトース1,6-ビスリン酸濃度が上昇し，ピルビン酸キナーゼ活性が上昇する。このような調節をフィードフォワード調節と呼ぶ。ピルビン酸キナーゼの肝臓のアイソザイムL型はAキナーゼによりリン酸化されると不活化される。空腹時で血糖値が低いときはグルカゴン濃度が上昇，細胞内cAMP濃度が上昇し，その結果としてAキナーゼが活性化され，ピルビン酸キナーゼがリン酸化・不活化される。その結果，肝臓ではPEPは解糖系で処理されず糖新生の経路に入る。

BOX1

2,3-BPGはデオキシヘモグロビンと結合して，ヘモグロビンの酸素親和性を低下させる。動脈血の酸素分圧（約100 Torr）ではヘモグロビンの95%は酸素で飽和しているが，静脈血の酸素分圧（約30 Torr）ではヘモグロビンの55%しか酸素で飽和していない。すなわち血液が末梢を通過する間にヘモグロビンは結合している酸素の40%を放出する。しかしながら2,3-BPGが無いとヘモグロビンの酸素親和性が増加し，末梢で放出する酸素量が減少してしまう。2,3-BPGは高所順応でも重要な役割を果たしている。すなわち高所においては赤血球による2,3-BPG合成が増加し，ヘモグロビンの酸素親和性が低下するため，肺でのヘモグロビンの酸素結合量は減少するものの，末梢でのヘモグロビンの酸素放出量が増加する。このため高所でも末梢で十分量の酸素を供給できるようになる。

10・3　ホモ乳酸発酵

解糖系で産生されたピルビン酸は，ミトコンドリアが豊富で，血液から十分に酸素が供給される細胞では，細胞質からミトコンドリアに移行し，そこでピルビン酸デヒドロゲナーゼによって酸化され，アセチルCoAとなり，クエン酸回路で代謝される（14章・15章を参照）。そうでない場合は，ピルビン酸は乳酸デヒドロゲナーゼによって還元され，乳酸となる。乳酸デヒドロゲナーゼによって触媒される反応は，細胞内の$NADH/NAD^+$比によってどの向きに進行するかが決定され，これが高い場合はピルビン酸→乳酸の向きに進行し，低い場合は乳酸→ピルビン酸の向きに進行する。激しい運動中には，解糖系が進行しグリセルアルデヒド-3-リン酸3-デヒドロゲナーゼによってNADHが細胞内に蓄積，$NADH/NAD^+$比は上昇し，ピルビン酸→乳酸の反応が進行，骨格筋中の乳酸濃度が上昇する。骨格筋では乳酸を代謝することができないので，血中に放出する。血中に放出された乳酸は，心筋に取り込まれて心筋内でピルビン酸に戻されて（骨格筋では通常$NADH/NAD^+$比が低いので），さらにアセチルCoAに変換され，クエン酸回路で代謝されるか，肝臓に取り込まれて肝細胞内でピルビン酸に戻されて（肝細胞内でも通常$NADH/NAD^+$比は低く保たれる），心筋と同様にクエン酸回路で代謝されるか，糖新生によりグルコースに変換される（11章参照）。こ

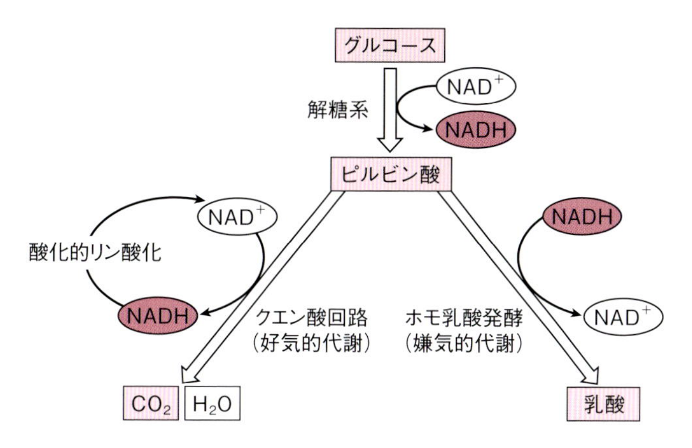

図 10·4　嫌気的代謝と好気的代謝
解糖系で産生されたピルビン酸は，ミトコンドリアが豊富で，血液から十分に酸素が供給される細胞では，細胞質からミトコンドリアに移行し，そこでピルビン酸デヒドロゲナーゼによって酸化され，アセチル CoA となり，クエン酸回路で代謝される。そうでない場合は，ピルビン酸は乳酸デヒドロゲナーゼによって還元され，乳酸となる。

のグルコースは血中に放出され，血糖値維持に寄与する。肝臓から糖新生によって血中に放出されたグルコースは再び骨格筋によって取り込まれて，骨格筋内で解糖系によりピルビン酸となり，さらに乳酸に変換され再び血中に放出される。このようにグルコースが，一部は乳酸の形をとって，肝臓と骨格筋の間を循環する回路を提唱者の名を取ってコリ（Cori）回路と呼ぶ。

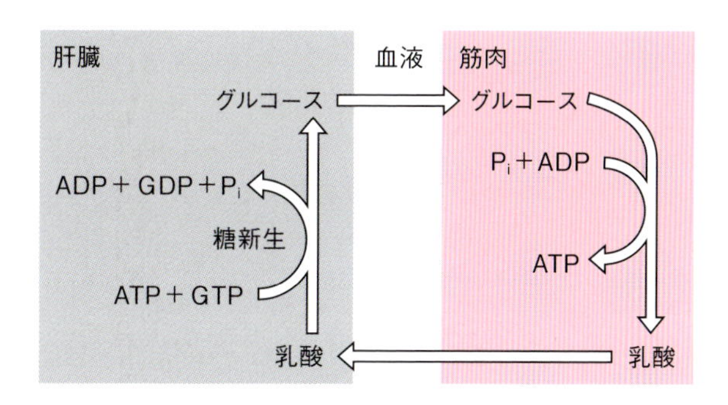

図 10·5　コリ回路
グルコースが，一部は乳酸の形をとって，肝臓と骨格筋の間を循環する回路を提唱者の名を取ってコリ（Cori）回路と呼ぶ。

10·4　解糖系の内分泌制御

インスリンは，肝臓ではグルコキナーゼ，ホスホフルクトキナーゼ，ピルビン酸キナーゼをコードする遺伝子の転写を増加させ，これらの酵素量が増加する。これら 3 つの酵素活性が上昇することにより解糖系が促進される。逆にグルカゴンは肝臓におけるグルコキナーゼ，ホスホフルクトキナーゼ，ピルビン酸キナーゼの遺伝子転写を減少させ，解糖系を抑制する。インスリン，グルカゴン，アドレナリンはこのような長期調節機構の他に，細胞内 cAMP

濃度を増減させることによりフルクトース 2,6- ビスリン酸の濃度を増減させ，PFK-1 活性調節を介して解糖系を調節する。ピルビン酸キナーゼも細胞内 cAMP 濃度を介してこれらホルモンの調節を受けている。

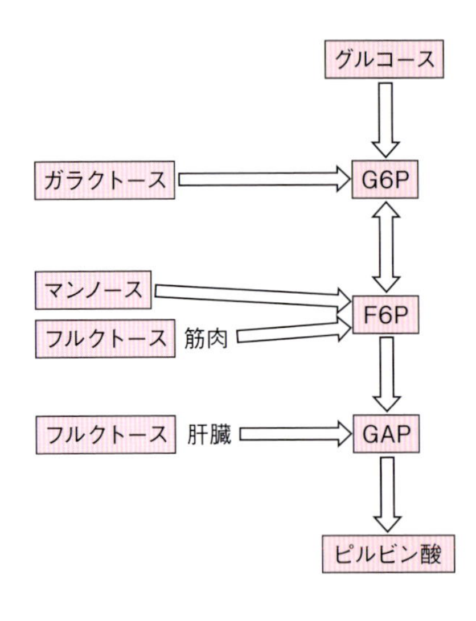

図 10･6　グルコース以外のヘキソースの代謝の概要
ガラクトースはグルコース 6- リン酸に変換され，マンノースはフルクトース 6- リン酸に変換され，解糖系に入って代謝される。フルクトースは筋肉ではフルクトース 6- リン酸に，肝臓では 2 分子のグリセルアルデヒド 3- リン酸に変換され，解糖系に入って代謝される。

10･5　グルコース以外のヘキソースの代謝

10･5･1　フルクトース代謝

フルクトース（果糖）の主な供給源は食事中のフルクトースとスクロース（ショ糖）である。フルクトースがエネルギー獲得に寄与するためには，まずリン酸化されなければならない。このリン酸化はヘキソキナーゼかフルクトキナーゼ（ケトヘキソキナーゼ）によって行われる。ヘキソキナーゼはフルクトースをリン酸化してフルクトース 6- リン酸にする。これは解糖系に入ってそのまま代謝される。肝臓のグルコキナーゼはフルクトースをほとんどリン酸化しないので，フルクトキナーゼによるリン酸化が肝臓におけるフルクトースのリン酸化の主要な経路となる。フルクトキナーゼはフルクトースをリン酸化してフルクトース 1- リン酸にする。フルクトース 1- リン酸は，アルドラーゼ B（フルクトース -1- リン酸アルドラーゼ）によって開裂されて，ジヒドロキシアセトンリン酸（DHAP）とグリセルアルデヒドになる。（アルドラーゼ B は解糖系で生じたフルクトース 1,6- ビスリン酸を開裂して DHAP とグリセルアルデヒド 3- リン酸にすることもできる。）DHAP はグリセルアルデヒド 3- リン酸に変換された後，解糖系か糖新生経路に入るが，グリセルアルデヒドはグリセルアルデヒド 3- リン酸に変換されるか，グリセロール→グリセロール 3- リン酸→ DHAP →グリセルアルデヒド 3- リン酸という経路で，解糖系ないし糖新生経路に入る。フルクトースがフルクトース 1- リン酸を経て代謝経路に入る場合，解糖系の律速段階酵素であるホスホフルクトキナーゼ（PFK-1）を迂回するので，代謝速度は速い。このため多量のフルクトースを摂取すると，ピルビン酸からアセチル CoA への変換が促進され，脂肪酸合成速度が上昇する。アルドラー

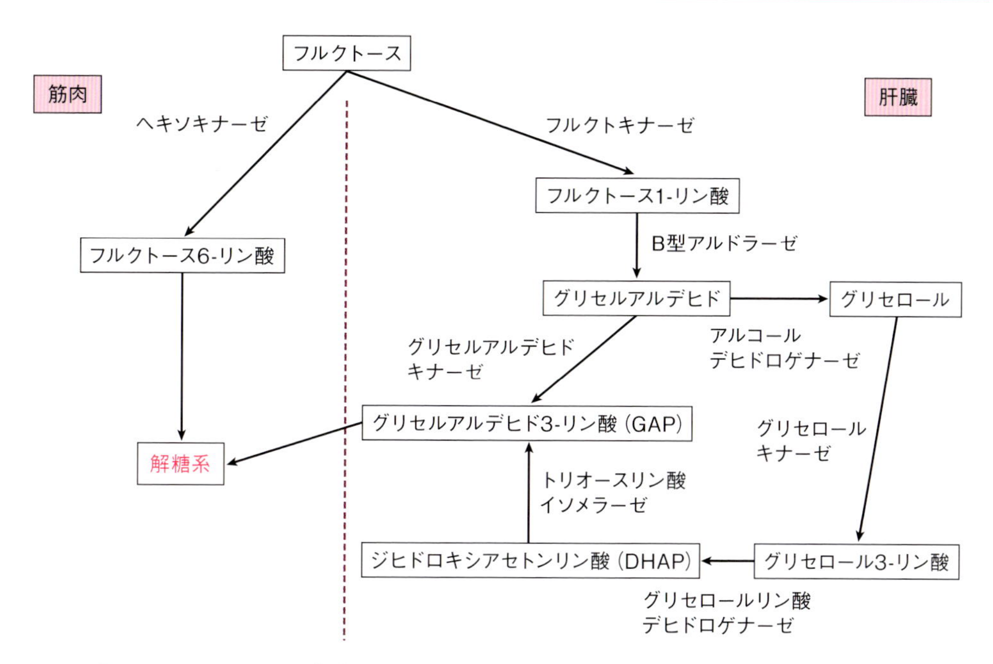

図 10·7　フルクトース代謝
フルクトースは筋肉ではヘキソキナーゼによってフルクトース 6- リン酸に変換され，解糖系で代謝される。肝臓ではフルクトキナーゼによりフルクトース 1- リン酸に変換され，B 型アルドラーゼによってジヒドロキシアセトンリン酸とグリセルアルデヒドに開裂される。これらはグリセルアルデヒド 3- リン酸に変換され，解糖系で代謝される。

ゼ B の先天的欠損を**先天性フルクトース不耐症**といい，肝臓の代謝が大きく障害される。肝臓でフルクトース 1- リン酸が蓄積し，ATP と無機リン酸濃度が大きく低下する。その結果，肝臓で ATP が利用できなくなり，糖新生が低下し（嘔吐を伴う低血糖になる），タンパク質合成も低下する（血液凝固因子や他の重要なタンパク質が減少する）。治療法はフルクトースおよびスクロースを食事から除去することである。

10·5·2　マンノース代謝

ヘキソキナーゼ・グルコキナーゼはマンノースをリン酸化してマンノース 6- リン酸に変換する。マンノース 6- リン酸はマンノース -6- リン酸イソメラーゼ（ホスホマンノースイソメラーゼ）によってフルクトース 6- リン酸に異性化され，解糖系で代謝される。

10·5·3　ガラクトース代謝

ガラクトースの主要な供給源はミルクおよび乳製品に含まれるラクトースである。ヘキソキナーゼ・グルコキナーゼはガラクトースをリン酸化せず，ガラクトースはガラクトキナーゼによりリン酸化され，ガラクトース 1- リン酸になる。ガラクトース 1- リン酸は UDP- ガラクトースに変換されて解糖系に入る。この変換反応はガラクトース -1- リン酸ウリジリルトランスフェラーゼによって触媒される。UDP- ガラクトースは UDP- ガラクトース 4- エピメラーゼによって UDP- グルコースに変換される。この UDP- グルコース（UDP- ガラクトース由来）は，ラクトース合成，糖タンパク質合成，糖脂質合成，グリコサミノグリカン合成

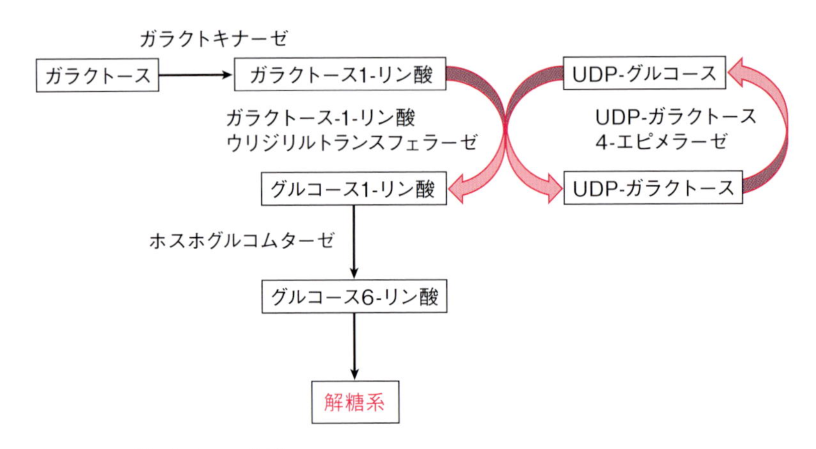

図 10·8　ガラクトース代謝
ガラクトースはガラクトキナーゼによりリン酸化されガラクトース 1- リン酸になる。ガラクトース 1- リン酸は UDP- グルコースと UDP 部分を交換し（ガラクトース -1- リン酸ウリジリルトランスフェラーゼが触媒），グルコース 1- リン酸と UDP-ガラクトースになる。グルコース 1- リン酸はホスホグルコムターゼによりグルコース 6- リン酸に変換され解糖系で代謝される。UDP- ガラクトースは UDP- グルコースにエピマー化され，次のガラクトース 1- リン酸と UDP 部分を交換する。

など，多くの生合成反応に関与しうるし，ウリジリルトランスフェラーゼ反応に用いられて別のガラクトース 1- リン酸を UDP- ガラクトースに変換して自らはグルコース 1- リン酸になる。グルコース 1- リン酸はホスホグルコムターゼによりグルコース 6- リン酸に変換され，解糖系で代謝される。ガラクトース -1- リン酸ウリジリルトランスフェラーゼの先天的欠損を（古典的）ガラクトース血症と呼ぶ。この疾患ではガラクトース 1- リン酸およびガラクトースが細胞内に蓄積する。発育不全，知能障害，白内障，肝臓障害が主な症状である。治療法はラクトースおよびガラクトースを食事から除去することである。これにより知能障害以外の症状は消える。

理解度確認問題

A は生後 6 か月の男児。嘔吐，発汗，振戦を主訴として来院。診察したところ肝腫大が認められた。出産時とくに異常は認められず，これまで問題は無かった。母親に問診したところ，離乳食としてオレンジジュースを与え始めているとのこと。

1. A の疾患は何か？
2. この疾患の治療法は？

解　答

1. 遺伝性フルクトース不耐症（アルドラーゼ B 欠損症）。オレンジジュース（フルクトースを含む）の摂取後，嘔吐・発汗・振戦などの症状が現れていることおよび肝腫大があることから，先天的にアルドラーゼB（フルクトース-1-リン酸アルドラーゼ）が欠損している遺伝性フルクトース不耐症が最も疑われる。遺伝性フルクトース不耐症は常染色体劣性疾患であり，発生率は1/20,000出生とされている。乳児はフルクトースを摂取するまでは健康であるが，フルクトース摂取後は低血糖，悪心および嘔吐，腹痛，発汗，振戦，嗜眠，痙攣，昏睡などを起こす。このままフルクトースの摂取を続けると，肝硬変，精神発達遅延，近位尿細管アシドーシスを来す。確定診断は肝生検組織での酵素分析による。

2. 短期的治療は低血糖に対するグルコース投与であり，長期的治療は食事からフルクトース，スクロースを除去することである。治療を行えば予後はきわめて良好である。

引用文献

10-1) Voet, D. *et al.*（田宮信雄ら訳）（2014）『ヴォート基礎生化学（第4版）』東京化学同人.

10-2) Berg, J. M. *et al.*（入村達郎ら訳）（2013）『ストライヤー生化学（第7版）』東京化学同人.

10-3) Bhagavan, N. V. and Chung-Eun Ha.（2015）"Essentials of Medical Biochemistry, 2nd ed." Academic Press.

10-4) Beers, M. H. *et al.*（福島雅典総監修）（2006）『メルクマニュアル（第18版）』日経BP社.

第Ⅲ部

11章　糖新生

脳は代謝の燃料としてグルコースを必要とする（飢餓状態が長引くとケトン体代謝の酵素が誘導され，ケトン体を燃料として使えるようになる）。脂肪酸は血液脳関門を通過できないので，エネルギー源とはならないからである。また赤血球はミトコンドリアをもたないので，好気的代謝ができない。したがってグルコースから嫌気的代謝によってエネルギーを得るしかない。骨格筋も激しい運動中にはグルコースの嫌気的代謝が重要なエネルギーの供給源となる。このために血中グルコース濃度（血糖値と呼ぶ）が一定値（空腹時血糖値は 80 ～ 100 mg/dL 程度）以上に保たれることが絶対必要である。空腹時血糖値が 50 mg/dL 以下を低血糖と呼ぶ。低血糖が長引くと脳が不可逆的なダメージを受ける。血糖値が低下すると，まず肝臓のグリコーゲンが分解され血中にグルコースとして放出される。絶食が長引くと肝臓のグリコーゲンは枯渇してしまう（骨格筋のグリコーゲンは血中グルコース供給源とはならない）。このとき，グルコースは乳酸，ピルビン酸，グリセロール（トリアシルグリセロールの骨格から），α- ケト酸（糖原性アミノ酸の異化から）などの前駆物質から合成される。このような糖以外の前駆物質からのグルコース合成を，糖新生と呼ぶ。糖新生は単純に解糖系の逆反応で起こるわけではなく，解糖系の可逆反応は糖新生でも用いられるが，解糖系の不可逆反応は別の反応によって迂回される。糖新生は主として肝臓で行われるが，一部は腎臓でも行われる。

11・1　糖新生の材料

解糖系とクエン酸回路の中間体が糖新生の材料であり，糖原性アミノ酸，乳酸，グリセロールが最も重要である。

11・1・1　アミノ酸

絶食時には組織（とくに骨格筋）を構成するタンパク質が加水分解され，生じたアミノ酸が主要な糖新生の材料となる。糖新生の材料となるアミノ酸を糖原性アミノ酸と呼ぶ（16・5・1・1 参照）。アセチル CoA およびアセチル CoA を生成する化合物にしか変換されないアミノ酸は糖新生の材料とはならない。リシンとロイシンであり，これらは純ケト原性アミノ酸と呼ばれる。これはピルビン酸をアセチル CoA に変換するピルビン酸デヒドロゲナーゼ反応が不可逆過程で，アセチル CoA からピルビン酸への変換が起こらないためである。

11·1·2　乳　酸

血中のグルコースは骨格筋によって取り込まれて嫌気的代謝により乳酸に変えられ，乳酸は血中に放出される。骨格筋は乳酸を代謝できないからである。血中の乳酸は肝臓によって取り込まれてピルビン酸へ酸化された後，糖新生によりグルコースに変換されて血中に放出され，再び骨格筋によって利用される。このような回路をコリ（Cori）回路と呼ぶ（図10•5 参照）。骨格筋によって放出された乳酸の一部は心筋などの好気的代謝が盛んな組織によって取り込まれ，ピルビン酸に酸化され，アセチル CoA に変換されてクエン酸回路で燃やされる。

11·1·3　グリセロール

絶食時に脂肪組織中のトリアシルグリセロールの加水分解によって生じたグリセロールは血中に放出され，肝臓まで運ばれる。肝臓でグリセロールはグリセロールキナーゼによってリン酸化されグリセロール 3- リン酸になり，グリセロール 3- リン酸はグリセロールリン酸デヒドロゲナーゼによって酸化されて解糖系の中間体であるジヒドロキシアセトンリン酸になる（図 10•7 参照）。ジヒドロキシアセトンリン酸は糖新生によりグルコースに変換され，血中に放出される。

11·2　糖新生特有の反応

解糖系の 10 個の反応のうち 7 個は可逆的であり，糖新生でも利用される。しかし 3 つの反応は不可逆であり，4 つの別な反応が用いられる。4 つの反応を触媒する酵素のうち 1 つ（ピルビン酸カルボキシラーゼ）はミトコンドリア内に存在するが，後の 3 つは解糖系の酵素と同様に細胞質に存在する。

11·2·1　ピルビン酸カルボキシラーゼ反応

ピルビン酸はピルビン酸カルボキシラーゼ（ミトコンドリアに局在）によってオキサロ酢酸（OAA）になる。このとき ATP 1 分子が消費される。ビオチンがピルビン酸カルボキシラーゼの補酵素である。OAA 産生は肝臓（一部は腎臓でも）のミトコンドリアで起こり，2 つの目的をもっている。1 つは糖新生の材料を供給することであり，もう 1 つはクエン酸回路の中間体を補充するための OAA 供給である。すなわちピルビン酸カルボキシラーゼ反応はクエン酸回路の重要な**補充反応**である。ミトコンドリアで生じた OAA は糖新生の他の酵素が存在する細胞質まで輸送されなければならないが，ミトコンドリア内膜を直接通過することができない。そこで，まずミトコンドリアのリンゴ酸デヒドロゲナーゼ（クエン酸回路の構成酵素）によって還元されて，リンゴ酸に変換される。リンゴ酸はミトコンドリアから細胞質に輸送可能なので細胞質に出て，そこで細胞質のリンゴ酸デヒドロゲナーゼによって再酸化されて OAA に戻される。OAA はアスパラギン酸アミノトランスフェラーゼ（AST = グルタミン酸 - オキサロ酢酸トランスアミナーゼ GOT）によってアスパラギン酸に変換されミトコンドリア膜を通過する経路もある。これをリンゴ酸 – アスパラギン酸シャトル（図

第Ⅲ部 代謝

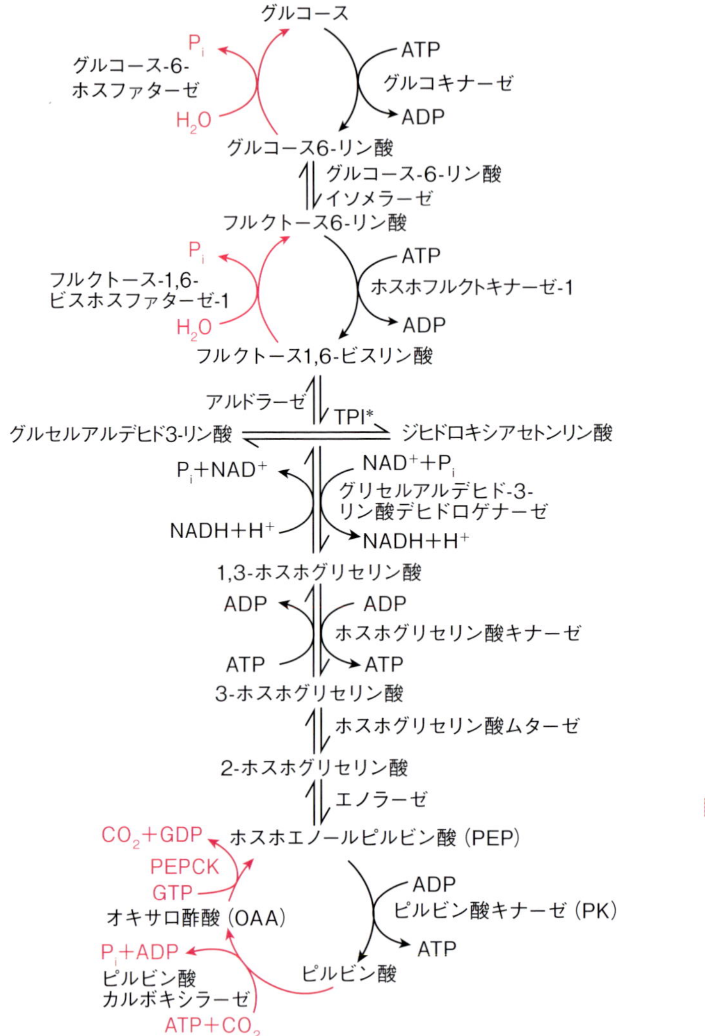

図 11·1　解糖系と糖新生　解糖系の 10 個の反応のうち 7 個は可逆的であり，糖新生でも利用される。しかし 3 個の反応は不可逆であり，4 個の別な反応が用いられる。TPI* ＝ トリオースリン酸イソメラーゼ

11·2）と呼び，NADH 還元当量がミトコンドリア膜を通過する経路の 1 つである（他にはグリセロール 3- リン酸シャトルがある）。

11·2·2　PEP カルボキシキナーゼ

OAA は細胞質で PEP カルボキシキナーゼ（PEPCK）によってホスホエノールピルビン酸（PEP）に変換される。このとき GTP が 1 分子消費される（GTP は ATP と容易に相互変換可能なので，ATP が 1 分子消費されたのと同じ）。ヒトでは PEPCK はミトコンドリア内にもある。この場合，ミトコンドリア内で産生された PEP は，ミトコンドリア膜にある特異的な膜輸送タンパク質を介して，細胞質に移行する。生じた PEP は解糖系の経路を逆行してフルクトース 1,6- ビスリン酸になる。

11·2·3　フルクトース -1,6- ビスホスファターゼ

フルクトース 1,6- ビスリン酸がフルクトース -1,6- ビスホスファターゼ（FBP アーゼ 1）

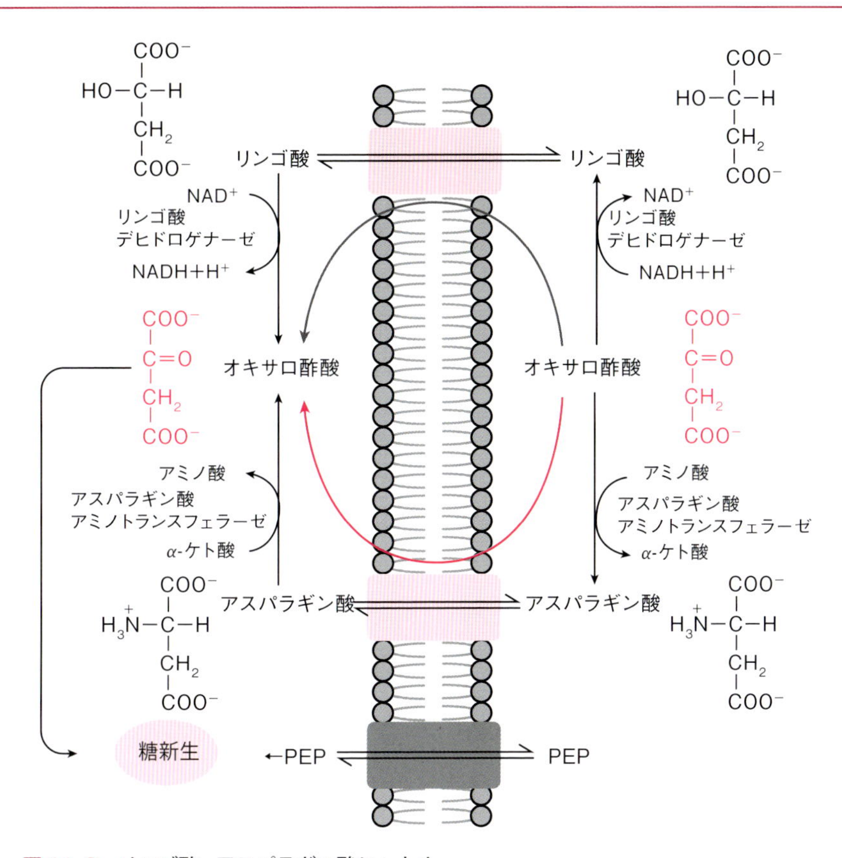

図 11·2　リンゴ酸 - アスパラギン酸シャトル
オキサロ酢酸はミトコンドリア内膜を通過することができないので，リンゴ酸もしくはアスパラギン酸に変換されてミトコンドリア内膜を通過する。リンゴ酸に変換されて通過する場合は NADH 還元当量も一緒に通過する。（文献 11-1 より改変）

によって加水分解され，フルクトース 6- リン酸となる。この反応は糖新生における重要な調節点である（調節に関しては以下を参照）。

11·2·4　グルコース -6- ホスファターゼ

グルコース 6- リン酸はグルコース -6- リン酸トランスロカーゼによって，細胞質から小胞体膜を超えて小胞体中に輸送される。そこでグルコース 6- リン酸はグルコース -6- ホスファターゼ（糖新生可能な細胞，すなわち肝臓および腎臓の細胞にのみ存在する）により加水分解され遊離のグルコースとなる（これら 2 つの酵素は糖新生のみならずグリコーゲン分解の最終ステップでも必要）。この遊離グルコースは GLUT-7 を介して小胞体内から細胞質へ，さらに GLUT-2 を介して細胞質から細胞外へと輸送される。肝臓と腎臓はグルコース 6- リン酸からグルコースを遊離させる唯一の臓器である。

11·3　糖新生の調節

糖新生は，主として血中のグルカゴン濃度，糖新生の材料（上記参照）の量，肝細胞ミトコンドリア内のアセチル CoA 濃度，肝細胞内エネルギーレベルによる短期調節機構によって調節されている。それに加えて，糖新生に特有な反応を触媒する酵素タンパク質の転写調節という長期調節機構も存在する。

11･3･1　グルカゴンによる調節機構

FBP アーゼ 1 はフルクトース 2,6- ビスリン酸によって阻害される。フルクトース 2,6- ビスリン酸の濃度は血中のグルカゴン濃度の影響を受ける。すなわち，低血糖時にグルカゴン濃度が上昇すると肝臓のフルクトース -2,6- ビスリン酸産生酵素（PFK-2）は，cAMP 依存性プロテインキナーゼ（A キナーゼ）によってリン酸化・不活化され（逆に同じペプチド上に存在するフルクトース -2,6- ビスリン酸分解酵素（FBP アーゼ 2）はリン酸化により活性化される）フルクトース 2,6- ビスリン酸は低下し，その結果として糖新生は促進される。フルクトース 2,6- ビスリン酸は解糖系の調節酵素であるホスホフルクトキナーゼ 1（PFK-1）の活性化因子なので，このとき解糖系は抑制される。またグルカゴンの下流で活性化された A キナーゼは，ピルビン酸キナーゼをリン酸化し不活性型に変換する。これにより PEP のピルビン酸への変換は抑制され，PEP は新生の方向に向かうことになる。

11･3･2　糖新生の材料の量による調節

糖原性アミノ酸の量は，肝臓における糖新生速度に大きな影響を与える。飢餓状態が続くと筋タンパク質からのアミノ酸動員が促進され，糖新生が促進される。

11･3･3　アセチル CoA による調節

ピルビン酸カルボキシラーゼはアセチル CoA によってアロステリックに活性化される。例えば絶食状態が続くと，脂肪組織でのトリアシルグリセロール（中性脂肪）分解が促進され（ホルモン感受性リパーゼの活性化により），血中脂肪酸濃度が上昇する。その結果，肝細胞（腎細胞）での脂肪酸分解（β 酸化）が促進され，ミトコンドリア内のアセチル CoA 濃度が上昇する。このアセチル CoA によりピルビン酸カルボキシラーゼが活性化され，肝臓（腎臓）での糖新生が活性化される。逆にアセチル CoA 濃度が低い場合には，ピルビン酸カルボキシラーゼは不活性で，ピルビン酸は主としてピルビン酸デヒドロゲナーゼによって酸化されてアセチル CoA になり，このアセチル CoA はクエン酸回路で燃やされる。アセチル CoA は逆にピルビン酸デヒドロゲナーゼを抑制する。アセチル CoA が大量に存在すると，ピルビン酸は糖新生の方向に向かい，クエン酸回路で処理されないようになる。

11･3･4　エネルギーレベルによる調節

ピルビン酸カルボキシラーゼと PEPCK は低エネルギーシグナルである ADP によってアロステリックに抑制される。また FBP アーゼ 1 は低エネルギーシグナルである AMP によって阻害される。逆に解糖系の PFK-1 は AMP によって活性化され，ATP によって抑制される（解糖系のピルビン酸キナーゼも ATP によって抑制される）。このため肝細胞内エネルギーレベルが低下すると糖新生は抑制され，解糖系が促進される。そもそも糖新生はエネルギーを必要とする経路で，2 分子のピルビン酸から 1 分子のグルコースを合成するのに，6 分子の ATP を必要とする（ピルビン酸カルボキシラーゼ，PEPCK，ホスホグリセリン酸キナーゼでそれぞれ2分子ずつ)。

11･3･5 ホルモンによる長期調節機構

グルカゴンはAキナーゼを介してPEPCK, FBPアーゼ1, グルコース-6-ホスファターゼの遺伝子転写を活性化し, 逆にグルコキナーゼ, PFK-1, ピルビン酸キナーゼの遺伝子転写を抑制する。このため糖新生の酵素の量は上昇し, 解糖系の酵素の量は低下する。インスリンはこれと対照的に, PEPCK, FBPアーゼ1, グルコース-6-ホスファターゼの遺伝子転写を抑制し, グルコキナーゼ, PFK-1, ピルビン酸キナーゼの遺伝子転写を活性化する。

応用問題

Aは20歳の女子大生。午前2時から友人とウィスキー1/4本, ジン1/4本, 日本酒3合(ただしこれは患者が記憶している量である)を飲んだ。同日午前5時30分頃意識が無くなり, 救急患者として来院。来院時昏睡状態で, 著しいアルコール臭がする。尿失禁および便失禁。腱反射は消失しており, 瞳孔の対光反射は鈍い。血圧92/44 mmHg, 脈拍52/分。Hb 12.6 g/dL, WBC 5.8 × 10^3 /μL, Plt 21.5 × 10^4 /μL, 血糖値68 mg/dL, Na 144 mEq/L, K 3.2 mEq/L, Cl 105 mEq/L, BUN 10.6 mg/dL, Cr 0.7 mg/dL, TP 6.8 g/dL, Asp-T 36 IU/L, Ala-T 22 IU/L, LDH 285 U/L, トータルビリルビン0.7 mg/dL, CRP $<$ 0.5

1. Aの診断名は?
2. 血糖値が低下している原因を考察せよ。

解 答

1. 急性アルコール中毒

2. アルコールは主として肝臓で代謝される。まずアルコールデヒドロゲナーゼによりアセトアルデヒドに変換される。アセトアルデヒドはアルデヒドデヒドロゲナーゼにより酢酸に変換される。この2つの反応でNAD^+はNADHに還元され, 肝細胞内のNADH濃度は著しく上昇する。この状況ではピルビン酸は乳酸に, オキサロ酢酸はリンゴ酸に還元され, 糖新生の材料が不足となり, 肝臓のグリコーゲン貯蔵量が低下している場合は, 低血糖になってしまう。肝細胞内でオキサロ酢酸濃度が低下するとアセチルCoAはケトン体生成に振り向けられ, ケトアシドーシスが生じる。

引用文献

11-1) Voet, D. *et al.* (田宮信雄ら訳) (2014)『ヴォート基礎生化学(第4版)』東京化学同人.

11-2) Berg, J. M. *et al.* (入村達郎ら訳) (2013)『ストライヤー生化学(第7版)』東京化学同人.

11-3) Bhagavan, N. V. and Chung-Eun Ha. (2015) "Essentials of Medical Biochemistry, 2nd ed." Academic Press.

12章　ペントースリン酸経路

ペントースリン酸経路（ヘキソース一リン酸シャント，6-ホスホグルコン酸経路）は，2つの不可逆的酸化反応およびそれらをつなぐ加水分解反応と，一連の可逆的なリン酸化糖の炭素骨格の組み換え反応によって構成されている。ペントースリン酸経路を触媒する酵素は細胞質に存在し，その可逆反応の速度と方向は経路の中間体の供給と需要によって決定される。この経路は**NADPH（細胞の還元力通貨）**とヌクレオチド生合成に必要な**リボース 5-リン酸**を供給する。

12・1　不可逆的酸化反応

3つの反応で構成されるペントースリン酸経路の酸化反応では，グルコース 6-リン酸 1 分子が酸化されるごとに 1 分子のリブロース 5-リン酸（Ru5P），1 分子の CO_2，2 分子の NADPH が産生される。酸化反応は，NADPH を必要とする組織・細胞においてとくに重要である。すなわち，還元的生合成を盛んに行っている臓器（脂肪酸合成の盛んな肝臓および泌乳中の乳腺，ステロイド合成の盛んな副腎皮質）や，還元型グルタチオンを維持するために NADPH を必要とする赤血球などである。

グルコース 6-リン酸は，グルコース-6-リン酸デヒドロゲナーゼ（G6PD）により，6-ホスホグルコノ-δ-ラクトンへ不可逆的に酸化される。この反応は補酵素として $NADP^+$を必要とし，$NADP^+$は還元されて NADPH となる。ペントースリン酸経路は主としてこのグルコース-6-リン酸デヒドロゲナーゼ反応で調節されている。NADPH はこの酵素の強力な競合的阻害因子であり，通常は NADPH/ $NADP^+$比が高くて，この酵素は抑制されている。インスリンは G6PD 遺伝子発現を増加させ，栄養状態の良いときには経路の流量は増加する。6-ホスホグルコノ-δ-ラクトンは 6-ホスホグルコノラクトナーゼによって加水分解され

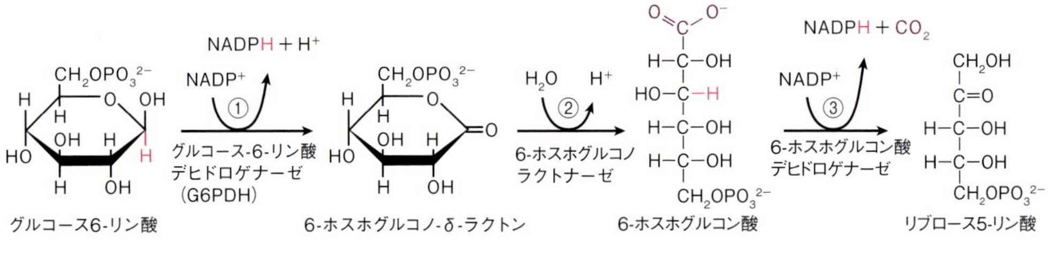

図 12・1　ペントースリン酸経路の非可逆的酸化反応
ペントースリン酸経路の酸化反応は 3 つの反応で構成され，グルコース 6-リン酸 1 分子が酸化されるごとに 1 分子のリブロース 5-リン酸（Ru5P），1 分子の CO_2，2 分子の NADPH が産生される。

6‒ ホスホグルコン酸になる。6‒ ホスホグルコン酸は 6‒ ホスホグルコン酸デヒドロゲナーゼによって酸化的脱炭酸されてリブロース 5‒ リン酸になる。この反応によって CO_2（グルコースの炭素 1 由来），2 番目の NADPH 分子も産生される。

12・2　可逆的非酸化反応

ペントースリン酸経路の可逆的非酸化反応は，2 炭素単位を転移するトランスケトラーゼ（補酵素としてチアミンピロリン酸を必要とする）と 3 炭素単位を転移するトランスアルドラーゼによって触媒され，ほとんどすべての細胞で起こる。これらの可逆的反応により，リブロース 5‒ リン酸はヌクレオチド合成の材料であるリボース 5‒ リン酸や解糖系（糖新生）の中間体であるフルクトース 6‒ リン酸・グリセルアルデヒド 3‒ リン酸などに変換される。

還元的生合成反応を行っている細胞は，リボース 5‒ リン酸よりも NADPH をはるかに多く要求するので，酸化反応の最終産物として生成したリブロース 5‒ リン酸を，トランスケトラーゼとトランスアルドラーゼによって，解糖系の中間体であるグリセルアルデヒド 3‒ リン酸とフルクトース 6‒ リン酸に変換，これらからグルコース 6‒ リン酸を再生し，再びペ

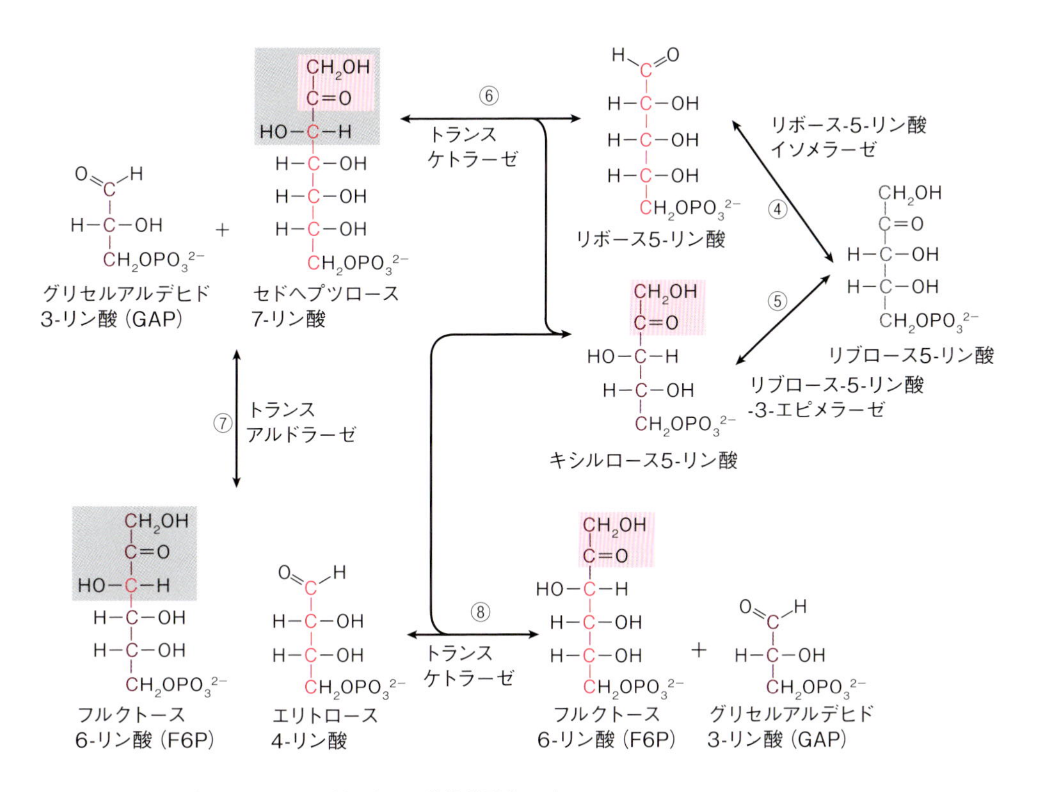

図 12・2　ペントースリン酸経路の可逆的非酸化反応
ペントースリン酸経路の可逆的非酸化反応は，2 炭素単位を転移するトランスケトラーゼと 3 炭素単位を転移するトランスアルドラーゼによって触媒され，ほとんどすべての細胞で起こる。リブロース 5‒ リン酸は，ヌクレオチド合成の材料であるリボース 5‒ リン酸や，解糖系（糖新生）の中間体であるフルクトース 6‒ リン酸・グリセルアルデヒド 3‒ リン酸などに変換される。

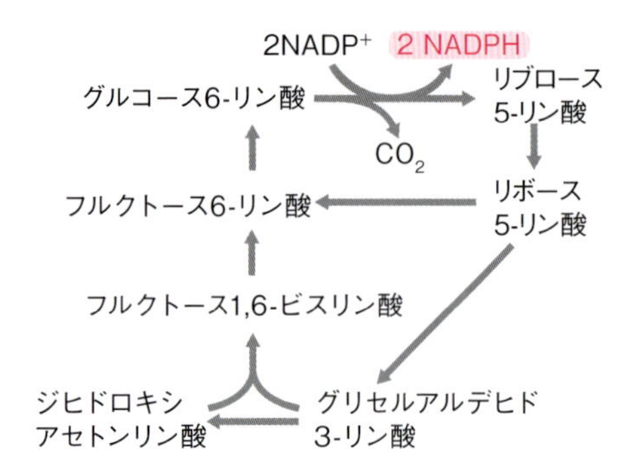

図 12・3 NADPH が必要なときのペントースリン酸経路の利用法
還元的生合成などで NADPH を必要とする場合，ペントースリン酸経路の非可逆的酸化反応で NADPH を産生する一方で，生じたリブロース 5-リン酸は可逆的非酸化反応によりグルコース 6-リン酸に戻されて再び非可逆的酸化反応による NADPH 産生にまわされる。

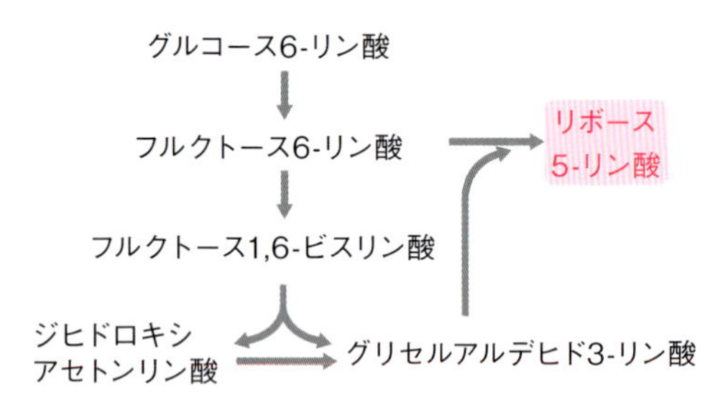

図 12・4 リボース 5- リン酸が必要なときのペントースリン酸経路の利用法
細胞分裂のように，リボース 5-リン酸を必要とする場合，ペントースリン酸経路の可逆的非酸化反応を用いてリボース 5-リン酸が産生される。

ントースリン酸経路の酸化反応にまわして NADPH を獲得する（図 12・3）。これとは対照的に，リボース 5- リン酸の需要の方が NADPH の需要よりも大きな場合は，経路の酸化反応を利用することなく，非酸化反応だけでグリセルアルデヒド 3- リン酸とフルクトース 6- リン酸からリボース 5- リン酸を生合成する（図 12・4）。

12・3 NADPH の利用

12・3・1 還元的生合成

NADPH の電子は，脂肪酸，コレステロールなどの還元的生合成に利用される（19 章参照）。

12・3・2 活性酸素に対する防御

活性酸素（Reactive Oxygen Species, ROS）は好気的代謝の副産物として持続的に産生されている。活性酸素は DNA，タンパク質，不飽和脂肪酸を傷付け，細胞死をもたらす。活性酸素に対する防御機構において，トリペプチド - チオール（γ- グルタミルシステニルグリシン）である還元型グルタチオンが重要な役割を果たしている。還元型グルタチオンによる解毒反応はグルタチオンペルオキシダーゼによって触媒され，酸化型グルタチオンが産生される。NADPH を還元電子として用いるグルタチオンレダクターゼによる反応で酸化型グルタチオンから還元型グルタチオンが再生される。この他にスーパーオキシドジスムターゼ（SOD）とカタラーゼなどが活性酸素に対する防衛機構を担っている。グルコース -6- リン酸デヒドロゲナーゼ（G6PD）欠損は，過酸化水素などの活性酸素や有機過酸化物を解毒することができないため生じる溶血性貧血を特徴とする遺伝性疾患である。G6PD 欠損はヒトでは疾患を引き起こす酵素異常の中で最も一般的なものであり，全世界で 4 億人以上の G6PD

欠損者がいるといわれている。G6PD変異の女性キャリア（保因者）は熱帯熱マラリアにかかりにくいため，この疾患が蔓延している地域（熱帯アジア，熱帯アフリカ，地中海の一部）では自然淘汰に耐えてきたと考えられる。G6PD欠損は伴性遺伝で，G6PDをコードする遺伝子の400以上の異なる変異によって引き起こされる。

12·3·3　シトクロムP450モノオキシゲナーゼ系

シトクロムP450モノオキシゲナーゼ系では，NADPHが還元当量を供給する。

ミトコンドリア系：ミトコンドリアのシトクロムP450モノオキシゲナーゼ系の機能は，ステロイドのヒドロキシル化であり，これによって疎水性のステロイドは水に溶けやすくなる。

ミクロソーム系：滑面小胞体（とくに肝臓）に結合して存在するミクロソーム・シトクロムP450モノオキシゲナーゼ系の機能は生体異物のヒドロキシル化による解毒である。

12·3·4　白血球による殺菌作用

食細胞（好中球と単球）は，細菌を殺すために酸素非依存性機構と酸素依存性機構の両者を備えている。酸素非依存性機構はファゴリソソーム内の酸性環境とリソソーム酵素で殺菌する。酸素依存性機構の中ではミエロペルオキシダーゼ（MPO）系が最も強力である。侵入した細菌は免疫系によって認識され，抗体が結合し，抗体は受容体を介して細菌を食細胞に結合させる。食細胞の細胞膜に存在するNADPHオキシダーゼが酸素をスーパーオキシドに変換する。スーパーオキシド生成に伴う酸素の急激な消費を呼吸バーストと呼ぶ。次に，スーパーオキシドは自発的に過酸化水素に変換される。ファゴリソソーム中のリソソーム酵素であるMPOによって過酸化水素＋塩素イオンは次亜塩素酸（HOCl，家庭用漂白剤の主要成分）に変換され，細菌を殺す。過剰な過酸化水素はカタラーゼかグルタチオンペルオキシダーゼによって中和される。NADPHオキシダーゼの遺伝性欠損によって慢性肉芽腫症が引き起こされる。

12·3·5　一酸化窒素（NO）合成

NOは血管平滑筋を弛緩させることにより血管拡張を引き起こす内皮由来弛緩因子（endothelium-derived relaxing factor，EDRF）である。

NO合成：3種のNOシンターゼが同定されている。このうち2つは構成的な（生理的要求とは関係なく一定速度で合成される），カルシウム－カルモジュリン－依存性酵素である。これらは主として内皮細胞か（eNOS），神経組織に（nNOS）存在し，低濃度のNOを絶えず産生している。誘導性のカルシウム非依存性酵素（iNOS）は肝細胞，マクロファージ，単球，抗中球などに発現する。NOシンターゼの特異的誘導因子は細胞種によって異なり，腫瘍壊死因子（TNF）-α，細菌エンドトキシン，炎症性サイトカインなどである。これらの化合物はiNOS合成を促進し，数時間あるいは数日間にわたって大量のNOを産生させる。

NOの生理作用：NOは内皮細胞のeNOSによって合成され，血管平滑筋まで拡散し，細胞質タイプのグアニル酸シクラーゼを活性化，cGMP濃度が上昇することによりプロテインキナーゼGが活性化され，この酵素によりカルシウムチャネルがリン酸化され，平滑筋細胞内へのカルシウム流入が減少する。その結果ミオシン軽鎖キナーゼのカルシウム－カルモジュリンによる活性化が減少，平滑筋の収縮減少・弛緩が起きる。ニトログリセリンやニトロプルシドなどの硝酸塩性血管拡張剤の作用もNOを介したものである。NOはマクロファージの殺菌活性においても重要な役割を果たしている。マクロファージでは通常iNOS酵素量は低いが，感染（とくに細菌のリポ多糖）に反応して放出されるγ-インターフェロンによってiNOS合成が促進される。活性化されたマクロファージではスーパーオキシドラジカルも合成され，これはNOと結合して中間体（$ONOO^-$，ペルオキシナイトライト）を形成，その中間体が分解して殺菌作用の非常に強い・OH（ヒドロキシラジカル）を生成する。

理解度確認問題

A氏は29歳のアフリカ系アメリカ人で，倦怠感，黄疸，暗色尿を主訴として来院。血液検査で正球性正色素性貧血，血清直接ビリルビン値上昇，ハプトグロビン値低下が明らかになった。肝機能は正常，ヘモグロビン電気泳動試験も正常だった。

1. A氏の最も疑われる診断名は何か。
2. A氏の暗色尿の原因は何か。

解　答

1. グルコース-6-リン酸デヒドロゲナーゼ（G6PD）欠損による溶血性貧血。G6PD欠損では活性酸素を解毒することができないため，溶血性貧血が生じる。G6PD欠損は疾患を引き起こす酵素異常の中で最も一般的なもので，全世界で4億人以上の患者がおり，中東，アフリカ，熱帯アジア，地中海の一部で最も有病率が高い。G6PD変異の保因者は熱帯熱マラリアにかかりにくいので，これらのマラリア蔓延地域では進化上，G6PD変異が残ったと考えられる。G6PD欠損は伴性遺伝である。

2. 溶血により血清ヘモグロビン濃度が上昇し，それが尿中に出て酸化されたものによって尿の色が黒ずむ。

引用文献

12-1）Voet, D. *et al.*（田宮信雄ら訳）（2014）『ヴォート基礎生化学（第4版）』東京化学同人.

12-2）Berg, J. M. *et al.*（入村達郎ら訳）（2013）『ストライヤー生化学（第7版）』東京化学同人.

12-3）Bhagavan, N. V. and Chung-Eun Ha.（2015）"Essentials of Medical Biochemistry, 2nd ed." Academic Press.

13章　グリコーゲン代謝

人間が生きていくためには，血中グルコース濃度（血糖値と呼ぶ）が一定値（空腹時血糖値は 80 ～ 100 mg/dL 程度）以上に保たれることが絶対必要である。(11 章の糖新生参照)。長期間の飢餓状態を除いて脳が使える唯一のエネルギー源はグルコースだからである（飢餓が長期間続くと，脳はケトン体を利用できるようになる)。また脂肪酸と異なり，グルコースは嫌気的条件でもエネルギーを供給できる。血中グルコースは 3 つの経路から得ることができる。食事と糖新生とグリコーゲン分解である。食事からはグルコースを安定的に摂取できるわけではない。それに対して，糖新生からは安定的にグルコースが供給されるが，血糖値低下への反応は遅い。絶食時には，グルコースは肝臓と腎臓のグリコーゲンから迅速に血中に放出され，血糖値が保たれることになる。グリコーゲン貯蔵が底をついたときには，組織（主として骨格筋）のタンパク質が分解されて生じたアミノ酸から，肝臓・腎臓で糖新生によりグルコースが産生され，血糖値を維持する。

13･1　グリコーゲンの構造と機能

グリコーゲンは主として骨格筋と肝臓（および腎臓にも少量）に貯蔵される。筋肉のグリコーゲンは自らが運動するためのエネルギーを供給するために分解され解糖系で代謝されるのに対し，肝臓（腎臓）のグリコーゲンは血糖値をとくに絶食時の初期段階で維持するために分解されグルコースが血中に放出される。

13･1･1　肝臓グリコーゲン・筋肉グリコーゲンの量

栄養状態の良い成人の静止筋肉中にはグリコーゲンはおよそ 400 g 存在し，肝臓中にはグリコーゲンはおよそ 100 g 存在する。

13･1･2　グリコーゲンの構造

グリコーゲンはグルコースが $\alpha(1 \to 4)$ グリコシド結合で重合した高分子であり，平均 8 ～ 10 個のグルコシル基（グリコーゲンなど他の分子に取り込まれたグルコースのこと，グルコース残基ともいう）ごとに $\alpha(1 \to 6)$ グリコシド結合を含む分枝がある，非常に枝分かれの多い構造である（図 4･7 参照)。この枝分かれがあるために非還元末端の数が増え，グリコーゲン合成とグリコーゲン分解の速度が共に大幅に増加する（グリコーゲン合成もグリコーゲン分解もグリコーゲン分子の非還元末端でのみ起こるからである)。グリコーゲン分子は細胞質顆粒中に存在し，この顆粒中にはグリコーゲン合成・グリコーゲン分解に必要な酵素も含まれる。

13・2 グリコーゲン合成

グリコーゲン合成は細胞質で起こる。

13・2・1 UDP-グルコース合成

グリコーゲン分子中のすべてのグルコシル基は，UDP-グルコースとして付加される。UDP-グルコースは，グルコース 1-リン酸と UTP から，UDP-グルコースピロホスホリラーゼによって合成される（グルコース 1-リン酸はグルコース 6-リン酸からホスホグルコムターゼによって作られる）（図 13・1）。

13・2・2 グリコゲニン

グリコーゲンシンターゼによってグリコーゲン中の $\alpha(1 \rightarrow 4)$ 結合が作られる。この酵素は遊離のグルコースからのグリコーゲン鎖合成開始反応を触媒することはできず，すでに存在するグリコーゲン鎖を伸長させることしかできない。貯蔵グリコーゲンが未だ残っている細胞では，残っているグリコーゲン断片にこの酵素がグルコースを付加していく。グリコーゲンの断片が無い場合には，グリコゲニンが，UDP-グルコースを受け取る。この際，グリコゲニン自体が，UDP-グルコースからグリコゲニンへのグルコース転移を触媒する。このためグリコーゲン分子の中心にはグリコゲニンが存在する。

13・2・3 グリコーゲンシンターゼによるグリコーゲン鎖の伸長

グリコーゲン鎖の非還元末端のグルコシル基の炭素 4 のヒドロキシ基と UDP-グルコースの炭素 1（アノマー炭素）のヒドロキシ基との間に $\alpha(1 \rightarrow 4)$ グリコシド結合が作られ，グリコー

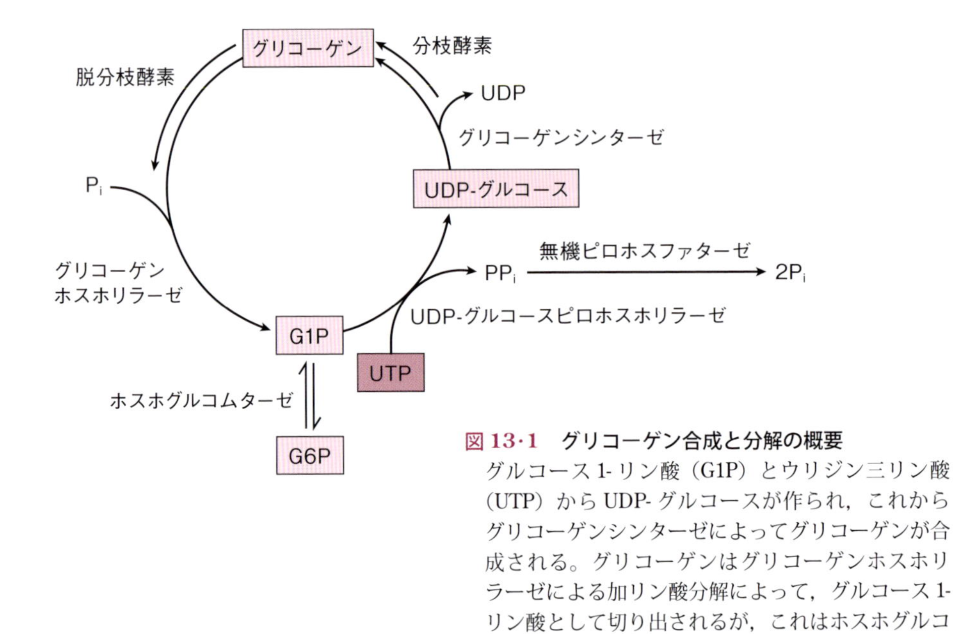

図 13・1 グリコーゲン合成と分解の概要
グルコース 1-リン酸（G1P）とウリジン三リン酸（UTP）から UDP-グルコースが作られ，これからグリコーゲンシンターゼによってグリコーゲンが合成される。グリコーゲンはグリコーゲンホスホリラーゼによる加リン酸分解によって，グルコース 1-リン酸として切り出されるが，これはホスホグルコムターゼによってグルコース 6-リン酸（G6P）に変換される。（文献 13-2 より改変）

ゲン鎖の伸長が起こる。この反応はグリコーゲンシンターゼによって触媒される。α(1 → 4) グリコシド結合ができたときに放出される UDP はヌクレオシド二リン酸キナーゼによって UTP に再生される（UDP + ATP ⇄ UTP + ADP）。

13・2・4　グリコーゲン中の分枝形成

分枝は“分枝酵素”であるアミロ-α(1 → 4) → α(1 → 6)-トランスグルコシダーゼの作用で作られる。この酵素は 5 ～ 8 個のグルコシル基の鎖をグリコーゲン鎖の非還元末端から［α(1 → 4) 結合を切断して］グリコーゲン鎖の他のグルコシル基に転移し，α(1 → 6) 結合で付加する（図 13・2）。グリコーゲンシンターゼによって非還元末端がさらに伸びた後で，末端の 5 ～ 8 個のグルコシル基が除去され，再び枝分かれ構造が作られる。

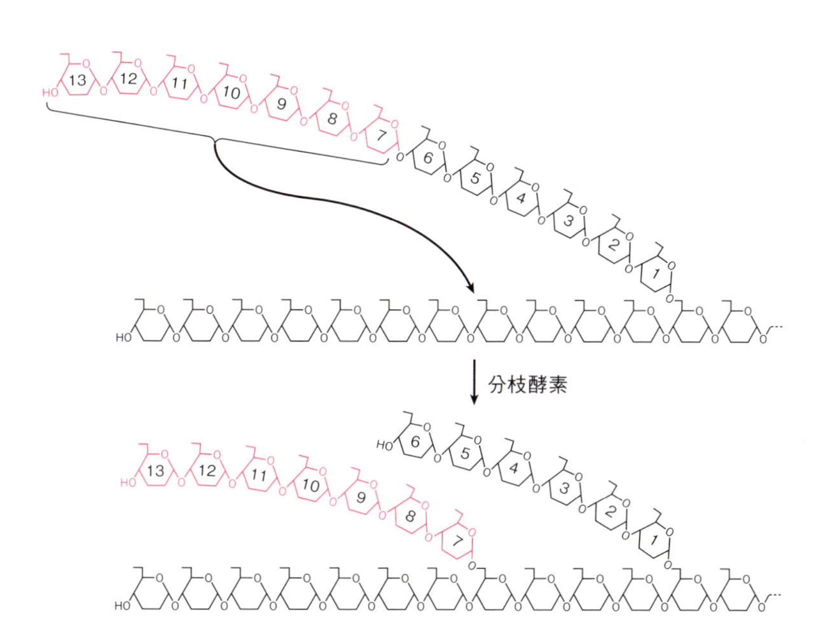

図 13・2　分枝酵素の働き
分枝酵素はグリコーゲン鎖の非還元末端から 5 ～ 8 個のグルコシル基の鎖を切り出して，同一分子中の別のグリコーゲン鎖のグルコシル基に転移し，α(1 → 6) 結合で付加する。（文献 13-2 より改変）

13・3　グリコーゲン分解

13・3・1　グリコーゲンの分解

グリコーゲンホスホリラーゼが，グリコーゲン鎖の非還元末端から順番にグルコシル基間の α(1 → 4) グリコシド結合を単純な加リン酸分解によって切断する。このときグルコース 1-リン酸が放出される（図 13・1，図 13・3）。グリコーゲンホスホリラーゼは枝分かれの部分から数えて 5 つのグルコシル基までしかグリコシド結合を切断できない（枝分かれ部分から

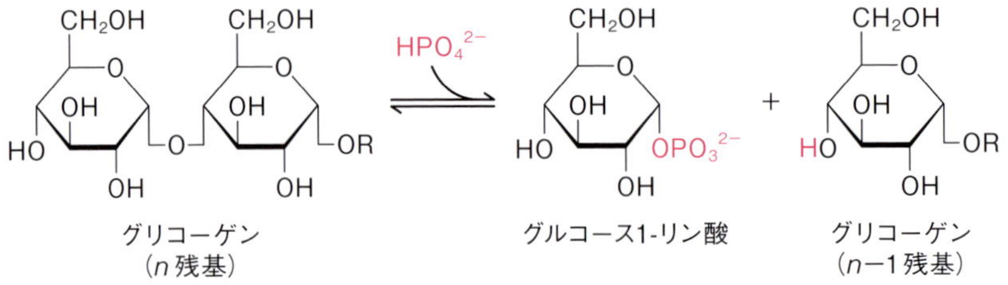

図 13・3　グリコーゲンホスホリラーゼによる加リン酸分解
グリコーゲンホスホリラーゼは，グリコーゲンの非還元末端から加リン酸分解によりグルコース 1- リン酸を 1 個ずつ切り出す。（文献 13-3 より改変）

4 個のグルコシル残基が残る)。切断の結果できた構造を限界デキストリンと呼び，ホスホリラーゼはそれをさらに分解することはできない。グリコーゲンホスホリラーゼは，ピリドキサールリン酸を補酵素として 1 分子共有結合で結合した形で含んでいる。

13・3・2　分枝の除去

分枝は単一のポリペプチド分子“脱分枝酵素”の異なる領域上に存在する 2 つの酵素活性により分解される。まずオリゴ - $\alpha(1 \rightarrow 4) \rightarrow \alpha(1 \rightarrow 4)$- グルカントランスフェラーゼ活性が分枝点に結合している 4 個のグルコシル基のうち外側の 3 個を切り出し，この 3 個のグルコシル基からなる枝を別のグリコーゲン鎖の非還元末端に結合させる。次にアミロ - $\alpha(1 \rightarrow 6)$- グルコシダーゼ活性が，1 個残っている $\alpha(1 \rightarrow 6)$ グリコシド結合で結合しているグルコシル基を加水分解で切り出して，遊離グルコースを放出する（図 13・4）。こうしてグリコーゲン鎖は，次の分枝点から数えて 4 個目のグルコシル基に到達するまで，グリコーゲンホスホリラーゼによる加リン酸分解を受けられるようになる。

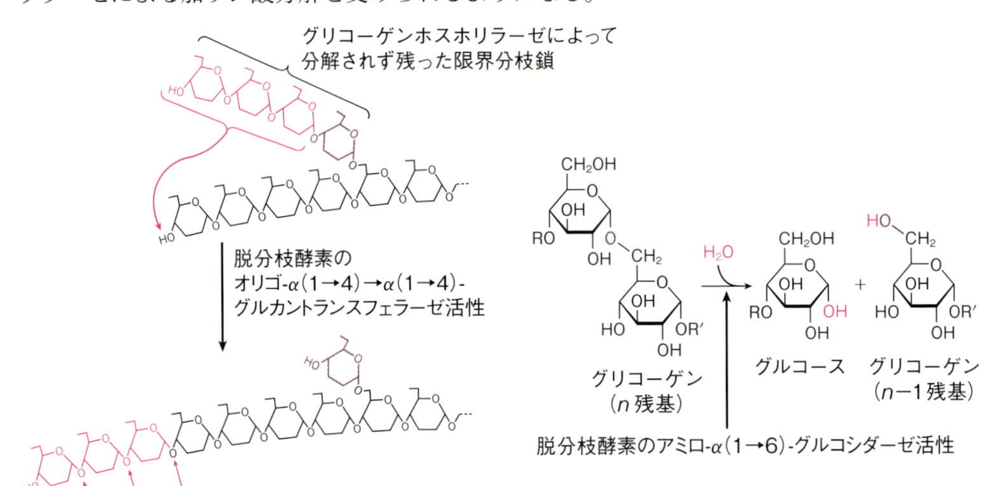

図 13・4　脱分枝酵素の働き
脱分枝酵素は限界分枝鎖（4 個のグルコシル基からなる）の非還元末端側の 3 個のグルコシル基を切り出し，同一分子中の別のグリコーゲン鎖の非還元末端に結合させる。脱分枝酵素は限界分枝鎖の残りの 1 個のグルコシル基を加水分解してグルコースとして切り出す酵素活性ももつ。（文献 13-2，13-3 より改変）

13·3·3　グルコース 1- リン酸からグルコース 6- リン酸への変換

グリコーゲンホスホリラーゼによってグリコーゲンから切り出されたグルコース 1- リン酸は，ホスホグルコムターゼによってグルコース 6- リン酸に変換される。筋肉ではグルコース 6- リン酸は解糖系に入り，筋収縮に必要なエネルギーを提供する（筋細胞には肝臓・腎臓と異なりグルコース -6- ホスファターゼが無いので，グルコース 6- リン酸は脱リン酸されず細胞内にトラップされる）。肝臓（・腎臓）ではグルコース 6- リン酸はグルコース 6- リン酸トランスロカーゼにより小胞体 (ER) に輸送され，小胞体でグルコース -6- ホスファターゼ（糖新生の最終段階でも用いられる酵素）によりグルコースに変換される。生成したグルコースは GLUT7 により ER から細胞質へと輸送される。肝（・腎）の細胞はグルコースを GLUT2 経由で細胞質から血中に放出し，糖新生によってグルコースが供給されるまでの間，血糖値を維持しようとする。

13·3·4　グリコーゲンのリソソームでの分解

少量のグリコーゲンはリソソーム酵素である $\alpha(1 \rightarrow 4)$- グルコシダーゼ（酸性マルターゼ）によって持続的に分解されている。この酵素の欠損により細胞質へグリコーゲンが蓄積し，II 型糖原病（ポンペ病）という重篤な疾患を引き起こす。

13·4　グリコーゲン合成・グリコーゲン分解の調節

肝臓においては，栄養状態が良い場合にはグリコーゲン合成の促進・グリコーゲン分解の抑制，飢餓時にはグリコーゲン分解の促進・グリコーゲン合成の抑制が観察される。骨格筋では，運動時にグリコーゲン分解の促進・グリコーゲン合成の抑制，静止時にはグリコーゲン合成の促進・グリコーゲン分解の抑制が観察される。グリコーゲンの合成と分解は 2 段階のレベルで調節されている。第一にグリコーゲンの合成系と分解系は共にホルモンによる調節を受けている。ホルモン刺激の下流で細胞内リン酸化レベルが上昇するとグリコーゲン分解が促進され，グリコーゲン合成が抑制される。逆に細胞内リン酸化レベルが低下するとグリコーゲン分解が抑制され，グリコーゲン合成が促進される。第二にグリコーゲンの合成系と分解系はともにアロステリックな調節をも受けている。

13·4·1　ホルモンによる A キナーゼを介したグリコーゲン分解の活性化

グルカゴンやアドレナリンが細胞膜の受容体に結合すると，血糖値を上昇させるために（肝臓），また運動している筋肉（アドレナリン）では筋収縮のエネルギーを供給するために，グリコーゲン分解のための情報伝達系が開始される。

プロテインキナーゼの活性化： グルカゴンが肝細胞膜上のグルカゴン受容体に，アドレナリンが肝ないし筋細胞膜上の β アドレナリン受容体に結合すると，アデニル酸シクラーゼが活性化され，細胞内の cAMP 濃度が上昇する。次に cAMP 依存性プロテインキナーゼ（A キナーゼ）が活性化される。肝臓ではインスリンは cAMP を分解するホスホジエステラーゼを活性化することにより細胞内 cAMP 濃度を低下させる。

ホスホリラーゼキナーゼの活性化：ホスホリラーゼキナーゼはリン酸化されていないとき（b 型）には不活性であり，リン酸化される（a 型）と活性をもつようになる（図 13･5）。活性化された A キナーゼは不活性型のホスホリラーゼキナーゼ b をリン酸化し活性型のホスホリラーゼキナーゼ a に変換する。（リン酸化された酵素はホスホプロテインホスファターゼ 1 (PP1) によりリン酸基を除去され不活化される。）

グリコーゲンホスホリラーゼの活性化：脱リン酸されたグリコーゲンホスホリラーゼは不活性の b 型であり，リン酸化されて活性型の a 型となる。ホスホリラーゼキナーゼ a（活性型）はグリコーゲンホスホリラーゼ b（不活性型）をリン酸化して活性型の a に変え，グリコーゲンホスホリラーゼ a（活性型）によりグリコーゲン分解が開始される。ホスホリラーゼ a は PP1 によりリン酸基を除去されて b に戻る。筋肉ではインスリンは，グルコース取り込みを増加させ，グリコーゲンホスホリラーゼの強力なアロステリック阻害因子であるグルコース 6- リン酸濃度を上昇させることにより，間接的にグリコーゲンホスホリラーゼを抑制する。

グリコーゲン代謝酵素のリン酸化状態（a，b）と活性化状態の関係

グリコーゲン分解系：	脱リン酸型 b	⇄	リン酸化型 a
グリコーゲン合成系：	脱リン酸型 a	⇄	リン酸化型 b
a：	活性型	>	不活性型　（図 13･9 を参照）
b：	活性型	<	不活性型

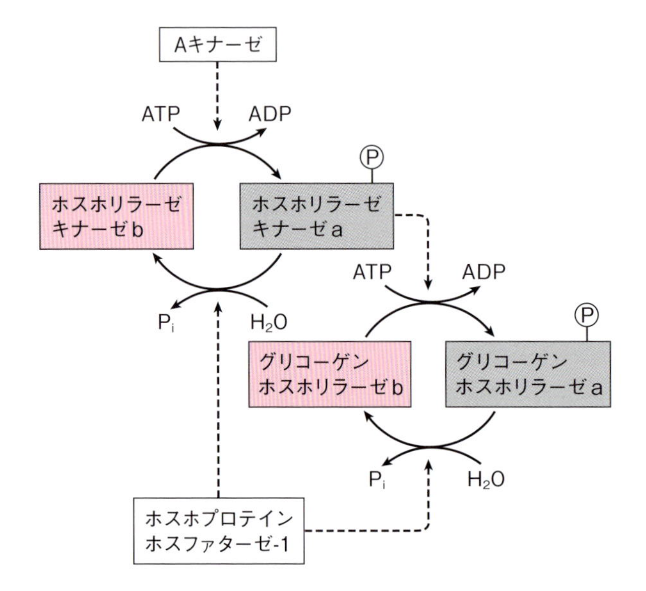

図 13･5　グリコーゲン分解系の A キナーゼによる活性化　グリコーゲン分解系の諸酵素は A キナーゼを起点とするリン酸化により活性化され（b から a への変換），ホスホプロテインホスファターゼ-1 による脱リン酸により不活化される（a から b への変換）。（文献 13-2 より）

13･4･2　ホルモンによるリン酸化を介したグリコーゲン合成の抑制

グリコーゲン合成経路ではグリコーゲンシンターゼが調節を受けている。リン酸化されておらず活性が高いグリコーゲンシンターゼaは酵素上の数か所でリン酸化され，不活性のグリコーゲンシンターゼbに変換される（図13･6）。リン酸化はAキナーゼのみならずいくつかの異なるプロテインキナーゼによって触媒される。グルカゴンが肝細胞膜上のグルカゴン受容体に，アドレナリンが肝ないし筋細胞上のβアドレナリン受容体に結合するとAキナーゼが活性化される。Aキナーゼおよびその下流に位置するホスホリラーゼキナーゼaはグリコーゲンシンターゼをリン酸化して不活化する（aからbに変換する）。肝臓にインスリンが作用するとグリコーゲンシンターゼキナーゼ3β（GSK3β）が阻害され，グリコーゲンシンターゼaが増えてグリコーゲン合成が促進される。グリコーゲンシンターゼbはPP1によってグリコーゲンシンターゼaに戻される。AMP活性化プロテインキナーゼ（AMPK）もグリコーゲンシンターゼをリン酸化して不活化する。すなわち細胞内のエネルギーレベルが低いときにはグリコーゲン合成は抑制される。

第Ⅲ部　代謝

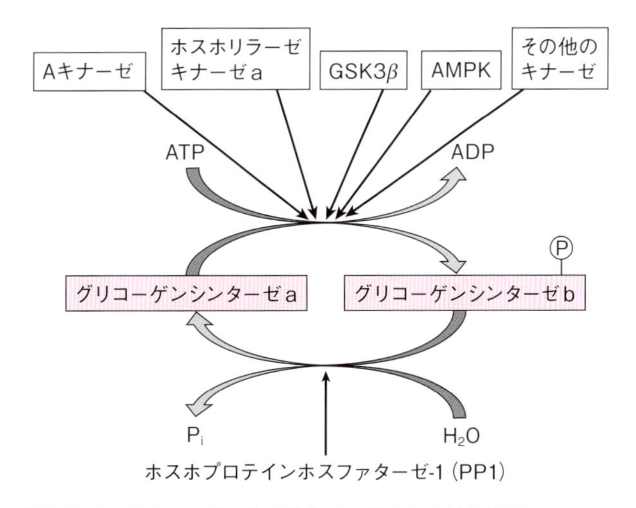

図13･6　グリコーゲン合成系のリン酸化による不活化
グリコーゲンシンターゼはAキナーゼを含む数種のキナーゼによりリン酸化されると不活化され（aからbへの変換），ホスホプロテインホスファターゼ-1により脱リン酸されると活性化される（bからaへの変換）。

13･4･3　ホスホプロテインホスファターゼ1（PP1）の調節機構

① 筋肉におけるPP1の調節

PP1はGサブユニット（筋肉ではG_M, 肝臓ではG_L）を介してグリコーゲンと結合したときに高活性を発揮する。G_Mサブユニットの部位1がインスリン依存性キナーゼによってリ

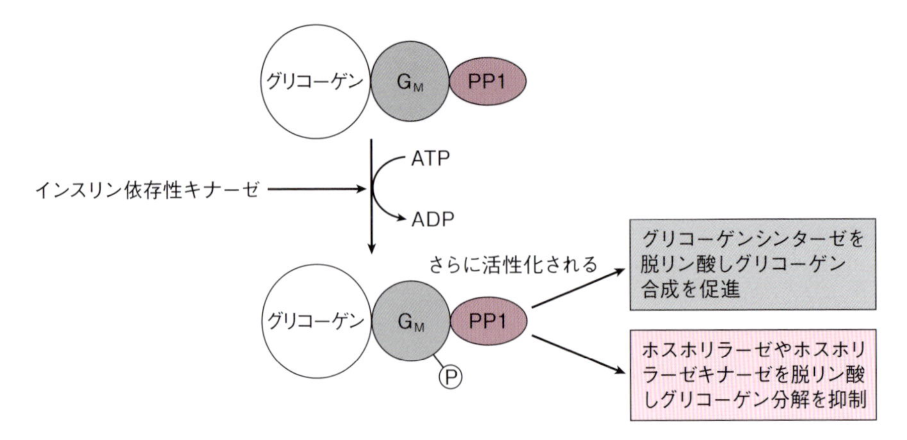

図 13·7　筋肉における PP1 のインスリンによる調節
筋肉ではインスリン依存性キナーゼによりホスホプロテインホスファターゼ-1（PP1）の G_M サブユニットの部位 1 がリン酸化されると活性化され，グリコーゲン合成が促進され，グリコーゲン分解が抑制される。（文献 13-3 より改変）

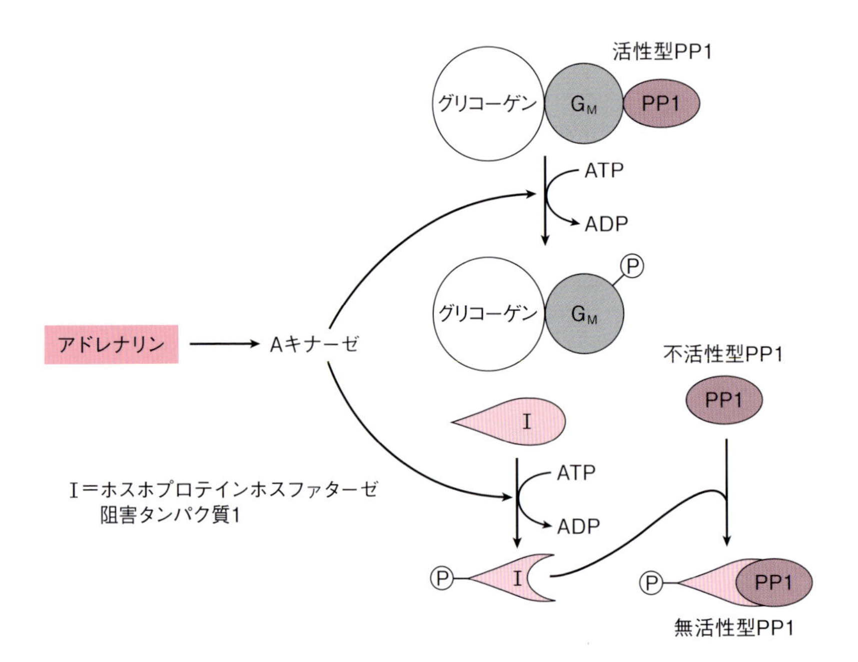

図 13·8　筋肉における PP1 のアドレナリンによる調節
筋肉ではアドレナリンの下流で A キナーゼが活性化されると，A キナーゼにより PP1 の G_M サブユニットの部位 2 がリン酸化され，PP1 はグリコーゲン分子から離れて活性が低下する（不活性型）。A キナーゼはさらにホスホプロテイン阻害タンパク質 1 をリン酸化することによって活性化し，活性化されたホスホプロテイン阻害タンパク質 1 は不活性型 PP1 に結合することによってこれを無活性型 PP1 にする。（文献 13-3 より改変）

ン酸化されると PP1 はさらに活性化される(図 13・7)。G_M サブユニットの部位 2 が A キナーゼによってリン酸化されると PP1 はグリコーゲンから遊離して活性が低下する。またホスホプロテインホスファターゼ阻害タンパク質 1（脱リン酸型 b）が A キナーゼでリン酸化されると(リン酸化型 a), 遊離した PP1 に結合して完全に PP1 の活性を押さえ込んでしまう(図 13・8)。(G_L サブユニットはリン酸化による制御を受けず，インスリンにより転写が活性化され発現レベルが上昇する。)

② 肝臓における PP1 の調節

肝臓では PP1（PP1・G_L 複合体）の活性は主としてホスホリラーゼ a との結合量で調節されている（図 13・9)。PP1・G_L はホスホリラーゼ a と結合している間はそのホスホリラーゼ a のみならず他のタンパク質も脱リン酸することができない（ホスホリラーゼ a が阻害因子として働く)。グルコースがホスホリラーゼ a に結合するとアロステリックにこの酵素を活性型の R 状態から T 状態に変換する（13・4・4 項を参照のこと)。グルコース - ホスホリラーゼ a（T 状態）複合体中のホスホリラーゼ a（T 状態）は PP1・G_L の良い基質となり，a から b への変換が促進される。その結果，PP1・G_L はホスホリラーゼ b から解離し，活性を発揮できるようになる。肝細胞にはホスホリラーゼが PP1 の 10 倍存在するので，ホスホリラーゼの 90％が b 型にならないと PP1・G_L は遊離しない。こうなってはじめて PP1・G_L は他のタンパク質を脱リン酸できるようになる。肝臓において，インスリンは G_L サブユニットの転写を活性化することによって PP1 を活性化し，グリコーゲンの合成促進，分解抑制効果を発揮すると考えられている。

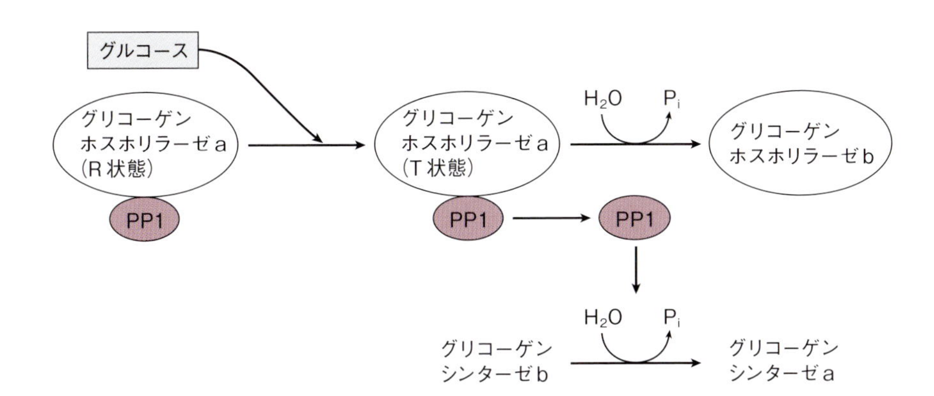

図 13・9　肝臓における PP1 のグルコースによる活性化
肝臓では PP1 は R 状態のグリコーゲンホスホリラーゼ a に結合することによって不活化状態に保たれている。肝細胞内のグルコース濃度が上昇すると，グリコーゲンホスホリラーゼ a はグルコースによりアロステリックに T 状態に変換され，PP1 はグリコーゲンホスホリラーゼから解放され活性化状態になり，グリコーゲンホスホリラーゼを脱リン酸して不活化する（a から b への変換）と共に，グリコーゲンシンターゼも脱リン酸して活性化する（b から a への変換)。(文献 13-3 より改変)

第Ⅲ部 代謝

13・4・4 グリコーゲン合成・分解のアロステリックな調節

グリコーゲンシンターゼとグリコーゲンホスホリラーゼは，代謝産物の濃度と細胞のエネルギー需要の影響を受ける。グリコーゲン合成はグルコースが豊富に存在しエネルギーレベルが高いときに促進され，グリコーゲン分解はエネルギーレベルが低く利用可能なグルコース濃度が低いときに促進される。

グリコーゲン合成のアロステリック調節：グリコーゲンシンターゼbはグルコース6-リン酸によってアロステリックに活性化される(肝臓・筋肉どちらでも。グリコーゲンシンターゼaはアロステリックな調節を受けず常に活性型)。

グリコーゲン分解のアロステリック調節：グリコーゲンホスホリラーゼのアロステリック調節は筋肉と肝臓ではまったく異なる。筋グリコーゲンホスホリラーゼbは細胞内のエネルギーレベルが高いことを示すシグナルであるATPのみならずグルコース6-リン酸によってアロステリックに抑制される（もともと不活性型が多いがダメ押しでほとんど不活性型になる)。筋グリコーゲンホスホリラーゼbは細胞内エネルギーレベルが低いことを示すシグナルであるAMPによってアロステリックに活性化される。筋グリコーゲンホスホリラーゼaはアロステリック調節を受けない（常に活性型)。肝臓においてはグルコースがグリコーゲンホスホリラーゼaのアロステリック阻害因子として働く。肝臓グリコーゲンホスホリラーゼbはアロステリックな調節を受けず不活性型である。

13・4・5 カルシウムによるグリコーゲン分解の活性化

筋肉が収縮しているとき，ATPが緊急に必要となる。神経の活動電位が筋肉の膜電位を脱分極させ，その結果として筋小胞体から筋細胞質へのカルシウムの放出が起こる。ホスホリラーゼキナーゼのδサブユニットはカルモジュリンであり，ホスホリラーゼキナーゼはAキナーゼによるリン酸化が起こらなくてもカルシウムによって活性化される。ホスホリラーゼキナーゼはリン酸化されカルシウムが結合したときに最大活性を発揮する。肝臓ではアドレナリンがα受容体に結合すると細胞内カルシウム濃度が上昇し，ホスホリラーゼキナーゼが活性化され，グリコーゲン分解が促進される。

BOX1 糖 原 病

糖原病はグリコーゲン代謝の遺伝性疾患であり，肝臓に主な症状が現れる肝型糖原病と，筋肉に主な症状が現れる筋型糖原病がある（次ページの表を参照)。

肝型糖原病

疾患名	欠損酵素	主な症状
肝腫大と低血糖を主症状とする疾患		
Ia 型，フォンギールケ病	グルコース-6-ホスファターゼ	発育遅延，肝脾腫，低血糖，血中乳酸・コレステロール・トリグリセリド・尿酸値上昇
Ib 型	グルコース-6-トランスロカーゼ	Ia 型と同様の症状の他に，好中球減少および好中球機能不全
IIIa 型，コリ病，フォーブス病	肝臓と筋肉の脱分枝酵素	小児期：肝腫大，発育遅延，筋力低下，低血糖，高脂血症，肝逸脱酵素濃度上昇。肝症状は年齢と共に改善。 成人期：筋萎縮と筋力低下。発症は 20 ～ 30 歳代。心筋症も。
IIIb 型	肝臓の脱分枝酵素（筋肉の脱分枝酵素は正常）	IIIa 型と同様の肝症状を示すが，筋症状は無し。
VI 型，ハース（エルス）病	肝臓ホスホリラーゼ	肝腫大，軽度の低血糖，高脂血症，ケトーシス。症状は年齢と共に改善。
IX 型，ホスホリラーゼキナーゼ欠損症	肝臓ホスホリラーゼキナーゼ α サブユニット	VI 型と同様。
0 型，グリコーゲンシンターゼ欠損症	グリコーゲンシンターゼ	空腹時の低血糖およびケトーシス，グルコース負荷後の乳酸値上昇および高脂血症
XI 型，ファンコニー・ビッケル症候群	グルコース輸送体-2	体重増加不良，くる病，肝腫大，近位尿細管機能不全，グルコースおよびガラクトース利用の障害
肝硬変を主症状とする疾患		
IV 型，アンダースン病	分枝酵素	体重増加不良，筋緊張低下，肝脾腫，進行性肝硬変および肝不全（4 歳までに死亡）。進行しない場合も。

筋型糖原病

疾患名	欠損酵素	主な症状
筋エネルギー代謝障害		
V 型，マッカードル病	筋ホスホリラーゼ	運動不耐性，疼痛性筋痙攣，激しい運動時のミオグロビン尿および血清クレアチンキナーゼ（CK）値上昇
VII 型，垂井病	ホスホフルクトキナーゼ M サブユニット	V 型と同様の症状の他に溶血も。
ホスホグリセリン酸キナーゼ欠損症	ホスホグリセリン酸キナーゼ	V 型と同様の症状の他に溶血性貧血と CNS 機能障害も。
ホスホグリセリン酸ムターゼ欠損症	ホスホグリセリン酸ムターゼ M サブユニット	V 型と同様。
乳酸デヒドロゲナーゼ欠損症	乳酸デヒドロゲナーゼ M サブユニット	V 型と同様の症状の他に紅斑性皮疹，子宮硬化による難産（女性の場合）
フルクトース-1,6-ビスリン酸アルドラーゼ A 欠損症	フルクトース-1,6-ビスリン酸アルドラーゼ A	V 型と同様の症状の他に溶血性貧血も。
ピルビン酸キナーゼ欠損症	ピルビン酸キナーゼの筋アイソザイム	疼痛性筋痙攣，筋力低下
筋ホスホリラーゼキナーゼ欠損症	筋特異的ホスホリラーゼキナーゼ	V 型と同様。筋力低下と筋萎縮が起こることも。
β-エノラーゼ欠損症	筋 β-エノラーゼ	運動不耐性
進行性ミオパチー（筋障害）および心筋症		
II 型，ポンペ病	リソソームの酸性 α-グルコシダーゼ	乳児期：筋緊張低下，筋力低下，心拡大，心不全，早期に致死。青年期・成人期：進行性骨格筋筋力低下・筋萎縮，近位筋と呼吸筋が冒される。
心筋ホスホリラーゼキナーゼ欠損症	心特異的ホスホリラーゼキナーゼ	重症の心筋症と早期の心不全

（文献 13-4 より）

理解度確認問題

A氏は25歳の女性。両親がいとこ婚で兄（27歳）に同様な症状が見られる。出産は正常分娩で，発育は正常であった。中学生になり持久走で最後は歩いてしまい，遠足では皆について行けなかったこともあり，その際全身の倦怠感を自覚した。就職に際しての血液検査でAla-T, Asp-Tの上昇を指摘された。健康診断でCKの上昇も指摘された。(1)運動により疲労を感じやすかったが，ある程度以上の負荷がかかると体が楽になることがあったという。高CK血症の精査目的で入院となった。身長144 cm，体重43.5 kg，脈拍64/min整，血圧90/58 mmHg。胸部に異常は無く，腹部にも肝・脾腫その他の異常は無かった。神経学的には意識は清明で，知能低下は無く，脳神経領域は正常であった。運動系でも筋力低下や筋萎縮は認めなかった。さらに反射も異常は無く，感覚障害，小脳症状，自律神経症状も無かった。高CK血症は認めたものの，血管内溶血を示す所見や低血糖，高尿酸血症，脂質異常も見られなかった。(2)阻血下前腕運動試験で乳酸の上昇は無く，グルカゴン負荷試験では血糖の上昇を認めた。

1. A氏の疾患名は何か。
2. (1)をsecond wind現象と呼ぶ。その機序を考察せよ。
3. (2)の阻血下前腕運動試験で乳酸の上昇がないのは何を意味するか。
4. (2)のグルカゴン負荷試験で血糖の上昇を認めたのは何を意味するか。
5. この疾患はしばしば高尿酸血症を伴う。その機序を考察せよ。

解　答

1. V型糖原病（マッカードル病）。マッカードル病はホスホリラーゼの筋アイソザイムの欠損症で，肝アイソザイムは正常なので，肝症状はない。症状が出始めるのは多くは成人期であり，激しい運動をしたときの疼痛性筋痙攣として現れる。

2. second wind現象の機序としては，以下の説明が考えられる。運動初期には筋肉内のグリコーゲン分解によるグルコース6-リン酸の解糖系による嫌気的代謝が重要なエネルギー源であり，V型糖原病では筋肉内に貯蔵されているグリコーゲンからグルコース6-リン酸（直接的にはグルコース1-リン酸が切り出されるが，これはホスホグルコムターゼによりグルコース6-リン酸に変換される）を切り出す酵素であるホスホリラーゼが欠損しているために，運動初期に筋細胞内ATP不足が生じ，疼痛性筋痙攣が生じる。しかし運動が続く場合，血中のグルコースや脂肪酸が重要なエネルギー源となり，これらの好気的代謝はV型糖原病でも正常に行われるので，症状が軽減する。

3. 阻血状態で前腕運動を行ったとき，筋肉内のグリコーゲン分解によるグルコース6-リン酸の解糖系による嫌気的代謝が進むために，血中乳酸値が上昇する。V型糖原病ではこれが起こらないため血中乳酸値の上昇は認められない。

4. グルカゴンは肝細胞の表面に存在するグルカゴン受容体に結合し，cAMP濃度上昇，

Aキナーゼ活性化を介して細胞内のリン酸化レベルを上げ，肝細胞内のグリコーゲン分解を促進し，切り出されたグルコース6-リン酸はグルコース-6-ホスファターゼによりリン酸基を外されてグルコースとなり，GLUT2を介して血中に放出され，血糖値が上昇する。V型糖原病ではこの経路は正常である。

5. V型糖原病では筋肉内貯蔵グリコーゲンがエネルギー源とならないために，クエン酸回路を介した好気的代謝が重要となる。筋肉ではプリンヌクレオチド回路（18章参照）がクエン酸回路の重要な補充経路であるので，V型糖原病ではプリンヌクレオチド回路が活性化され，その結果としてプリンヌクレオチドの最終代謝産物である尿酸値が上昇すると考えられている。

引用文献

13-1) 石崎泰樹・丸山　敬 監訳（2015）『イラストレイテッド生化学（原書6版）』丸善出版.

13-2) Voet, D. *et al.*（田宮信雄ら訳）（2014）『ヴォート基礎生化学（第4版）』東京化学同人.

13-3) Berg, J. M. *et al.*（入村達郎ら訳）（2013）『ストライヤー生化学（第7版）』東京化学同人.

13-4) 福井次矢・黒川 清 監修（2013）『ハリソン内科学（第4版）』メディカルサイエンスインターナショナル.

第Ⅲ部

14章 クエン酸回路

クエン酸回路［トリカルボン酸回路，TCA（tricarboxylic acid）回路，クレブス（発見者のH. A. Krebsに因んで）回路］は糖質，アミノ酸，脂肪酸の代謝が合流する最終代謝経路である。クエン酸回路は呼吸鎖（電子伝達系）と共にミトコンドリアの中で起こり，クエン酸回路で産生された還元型補酵素（NADH，$FADH_2$）は呼吸鎖で酸化され，ATPが産生される。またクエン酸回路は多くの重要な生体高分子合成反応にも関与している。クエン酸回路ではオキサロ酢酸（OAA）がアセチルCoAのアセチル基と縮合するが，回路の終わりにはOAAとして再生され，1分子のアセチルCoAがクエン酸回路に入って，回路が一回転してもクエン酸回路中間体の正味の産生や消費は起こらない。

14･1 ピルビン酸のアセチルCoAへの変換（酸化的脱炭酸）

クエン酸回路の燃料はアセチルCoAである。このアセチルCoAはケト原性アミノ酸，脂肪酸，好気的解糖の最終産物であるピルビン酸に由来するが，細胞質で産生されたピルビン酸がクエン酸回路に入って代謝されるためには，ミトコンドリア内に輸送されなければならない。この輸送はミトコンドリア内膜に存在する特異的なピルビン酸輸送体によって行われる（ケト原性アミノ酸のミトコンドリア内への輸送も，ミトコンドリア内膜に存在する輸送体によって行われる。脂肪酸のミトコンドリア内への輸送に関しては19章参照）。ミトコンドリアマトリックスに入ると，ピルビン酸は多酵素複合体であるピルビン酸デヒドロゲナーゼ複合体によって酸化的脱炭酸され，アセチルCoAになる。この反応は不可逆的であり，この不可逆性のためにアセチルCoAからピルビン酸が生成することは無い。これが糖新生においてアセチルCoAからグルコースが産生されない理由である。

構成酵素：ピルビン酸デヒドロゲナーゼ複合体は，ピルビン酸デヒドロゲナーゼ（E1，デカルボキシラーゼとも呼ばれる），ジヒドロリポアミド*S*-アセチルトランスフェラーゼ(E2)，ジヒドロリポアミドレダクターゼ（E3，デヒドロゲナーゼとも呼ばれる）という3つの酵素の多分子複合体である。複合体にはピルビン酸デヒドロゲナーゼキナーゼとピルビン酸デヒドロゲナーゼホスファターゼという2つの調節酵素も含まれている。

補酵素：ピルビン酸デヒドロゲナーゼ複合体には，5つの補酵素も含まれている。E1はチアミンピロリン酸を必要とし，E2はリポ酸と補酵素Aを必要とし，E3はFADとNAD^+を必要とする。

ピルビン酸デヒドロゲナーゼ複合体の調節：ピルビン酸デヒドロゲナーゼキナーゼはE1

をリン酸化することにより不活化するのに対して，ピルビン酸デヒドロゲナーゼホスファターゼはE1を活性化する。キナーゼはATP，アセチルCoA，NADHなどの高エネルギーシグナルによってアロステリックに活性化され，ピルビン酸デヒドロゲナーゼ複合体は阻害される。逆にキナーゼはNAD^+とCoAおよびピルビン酸によってアロステリックに阻害される。カルシウムはホスファターゼを強力に活性化し，ピルビン酸デヒドロゲナーゼ複合体を活性化する。インスリンもホスファターゼを活性化してピルビン酸デヒドロゲナーゼ複合体を活性化する。

ピルビン酸デヒドロゲナーゼ複合体欠損症：ピルビン酸デヒドロゲナーゼ複合体欠損により，先天性乳酸アシドーシスとなる。この酵素欠損によりピルビン酸をアセチルCoAに変換させることができず，ピルビン酸は乳酸デヒドロゲナーゼにより乳酸に変換されるからである。

14･2　クエン酸回路の諸反応

14･2･1　クエン酸シンターゼ

クエン酸シンターゼによってアセチルCoAとオキサロ酢酸が縮合し，クエン酸が産生される。この反応はクエン酸回路の律速段階の1つであり，NADH，クエン酸，スクシニルCoAによって抑制される。クエン酸は，細胞質で行われる脂肪酸合成の原料であるアセチルCoAを供給するという役割も担っている（19章参照）。アセチルCoAは上述したピルビン酸デヒドロゲナーゼ複合体や脂肪酸のβ酸化などによってミトコンドリア内で産生されるが，アセチルCoAはミトコンドリア内膜を通過することができない。そこでクエン酸に形を変えてトリカルボン酸輸送系を介してミトコンドリア内膜を通過し，細胞質においてATP-クエン酸リアーゼによってアセチルCoAに戻され，脂肪酸合成の原料となる。クエン酸は解糖系の律速酵素であるホスホフルクトキナーゼ（PFK-1）も阻害し，脂肪酸合成の律速酵素であるアセチルCoAカルボキシラーゼを活性化する。

14･2･2　アコニターゼ

アコニターゼによってクエン酸はイソクエン酸に異性化される。

14･2･3　イソクエン酸デヒドロゲナーゼ

イソクエン酸はイソクエン酸デヒドロゲナーゼによって不可逆的に酸化的脱炭酸されα-ケトグルタル酸（2-オキソグルタル酸）になる。このとき，クエン酸回路で産生される3つのNADH分子のうちの1番目のNADHが生み出され，1番目のCO_2が放出される。この反応はクエン酸回路の律速段階の1つである。この酵素はCa^{2+}とADP(細胞内の低エネルギーシグナル）によってアロステリックに活性化され，ATPやNADH（ともに細胞内の高エネルギーシグナル）によって阻害される。

14･2･4　α-ケトグルタル酸（2-オキソグルタル酸）デヒドロゲナーゼ複合体

α-ケトグルタル酸（2-オキソグルタル酸）デヒドロゲナーゼ複合体によってα-ケトグ

ルタル酸は不可逆的に酸化的脱炭酸されスクシニル CoA になる。この反応はピルビン酸からアセチル CoA への変換（ピルビン酸デヒドロゲナーゼ複合体によって触媒される）に類似している。この反応でクエン酸回路の 2 番目の CO_2 が放出され，2 番目の NADH が産生される。必要な補酵素はチアミンピロリン酸，リポ酸，FAD，NAD^+，CoA である。この反応はクエン酸回路の律速段階の 1 つであり，α- ケトグルタル酸デヒドロゲナーゼ複合体は NADH，スクシニル CoA によって阻害されるが，リン酸化・脱リン酸化反応による調節は受けない。（α- ケトグルタル酸はアミノ酸であるグルタミン酸の酸化的脱アミノやアミノ転移によっても産生される。）

14･2･5 スクシニル CoA シンテターゼ（コハク酸チオキナーゼ）

スクシニル CoA シンテターゼ（コハク酸チオキナーゼ）によって，スクシニル CoA の高エネルギーチオエステル結合が切断され，コハク酸が生成する。このとき GDP がリン酸化され GTP が生じる。GTP と ATP はヌクレオシド二リン酸キナーゼ反応によって相互変換可能なので，この反応で ATP が 1 個産生されることになる（基質レベルのリン酸化）。スクシニル CoA は奇数の炭素原子をもつ脂肪酸やいくつかのアミノ酸の異化で生じるプロピオニル CoA からも産生される。

14･2･6 コハク酸デヒドロゲナーゼ

コハク酸デヒドロゲナーゼによってコハク酸は酸化されて，フマル酸になる。このとき還元型補酵素 $FADH_2$ が産生される。コハク酸デヒドロゲナーゼは，クエン酸回路唯一の膜結合型酵素（他はミトコンドリアマトリックスの酵素）で電子伝達系の複合体 II の一部を構成し，産生された $FADH_2$ の電子は電子伝達系の補酵素 Q（ユビキノン）に受け渡される。

14･2･7 フマラーゼ（フマル酸ヒドラターゼ）

フマラーゼ（フマル酸ヒドラターゼ）によってフマル酸は水和されてリンゴ酸になる。フマル酸は尿素回路，プリン合成，フェニルアラニン，チロシンなどのアミノ酸の異化でも生成する。

14･2･8 リンゴ酸デヒドロゲナーゼ

リンゴ酸はリンゴ酸デヒドロゲナーゼによって酸化されてオキサロ酢酸になる。この反応によってクエン酸回路における 3 番目の NADH が産生される。オキサロ酢酸はミトコンドリアマトリックスに存在するピルビン酸カルボキシラーゼによって，ピルビン酸からも産生される（11 章参照）。オキサロ酢酸は細胞質で行われる糖新生の材料となるが，ミトコンドリア内膜を通過することができないので，リンゴ酸デヒドロゲナーゼによってリンゴ酸に変換されてミトコンドリア内膜を通過し，細胞質に存在するリンゴ酸デヒドロゲナーゼによってオキサロ酢酸に戻され，ホスホエノールピルビン酸（PEP）カルボキシキナーゼによって PEP に変換される。オキサロ酢酸はアスパラギン酸アミノトランスフェラーゼ（アスパラギン酸トランスアミナーゼ AST ともいう）（＝グルタミン酸 - オキサロ酢酸トランスアミナーゼ GOT）によって他のアミノ酸（主としてグルタミン酸）からアミノ基を受け取ってアス

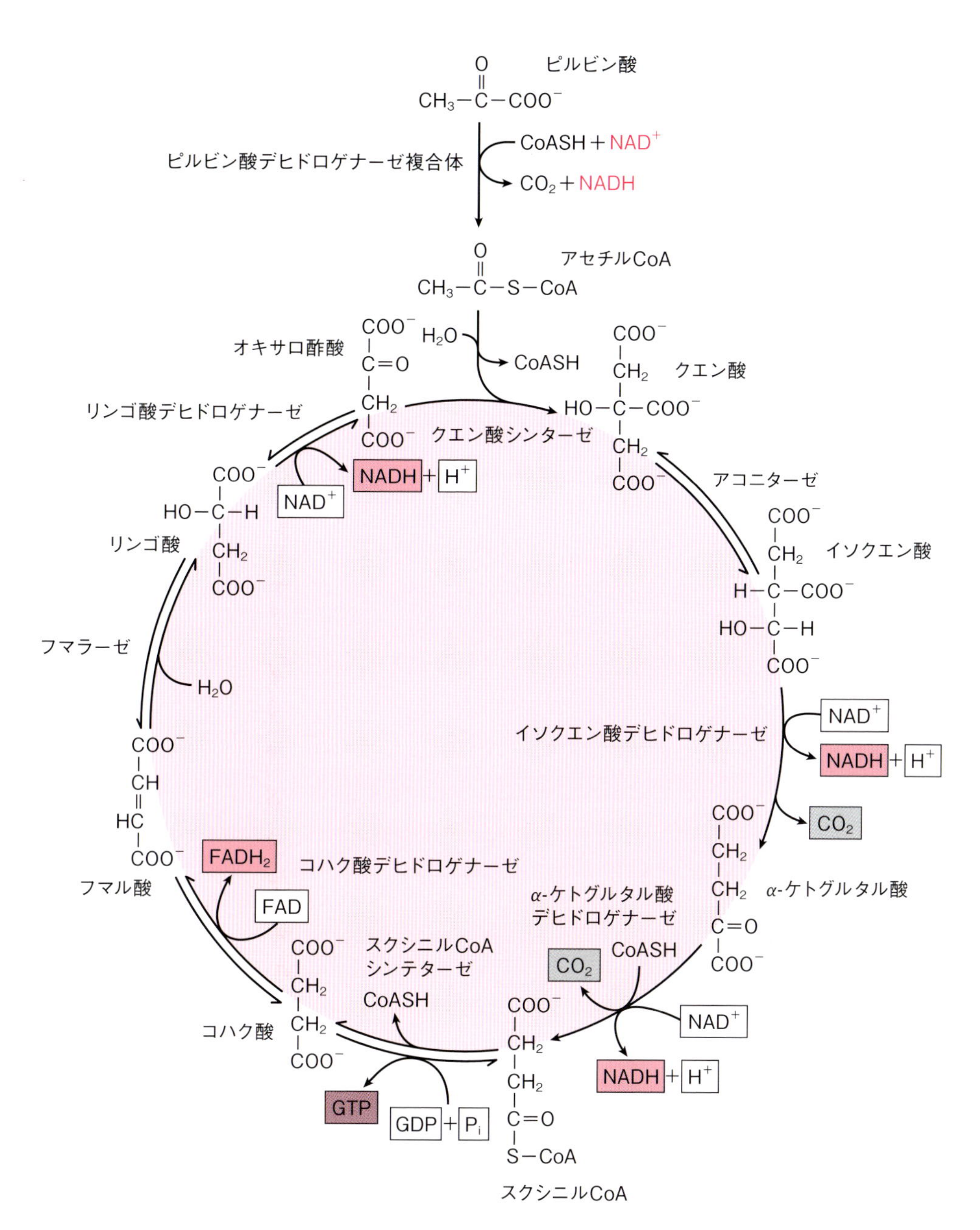

図 14·1　クエン酸回路

クエン酸回路の諸酵素はミトコンドリアマトリックス内に存在する（コハク酸デヒドロゲナーゼはミトコンドリア内膜上に存在）。ピルビン酸はピルビン酸デヒドロゲナーゼ複合体（ミトコンドリアマトリックス酵素）によってアセチル CoA に変換され，クエン酸回路に入る。クエン酸回路ではオキサロ酢酸がアセチル CoA のアセチル基と縮合するが，回路の終わりにはオキサロ酢酸として再生され，1 分子のアセチル CoA がクエン酸回路に入って，回路が一回転してもクエン酸回路中間体の正味の産生や消費は起こらない。このとき 3 分子の NADH，2 分子の CO_2，1 分子の $FADH_2$，1 分子の GTP が産生される。

パラギン酸となり，この形でミトコンドリア内膜を通過することもできる。この場合は細胞質で AST（＝ GOT）によりオキサロ酢酸に戻される［リンゴ酸 - アスパラギン酸シャトル。PEP カルボキシキナーゼがミトコンドリア内にもある場合（ヒトなど）は，オキサロ酢酸は直接ミトコンドリア内で PEP に変換され，PEP はミトコンドリア内膜を通過できるので，細胞質に移行し，エノラーゼの基質となる］。

14･3 クエン酸回路によって産生されるエネルギー

アセチル CoA として 2 個の炭素原子が回路に入り，回路から 2 分子の CO_2 として出て行く。回路内ではオキサロ酢酸をはじめ中間体に関して正味の消費も産生も起こらない。回路が 1 回回転する度毎に 4 対の電子が伝達される。このうち 3 対は 3 個の NAD^+を還元して 3 個の NADH を生成し，1 対は 1 個の FAD を還元して 1 個の $FADH_2$ を生成する。電子伝達鎖（15 章参照）における 1 分子の NADH の酸化からおよそ 3 分子（近年の説では 2.5 分子）の ATP が産生され，1 分子の $FADH_2$ の酸化から 2 分子（近年の説では 1.5 分子）の ATP が産生される。スクシニル CoA シンテターゼによって産生された GTP(基質レベルのリン酸化) は容易に ATP に変わりうるので，クエン酸回路が一回転すると 12 個（$= 3 \times 3 + 1 \times 2 + 1$）の ATP（近年の説では $3 \times 2.5 + 1 \times 1.5 + 1 = 10$ 個の ATP）が作られることになる。

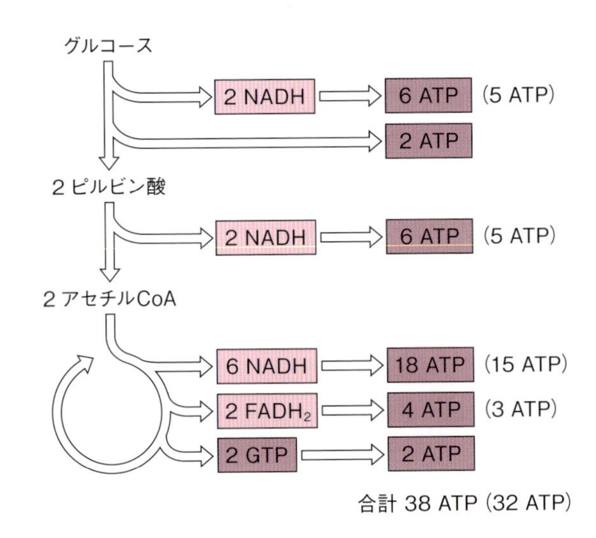

図 14･2 グルコース 1 分子から得られる ATP 量
グルコース 1 分子が解糖系⇨クエン酸回路⇨酸化的リン酸化で好気的に代謝されると 38（32）分子の ATP が産生される。

14･4 クエン酸回路の調節

クエン酸回路は ATP の必要度に見合うように調節されている（細胞のエネルギーレベルが低いときに活性化され，高いときには抑制される）。主な調節点はイソクエン酸デヒドロゲナーゼと 2- オキソグルタル酸（α- ケトグルタル酸）デヒドロゲナーゼである。

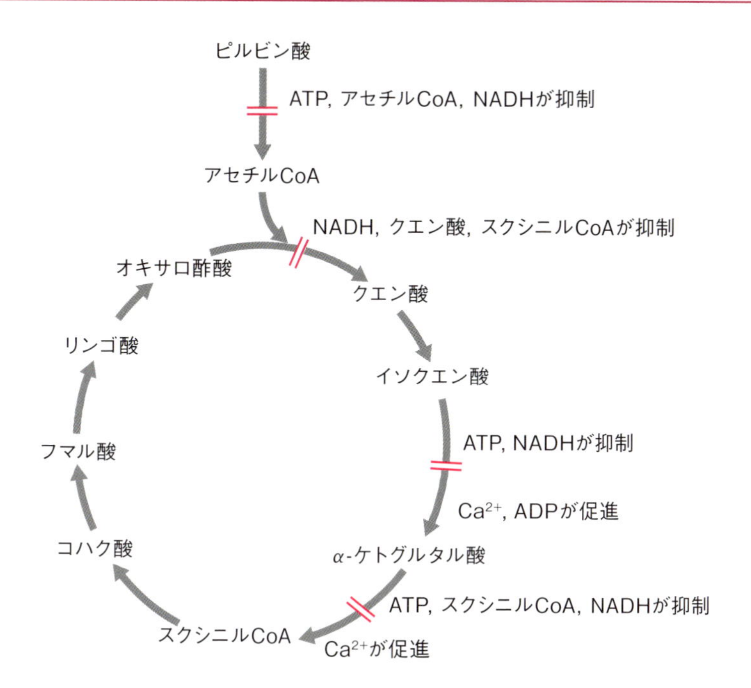

図 14･3　クエン酸回路の調節
クエン酸回路は ATP の必要度に見合うように調節されている。主な調節点はイソクエン酸デヒドロゲナーゼと 2-オキソグルタル酸（α-ケトグルタル酸）デヒドロゲナーゼである。

クエン酸シンターゼ：クエン酸，NADH，スクシニル CoA によって抑制される。

イソクエン酸デヒドロゲナーゼ：ADP と Ca^{2+}により活性化される。ATP と NADH によって抑制される。

α-ケトグルタル酸デヒドロゲナーゼ：Ca^{2+}により活性化される。スクシニル CoA，NADH によって抑制される。

14･5　クエン酸回路中間体を利用する経路

糖新生：ピルビン酸からピルビン酸カルボキシラーゼ /PEP カルボキシキナーゼにより，糖新生が起こる。

脂肪酸およびコレステロール合成：クエン酸が細胞質に移動し，細胞質の ATP-クエン酸リアーゼで分解されてアセチル CoA が生成する。このアセチル CoA から，脂肪酸およびコレステロールが合成される。

アミノ酸合成：アミノ酸生合成の出発材料は α-ケトグルタル酸（2-オキソグルタル酸）か OAA である。

ポルフィリン合成：スクシニル CoA から，ヘム合成の原材料となるポルフィリンが生成する。

14・6　クエン酸回路の補充反応

14・5のように，クエン酸回路の中間体は種々の生体分子の合成材料として利用されるが，中間体が枯渇するとクエン酸回路はうまく回らなくなり，細胞の生存・機能にとって必要なエネルギーが供給されなくなってしまう。このため消費された中間体は直ちに補充される。補充するポイントは，1）グルタミン酸から脱アミノによって生じる *α*-ケトグルタル酸，2）奇数炭素の脂肪酸の代謝やイソロイシン，バリン，メチオニンの代謝で生じるスクシニルCoA，3）アスパラギン酸，チロシン，フェニルアラニンの代謝やプリンヌクレオチドサイクル（18章参照）で生じるフマル酸，5）ピルビン酸からピルビン酸カルボキシラーゼによって，またはアスパラギン酸の脱アミノによって生じるOAAの5点である。このうち最も重要なのはピルビン酸カルボキシラーゼ反応である。クエン酸回路の中間体が乏しくなりクエン酸回路が回らなくなると，基質であるアセチルCoAの濃度が上昇するが，それによりピルビン酸カルボキシラーゼがアロステリックに活性化され，ピルビン酸からOAAの産生が促進される。

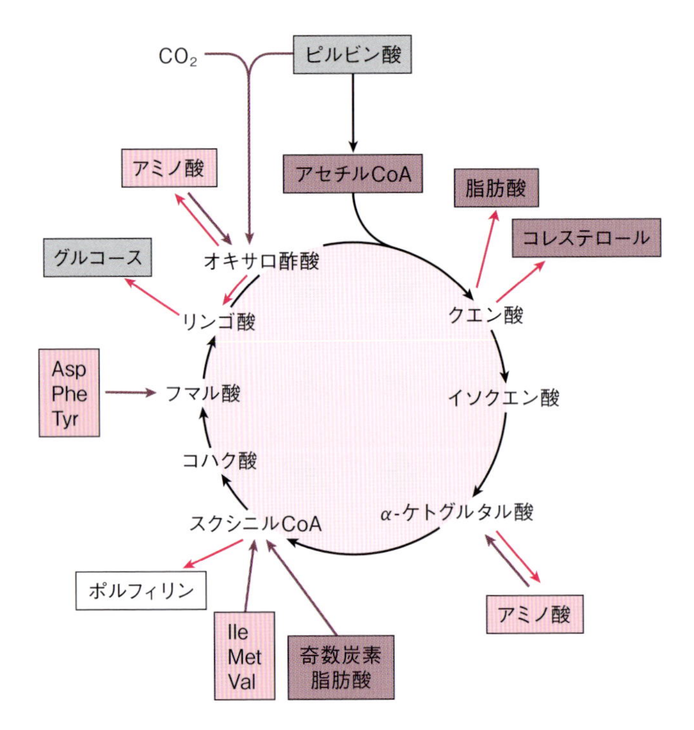

図 14・4　クエン酸回路から生成する生体高分子およびクエン酸回路の補充反応
クエン酸回路の中間体は種々の生体分子の合成材料として利用されるが，中間体が枯渇するとクエン酸回路はうまく回らなくなり，細胞の生存・機能にとって必要なエネルギーが供給されなくなってしまう。このため消費された中間体は直ちに補充される。

理解度確認問題

Aは出生後の沐浴時に突然呼吸が停止し，緊急来院。身長 51.5 cm，体重 4492 g，脈拍 138/min 整。明らかな外表奇形を認めず。胸部に異常は無く，腹部にも肝・脾腫その他の異常は無かった。血液検査で代謝性アシドーシス，高乳酸血症，高ピルビン酸血症，血中ケトン体陰性という結果が得られた。父方祖父母がいとこ婚ということであった。

1. Aの最も疑われる診断名は何か。
2. 治療法について述べよ。

解　答

1. ピルビン酸デヒドロゲナーゼ複合体（PDHC）欠損症。PDHC をコードする遺伝子に変異があり酵素活性が低下するとピルビン酸からアセチル CoA への変換が行われず，高ピルビン酸血症を来す。ピルビン酸は乳酸に還元され高乳酸血症を来たし，代謝性アシドーシスとなる。細胞内アセチル CoA 濃度は低下するので，ケトン体生成は行われず，血中ケトン体陰性となる。多くの場合，神経症状を伴う。常染色体劣性遺伝である。

2. ケト原性の食事はアセチル CoA を供給することになるので，ある程度有益である。チアミンの大量投与も効果がある場合がある。PDHC の変異でチアミンピロリン酸に対する親和性が低下している場合があるからである。またピルビン酸のアナログであるジクロロ酢酸が，PDHC の抑制性制御酵素であるピルビン酸デヒドロゲナーゼキナーゼを阻害することにより PDHC を活性化し，効果がある場合もある。

引用文献

14-1） 石崎泰樹・丸山　敬 監訳（2015）『イラストレイテッド生化学（原書 6 版）』丸善出版.

14-2） Voet, D. *et al.*（田宮信雄ら訳）（2014）『ヴォート基礎生化学（第 4 版）』東京化学同人.

14-3） Berg, J. M. *et al.*（入村達郎ら訳）（2013）『ストライヤー生化学（第 7 版）』東京化学同人.

14-4） Bhagavan, N. V. and Chung-Eun Ha.（2015）“Essentials of Medical Biochemistry, 2nd ed.” Academic Press.

第Ⅲ部 代謝

第Ⅲ部

15章 電子伝達系と酸化的リン酸化

燃料分子（グルコース，アミノ酸，脂肪酸など）は酸化反応によって異化され最終的に CO_2 と H_2O が生じる。このとき酸化型補酵素ニコチンアミドジヌクレオチド (NAD^+) とフラビンアデニンジヌクレオチド (FAD) に電子が伝達されて，還元型補酵素 NADH と $FADH_2$ が産生される。これらの還元型補酵素は，電子伝達鎖（ミトコンドリア内膜に局在）と呼ばれるタンパク質複合体に 1 対の電子を伝達する。電子は電子伝達鎖の複合体間を伝達される間にエネルギーのほとんどを失うが，このエネルギーの一部分を用いて ATP が産生される。この過程を酸化的リン酸化と呼ぶ。

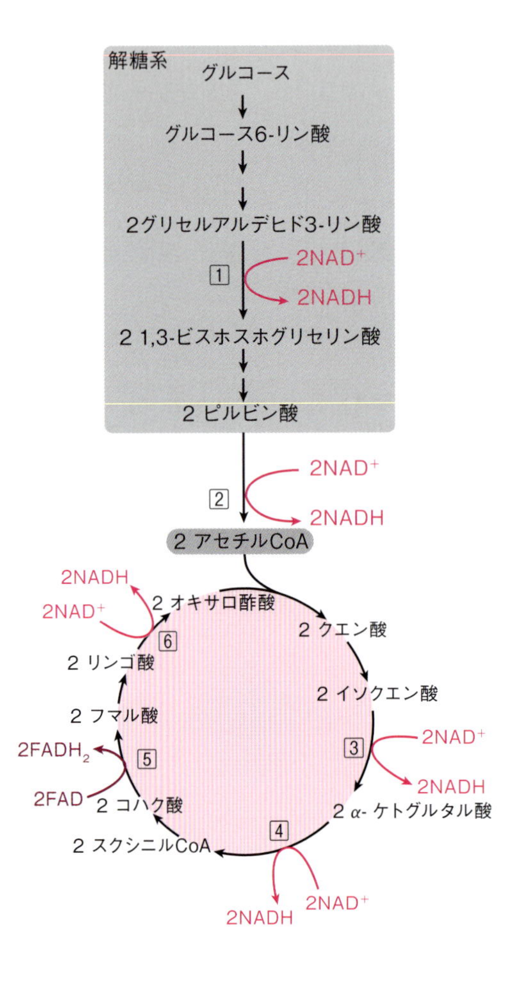

図 15·1 還元型補酵素の産生
グルコース，アミノ酸，脂肪酸などの燃料分子は酸化反応によって代謝され最終的に CO_2 と H_2O が生じる。このとき補酵素ニコチンアミドジヌクレオチド (NAD^+) とフラビンアデニンジヌクレオチド (FAD) に電子が受け渡されて，還元型補酵素 NADH と $FADH_2$ が生じる。
1：グリセルアルデヒド-3-リン酸デヒドロゲナーゼ
2：ピルビン酸デヒドロゲナーゼ
3：イソクエン酸デヒドロゲナーゼ
4：α-ケトグルタル酸デヒドロゲナーゼ
5：コハク酸デヒドロゲナーゼ
6：リンゴ酸デヒドロゲナーゼ

15・1　電子伝達系（電子伝達鎖）

15・1・1　ミトコンドリア

電子伝達鎖はミトコンドリア内膜に存在する。ほとんどのイオンと小分子（分子量10000以下）はミトコンドリア外膜を自由に透過可能であるが（ポリンというタンパク質で構成される孔を介して），ミトコンドリア内膜は，H^+，Na^+，K^+などのイオンやATP，ADP，ピルビン酸や他の代謝産物などの小分子も通過することができない。イオンや分子がミトコンドリア内膜を通過するためには特殊な輸送系が必要となる。

15・1・2　電子伝達鎖の構成

ミトコンドリア内膜には複合体I，II，III，IV，Vと呼ばれる5つのタンパク質複合体が存在する。このうち複合体I～IVは電子伝達鎖を構成し，複合体V（ATPシンターゼ）はATP合成を触媒する。電子伝達鎖には移動可能な電子伝達体である補酵素Qおよびシトクロム*c*も存在する。電子は最終的には酸素およびプロトンと結合して水になる。電子伝達鎖は酸素を必要とすることから，呼吸鎖とも呼ばれる。

15・1・3　電子伝達鎖の反応

補酵素Q以外の電子伝達鎖の構成要素はすべてタンパク質である。

① **NADH生成**：デヒドロゲナーゼ（グリセルアルデヒド3-リン酸デヒドロゲナーゼ，ピルビン酸デヒドロゲナーゼ，イソクエン酸デヒドロゲナーゼ，*α*-ケトグルタル酸デヒドロゲナーゼ，リンゴ酸デヒドロゲナーゼなど）が基質を酸化して2つの水素原子を奪う際にNAD^+は還元されてNADHになる。ヒドリドイオンH^-（2つの電子と1つのプロトン）がNAD^+に渡され，NADHと遊離のプロトンH^+が生じる。

②**複合体I（NADHデヒドロゲナーゼ，NADH-補酵素Qオキシドレダクターゼ）**：遊離のプロトンH^+とNADHのヒドリドイオンH^-は複合体Iに受け渡される。複合体I中にはフラビンモノヌクレオチド（FMN）が存在し，2つの水素原子を受け取り$FMNH_2$になる。複合体Iには電子を補酵素Q（ユビキノン）へ渡すために必要な鉄－硫黄中心も存在している。NADHからの電子2個が複合体Iを移動する間に，4個のプロトンがマトリックスから膜間部（ミトコンドリア外膜とミトコンドリア内膜の間の空間）に汲み出される。

③**補酵素Q**：補酵素Qは長いイソプレノイド鎖をもつキノン誘導体であり，普遍的に（ubiquitously）存在するのでユビキノンとも呼ばれる。哺乳類の補酵素Qのイソプレノイド鎖はイソプレン単位（$CH_2=C(CH_3)CH=CH_2$）10個からなるのでQ_{10}と呼ぶ。補酵素Qは複合体I中の$FMNH_2$からも電子を受け取ることができるし，コハク酸デヒドロゲナーゼ（複合体II），グリセロリン酸シャトル，アシルCoAデヒドロゲナーゼによって産生された$FADH_2$からも電子を受け取ることができる。

④**複合体III（補酵素Q-シトクロム*c*（オキシド）レダクターゼ，シトクロムbc_1）**：複合体IIIは還元型補酵素Qから受け取った電子をシトクロム*c*に受け渡す。複合体IIIは2個

第III部　代謝

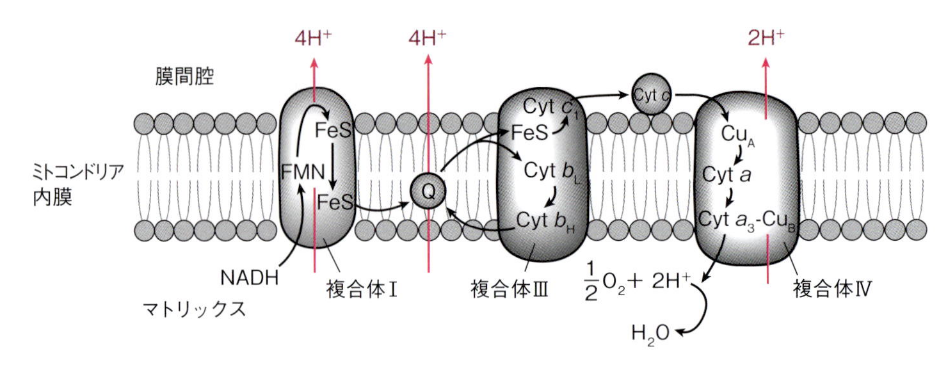

図 15・2　電子伝達鎖
NADH は複合体 I に電子を渡す。複合体 II はこの図に書かれていないが，$FADH_2$ 由来の電子を補酵素 Q に受け渡す。電子の受け渡しが行われている間にプロトン（H^+）がマトリックスから膜間腔へと汲み出されて，プロトン濃度勾配が形成される。

のシトクロム *b*，1 個のシトクロム c_1，1 個の鉄硫黄中心から構成される。補酵素 Q からシトクロム *c* に電子 2 個が受け渡される間に，4 個のプロトンがマトリックスから膜間部に汲み出される。

⑤**シトクロム *c***：表在性膜タンパク質で，ミトコンドリア内膜の外側面で複合体 III と IV の間で電子を運ぶ。近年アポトーシス（プログラム細胞死）の分子機構においても重要な役割を果たしていることが明らかになった。すなわちシトクロム *c* が膜間腔から細胞質に遊離すると，カスパーゼと呼ばれる一群のプロテアーゼカスケードが活性化され，アポトーシスが進行することになる。

⑥**複合体 IV（シトクロム *c* オキシダーゼ）**：複合体 IV はシトクロム *a*，シトクロム a_3 などからなる。この場所で電子，酸素，プロトンが結合して水が産生される。銅原子，Mg^{2+} イオン，Zn^{2+} イオンも含んでいる。電子 2 個がシトクロム *c* から複合体 IV に受け渡される間に，2 個のプロトンがマトリックスから膜間部に汲み出される。

15・2　酸化的リン酸化

15・2・1　化学浸透圧（仮）説

電子伝達鎖での電子の伝達で ATP が合成されるメカニズムは化学浸透圧説で説明される。

①**プロトン濃度勾配**：電子が電子伝達鎖の複合体，補酵素 Q，シトクロム *c* の間を受け渡される間に，プロトン（H^+）がミトコンドリア内膜を超えてマトリックスから膜間腔へと汲み出される。このプロトン輸送により，ミトコンドリア内膜の内外に電気化学勾配（膜の内側より外側が陽性に荷電）と pH 勾配（膜の内側の方が外側より pH が高くなる）が生じる。このプロトン濃度勾配によって生じるエネルギーによって ATP が合成される。このように，プロトン濃度勾配は酸化（電子伝達）と（ADP の）リン酸化（ATP 合成）を共役させる中間体の役割を果たす。

② **ATP 合成酵素（ATP シンターゼ，プロトンポンプ ATP シンターゼ，F_oF_1-ATP アーゼ）**：

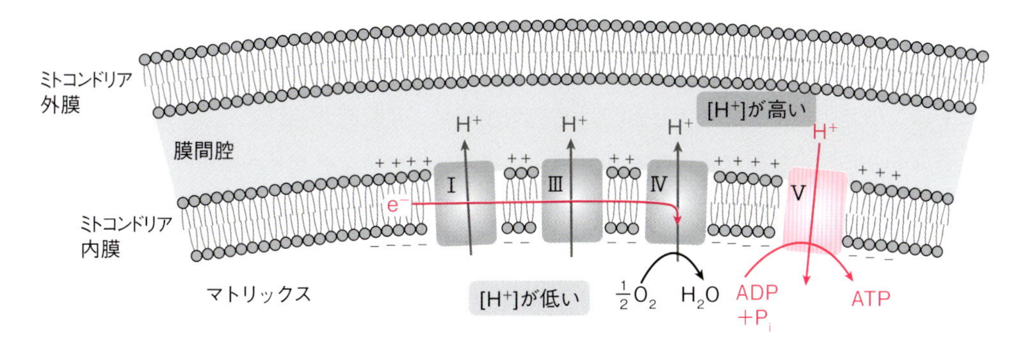

図 15・3　酸化的リン酸化
NADH，$FADH_2$ 由来の電子が電子伝達鎖を受け渡されている間にプロトン（H^+）がマトリックスから膜間腔へと汲み出されて，プロトン濃度勾配が形成される。この濃度勾配に従ってプロトンが複合体 V（ATP 合成酵素）を通ってマトリックスに戻るときに ATP が合成される。

ATP シンターゼ（複合体 V）は電子伝達鎖によって生じたプロトン濃度勾配のエネルギーを使って ATP を合成する。ミトコンドリア膜間腔に汲み出されたプロトンは，ATP 合成酵素のチャネルを通してマトリックス内に戻り，その際に ADP + P_i から ATP が合成されるとともに pH 勾配・電気化学的勾配が減少する。

15・2・2　酸化的リン酸化と電子伝達の脱共役

①**脱共役タンパク質（UCP）**：UCP はヒトを含む哺乳類のミトコンドリア内膜に存在する。UCP があると，エネルギーが ATP として獲得されることなくプロトンがマトリックスに再流入し，エネルギーは熱として放出される。UCP1（サーモゲニン）は，哺乳類の褐色脂肪細胞における熱産生に関わっている。

②**合成脱共役薬**：ミトコンドリア内膜のプロトン透過性を増大させる化合物は電子伝達とリン酸化を脱共役する。2,4- ジニトロフェノール（脂肪親和性のプロトン担体）はミトコンドリア内膜を容易に通過するので，電子伝達はプロトン勾配を作ることなく速い速度で進行し，電子伝達によって生じたエネルギーは ATP 合成に用いられることなく熱として放出される。

15・3　酸化的リン酸化の遺伝的欠損

酸化的リン酸化に必要な約 100 個のポリペプチドのうち，大部分は核 DNA によってコードされ細胞質で合成された後ミトコンドリアに運び込まれるが，13 個はミトコンドリア DNA（mtDNA）によってコードされており，酸化的リン酸化の遺伝的欠損は mtDNA の変異の結果であることが多い。mtDNA は核 DNA よりも変異率が高いからである。酸化的リン酸化の遺伝的欠損の影響を大きく受けるのはエネルギー依存度が高い組織（脳，骨格筋，心筋，肝臓，腎臓など）である。mtDNA の変異により，ミトコンドリア脳筋症［CPEO，MELAS，MERRF（福原病）など］が引き起こされる。

15・4　膜輸送系

ミトコンドリア内膜を通過できるのは脂肪親和性かつ非荷電の物質であり，ほとんどの荷電物質ないし親水性物質は通過することができない。ミトコンドリア内膜には数多くの輸送タンパク質が局在し，それによって特定の分子が膜間腔（したがって細胞質）からマトリックスへと（または逆にマトリックスから細胞質へと）移動することが可能になっている。

① ATP，ADP，P_i の輸送：ATP はミトコンドリアマトリックスで産生されるが，利用されるのはほとんど細胞質であり，そこで ADP + P_i に変換される。すなわち ATP はマトリックスから細胞質へ移動しなければならないし，ADP と P_i は細胞質からマトリックスに移動しなければならない。ATP-ADP 輸送体は 1 分子の ADP を膜間腔（細胞質）からマトリックスに輸送すると同時に，1 分子の ATP をマトリックスから膜間腔（細胞質）へと輸送する。P_i は，P_i–H^+ 共輸送系により膜間腔（細胞質）からマトリックスに輸送される。

②ピルビン酸，ホスホエノールピルビン酸（PEP），リンゴ酸，アスパラギン酸の輸送：好気的解糖によって生じたピルビン酸は，ミトコンドリア内膜に存在する輸送タンパク質を介してミトコンドリアマトリックス内に移動し，ピルビン酸デヒドロゲナーゼ複合体によりアセチル CoA に変換されるか，ピルビン酸カルボキシラーゼによってオキサロ酢酸に変換される。ミトコンドリアマトリックス内に PEP カルボキシキナーゼが存在する場合には，オキサロ酢酸はミトコンドリアマトリックス内で PEP に変換され，ミトコンドリア内膜に存在する輸送タンパク質を介して細胞質へと移動し，糖新生の材料となる。細胞質に PEP カルボキシキナーゼが存在する場合は，オキサロ酢酸はミトコンドリア内膜を通過しなければならないが，ミトコンドリア内膜には輸送タンパク質をもたない。そこでリンゴ酸かアスパラギン酸に変換されてミトコンドリア内膜を通過する（リンゴ酸 - アスパラギン酸シャトル）。

③還元当量の輸送：好気的解糖で生じた NADH から ATP を産生するためには，NADH がミトコンドリアマトリックスに入らなければならないが，ミトコンドリア内膜は NADH 輸送タンパク質をもたないため，NADH はミトコンドリア内膜を通過することができない。しかしながら NADH の 2 つの電子（還元当量）はシャトル機構を用いて細胞質からミトコンドリアに輸送される。リンゴ酸 - アスパラギン酸シャトルでは，マトリックスで NADH が産生されるので，この NADH から電子は複合体 I に受け渡され，細胞質の NADH 1 分子が酸化されるたびに 3 (2.5) 個の ATP が合成される。グリセロリン酸シャトルでは，2 個の電子は NADH からミトコンドリア内膜に存在するフラボプロテインデヒドロゲナーゼに受け渡される。次にこの酵素は電子を電子伝達鎖の補酵素 Q に受け渡す。グリセロリン酸シャトルでは細胞質の NADH が 1 個酸化されるたびに 2 (1.5) 個の ATP が合成される。

④アセチル CoA の輸送：ミトコンドリアマトリックスで産生されたアセチル CoA は脂肪酸，コレステロール合成の原材料であるが，脂肪酸，コレステロール合成の場は細胞質であ

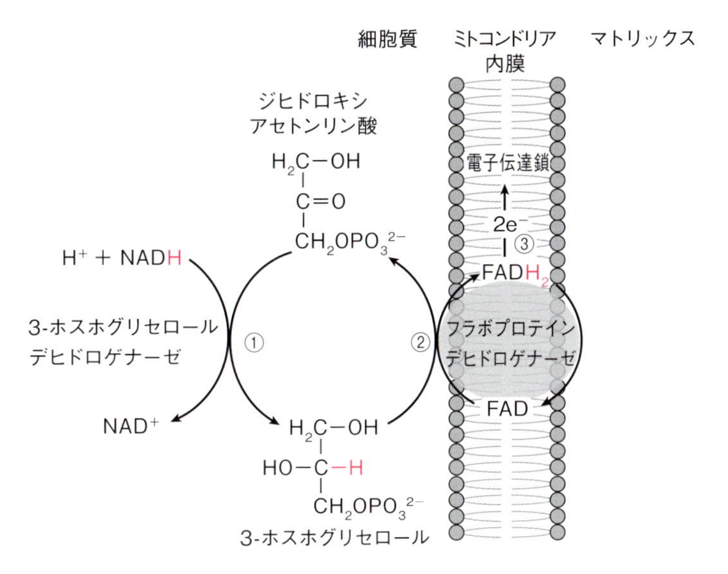

図 15・4　グリセロリン酸シャトル
NADH は電子をジヒドロキシアセトンリン酸に受け渡し①，3- ホスホグリセロールが産生される。3- ホスホグリセロールはミトコンドリア内膜に存在するフラボプロテインデヒドロゲナーゼに電子を受け渡す②。この酵素は補酵素 Q に電子を受け渡す③。（文献 15-2 より改変）

るため，ミトコンドリア内膜を通過しなければならない。ところがミトコンドリア内膜にはアセチル CoA の輸送タンパク質が無いため，このままの形ではミトコンドリア内膜を通過できない。そこでアセチル CoA はクエン酸回路のクエン酸シンターゼによりクエン酸に変換され，トリカルボン酸輸送系を介してミトコンドリア内膜を通過し，細胞質に移動する。クエン酸は細胞質で ATP- クエン酸リアーゼによりアセチル CoA に戻され，脂肪酸，コレステロール合成に用いられる（19 章参照）。

⑤脂肪酸の輸送：脂肪酸は細胞質でアシル CoA シンテターゼによりアシル CoA に変換されてから酸化されるが，酸化されるのはミトコンドリアマトリックスなので，アシル CoA はミトコンドリア内膜を通過しなければならない。アシル CoA はミトコンドリア内膜に輸送タンパク質をもたないので，アシル CoA のアシル基がカルニチンを介してミトコンドリアマトリックス内に輸送される。すなわち細胞質でアシル CoA はカルニチンにアシル基を受け渡し（カルニチンパルミトイルトランスフェラーゼ I が触媒），アシルカルニチンが生成する。アシルカルニチンはミトコンドリア内膜に存在するカルニチン輸送タンパク質を介してミトコンドリアマトリックス内に輸送され，そこでアシル基が CoA 分子に渡されて（カルニチンパルミトイルトランスフェラーゼ II が触媒），アシル CoA となり，β 酸化により分解される。生じたカルニチンはカルニチン輸送タンパク質を介して細胞質に戻される（19 章参照）。

⑥アミノ酸の輸送：アミノ酸の異化もミトコンドリアマトリックス内で起こるが，細胞質からマトリックスへの輸送はやはりいくつかのアミノ酸輸送体を介して行われる。

応用問題

Aは7歳の男児で痙攣を主訴として来院。これまではとくに問題は無かった。来院時激しい頭痛を訴え，嘔吐を繰り返している。頭部MRIの拡散強調画像で右側頭葉に梗塞を疑わせる病変が見つかった。血液検査から高乳酸血症，乳酸／ピルビン酸比（L/P比）の上昇が認められた。筋生検の結果，赤色ぼろ線維が認められた。

1. Aの最も疑われる診断名は何か。
2. この疾患の根本的な治療法としてどんなものが考えられるか。

解　答

1. MELAS（ミトコンドリア脳筋症・乳酸アシドーシス・脳卒中様発作症候群，Mitochondrial myopathy，Encephalopathy，Lactic Acidosis，Stroke-like episodes）。MELASは反復する脳卒中様発作を特徴とするミトコンドリア病の1つである。典型的には2～10歳で発症する。最も一般的な初発症状は痙攣，反復する頭痛・嘔吐，食欲不振などである。低身長も認められる。脳卒中様発作を繰り返すうちに，運動機能，視力，認知機能が次第に低下してくる。ミトコンドリアDNAの点変異によって引き起こされる。

2. ミトコンドリアDNAに変異のある女性の卵子を体外で受精させ，その受精卵から核を摘出する。この核を，変異の無いミトコンドリアDNAをもつ女性から採取した卵子を脱核し，その卵子に移植する方法。倫理上の懸念からすぐに実用化されるかどうかは問題だが，近い将来実用化される可能性がある。

引用文献

15-1）石崎泰樹・丸山　敬 監訳（2015）『イラストレイテッド生化学（原書6版）』丸善出版.

15-2）Voet, D. *et al.*（田宮信雄ら訳）（2014）『ヴォート基礎生化学（第4版）』東京化学同人.

15-3）Berg, J. M. *et al.*（入村達郎ら訳）（2013）『ストライヤー生化学（第7版）』東京化学同人.

15-4）Kasper, D. L. *et al.*（2015）“Harrison’s Principles of Internal Medicine, 19th ed.” McGraw Hill Education.

16章 アミノ酸代謝

アミノ酸には糖質のグリコーゲン，脂質の中性脂肪に相当する貯蔵専門の形は無い。必要なアミノ酸は食物から得るか，新たに合成するか，体（主として骨格筋）を構成しているタンパク質の分解から得るしかない。余分なアミノ酸は素早く分解される。アミノ酸はまずその α- アミノ基を除去され（アミノ基転移と酸化的脱アミノによる），α- ケト酸（アミノ酸の“炭素骨格”）とアンモニアが生じる。生じたアンモニアの一部は尿中に排泄されるが，ほとんどのアンモニアは尿素の合成に使われる（尿素サイクル）。α- ケト酸の炭素骨格は代謝経路の中間体に変換され，グルコース，脂肪酸，ケトン体に代謝されるか，二酸化炭素，水まで分解されてエネルギーを供給する。

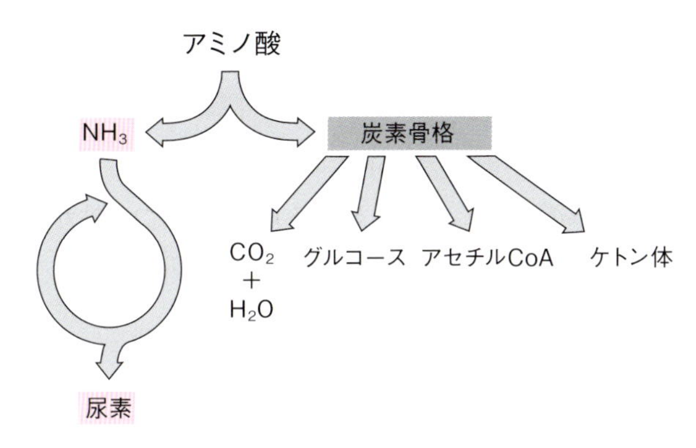

図 16·1 アミノ酸代謝の概要
アミノ酸はまずその α- アミノ基を除去され，α- ケト酸（アミノ酸の“炭素骨格”）とアンモニアが生じる。ほとんどのアンモニアは尿素の合成に使われる。α- ケト酸の炭素骨格は代謝経路の中間体に変換され，グルコース，アセチル CoA，ケトン体に代謝されるか，二酸化炭素，水まで分解されてエネルギーを供給する。（文献 16-2 より改変）

16·1 食物中のタンパク質の消化

タンパク質が体に吸収されるためには，それを構成するアミノ酸にまで加水分解されなければならない（経口感染することが知られているプリオンや食物アレルゲンなど，大きなペプチドも吸収される場合がある）。

16·1·1 胃液によるタンパク質消化

タンパク質の消化は胃で始まる。胃液には塩酸とペプシノーゲンが含まれており，壁細胞から分泌される塩酸はタンパク質を変性させ，プロテアーゼによる加水分解を容易にするとともに細菌を殺す役割も担っている（例えば無酸症はサルモネラ感染の危険因子である）。

壁細胞は下部回腸でのビタミン B_{12} の吸収を促進する内因子も分泌する（9･3･1 項参照）。主細胞から分泌されるペプシノーゲンは不活性の前駆体であり，限定分解を受けて活性型のペプシンとなる。ペプシノーゲンからペプシンへの活性化（限定分解）は酸性環境下での自己消化による。ペプシンの至適 pH は 2 前後で，アミノ酸残基に対する特異性は低いが，フェニルアラニン，チロシン，ロイシン，メチオニンなどの疎水性アミノ酸部位をよく切断し，タンパク質は大きなポリペプチドに分解される。主細胞はミルクの構成タンパク質であるカゼインをペプシンに消化されやすい形にするキモシン（レンニン）も分泌する。迷走神経（副交感神経系），消化管内分泌細胞の G 細胞から分泌されるガストリン，腸管クロム親和性様細胞（ECL 細胞）から分泌されるヒスタミンは胃液分泌を促進する。これに対して，胃抑制ペプチド（GIP），ソマトスタチン，プロスタグランジンは胃液分泌を抑制する。

16･1･2　膵液によるポリペプチド消化

膵臓からはトリプシノーゲン，キモトリプシノーゲン，プロエラスターゼ，プロカルボキシペプチダーゼ A，プロカルボキシペプチダーゼ B などのプロテアーゼ前駆体（チモーゲン）が十二指腸内腔に分泌される。膵液には重炭酸イオンも含まれ，強酸性の胃液を中和する（膵液の pH は 7.5 ～ 8.0）。トリプシノーゲンは十二指腸粘膜に存在するエンテロペプチダーゼあるいはトリプシンにより活性化（限定分解）され，トリプシンとなる。キモトリプシノーゲンはトリプシンによって活性化される。トリプシンはアルギニンやリシン残基の C 末端側のペプチド結合を切断する。キモトリプシンはトリプトファン，チロシン，フェニルアラニン，メチオニン，ロイシン残基の C（カルボキシ）末端側のペプチド結合を，エラスターゼはアラニン，グリシン，セリン残基の C 末端側のペプチド結合を切断する。カルボキシペプチダーゼ A は C 末端のアラニン，イソロイシン，ロイシン，バリンなどを順次遊離させ，カルボキシペプチダーゼ B は C 末端のアルギニン，リシンを順次遊離させる。これらの酵素の至適 pH は 8 ～ 9 と弱塩基性である。食物中の脂肪や脂肪酸の刺激により十二指腸粘膜から分泌されるコレシストキニン（コレシストキニン／パンクレオザイミン，CCK/PZ）は膵酵素分泌を促進し，胃酸の刺激により十二指腸粘膜から分泌されるセクレチンは膵臓からの重炭酸イオン分泌を促進し胃酸分泌を抑制する。胃で産生されたポリペプチドはオリゴペプチドにまで分解される。

16･1･3　小腸酵素によるオリゴペプチド消化

小腸粘膜に存在するエキソペプチダーゼが，オリゴペプチドをさらに小さなペプチドにまで分解する。また小腸粘膜に存在するアミノペプチダーゼが，オリゴペプチドの N 末端から順次アミノ酸を遊離させる。

16･1･4　アミノ酸，ジペプチド，トリペプチドの吸収

遊離したアミノ酸は小腸上皮細胞に能動輸送系によって取り込まれる。ジペプチドとトリペプチドも能動輸送系によって小腸上皮細胞に取り込まれ，細胞質に存在するジペプチダーゼ，トリペプチダーゼによってアミノ酸に分解される。アミノ酸の細胞外から細胞内への輸

送系は少なくとも7つの能動輸送系が知られており，これらは小腸上皮細胞のみならず腎臓の近位尿細管細胞にも発現し，アミノ酸の再吸収を行っている（あるアミノ酸輸送系の欠損によりシスチン尿症という遺伝性疾患が起こる）。小腸上皮細胞内のアミノ酸は門脈系に放出され，肝臓によって取り込まれて代謝されるか，肝臓から一般循環血中に放出され末梢で代謝される（分枝アミノ酸は肝臓で代謝されず骨格筋の良いエネルギー源となる）。細胞質からアミノ酸の異化が行われるミトコンドリアマトリックスへの移動にはミトコンドリア内膜に存在する輸送系が関わっているが，これらは能動輸送系ではなく促進輸送系（溶質キャリアタンパク質ファミリー）であると考えられている。

16·2　細胞内のタンパク質分解

タンパク質の寿命は数分から数週間以上まで様々であるが，合成される一方で常に分解されている。これは（1）需要に応じてエネルギー源としてのアミノ酸を動員したり，タンパク質の形で保存したりする，(2) 異常なタンパク質，不要なタンパク質の蓄積を予防する，(3) 酵素や調節タンパク質を分解して細胞内代謝を調節する，などの意味をもっている。細胞内のタンパク質分解機構には次の2つがある。

16·2·1　ユビキチン−プロテアソーム機構

この系で分解されるタンパク質は主として細胞内で合成されたものであり，ユビキチンが共有結合したタンパク質はプロテアソームで分解されるように運命決定される。ユビキチンは分子量8600の球状タンパク質で，標的タンパク質のリシン残基のε-アミノ基にユビキチンのC末端のカルボキシ基が結合すると，このユビキチン中のリシン残基のε-アミノ基に別のユビキチンのC末端のカルボキシ基が結合し，このようにして次々に標的タンパク質のリシン残基にユビキチンが直列に結合していき，ポリユビキチン鎖が形成される。この反応は（1）まずユビキチン活性化酵素（E1）がATP依存性にユビキチンのC末端カルボキシ基にチオエステル結合で結合し，(2) 次にE1に結合したユビキチンがユビキチン結合酵素(E2)というタンパク質の特定のSH基に転移し，(3)最後にユビキチン-プロテインリガーゼ（E3）がユビキチンを標的タンパク質のリシン残基のε-アミノ基に転移させてイソペプチド結合を作る，という3段階で進む。ポリユビキチン鎖が結合した（ユビキチン化）タンパク質は，細胞質に存在するプロテアソームと呼ばれる巨大な多タンパク質複合体によって認識され，ATP依存性に高次構造をほどかれて，小さな断片に分解され，さらに非特異的なプロテアーゼによりアミノ酸まで分解される。このときユビキチンは分解されずに再利用される。細胞内タンパク質の寿命は種類によって様々であるが，寿命を決めているのはそのアミノ酸配列である。1つはN末端のアミノ酸残基であり，N末端がアスパラギン酸，アルギニン，ロイシン，リシン，フェニルアラニンなどのタンパク質は半減期が2～3分であるのに対して，N末端がアラニン，グリシン，メチオニン，セリン，トレオニン，バリンなどのタンパク質の半減期は20時間以上である。さらにプロリン（P），グルタミン酸（E），セ

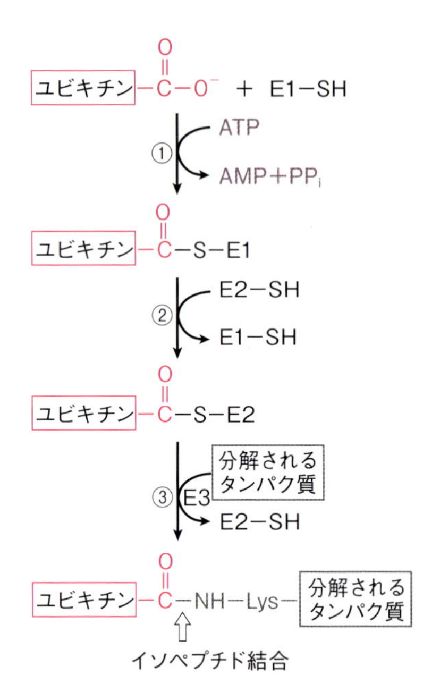

図 16･2　分解されるタンパク質へのユビキチン付加
タンパク質へのユビキチン付加は，ユビキチン活性化酵素（E1）が ATP 依存性にユビキチンの C 末端カルボキシ基にチオエステル結合で結合し①，次に E1 に結合したユビキチンがユビキチン結合酵素（E2）の特定の SH 基に転移し②，最後にユビキチン - プロテインリガーゼ（E3）がユビキチンを標的タンパク質のリシン残基の ε- アミノ基に転移させてイソペプチド結合を作る③，という 3 段階で進む。

リン（S），トレオニン（T）に富む配列（PEST 配列と呼ぶ）をもつタンパク質は迅速に分解され，その半減期は短い。

16･2･2　リソソーム

リソソームにはカテプシンと呼ばれる一群のプロテアーゼが存在し，その至適 pH は 5 近辺である（酸性プロテアーゼ）。リソソームは，細胞がエンドサイトーシスで取り込んだ外来のタンパク質や細胞表面タンパク質を分解する。またリソソームは，オートファジーと呼ばれる経路により送り込まれた細胞内タンパク質も分解する。オートファジーでは不要・有害となった細胞小器官や細胞質の一部を脂質二重膜が取り囲み，オートファゴソームと呼ばれる小胞が形成され，これがリソソームと融合し，オートファゴソーム中のタンパク質が分解される。オートファジーは細胞が飢餓状態にあるときや，発生期に細胞の大幅なリモデリングが起こるときに増加する。オートファジーによって分解されて生じたアミノ酸はタンパク質合成に再利用される。

16･3　アミノ酸からの窒素除去

アミノ酸は α- アミノ基があるために酸化的分解を免れており，α- アミノ基を除去するによってアミノ酸からエネルギーを取り出すことができるようになる。除去された α- アミノ基の窒素は他の化合物に取り込まれるか，肝臓において尿素に変換されて血液を介して腎臓から尿中に排泄され，残った炭素骨格は代謝される。

16･3･1　アミノ基転移（アミノトランスフェラーゼによってアミノ基をグルタミン酸に集める）

ほとんどのアミノ酸異化では，まず α- アミノ基が α- ケトグルタル酸に転移され，α- ケト酸（もとのアミノ酸由来）とグルタミン酸が生成する。この反応を触媒するのはアミノトランスフェラーゼ（トランスアミナーゼ）と呼ばれる酵素ファミリーで，多くの細胞の細胞質とミトコンドリアに存在し，補酵素としてピリドキサールリン酸（ビタミンB_6誘導体）を必要とする。アミノトランスフェラーゼが触媒する反応の平衡定数は1に近く，基質濃度・反応物濃度次第でどちらの方向にも（アミノ酸からアミノ基を奪う方向にも，α-ケト酸にアミノ基を付加してアミノ酸を生成する方向にも）進みうる。グルタミン酸は酸化的脱アミノを受けるか，非必須アミノ酸の合成においてアミノ基供与体として使われる。リシンとトレオニンを除くすべてのアミノ酸は，異化の過程でアミノ転移の反応を経る（これら2つのアミノ酸は脱アミノによりα-アミノ基を失う）。

アラニンアミノトランスフェラーゼ（ALT＝グルタミン酸-ピルビン酸トランスアミナーゼ GPT）：アラニンから窒素をグルタミン酸へと収集する。ALTは肝臓に多く存在し，他の臓器には少ない。したがって血清ALT値が上昇している場合は，肝細胞傷害が疑われる。

アスパラギン酸アミノトランスフェラーゼ（AST＝グルタミン酸-オキサロ酢酸トランスアミナーゼ GOT）：ASTはグルタミン酸からアミノ基をオキサロ酢酸に転移し，アスパラギン酸を生成する。アスパラギン酸は尿素回路で窒素の供給源となる。心筋梗塞では血清ALT値は正常範囲であるが，ASTは上昇する。

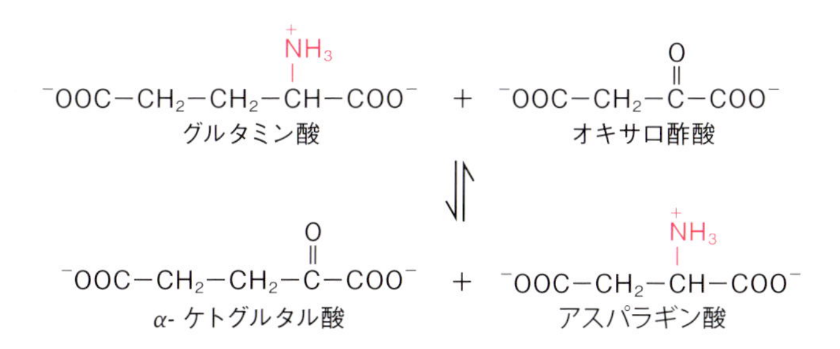

図16･3　アスパラギン酸アミノトランスフェラーゼ
アスパラギン酸アミノトランスフェラーゼは，グルタミン酸からアミノ基をオキサロ酢酸に転移し，アスパラギン酸を生成する。

16･3･2　グルタミン酸デヒドロゲナーゼ（アミノ酸の酸化的脱アミノ）

グルタミン酸デヒドロゲナーゼによる酸化的脱アミノによって，α-ケトグルタル酸と遊離のアンモニアが生じる。これらの反応は主として肝臓と腎臓で起こる。α-ケトグルタル酸はエネルギー代謝の中心経路に入り，アンモニアは尿素合成の窒素の供給源となる。ほとんどのアミノ酸のアミノ基はα-ケトグルタル酸とのアミノ基転移によりグルタミン酸に集められるので，アミノ基転移とグルタミン酸の酸化的脱アミノにより，ほとんどのアミノ酸のアミノ基がアンモニアになる。

①**補酵素**：グルタミン酸デヒドロゲナーゼは，補酵素としてNAD^+も$NADP^+$も利用しうる。NAD^+は主として酸化的脱アミノの際に用いられ，$NADP^+$は主として還元的アミノ化（グルタミン酸合成）の際に用いられる。

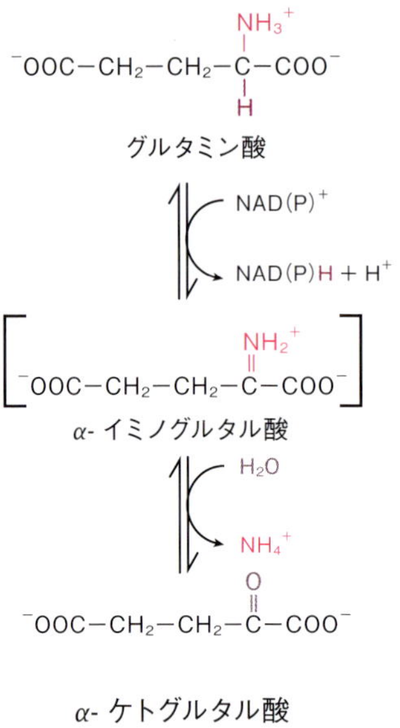

$^{-}OOC-CH_2-CH_2-C(H)(NH_3^+)-COO^-$

グルタミン酸

$NAD(P)^+$ → $NAD(P)H + H^+$

$[\,^{-}OOC-CH_2-CH_2-C(=NH_2^+)-COO^-\,]$

α-イミノグルタル酸

H_2O → NH_4^+

$^{-}OOC-CH_2-CH_2-C(=O)-COO^-$

α-ケトグルタル酸

図 16·4　グルタミン酸デヒドロゲナーゼ
グルタミン酸デヒドロゲナーゼはグルタミン酸を酸化的脱アミノし，α-ケトグルタル酸に変換する。このときアンモニア（NH_4^+）が生じる。

②**反応の方向**：酵素反応がどちら向きに進むかは，基質・反応物の濃度比と補酵素の酸化型・還元型の比によって決まる。タンパク質を含む食事の後では，肝臓のグルタミン酸濃度は上昇し，反応はグルタミン酸を分解しアンモニアを生成する方向に進む。

③**アロステリック調節因子**：ATP と GTP は本酵素をアロステリックに阻害し，ADP と GDP はアロステリックに活性化する。したがって細胞内エネルギーレベルが低いときは本酵素による酸化的脱アミノが進み，生じた α-ケトグルタル酸からのエネルギー産生が促進される。

16·3·3　アンモニアの肝臓への輸送

末梢組織で生じたアンモニアを肝臓へ運んで尿素にするための輸送機構が 2 つある。

①**グルタミン**：グルタミンシンテターゼにより ATP 依存性にアンモニアとグルタミン酸を結合させグルタミンを生成する。グルタミンは血中を肝臓まで輸送され，肝臓でグルタミナーゼによりグルタミン酸と遊離のアンモニアに分解される。

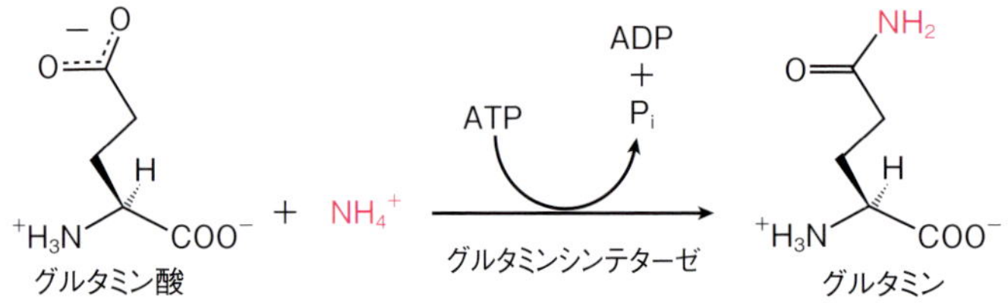

グルタミン酸 + NH_4^+ —(グルタミンシンテターゼ; ATP → ADP + P_i)→ グルタミン

図 16·5　グルタミンシンテターゼ
グルタミン酸はグルタミンシンテターゼによりグルタミンに変換される。グルタミンはアンモニアの血中輸送形の 1 つと考えることができる。

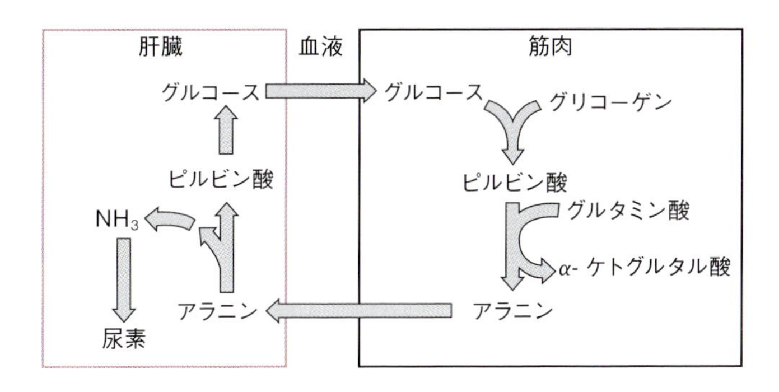

図 16・6　グルコース–アラニン回路
筋肉ではアラニンアミノトランスフェラーゼによりグルタミン酸からピルビン酸にアミノ基を転移し，アラニンを生成する。アラニンは血中を肝臓まで輸送されて，肝臓で再びアミノ基転移によりピルビン酸に変換される。肝臓では糖新生の経路によりピルビン酸はグルコースに変換され，グルコースは血中に入り筋肉によって利用される。

②グルコース – アラニン回路：筋肉では ALT によりグルタミン酸からピルビン酸にアミノ基を転移しアラニンを生成する。アラニンは血液を介し肝臓まで輸送され，肝臓で ALT によるアミノ転移によりピルビン酸に戻される。肝臓では糖新生によりピルビン酸はグルコースに変換され，グルコースは血中に放出され筋肉によって利用される。この経路をグルコース – アラニン回路と呼ぶ。

16・4　尿素回路

アミノ酸由来のアミノ基は主として尿素として排泄される。尿素分子の2つの窒素のうち1つは遊離アンモニア由来であり，もう1つはアスパラギン酸由来である。グルタミン酸は遊離アンモニアの窒素（グルタミン酸デヒドロゲナーゼによる酸化的脱アミノにより）とアスパラギン酸の窒素（AST によるオキサロ酢酸へのアミノ転移により）の共通の供給源である。尿素の炭素と酸素は二酸化炭素由来である。尿素は肝臓によって産生され，血液を介して腎臓まで輸送され，尿中に排泄される。

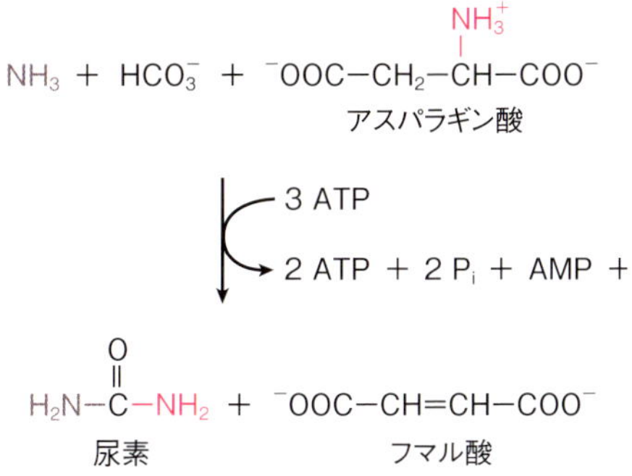

$$NH_3 + HCO_3^- + {}^-OOC{-}CH_2{-}\overset{\displaystyle NH_3^+}{\overset{|}{C}H}{-}COO^-$$

アスパラギン酸

$\downarrow$ 3 ATP → 2 ATP ＋ 2 P_i ＋ AMP ＋

$$H_2N{-}\overset{\displaystyle O}{\overset{\|}{C}}{-}NH_2 + {}^-OOC{-}CH{=}CH{-}COO^-$$

尿素　　フマル酸

図 16・7　尿素回路の概要
アンモニアと重炭酸イオン（二酸化炭素由来）とアスパラギン酸から ATP 依存的に尿素とフマル酸が産生される。

16･4･1　尿素回路の反応

尿素回路の最初の2つの反応はミトコンドリアで起こり，残りの反応は細胞質で起こる。

①カルバモイルリン酸シンテターゼ（CPS）I：CPS I により，二酸化炭素1分子，アンモニア1分子，ATP 2分子からカルバモイルリン酸が生成する。（CPS II はピリミジン生合成に関与し細胞質に存在する。18章参照）

②オルニチンカルバモイルトランスフェラーゼ：オルニチンカルバモイルトランスフェ

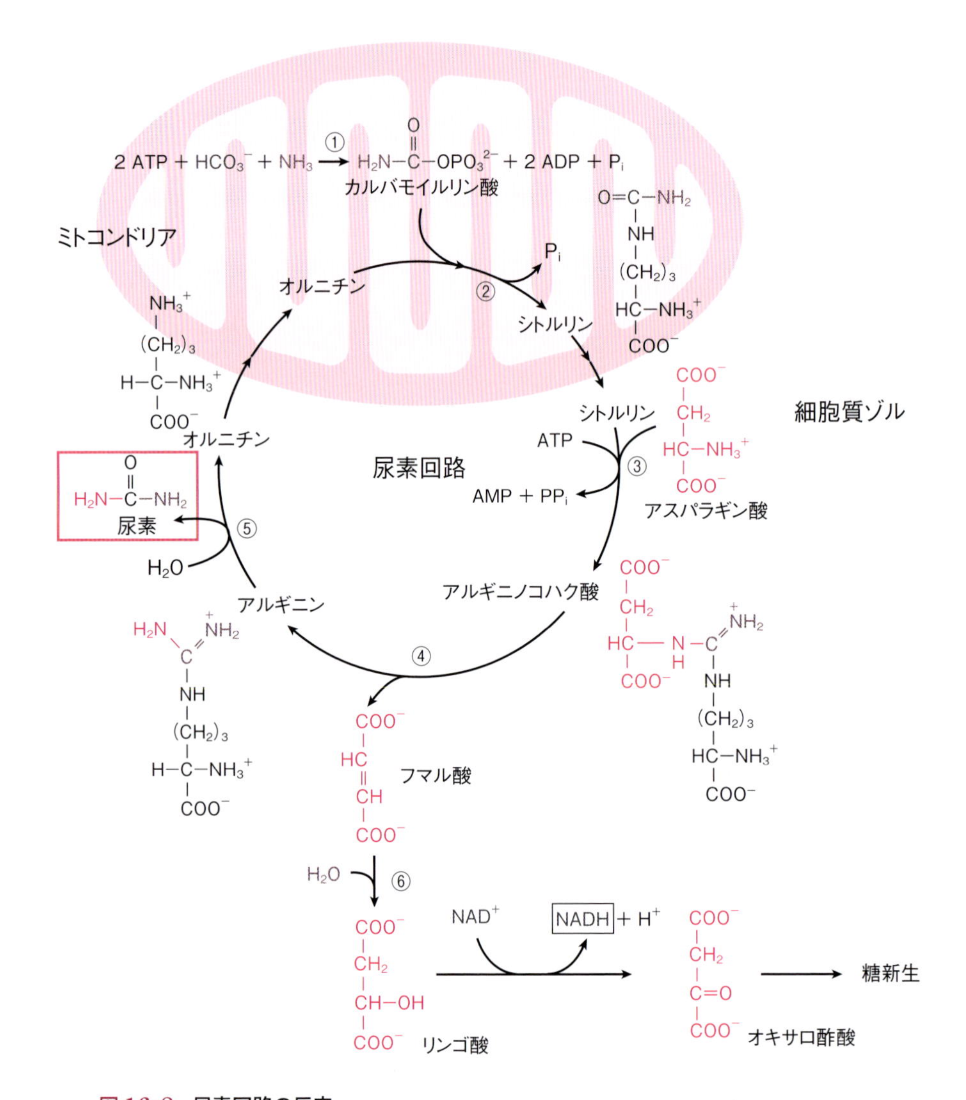

図 16･8　尿素回路の反応

ミトコンドリアで ATP と重炭酸イオンとアンモニアからカルバモイルリン酸が産生され①，これとオルニチンからシトルリンが産生される②。シトルリンは細胞質に輸送されアスパラギン酸と縮合してアルギニノコハク酸になる③。アルギニノコハク酸はアルギニンとフマル酸に分解され④，アルギニンは分解されて尿素とオルニチンになり⑤，オルニチンはミトコンドリア内に輸送される。フマル酸は水和されてリンゴ酸になる⑥。（文献 16-2 より改変）

ラーゼにより，カルバモイルリン酸とオルニチンからシトルリンが生成する。シトルリンは細胞質に輸送される。

③**アルギニノコハク酸シンテターゼ**：アルギニノコハク酸シンテターゼにより，シトルリンはアスパラギン酸と縮合してアルギニノコハク酸になる。アスパラギン酸の α- アミノ基が第二の窒素を供給する。アルギニノコハク酸の生成は ATP が AMP とピロリン酸（PP_i）へ分解されることにより駆動される。

④**アルギニノコハク酸リアーゼ**：アルギニノコハク酸リアーゼにより，アルギニノコハク酸は分解されてアルギニンとフマル酸になる。フマル酸は水和されてリンゴ酸となり，いくつかの代謝経路とつながる。例えばリンゴ酸はリンゴ酸シャトルでミトコンドリアに運ばれてクエン酸回路に入る。また細胞質のリンゴ酸はオキサロ酢酸に酸化され，アスパラギン酸やグルコースに変換される（糖新生）。

⑤**アルギナーゼ**:アルギナーゼにより，アルギニンは分解されてオルニチンと尿素になる。こうしてオルニチンは尿素回路が一回りするごとに再生される。この反応はほとんど肝臓でしか起こらない。肝臓だけがアルギニンを分解して尿素を合成することができる。

⑥**尿素の排泄**：尿素は肝臓から血中に放出され，血中を腎臓まで輸送され，そこで濾過され尿中に排泄される。尿素の一部は血中から腸に拡散し，細菌のウレアーゼによって二酸化炭素とアンモニアに分解される。このアンモニアの一部は便中に排泄されるが，一部は血中に再吸収される。腎不全患者で高アンモニア血症が見られるのはウレアーゼのためである。

16·4·2　尿素回路の調節

N- アセチルグルタミン酸は尿素回路の律速段階である CPS I の重要な活性化因子である。*N*- アセチルグルタミン酸はアセチル CoA とグルタミン酸から合成される。この反応ではアルギニンが活性化因子である。タンパク質を含む食事を取った後では，*N*- アセチルグルタミン酸合成の基質であるグルタミン酸と活性化因子であるアルギニンの両者が供給されるので，*N*- アセチルグルタミン酸の肝臓内濃度が上昇，その結果，尿素の合成速度が増大する。

16·5　アミノ酸の合成と分解

標準アミノ酸は 7 つの代謝中間体のどれかに分解される。オキサロ酢酸，α- ケトグルタル酸，ピルビン酸，フマル酸，スクシニル CoA，アセチル CoA，アセトアセチル CoA である。これらの分子は中間代謝経路に入り，グルコースや脂質の合成に用いられる場合もあるし，クエン酸回路で二酸化炭素と水に異化されてエネルギーを産生する場合もある。非必須アミノ酸は代謝中間体から，あるいはシステインやチロシンのように必須アミノ酸から合成される。これらとは対照的に必須アミノ酸は体では（十分量）合成されず，食事から得る必要がある。

16･5･1　アミノ酸の分解

16･5･1･1　糖原性アミノ酸，ケト原性アミノ酸

アミノ酸は異化の過程で７つの中間体のうちどれが生成されるかに基づいて，糖原性，ケト原性に分類される。

①**糖原性アミノ酸**：異化によってピルビン酸およびオキサロ酢酸，α-ケトグルタル酸，フマル酸，スクシニル CoA などのクエン酸回路の中間体を生じるアミノ酸を糖原性アミノ酸と呼ぶ。これらは糖新生の基質となる。アラニン，アルギニン，アスパラギン，アスパラギン酸，システイン，グルタミン，グルタミン酸，グリシン，プロリン，セリン，ヒスチジン，メチオニン，バリンが純粋に糖原性のアミノ酸である。

②**ケト原性アミノ酸**：異化によってアセト酢酸，アセチル CoA，アセトアセチル CoA を生じるアミノ酸をケト原性アミノ酸と呼ぶ。ロイシンとリシンは，純粋にケト原性で糖新生の基質とはならない純ケト原性アミノ酸である。チロシン，イソロイシン，フェニルアラニン，トリプトファン，トレオニンは糖原性かつケト原性のアミノ酸である。

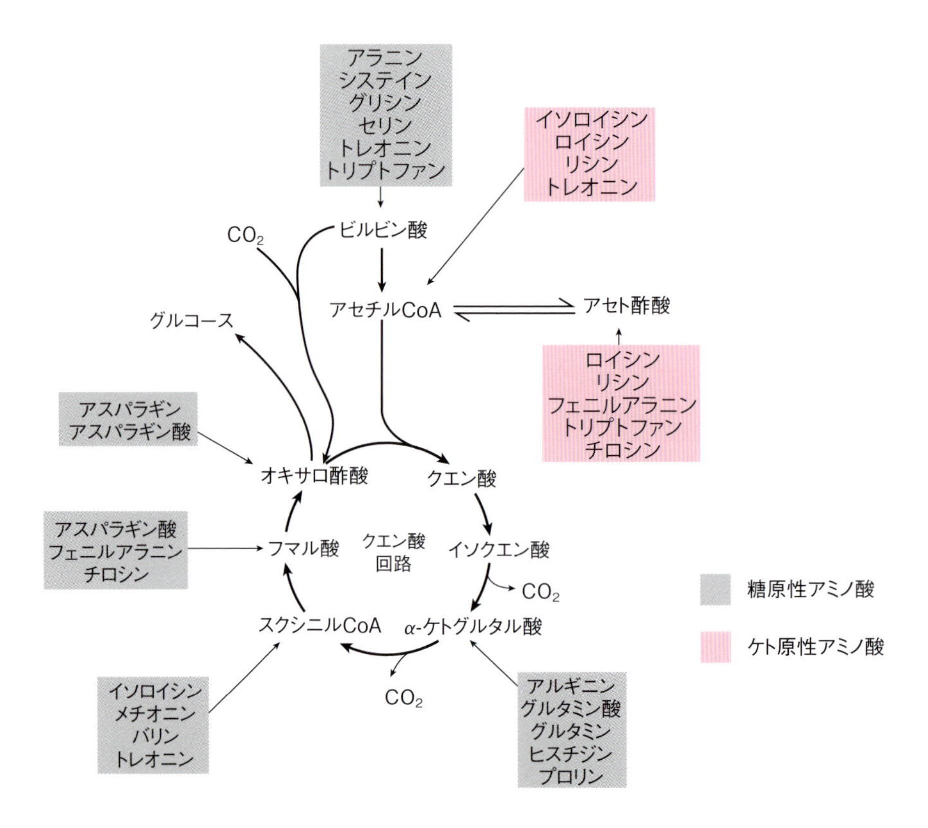

図 16･9　糖原性アミノ酸とケト原性アミノ酸
アミノ酸は異化の過程で７つの中間体のうちどれが生成されるかに基づいて糖原性，ケト原性に分類される。（文献 16-2 より改変）

16･5･1･2　アミノ酸炭素骨格の異化

①**オキサロ酢酸を生成するアミノ酸**：アスパラギンはアスパラギナーゼによって加水分解されアンモニアとアスパラギン酸を生じる。アスパラギン酸はアミノ基転移によりオキサロ酢酸になる。

②**α-ケトグルタル酸を生成するアミノ酸**：グルタミンはグルタミナーゼによりグルタミン酸とアンモニアになる。プロリンは酸化されてグルタミン酸になる。グルタミン酸はアミノ基転移もしくはグルタミン酸デヒドロゲナーゼによる酸化的脱アミノにより *α*-ケトグルタル酸になる。アルギニンはアルギナーゼにより分解されてオルニチンになり，オルニチンは *α*-ケトグルタル酸になる。ヒスチジンはヒスチダーゼにより酸化的に脱アミノされてウロカニン酸になり，これは *N*-ホルムイミノグルタミン酸（FIGLu）になる。FIGLu はホルムイミノ基をテトラヒドロ葉酸に与え，残ったグルタミン酸は上記のように分解される。

③**ピルビン酸を生成するアミノ酸**：アラニンはアミノ基転移によりアミノ基を失ってピルビン酸になる。セリンはグリシンと N^5,N^{10}-メチレンテトラヒドロ葉酸になる。セリンはセリンデヒドラターゼによりピルビン酸にもなる。グリシンは N^5,N^{10}-メチレンテトラヒドロ葉酸からのメチレン基の付加によりセリンになるか，酸化されて二酸化炭素と NH_4^+になる。シスチンは NADH ＋ H^+を還元剤として用いてシステインに還元される。システインは硫黄を外されてピルビン酸になる。トレオニンはピルビン酸か *α*-ケト酪酸になり，*α*-ケト酪酸はスクシニル CoA となる。

④**フマル酸を生成するアミノ酸**：フェニルアラニンのヒドロキシル化によりチロシンが生成される。この反応はフェニルアラニンヒドロキシラーゼによって触媒されるが，フェニルアラニン異化の第一段階である。最終的にはフマル酸とアセト酢酸が生成される。フェニルアラニンとチロシンは糖原性でもありケト原性でもある。フェニルアラニンとチロシン代謝の酵素の遺伝性欠損はフェニルケトン尿症，アルカプトン尿症となり，白子症になる。

⑤**スクシニル CoA を生成するアミノ酸**：メチオニンは *S*-アデノシルメチオニン（SAM）に変換される。SAM の第三級硫黄に付いているメチル基は“活性化”されており（SAM ＝活性型メチオニン），コリン合成におけるエタノールアミンのような，様々な受容体分子に転移しうる。メチル基供与の後，*S*-アデノシルホモシステインは加水分解されてホモシステインとアデノシンになる。ホモシステインは 2 つの運命をたどる。メチオニンが不足であればホモシステインは再メチル化されてメチオニンになる［ビタミン B_{12} 由来の補酵素であるメチルコバラミンに依存する反応によって，N^5-メチルテトラヒドロ葉酸（N^5-メチル-THF）からメチル基を受け取る］。メチオニンが十分にあればホモシステインはシステインに変換される（ホモシステインはセリンと結合し，シスタチオニンを生成，シスタチオニンは加水分解されて *α*-ケト酪酸とシステインになる）。*α*-ケト酪酸は酸化的脱炭酸によりプロピオニル CoA となる。プロピオニル CoA はスクシニル CoA となる。ホモシステインは必須アミノ酸であるメチオニンから合成されるので，システインはメチオニンが十分にあれ

ば必須アミノ酸ではない。バリン，イソロイシン，トレオニンの分解によってもスクシニルCoAが生じる。スクシニルCoAはクエン酸回路の中間体であり糖新生の材料となる。

⑥アセチルCoA，アセトアセチルCoAを生成するアミノ酸：ピルビン酸を中間体とすることなく直接アセチルCoAないしアセトアセチルCoAを生成するアミノ酸として，ロイシン，イソロイシン，リシン，トリプトファン，トレオニンがある。フェニルアラニンとチロシンも異化の過程でアセト酢酸を生成する。

⑦分枝アミノ酸の異化：分枝アミノ酸であるイソロイシン，ロイシン，バリンは必須アミノ酸である。他のアミノ酸とは異なり，これらのアミノ酸は主として肝臓よりも末梢組織（とくに筋肉）で代謝される。これらのアミノ酸は共通の異化経路で代謝される。すなわちこれら3つのアミノ酸は分枝α-アミノ酸アミノトランスフェラーゼによってアミノ基転移を受け，それぞれのα-ケト酸に変換される。これらのα-ケト酸のカルボキシ基除去もまた1つの酵素複合体，分枝α-ケト酸デヒドロゲナーゼ複合体によって触媒される。この複合体はチアミンピロリン酸，リポ酸，FAD，NAD^+，補酵素Aを補酵素として用いる（ピルビン酸デヒドロゲナーゼ複合体，α-ケトグルタル酸デヒドロゲナーゼ複合体と同様）。分枝α-ケト酸デヒドロゲナーゼ複合体の遺伝性欠損により尿中へ分枝ケト酸基質が排泄される。この疾患はその甘い臭いからメープルシロップ尿症と命名されている。イソロイシンの異化によりアセチルCoAとスクシニルCoAが生じるので，イソロイシンはケト原性でもあり糖原性でもある。バリンはスクシニルCoAを生じるので糖原性である。ロイシンはアセト酢酸とアセチルCoAに代謝されるのでケト原性である。

16･5･2 非必須アミノ酸の生合成

非必須アミノ酸は代謝の中間体から合成されるか，チロシンやシステインの場合のように必須アミノ酸から合成される。アルギニンは一般的に非必須アミノ酸に分類されるが，正常濃度は低く，小児期や消耗性疾患からの回復期には，食事中に添加する必要がある。

16･5･2･1 α-ケト酸からのアミノ酸合成

α-ケト酸であるピルビン酸，オキサロ酢酸，α-ケトグルタル酸にアミノ基を転移することにより，それぞれアラニン，アスパラギン酸，グルタミン酸が合成される。グルタミン酸はグルタミン酸デヒドロゲナーゼによる酸化的脱アミノの逆反応によっても合成される。

16･5･2･2 アミド化によるアミノ酸合成

グルタミンはグルタミン酸からグルタミンシンテターゼにより合成される。この反応はATPの加水分解で駆動される。この反応は，脳および肝臓におけるアンモニア解毒の主要な機構としても働く。アスパラギンはアスパラギン酸からアスパラギンシンテターゼにより作られる。この反応もATPを必要とする。

16･5･2･3 プロリン

グルタミン酸から環化と還元反応によりプロリンが作られる。

表 16·1　必須アミノ酸と非必須アミノ酸

必須アミノ酸	非必須アミノ酸
アルギニン（小児期，回復期）	アラニン
ヒスチジン	アスパラギン
イソロイシン	アスパラギン酸
ロイシン	システイン
リシン	グルタミン酸
メチオニン	グルタミン
フェニルアラニン	グリシン
トレオニン	プロリン
トリプトファン	セリン
バリン	チロシン

16·5·2·4　セリン，グリシン，システイン

セリンは解糖系の中間体である 3- ホスホグリセリン酸から作られる。セリンはグリシンへのヒドロキシメチル基転移によっても生じる。グリシンはセリンヒドロキシメチルトランスフェラーゼによるセリンからのヒドロキシメチル基除去によって生じる（上の逆反応）。システインはホモシステインがセリンと結合してシスタチオニンを生成する反応，シスタチオニンが加水分解して α- ケト酪酸およびシステインが生じる反応の 2 つの連続する反応により合成される。ホモシステインはメチオニンから生じる。システインはメチオニン（必須アミノ酸）が十分に食事から供給されるときのみ非必須アミノ酸である。

16·5·2·5　チロシン

チロシンはフェニルアラニンからフェニルアラニンヒドロキシラーゼによって生じる。食事中のフェニルアラニン（必須アミノ酸）が十分にある場合のみ非必須アミノ酸である。

16·6　アミノ酸代謝の代謝異常

アミノ酸代謝酵素の遺伝性欠損は治療しないと有害な代謝産物の蓄積により精神発達遅延や他の発達障害が起こる。これらの疾患の多くは希であるが，アミノ酸代謝異常全体では小児の遺伝疾患の大きな部分を占める。フェニルケトン尿症はこれらの遺伝性疾患の中で最も重要である。よく見る疾患であり，出生前スクリーニングテストで容易に診断可能であり，食事療法に良く反応するからである。

16·6·1　フェニルケトン尿症（PKU）

PKU はフェニルアラニンヒドロキシラーゼ欠損により起こる（高フェニルアラニン血症は補酵素テトラヒドロビオプテリン（BH_4）の合成酵素や還元酵素の欠損によっても起こりうる）。フェニルアラニン，フェニル乳酸，フェニル酢酸，フェニルピルビン酸が上昇し，尿は特徴的な臭いがする。特徴的症状は，精神発達遅延，歩行障害，言語障害，痙攣，活動過多，振戦，小頭症，発育不全などの中枢神経症状である。未治療の PKU 患者では 1 歳に

なるまでに精神発達遅延となる。PKU 患者ではしばしば色素形成不全が認められる（白髪，色白，青い目）。メラニン色素生成の第一段階であるチロシナーゼが PKU 患者では高濃度のフェニルアラニンにより競合的に阻害されるからである。PKU は食事療法によって治療可能であるから早期診断が重要である。血中フェニルアラニン濃度測定が PKU 発見には不可欠であるが，PKU 乳児はしばしば正常血中フェニルアラニン値を示すことがある。母親が胎盤を通して胎児の血中のフェニルアラニン値を低下させるからである。ミルク摂取 48 時間後には血中フェニルアラニン値は上昇し診断に用いることができる。近年はフェニルアラニンヒドロキシラーゼ遺伝子の変異を検出する出生前診断も可能である。フェニルアラニンをほとんど含まない合成アミノ酸製剤をフェニルアラニン含量が低い自然食品と一緒に与えることが PKU の治療法である。フェニルアラニンは必須アミノ酸なので，過度の治療により血中フェニルアラニン値が正常以下になることは避けなければならない。PKU 患者ではチロシンはフェニルアラニンから合成することができないので，必須アミノ酸となる。

16･6･2　メープルシロップ尿症（MSUD）

MSUD は，ロイシン，イソロイシン，バリンなどの分枝アミノ酸を脱炭酸する酵素である分枝 α- ケト酸デヒドロゲナーゼが欠損している劣性遺伝性疾患である。これらのアミノ酸および相当する α- ケト酸が血中に蓄積し，脳機能を障害する。特徴的症状は，ミルクの飲みの悪さ，嘔吐，脱水，重度の代謝性アシドーシス，特有の尿のメープルシロップ臭である。未治療の場合，精神発達遅延，身体障害，死に至る。正常な発育には十分だが，毒性は発揮しない程度しかロイシン，イソロイシン，バリンを含まない合成調合乳で治療する。

16･6･3　白 子 症

白子症は，チロシン代謝酵素の欠損によりメラニン産生の不足がもたらす一群の疾患である。これらの酵素欠損により，皮膚・毛髪・眼から色素が完全にあるいは部分的に無くなってしまう。

16･6･4　ホモシスチン尿症

ホモシスチン尿症はホモシステイン代謝に関与する酵素変異による疾患である。この疾患は常染色体劣性遺伝で，ホモシステインの重合体であるホモシスチンが尿中に観察される。ホモシスチン尿症の最も多い原因はシスタチオニン β- シンターゼ酵素の欠損である。知的障害，骨格異常，水晶体亜脱臼，血栓症などの症状を呈する。治療はメチオニン摂取制限とビタミン B_6，B_{12}，葉酸投与である。

16･6･5　アルカプトン尿症

アルカプトン尿症ではホモゲンチジン酸 1,2- ジオキシゲナーゼ欠損により大量のホモゲンチジン酸が尿中に排泄される。ホモゲンチジン酸尿症（患者の尿は空気酸化されて黒くなる），大関節の関節炎，軟骨・コラーゲン組織の黒黄土色の色素沈着が 3 大症状である。アルカプトン尿症は生命を脅かすことは無いが，それに伴う関節炎は後年重症になりうる。

表 16･2　新生児マススクリーニング

疾患名	測定
フェニルケトン尿症	フェニルアラニン
メープルシロップ尿症	ロイシン
ホモシスチン尿症	メチオニン
ガラクトース血症	ガラクトース，酵素活性
クレチン症（先天性甲状腺機能低下症）	TSH
先天性副腎皮質過形成	17-OH プロゲステロン

理解度確認問題

新生児マススクリーニング検査について説明しなさい。

解　答

フェニルケトン尿症などの先天性代謝異常および先天性甲状腺機能低下症は，放置すると知的障害などの症状を来すため, 新生児について血液によるマススクリーニング検査を行い，異常を早期に発見すること により，後の治療と相まって障害を予防することを目的としている。対象とするのは，フェニルケトン尿症，メープルシロップ尿症，ホモシスチン尿症，ガラクトース血症，先天性副腎過形成症，先天性甲状腺機能低下症の 6 疾患である。

引用文献

16-1)　石崎泰樹・丸山　敬 監訳（2015）『イラストレイテッド生化学（原書 6 版）』丸善出版.

16-2)　Voet, D. *et al.*（田宮信雄ら訳）（2014）『ヴォート基礎生化学（第 4 版）』東京化学同人.

16-3)　Berg, J. M. *et al.*（入村達郎ら訳）（2013）『ストライヤー生化学（第 7 版）』東京化学同人.

第Ⅲ部

17章 アミノ酸代謝の関与する生合成系

アミノ酸はポルフィリン，神経伝達物質，ホルモン，プリン，ピリミジンなど重要な生理機能をもつ多くの窒素含有化合物の前駆体である。ポルフィリンはヘムの前駆体であり，ヘムはヘモグロビンなどの酸素結合タンパク質およびシトクロムなどの酵素の補欠分子族として非常に重要な分子である。ヘムの分解産物であるビリルビンの血中濃度が高くなると黄疸が生じる。アミノ酸由来の神経伝達物質，ホルモンのうち重要なものとして，カテコールアミン，セロトニン，GABA，ヒスタミンなどがある。プリン，ピリミジンについては18章を参照のこと。

17·1 ポルフィリン代謝

ポルフィリンは4つのピロール環がメチン架橋によりつながった環状分子である。ヒトで最も多いポルフィリンはヘムで，プロトポルフィリンⅨのテトラピロール環の中央に第一鉄イオン（Fe^{2+}）1個が配位した構造をもつ。ヘムはヘモグロビン，ミオグロビン，シトクロム，カタラーゼ，トリプトファンピロラーゼ（トリプトファン-2,3-ジオキシゲナーゼ）の補欠分子族である。これらのヘムタンパク質は迅速に合成・分解される。

17·1·1 ヘムの生合成

ヘム生合成が盛んに行われているのは，肝臓と骨髄の赤芽球である。肝臓では数多くのヘムタンパク質（とくにシトクロムP450）が合成されているし，赤芽球ではヘモグロビン産生が盛んだからである。肝臓におけるヘム合成速度は，ヘムタンパク質の必要性に応じて大幅に変動する。これとは対照的に赤芽球におけるヘム合成は比較的一定である。ポルフィリン合成の最初の反応と最後の3つの反応はミトコンドリアで起こり，途中の反応は細胞質で起こる。

17·1·1·1 δ-アミノレブリン酸（ALA）シンターゼ

グリシンとスクシニルCoAはδ-アミノレブリン酸（ALA）シンターゼ（ミトコンドリアに局在）により縮合してALAが生成する。この反応はピリドキサール5′-リン酸（PLP）を補酵素とし，肝臓におけるポルフィリン生合成の方向決定段階かつ律速段階である。生成したALAはミトコンドリアから細胞質に移行する。ポルフィリン合成が需要を上回ったときには，ヘムが蓄積しそのFe^{2+}がFe^{3+}に酸化されてヘミンになる。ヘミンは肝臓ALAシンターゼ合成を阻害することにより，その活性を減少させる。肝臓のALAシンターゼ活性はグリセオフルビン（抗真菌薬），ヒダントイン，フェノバルビタール（抗痙攣薬）など数多くの薬剤の投与により，有意に上昇する。骨髄赤芽球ではヘム合成の律速酵素は後述するフェロケラターゼと PBG デアミナーゼである。

17･1･1･2　ポルホビリノーゲン（PBG）シンターゼ

ポルホビリノーゲン（PBG）シンターゼによって ALA 2 分子が縮合して PBG が生成する。

17･1･1･3　ウロポルフィリノーゲン生成

PBG デアミナーゼとウロポルフィリノーゲン III シンターゼによって 4 つの PBG 分子が縮合し直鎖のテトラピロールであるヒドロキシメチルビランが生じ，これからウロポルフィリノーゲン III が生成する。ウロポルフィリノーゲン III からウロポルフィリノーゲンデカルボキシラーゼによって，コプロポルフィリノーゲン III が生じる。これらの反応は細胞質で起こる。

17･1･1･4　ヘム生成

コプロポルフィリノーゲン III はミトコンドリアに入り，コプロポルフィリノーゲンオキシダーゼによってプロトポルフィリノーゲン IX になる。これがプロトポルフィリノーゲンオキシダーゼにより酸化されてプロトポルフィリン IX が生じる。プロトポルフィリン IX に Fe^{2+}が導入されてヘムが生成する。Fe^{2+}の導入は自発的にも起こるが，フェロケラターゼにより促進される。

17･1･1･5　ポルフィリン症

ポルフィリン症はヘム合成系の欠損によって引き起こされ，ポルフィリンないしポルフィリン前駆体が蓄積する希な疾患である（劣性遺伝性疾患である先天性骨髄性ポルフィリン症以外のポルフィリン症は常染色体優性遺伝）。ポルフィリン症は，酵素欠損が骨髄の赤芽球で起こるのか肝臓で起こるのかによって，骨髄（造血）性と肝性の 2 種に分類される。肝性ポルフィリン症はさらに急性と慢性とに分類される。酵素欠損によりテトラピロール中間体が蓄積する患者は，光過敏性を示す。

①**慢性ポルフィリン症**:晩発性皮膚ポルフィリン症は最もよく見られるポルフィリン症で，肝臓と赤芽球の慢性疾患であり，ウロポルフィリノーゲンデカルボキシラーゼ欠損によって引き起こされる。ポルフィリンの蓄積により皮膚症状が起こり，尿は自然光では赤～茶色，蛍光ではピンク～赤色を呈する。

②**急性肝性ポルフィリン症**：急性肝性ポルフィリン症（ヒドロキシメチルビランシンターゼ欠損による急性間欠性ポルフィリン症，コプロポルフィリノーゲンオキシダーゼ欠損による遺伝性コプロポルフィリン症，プロトポルフィリノーゲンオキシダーゼ欠損による異型ポルフィリン症）は胃腸症状，精神神経症状，心血管症状の急性発作が特徴である。

③**骨髄性ポルフィリン症**：骨髄性ポルフィリン症（ウロポルフィリノーゲン III シンターゼ欠損による先天性骨髄性ポルフィリン症およびフェロケラターゼ欠損による骨髄性プロトポルフィリン症）は小児期早期に現れる皮膚の発疹･水疱が特徴であり，胆汁欝滞性肝硬変･進行性肝不全などの合併症を伴う。

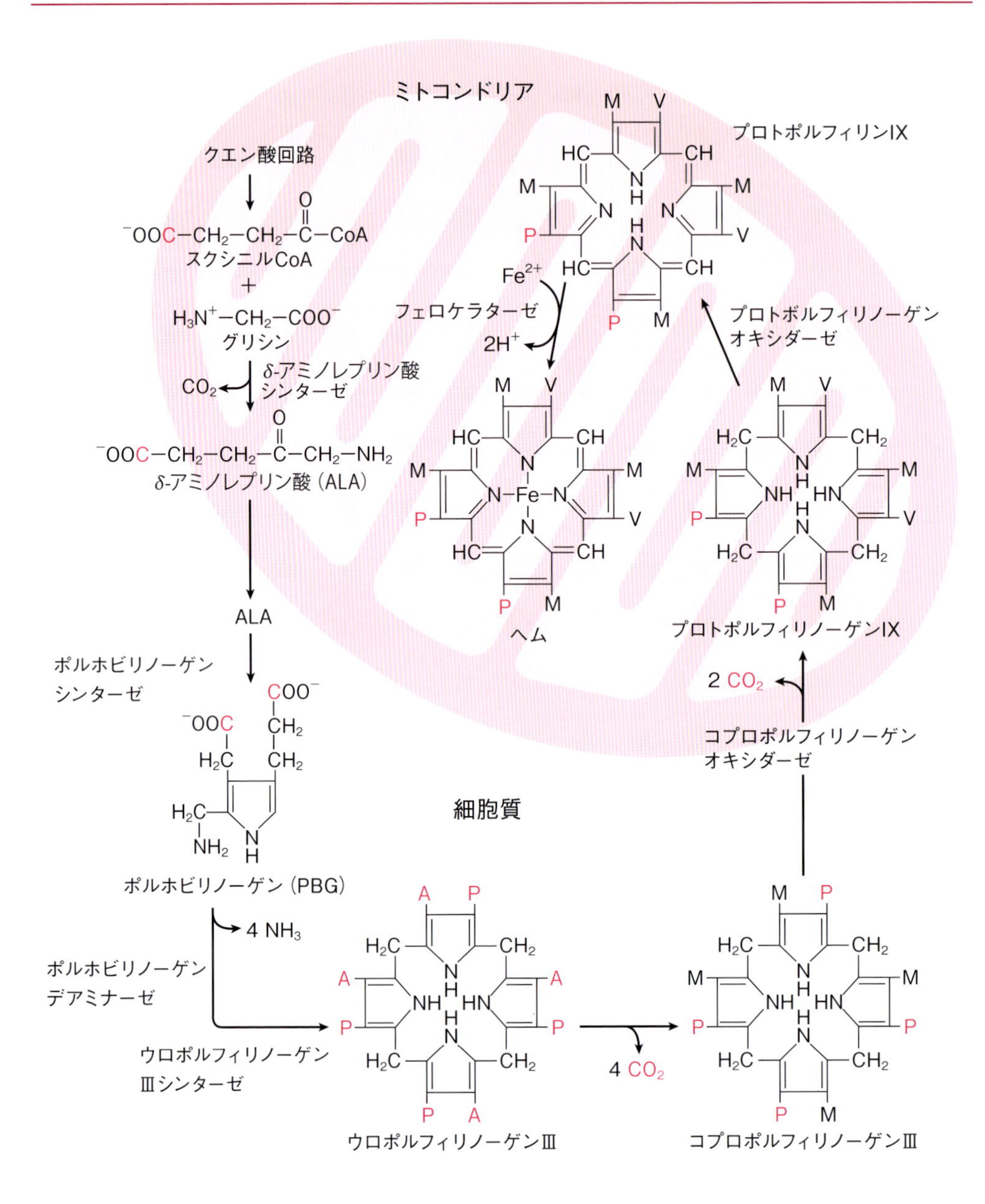

図 17･1　ヘムの合成

グリシンとスクシニル CoA は，ミトコンドリア内で縮合して ALA が生成する。ALA は細胞質に出て 2 分子が縮合し PBG になる。4 分子の PBG が縮合してウロポルフィリノーゲン III になる。ウロポルフィリノーゲンはコプロポルフィリノーゲン III になり，これがミトコンドリア内に移行してプロトポルフィリノーゲン IX，プロトポルフィリン IX を経てヘムになる。A：酢酸側鎖，P：プロピオン酸側鎖，M：メチル基，V：ビニル基（$-CH=CH_2$）。（文献 17-2 より改変）

17·1·2　ヘムの分解

分解されるヘムの85％は赤血球由来であり，15％は幼弱赤血球の代謝回転と赤血球系以外のシトクロムに由来する。赤血球は120日間循環した後に細網内皮系（とくに肝臓と脾臓）によって取り込まれて分解される。

17·1·2·1　ビリルビン生成

ヘム分解の第一段階は細網内皮系のマクロファージ中のミクロソームヘムオキシゲナーゼ系によって触媒され，緑色色素ビリベルジンが生成する。このとき同時に生成する一酸化炭素は信号分子・血管拡張因子としての生物機能をもっており，注目を集めている。ビリベルジンはビリベルジンレダクターゼによって還元され，赤オレンジ色のビリルビンができる。ビリルビンとその誘導体はまとめて胆汁色素と呼ぶ。

17·1·2·2　肝臓によるビリルビンの取り込み

ビリルビンはアルブミンに非共有結合的に結合して肝臓に輸送される。ビリルビンはアルブミン分子から解離し肝細胞に入る。そこでリガンジンなどの細胞内タンパク質に結合する。

17·1·2·3　ビリルビンジグルクロニド生成

ビリルビンは肝細胞ミクロソームのビリルビングルクロニルトランスフェラーゼ（ビリルビンUDP-グルクロニルトランスフェラーゼ）によってウリジン二リン酸（UDP）-グルクロン酸からグルクロン酸2分子を付加される（グルクロン酸抱合）。

17·1·2·4　ビリルビンの胆汁への分泌

ビリルビンジグルクロニド（抱合ビリルビン）は，濃度勾配に逆らって胆汁細管に，さらには胆汁へと能動輸送される。この輸送は肝疾患で肝機能が低下すると阻害される。非抱合ビリルビンは通常排泄されない。

17·1·2·5　ウロビリン生成

腸管細菌による加水分解・還元を受けてビリルビンジグルクロニドは，無色のウロビリノーゲンとなり，大部分のウロビリノーゲンは腸管細菌によって酸化され，便に特徴的な茶色を与えるステルコビリンになる。一部のウロビリノーゲンは，腸管から再吸収されて門脈血中に入り腸肝ウロビリノーゲン回路を形成する（肝臓によって取り込まれ胆汁へと再排泄される）。残りのウロビリノーゲンは，血液により腎臓まで輸送され黄色のウロビリンになり尿に特徴的な黄色を与えて排泄される。

17·1·2·6　黄　疸

黄疸は血漿中のビリルビン濃度が上昇し（高ビリルビン血症），ビリルビンの沈着により皮膚，強膜（白目），爪床などが黄色くなることをいう。

黄疸の種類：黄疸は通常以下の3つに分類される。

①**溶血性黄疸**:肝臓は，ヘム分解が上昇しそれに伴ってビリルビンジグルクロニドの抱合・排泄が増加しても通常は予備能力が十分にあるので，対応することができる。しかし赤血球が大量に溶血する場合には，肝臓の能力以上にビリルビンが産生されるため，血中非抱合ビ

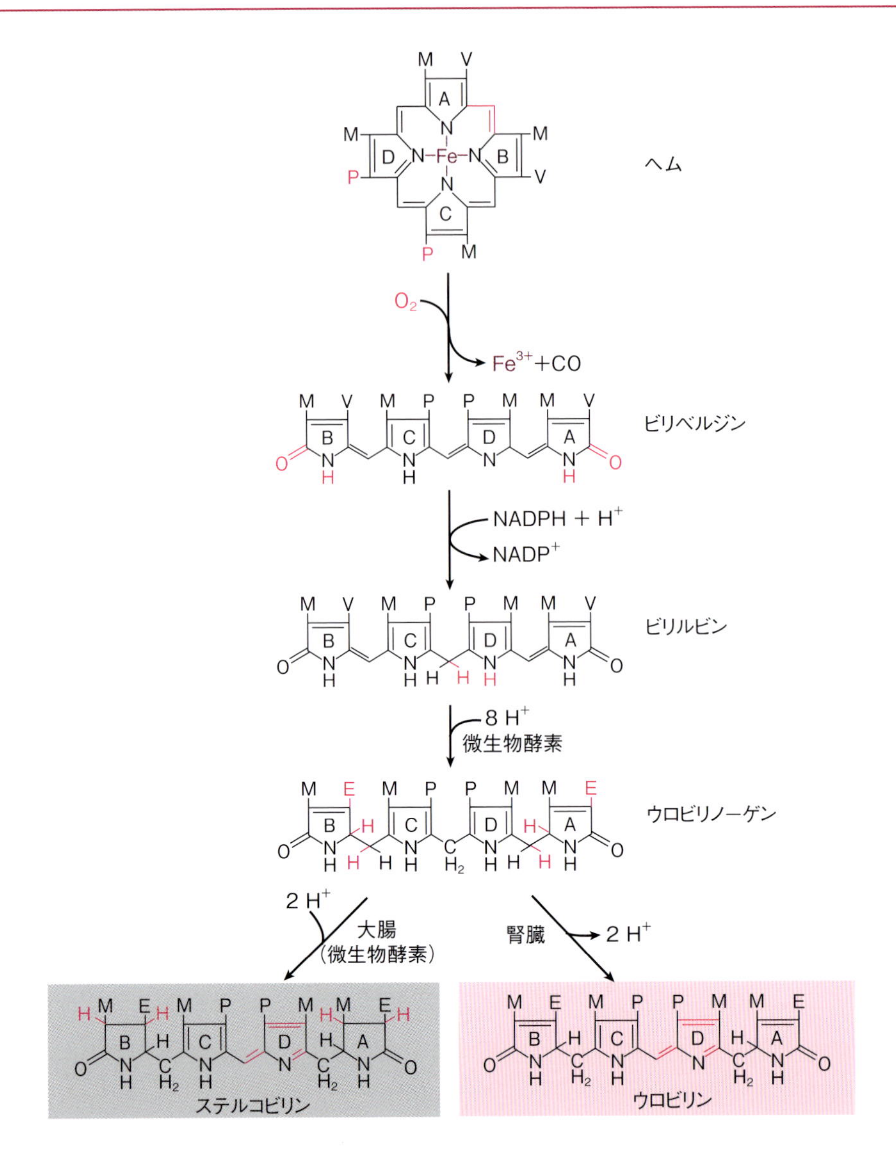

図 17·2 ヘムの分解

ヘム分解の第一段階は，細網内皮系のマクロファージ中のミクロソームヘムオキシゲナーゼ系によって触媒され，緑色色素ビリベルジンが生成する。ビリベルジンは還元されてビリルビンになる。ビリルビンは血中を輸送されて肝臓に達し，グルクロン酸抱合を受けて胆汁中に排泄され，腸管細菌によってウロビリノーゲンになる。大部分のウロビリノーゲンは腸管細菌によってステルコビリンになるが，一部は腸管から再吸収されて肝臓へ送られ，再び胆汁中に排泄される。さらに一部は腎臓に送られ，ウロビリンに変換され尿中に排泄される。E:エチル基，P:プロピオン酸基，M：メチル基，V：ビニル基。（文献 17-2 より改変）

リルビン濃度が上昇し，黄疸が生じる。

②**肝細胞性黄疸**：肝細胞傷害（肝炎や肝硬変など）のため肝細胞によるビリルビン抱合が減少し，血中非抱合ビリルビン濃度が上昇する。このとき，抱合ビリルビンの胆汁への排泄も障害され，血中へ拡散してしまう。

③**閉塞性黄疸**：胆管系腫瘍，膵臓腫瘍，胆石によって胆管が閉塞しビリルビンの腸管への排泄が障害され，抱合ビリルビンが血中へ拡散する。抱合ビリルビンは最終的に尿中に排泄される。

新生児，とくに未熟児は肝ビリルビン UDP- グルクロニルトランスフェラーゼ活性が低いため，しばしばビリルビンを蓄積する（新生児黄疸）。ビリルビンは大脳基底核に浸透し中毒性脳症（核黄疸）を引き起こす。

ビリルビンは van den Bergh 反応によって測定する。水溶液中では抱合ビリルビンは試薬と素早く反応するので“直接反応性”ビリルビンと呼ばれる。非抱合ビリルビンは水溶液中ではゆっくりとしか反応しないが，メタノール中では抱合ビリルビンも非抱合ビリルビンも試薬と素早く反応するので総ビリルビン値が得られる。“間接反応性”ビリルビン（非抱合ビリルビンに相当）は総ビリルビンから直接反応性ビリルビンを差し引いて得られる。

17·2　他の窒素含有化合物の産生

17·2·1　カテコールアミン

ノルアドレナリン（ノルエピネフリン），アドレナリン（エピネフリン），ドーパミンなどの生理活性をもつカテコールのアミノ誘導体を総称して，カテコールアミンと呼ぶ。ノルアドレナリンとドーパミンとは脳・自律神経系で神経伝達物質として働く。ノルアドレナリンとアドレナリンは副腎髄質でも合成され，ホルモンとして機能する。

①**機　能**：神経系以外ではノルアドレナリンとアドレナリンはホルモンとして糖質・脂質代謝を調節している。ノルアドレナリンとアドレナリンは恐怖，運動，寒冷刺激，低血糖値などに反応して副腎髄質の貯蔵小胞から血中に放出される。これらはグリコーゲンとトリアシルグリセロールの分解を促進し，血圧，心拍出量を増大させる。

②**カテコールアミン合成**：カテコールアミンはチロシンから合成される。チロシンはまずチロシンヒドロキシラーゼ（チロシン -3- モノオキシゲナーゼ）によってヒドロキシル化され 3,4- ジヒドロキシフェニルアラニン（dopa, ドーパ）になる。このテトラヒドロビオプテリン依存性酵素は，カテコールアミン合成経路の律速段階酵素である。ドーパはピリドキサールリン酸（PLP）を補酵素とする芳香族アミノ酸デカルボキシラーゼによって脱炭酸されドーパミンになり，ドーパミンはドーパミン β- ヒドロキシラーゼによりヒドロキシル化されて，ノルアドレナリンになる。ノルアドレナリンに *S*- アデノシルメチオニンからメチル基が供与されアドレナリンが作られる（フェニルエタノールアミン -*N*- メチルトランスフェラーゼが触媒）。

③**カテコールアミンの分解**：カテコールアミンは，モノアミンオキシダーゼ（MAO）によって触媒される酸化的脱アミノと，カテコール -*O*- メチルトランスフェラーゼ（COMT）によって触媒される *O*- メチル化によって不活性化される。MAO 反応のアルデヒド産物は酸化されて相当する酸になる。これらの反応の代謝産物は，アドレナリンおよびノルアドレナリン

はバニリルマンデル酸（VMA）として，ドーパミンはホモバニリン酸として尿中に排泄される。

17・2・2　セロトニン

セロトニンは5-ヒドロキシトリプタミンとも呼ばれ，多数の生理的役割を担っている。セロトニンはトリプトファンがヒドロキシル化されて合成される。トリプトファン水酸化物である5-ヒドロキシトリプトファンは脱炭酸されてセロトニンになる。セロトニンもまたMAOによって分解される。

17・2・3　γ-アミノ酪酸（GABA）

GABAはグルタミン酸からグルタミン酸デカルボキシラーゼ（GAD）により脱炭酸されて生成する。GABAは中枢神経系の主要な抑制性神経伝達物質である。

17・2・4　ヒスタミン

ヒスタミンはアレルギー反応，炎症反応，血管拡張，胃酸分泌，脳の一部での神経伝達など，広範囲の細胞応答を媒介する化学的メッセンジャーである。ヒスタミンはヒスチジンのPLP依存性脱炭酸により生成する。抗ヒスタミン薬は臨床的に重用されている。

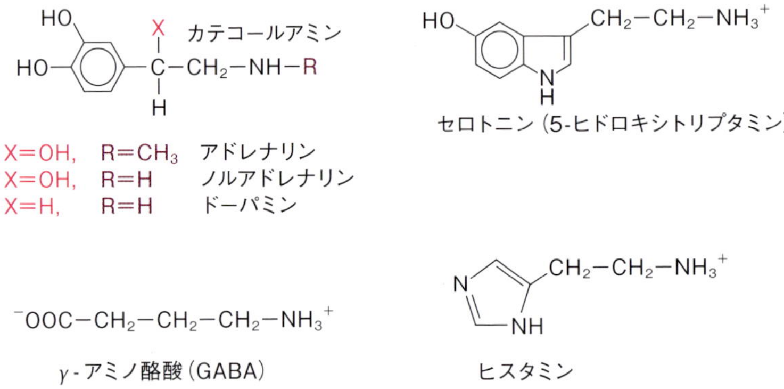
HO
HO
X
H
C−CH₂−NH−R
カテコールアミン
X=OH,　R=CH₃　アドレナリン
X=OH,　R=H　ノルアドレナリン
X=H,　R=H　ドーパミン
HO
CH₂−CH₂−NH₃⁺
N
H
セロトニン（5-ヒドロキシトリプタミン）
⁻OOC−CH₂−CH₂−CH₂−NH₃⁺
γ-アミノ酪酸（GABA）
N
NH
CH₂−CH₂−NH₃⁺
ヒスタミン

図17・3　生理活性のある窒素含有化合物
チロシン由来のドーパミン，ノルアドレナリン，アドレナリンなどの生理活性をもつカテコールのアミノ誘導体を総称してカテコールアミンと呼ぶ。この他にトリプトファン由来のセロトニン，グルタミン酸由来のGABA，ヒスチジン由来のヒスタミンが生理活性をもつ。

17・2・5　クレアチン

クレアチンリン酸（ホスホクレアチン）は筋肉に存在するクレアチンのリン酸化物であり，ADPに可逆的にリン酸基を供与してATPを産生する高エネルギー化合物である。激しい筋収縮の際の最初の数分間，細胞内ATPレベルを維持する。

①**合　成**：クレアチンはグリシンとアルギニンのグアニジノ基と*S*-アデノシルメチオニンのメチル基から合成される。クレアチンはクレアチンキナーゼにより可逆的にリン酸化されてクレアチンリン酸になる。

②分　解：クレアチン，クレアチンリン酸は自発的に環化してクレアチニンになり，尿中に排泄される。排泄されるクレアチニン量は，筋肉量を推定するのに用いられる。クレアチニンは通常血中から迅速に取り除かれ尿中に排泄されるので，血中クレアチニン値の上昇は腎機能不全の鋭敏な指標となる。

17･2･6　メラニン

メラニンは眼，毛髪，皮膚などに存在する色素であり，メラノサイトと呼ばれる色素形成細胞により表皮でチロシンから合成される。メラニン産生の欠損により白子症が引き起こされる。最も一般的なものはチロシナーゼ欠損によるものである。

理解度確認問題

A は新生児で黄疸が主訴。血液検査の結果，血漿間接ビリルビン値が 18 mg/dL であった。

1. どのような病態が考えられるか。
2. どのような治療法が考えられるか。

解　答

1. 間接ビリルビン値が上昇するメカニズムとしては血管外血液の分解（血腫，肺出血，脳出血など），溶血性貧血（グルコース-6-リン酸デヒドロゲナーゼ欠損，鎌状赤血球症，自己免疫性溶血，サラセミア，母児間血液型不適合など），ビリルビン抱合不全を来す遺伝性疾患（クリグラー・ナジャー症候群 1 型および 2 型，ジルベール症候群）などがある。

2. 高ビリルビン血症が長引くと核黄疸（ビリルビン脳症）を引き起こす危険性がある。これを予防するために，まず光療法を試みる。これは光を利用してビリルビンを異性化し水への溶解度を高め，グルクロン酸抱合無しでも肝臓から排泄できるようにするものである。これでも思うような効果が得られない場合は交換輸血の適応となる。

引用文献

17-1)　石崎泰樹・丸山　敬 監訳（2015）『イラストレイテッド生化学（原書 6 版）』丸善出版.

17-2)　Voet, D. *et al.*（田宮信雄ら訳）（2014）『ヴォート基礎生化学（第 4 版）』東京化学同人.

17-3)　Berg, J. M. *et al.*（入村達郎ら訳）（2013）『ストライヤー生化学（第 7 版）』東京化学同人.

17-4)　Beers, M. H. *et al.*（福島雅典総監修）（2006）『メルクマニュアル（第 18 版）』日経 BP 社.

第Ⅲ部

18章 ヌクレオチド代謝

ヌクレオチド（リボヌクレオシドリン酸およびデオキシリボヌクレオシドリン酸）はDNA，RNAの構成要素としてすべての細胞にとって不可欠なものである。ヌクレオチドは糖質，脂質，タンパク質合成の活性化中間体の担体としても重要である。また補酵素A，FAD，NAD^+，$NADP^+$など重要な補酵素の構成成分でもある。信号伝達系でセカンドメッセンジャーとして働くヌクレオチドもある。さらにヌクレオチドは細胞における“エネルギー通貨”として重要な役割を果たしている。またヌクレオチドは多くの中間代謝経路における重要な調節性化合物でもある。ただしヌクレオチドは代謝エネルギー源としては重要ではない。ヌクレオチド中のプリン塩基，ピリミジン塩基は新たに（*de novo*）合成することも可能であり，正常な細胞の代謝回転や食物から得られた塩基を再利用するサルベージ経路により得ることも可能である。

18・1　プリンヌクレオチド合成

プリンはアミノ酸（アスパラギン酸，グリシン，グルタミン），CO_2（HCO_3^-），10-ホルミルテトラヒドロ葉酸（THF）から合成される。プリンはリボース5-リン酸に炭素と窒素を付加していく一連の反応で生成される。イノシン一リン酸（IMP）がAMPとGMPの共通の前駆体である。

18・1・1　リボースリン酸ピロホスホキナーゼ（PRPPシンテターゼ）

5-ホスホリボシル1α-二リン酸（PRPP）はプリン合成・ピリミジン合成およびプリン塩基・ピリミジン塩基のサルベージ経路に関与する“**活性化型ペントース**”である。リボースリン酸ピロホスホキナーゼ（PRPPシンテターゼ）によってATPとリボース5-リン酸からPRPP

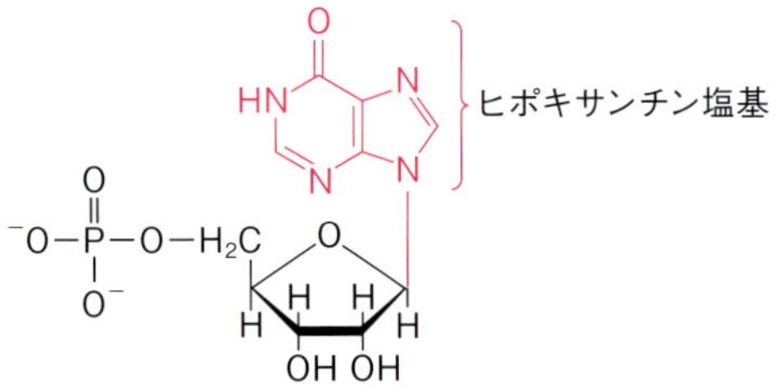

図18・1　イノシン一リン酸（IMP）
ヒポキサンチン塩基をもつイノシン一リン酸がAMPとGMPの共通の前駆体である。

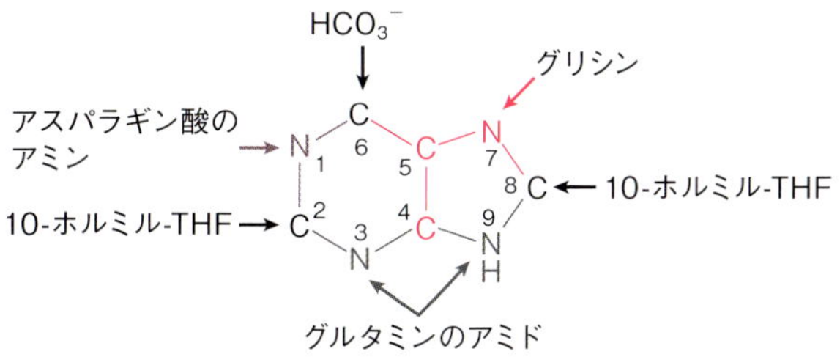

図 18･2　プリン塩基合成の材料
プリン塩基はアミノ酸（アスパラギン酸，グリシン，グルタミン），CO_2（HCO_3^-），10-ホルミルテトラヒドロ葉酸（THF）から合成される。

が合成される。この酵素は無機リン酸（P_i）によって活性化されプリンヌクレオチド（ADP, GDP）によって阻害される（最終産物阻害）。PRPP の糖部分はリボースなので，リボヌクレオチドがプリンの新規（*de novo*）合成の最終産物であり，DNA 合成にデオキシリボヌクレオチドが必要な場合は，リボース糖部分が還元される（後述）。

18･1･2　アミドホスホリボシルトランスフェラーゼ

PRPP とグルタミンから 5-ホスホ-*β*-リボシルアミンが合成される。この反応を触媒する酵素アミドホスホリボシルトランスフェラーゼは AMP，ADP，ATP，XMP，GMP，GDP，GTP によって阻害される（最終産物阻害）。またこの酵素は PRPP によりフィードフォワード活性化を受ける。ここがプリンヌクレオチド生合成の律速段階である。

18･1･3　5-ホスホ-*β*-リボシルアミンからのイノシン一リン酸（IMP）合成

5-ホスホ-*β*-リボシルアミンから IMP が合成されるのには，4 個の ATP 分子を必要とする（哺乳類の場合，AIR カルボキシラーゼは ATP を必要としない。図 18･3 は大腸菌の経路）。経路の 2 段階で 10-ホルミルテトラヒドロ葉酸（10-ホルミル-THF）を必要とする。

18･1･4　IMP の AMP および GMP への変換

AMP の合成には GTP が必要，GMP の合成には ATP が必要である。それぞれの経路の第一段階は，その経路の最終産物（AMP ないし GMP）によって阻害される。これらの調節機構により，IMP は 2 つのプリンのうちより少ない方の合成に進む。もしも AMP も GMP も十分量ある場合には，プリンの新規合成経路はアミドホスホリボシルトランスフェラーゼ段階でストップする。

IMP とアスパラギン酸から，アデニロコハク酸シンテターゼによりアデニロコハク酸が産生される。この反応は GTP の GDP + P_i への加水分解と共役している。アデニロコハク酸はアデニロコハク酸リアーゼにより AMP とフマル酸になる（この酵素は IMP 合成にも関与する）。

IMP は IMP デヒドロゲナーゼにより酸化され（NAD^+ 依存性）キサントシン一リン酸（XMP）になる。XMP は GMP シンテターゼによりグルタミンからアミド基を受け取り

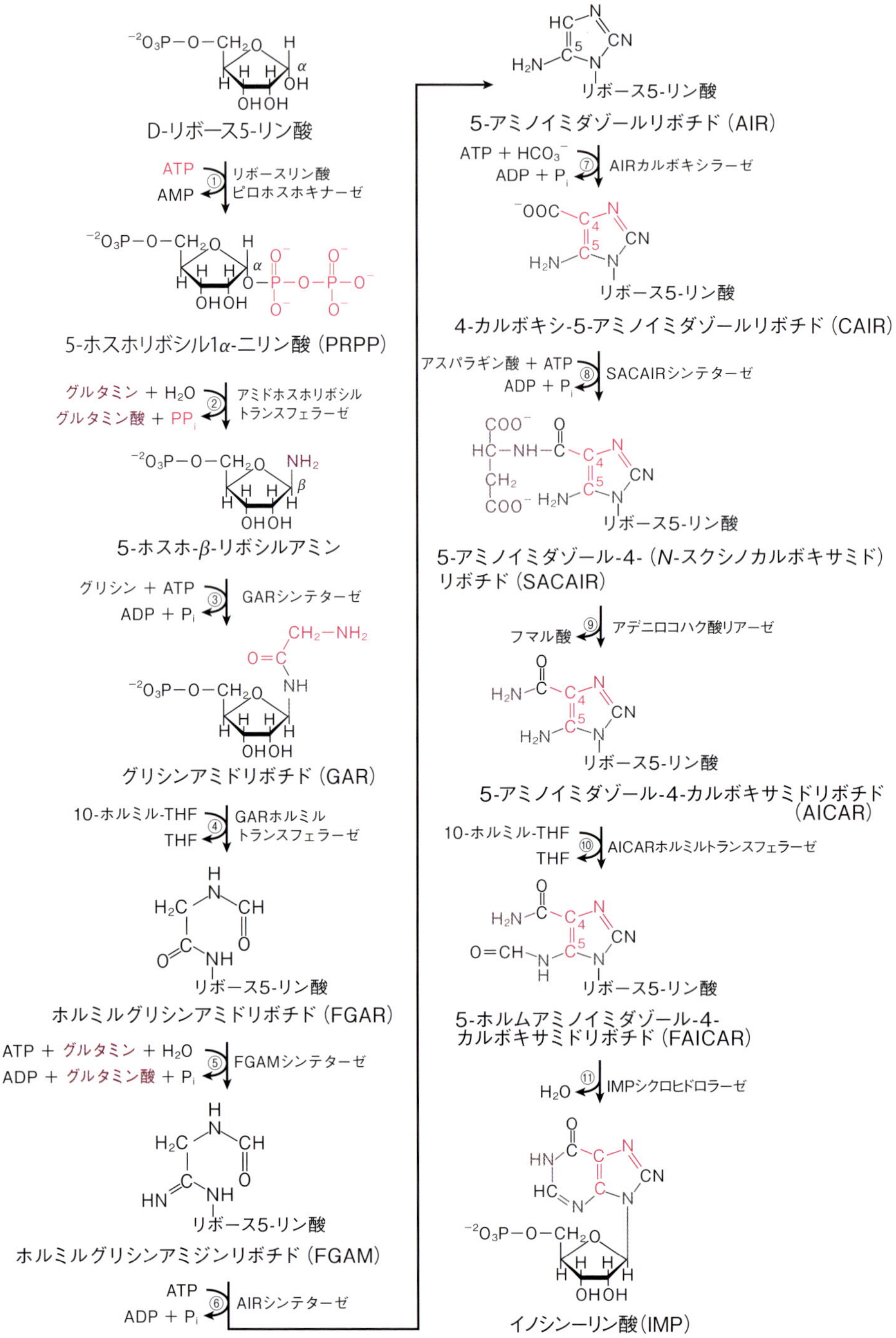

D-リボース5-リン酸

ATP → AMP ① リボースリン酸ピロホスホキナーゼ

5-ホスホリボシル1α-二リン酸（PRPP）

グルタミン ＋ H_2O → グルタミン酸 ＋ PP_i ② アミドホスホリボシルトランスフェラーゼ

5-ホスホ-β-リボシルアミン

グリシン ＋ ATP → ADP ＋ P_i ③ GARシンテターゼ

グリシンアミドリボチド（GAR）

10-ホルミル-THF → THF ④ GARホルミルトランスフェラーゼ

ホルミルグリシンアミドリボチド（FGAR）

ATP ＋ グルタミン ＋ H_2O → ADP ＋ グルタミン酸 ＋ P_i ⑤ FGAMシンテターゼ

ホルミルグリシンアミジンリボチド（FGAM）

ATP → ADP ＋ P_i ⑥ AIRシンテターゼ

5-アミノイミダゾールリボチド（AIR）

ATP ＋ HCO_3^- → ADP ＋ P_i ⑦ AIRカルボキシラーゼ

4-カルボキシ-5-アミノイミダゾールリボチド（CAIR）

アスパラギン酸 ＋ ATP → ADP ＋ P_i ⑧ SACAIRシンテターゼ

5-アミノイミダゾール-4-（*N*-スクシノカルボキサミド）リボチド（SACAIR）

フマル酸 ⑨ アデニロコハク酸リアーゼ

5-アミノイミダゾール-4-カルボキサミドリボチド（AICAR）

10-ホルミル-THF → THF ⑩ AICARホルミルトランスフェラーゼ

5-ホルムアミノイミダゾール-4-カルボキサミドリボチド（FAICAR）

H_2O ⑪ IMPシクロヒドロラーゼ

イノシン一リン酸（IMP）

図 18·3 IMP の新規生合成

プリンはリボース 5- リン酸に炭素と窒素を付加していく一連の反応①～⑪で生成される。

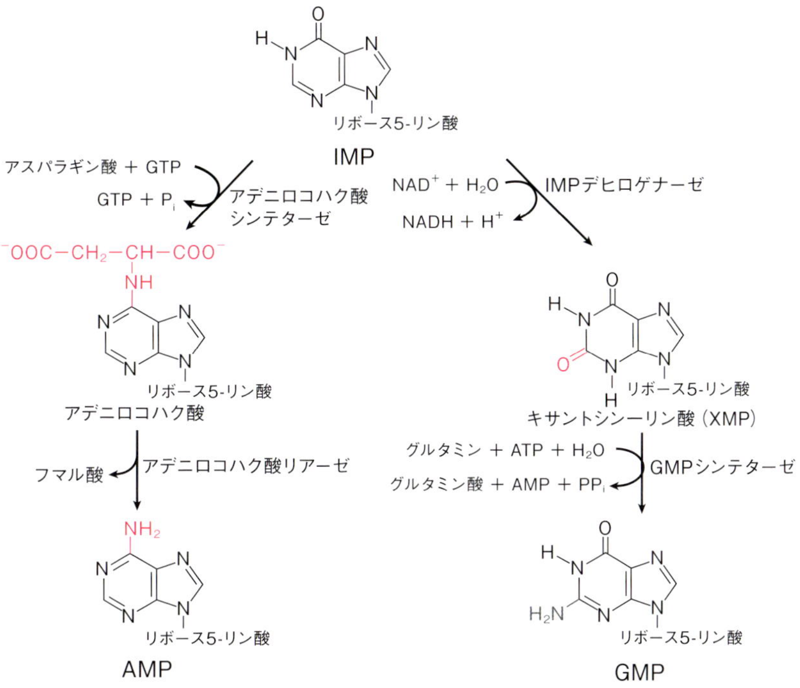

図 18·4　IMP から AMP および GMP への変換経路
AMP の合成には GTP が必要，GMP の合成には ATP が必要である。それぞれの経路の第一段階はその経路の最終産物（AMP ないし GMP）によって阻害される。これらの調節機構により，IMP は 2 つのプリンのうちより少ない方の合成に進む。

GMP になる。この反応は ATP の AMP + PP_i への加水分解と共役している。PP_i は続いて 2 つの P_i に加水分解される。免疫応答を担当する B 細胞と T 細胞は増殖にグアノシンを必要とするので IMP デヒドロゲナーゼの活性が高い。ミコフェノール酸は IMP デヒドロゲナーゼの阻害薬で，免疫抑制に用いられる。

18·1·5　ヌクレオシド一リン酸のヌクレオシド二リン酸，ヌクレオシド三リン酸への変換

ヌクレオシド一リン酸（NMP）は，相当する塩基特異的ヌクレオシド一リン酸キナーゼにより，ヌクレオシド二リン酸（NDP）に変換される。これらのキナーゼは基質中のリボースとデオキシリボースは区別しない。ATP が転移されるリン酸基の供与体となる。ヌクレオシド二リン酸とヌクレオシド三リン酸はヌクレオシド二リン酸キナーゼにより相互変換可能である。この酵素はヌクレオシド一リン酸キナーゼとは異なり，広い基質特異性（塩基にも糖にも）をもつ。

18·1·6　プリンのサルベージ経路（再利用経路）

細胞内の核酸（とくにある種の RNA）の代謝回転で生じたプリンや食事から得られ分解されなかったプリンはヌクレオチドに変換され再利用される。これをプリンの“サルベー

ジ経路”と呼び，2つの酵素が関わっている。アデニンホスホリボシルトランスフェラーゼ（APRT）とヒポキサンチン－グアニンホスホリボシルトランスフェラーゼ（HGPRT）である。ともにPRPPをリボース5-リン酸基の供給源として使う。HGPRTの欠損によりLesch-Nyhan症候群が生じる（伴性劣性遺伝）。Lesch-Nyhan症候群ではヒポキサンチン・グアニンを回収することができず,過剰な尿酸が産生される。さらにPRPP濃度が上昇し,IMP濃度・GMP濃度が減少する。その結果，アミドホスホリボシルトランスフェラーゼ（プリン合成の律速段階酵素）は基質（兼フィードフォワード活性化因子）が過剰となり阻害因子が減少するため,プリンの新規合成が増加する。プリン再利用の減少とプリン合成の増加が重なり，大量の尿酸が産生されることになり，Lesch-Nyhan症候群は重症の遺伝性痛風となる。特徴的な神経症状として自傷行為と不随意運動がある。

APRT:アデニン ＋ PRPP → AMP ＋ PP_i

HGPRT:ヒポキサンチン ＋ PRPP → IMP ＋ PP_i
　　　グアニン　　　＋ PRPP → GMP ＋ PP_i

図 18･5　プリンのサルベージ経路
細胞の代謝回転で生じたプリンや，食物から得られ分解されなかったプリンはヌクレオチドに変換され再利用される。これをプリンの“サルベージ経路”と呼び，2つの酵素が関与する。

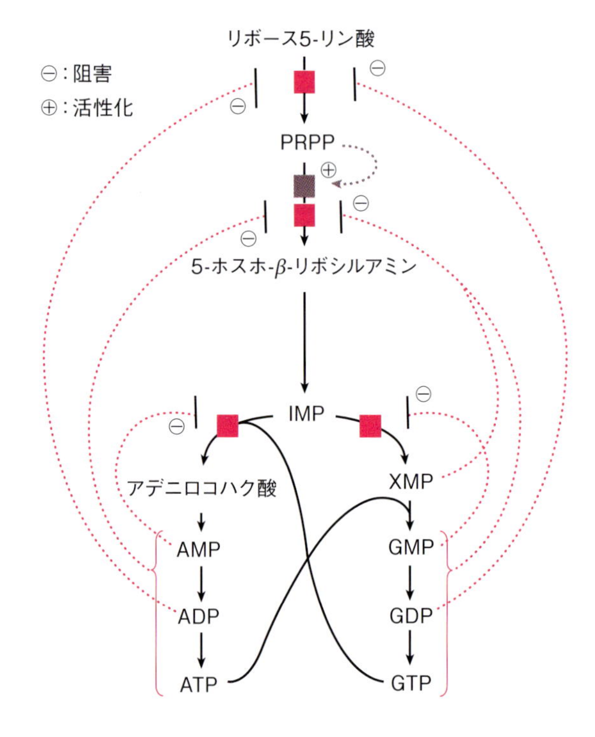

図 18･6　プリン生合成経路の調節
リボースリン酸ピロホスホキナーゼ（PRPPシンテターゼ）は無機リン酸（P_i）によって活性化されプリンヌクレオチド（ADP，GDP）によって阻害される。アミドホスホリボシルトランスフェラーゼはAMP，ADP，ATP，XMP，GMP，GDP，GTPによって阻害される。またこの酵素はPRPPによりフィードフォワード活性化を受ける。ここがプリンヌクレオチド生合成の律速段階である。またアデニロコハク酸シンテターゼはAMPにより，IMPデヒドロゲナーゼはGMPにより阻害される。■■の場所が制御点。（文献18-2より改変）

18･2　ピリミジンヌクレオチド合成

ピリミジン環がまず合成され，その後 PRPP からリボース 5- リン酸をもらってピリミジンヌクレオチドであるウリジン一リン酸（UMP）が完成する。ピリミジン環はグルタミン，CO_2，アスパラギン酸から合成される。グルタミンとアスパラギン酸はプリン合成とピリミジン合成の両者に必要である。

図 18･7　ウリジン一リン酸（UMP）
ピリミジン環がまず合成され，その後 PRPP からリボース 5- リン酸をもらってピリミジンヌクレオチドであるウリジン一リン酸（UMP）が完成する。

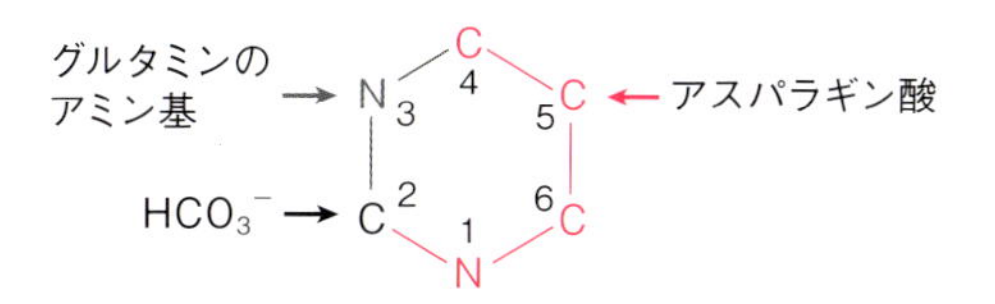

図 18･8　ピリミジン塩基合成の材料
ピリミジン環はグルタミン，CO_2，アスパラギン酸から合成される。

18･2･1　カルバモイルリン酸合成

ピリミジン合成の調節酵素は細胞質に存在するカルバモイルリン酸シンテターゼ II（CPS II）であり，この酵素によってグルタミンと CO_2 からカルバモイルリン酸が合成される。CPS II は UTP（この経路の最終産物であり他のピリミジンヌクレオチドに変換される），UDP により阻害され，ATP と PRPP によって活性化される。

18･2･2　オロト酸合成

アスパラギン酸カルバモイルトランスフェラーゼ（ATC アーゼ）によってカルバモイルリン酸とアスパラギン酸からカルバモイルアスパラギン酸が生成する。次にジヒドロオロターゼによる分子内縮合でピリミジン環が閉環しジヒドロオロト酸が生成する。ミトコンドリア内にある（内膜の外側表面）ジヒドロオロト酸デヒドロゲナーゼによってジヒドロオロト酸は酸化されてオロト酸が生じる。ピリミジン生合成の他の反応はすべて細胞質で起こる。この経路の最初の 3 段階の触媒酵素（CPS II, アスパラギン酸カルバモイルトランスフェラーゼ，ジヒドロオロターゼ）はすべて同一のポリペプチド鎖上に存在する。

18･2･3　ピリミジンヌクレオチドの生成

オロト酸ホスホリボシルトランスフェラーゼによってオロト酸はオロチジン 5′- 一リン酸（OMP）に変換される。PRPP がリボース 5- リン酸の供与体となる。オロチジン酸デカルボキシラーゼによって OMP はウリジン一リン酸（UMP）に変換される。オロト酸ホスホリボシルトランスフェラーゼとオロチジン酸デカルボキシラーゼもまた UMP シンターゼと呼

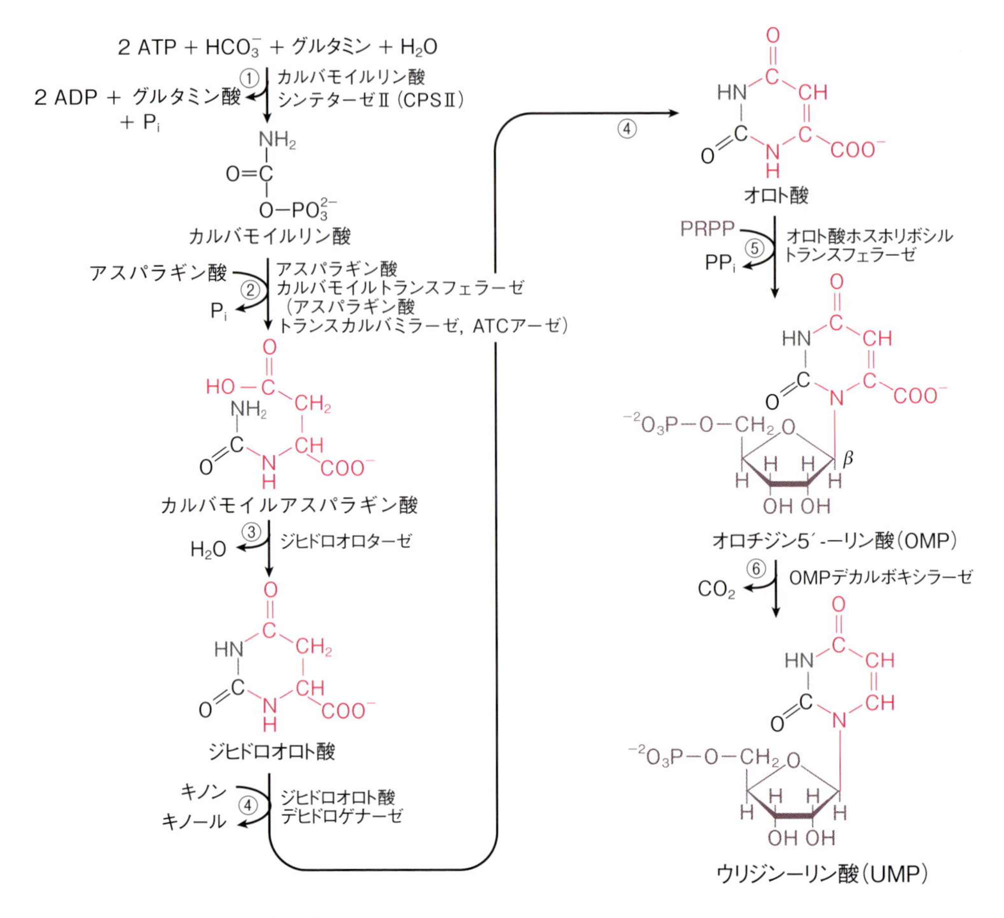

図 18·9　UMP の新規生合成

細胞質に存在するカルバモイルリン酸シンテターゼII（CPS II）によってグルタミンと CO_2 からカルバモイルリン酸が合成される①。カルバモイルリン酸とアスパラギン酸からカルバモイルアスパラギン酸が生成し②，これからジヒドロオロト酸を経て③オロト酸が生成する④。オロト酸に PRPP からリボース 5- リン酸が渡されて OMP に変換され⑤，これが UMP になる⑥。

ばれる単一のポリペプチド鎖上にある。オロト酸尿症はこの二機能性酵素の欠損によって引き起こされ，尿中にオロト酸が出るようになる。

18·2·4　ウリジン三リン酸（UTP）とシチジン三リン酸（CTP）の合成

ヌクレオシド一リン酸キナーゼによって UMP は UDP に変換され，ヌクレオシド二リン酸キナーゼによって UDP は UTP に変換される。CTP シンテターゼによって UTP がアミノ化されてシチジン三リン酸（CTP）が生成する。この際アミノ基の窒素はグルタミンから供与される。

18·3　デオキシリボヌクレオチド合成

DNA 合成に必要なヌクレオチドはデオキシリボヌクレオチド（dNTP，dNDP からヌクレオシド二リン酸キナーゼにより作られる）であり，リボヌクレオチドレダクターゼ（RNR）

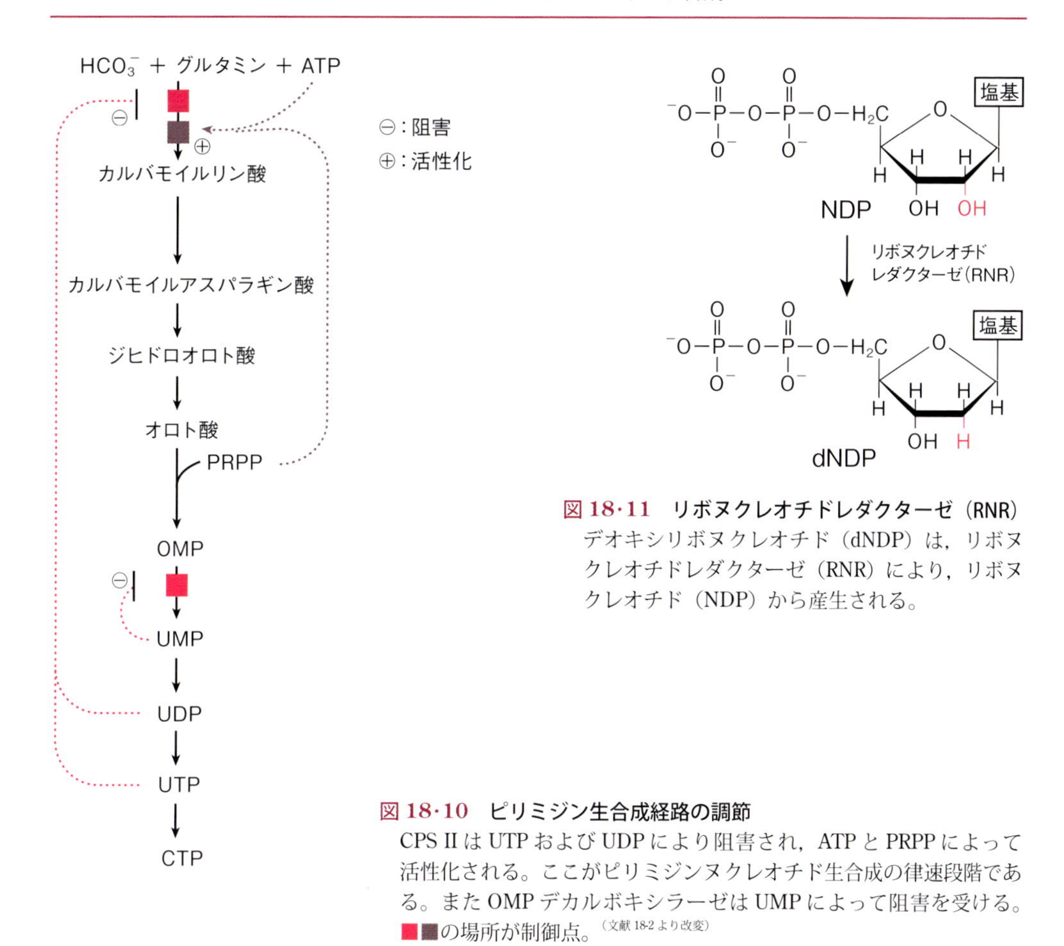

図 18・11　リボヌクレオチドレダクターゼ（RNR）
デオキシリボヌクレオチド（dNDP）は，リボヌクレオチドレダクターゼ（RNR）により，リボヌクレオチド（NDP）から産生される。

図 18・10　ピリミジン生合成経路の調節
CPS II は UTP および UDP により阻害され，ATP と PRPP によって活性化される。ここがピリミジンヌクレオチド生合成の律速段階である。また OMP デカルボキシラーゼは UMP によって阻害を受ける。■■の場所が制御点。（文献 18-2 より改変）

によりリボヌクレオチド（NDP）から産生される。

18・3・1　リボヌクレオチドレダクターゼ（RNR）

リボヌクレオチドレダクターゼ（リボヌクレオシド二リン酸レダクターゼ）は，ヌクレオシド二リン酸（ADP，GDP，CDP，UDP）をデオキシ型（dADP，dGDP，dCDP，dUDP）に還元する多サブユニット酵素である。産生された dNDP はヌクレオシド二リン酸キナーゼにより dNTP に変換される。2′- ヒドロキシ基の還元に必要な水素原子は酵素自体の SH 基から与えられ，SH 基は反応の過程で S-S 結合を作る。RNR がデオキシリボヌクレオチドを産生し続けるためには，S-S 結合が還元されなければならない。還元に必要な水素原子はチオレドキシンという RNR のペプチド性補酵素から与えられる。チオレドキシンの 2 つの SH 基は，RNR を還元し S-S 結合を作る。チオレドキシンが働き続けるためには，還元型に戻らなければならない。そのために必要な還元当量は NADPH ＋ H^+が供給する。この反応はチオレドキシンレダクターゼが触媒する。

18・3・2　デオキシリボヌクレオチド合成の調節

DNA 合成に必要なデオキシリボヌクレオチドがバランス良く供給されるように，RNR は複雑な調節を受けている。

①活性制御部位：酵素のアロステリック部位に dATP が結合すると触媒活性が抑制され，4 つのヌクレオシド二リン酸の還元はすべて停止し，DNA 合成は阻害される。この阻害を ATP は解除する。

②特異性制御部位：酵素の別のアロステリック部位にヌクレオシド三リン酸が結合すると基質特異性が変化し，DNA 合成に必要な特定のデオキシリボヌクレオチドのリボヌクレオチドからの変換が増加する。

18･3･3　dUMP からのチミジン一リン酸合成

dUTP は dUTP ピロホスファターゼ（dUTP アーゼ）により dUMP に変換される。dUMP はチミジル酸シンターゼにより dTMP に変換される。この際 5,10- メチレンテトラヒドロ葉酸（5,10- メチレン -THF）がメチル基の供給源となり，THF は DHF に酸化される。5- フルオロウラシルは 5-FdUMP に代謝され，5-FdUMP はチミジル酸シンターゼの基質となるが反応の途中で酵素を失活させてしまう。このため，この薬剤（抗がん剤）は反応機構型阻害剤（自殺基質）と呼ばれる。DHF はジヒドロ葉酸レダクターゼ（DHFR）によって THF に還元される。この酵素はメトトレキセート（アメトプテリン），アミノプテリンなどの葉酸の構造類似体（葉酸拮抗剤，抗葉酸剤）で競合阻害される。THF の供給を減少させること

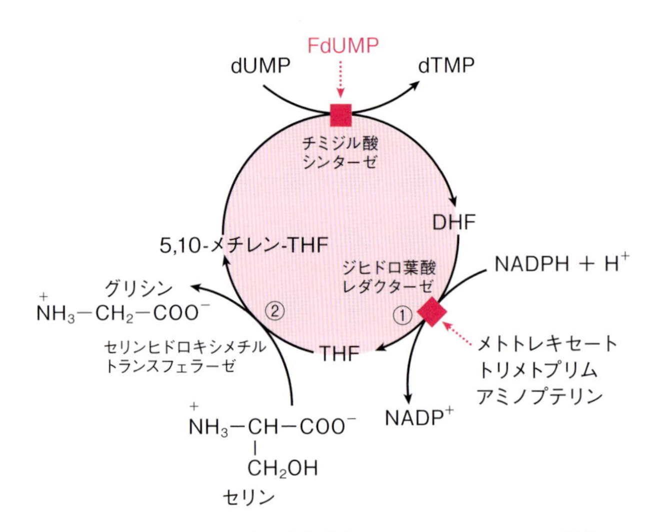

図 18･12　dUMP からのチミジル酸合成と 5,10- メチレン THF の再生
dUMP はチミジル酸シンターゼにより dTMP に変換される。この際 5,10- メチレン -THF がメチル基の供給源となり，THF は DHF に酸化される。5- フルオロウラシルは 5-FdUMP に代謝され，5-FdUMP はチミジル酸シンターゼの基質となるが反応の途中で酵素を失活させてしまう。DHF はジヒドロ葉酸レダクターゼによって THF に還元される①。この酵素はメトトレキセート（アメトプテリン），アミノプテリンなどの抗葉酸剤で競合阻害される。トリメトプリムも抗葉酸剤だが，細菌のジヒドロ葉酸レダクターゼを選択的に阻害するので強力な抗細菌活性をもつ。THF はセリンヒドロキシメチルトランスフェラーゼにより 5,10- メチレン -THF に再生される②。■の場所が制御点。（文献 18-2 より改変）

により，これらの抗葉酸剤は dUMP から dTMP へのメチル化を阻害するだけでなく，プリン合成をも阻害する。その結果，DNA の不可欠の構成成分である dTMP の細胞内濃度は減少し，DNA 合成は阻害され細胞増殖は抑制される。スルホンアミドは細菌による THF 合成を阻害するので，抗菌剤として用いられる（哺乳類は葉酸合成能をもたずビタミンとして摂取する）。トリメトプリムも抗葉酸剤だが，細菌のジヒドロ葉酸レダクターゼを選択的に阻害するので強力な抗細菌活性をもつ。

18·3·4　ピリミジンの再利用（サルベージ）

ヒトの細胞ではピリミジン塩基はほとんど再利用されない。しかしピリミジンヌクレオシドのウリジンとシチジンはウリジン - シチジンキナーゼによって，デオキシシチジンはデオキシシチジンキナーゼによって，チミジンはチミジンキナーゼによって再利用可能である。これらの酵素は ATP を利用してヌクレオシドをリン酸化し UMP，CMP，dCMP，dTMP を生成する。またオロト酸ホスホリボシルトランスフェラーゼによるサルベージ反応もある（ウラシル＋ PRPP → UMP ＋ PP_i，シトシン＋ PRPP → CMP ＋ PP_i）。

18·4　プリンヌクレオチドの分解

食事中の核酸の分解は酸性環境の胃では行われない。一群の膵臓の酵素により小腸内でヌクレオチドを加水分解してヌクレオシドと遊離塩基になる。ヌクレオシドは細胞内でそれぞれに特異的な酵素によって順次分解され，最終的には尿酸になる。

18·4·1　小腸での核酸の分解

膵液中のリボヌクレアーゼ（デオキシリボヌクレアーゼ）により RNA（DNA）はオリゴヌクレオチドになる。オリゴヌクレオチドはさらに膵液中のホスホジエステラーゼによって加水分解されて 3′- モノヌクレオチドと 5′- モノヌクレオチドになる。次にヌクレオチダーゼによってリン酸基が取り除かれ，ヌクレオシドになる。ヌクレオシドは小腸粘膜細胞によって再吸収されるか，遊離の塩基にまで分解されてから再吸収される。食事中のプリン・ピリミジンの大部分は核酸合成の材料とはならない。プリンは小腸粘膜細胞内で尿酸に変換され，血流を介して最終的に尿中に排泄される。

18·4·2　尿酸生成

AMP から AMP デアミナーゼによりアミノ基が除去されて IMP が生成する。またはアデノシンからアデノシンデアミナーゼによりアミノ基が除去されてイノシン（ヒポキサンチン - リボース）が生成する。

IMP と GMP は 5′- ヌクレオチダーゼによってヌクレオシドであるイノシンとグアノシンに変換される。

プリンヌクレオシドホスホリラーゼ（PNP）によってイノシン，グアノシンはヒポキサンチン，グアニンに変換される。

グアニンはグアニンデアミナーゼによって脱アミノされてキサンチンに変換される。

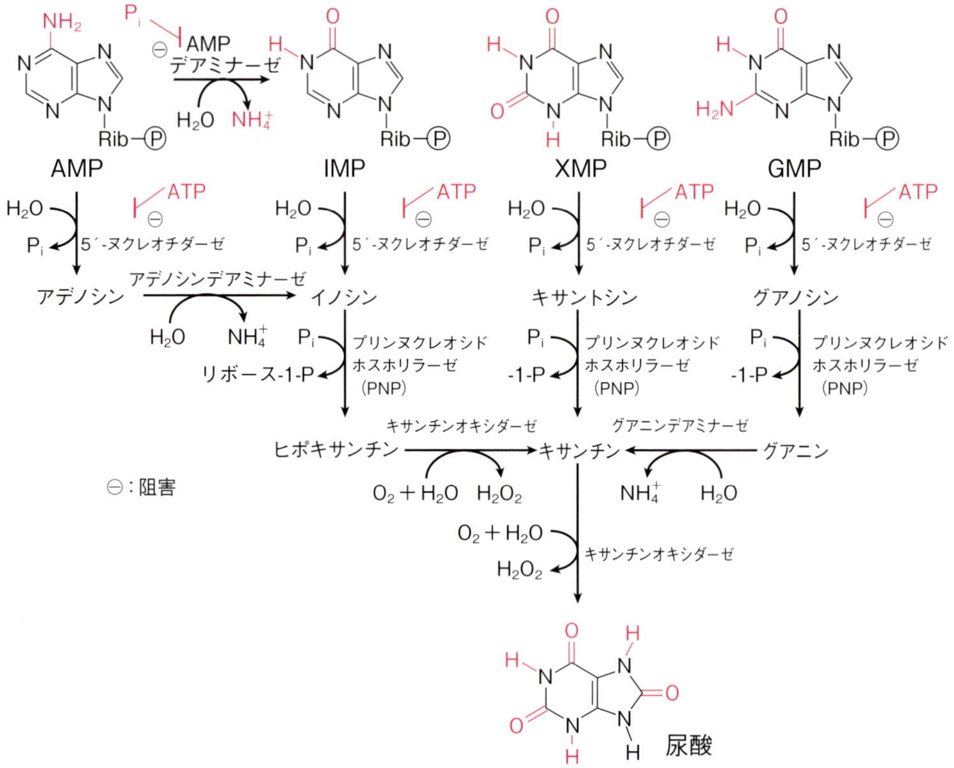

図 18･13 プリンの異化経路（尿酸生成経路）

AMP から AMP デアミナーゼによりアミノ基が除去されて IMP が生成する。またはアデノシンからアデノシンデアミナーゼによりアミノ基が除去されてイノシンが生成する。IMP と GMP は 5′- ヌクレオチダーゼによってヌクレオシドであるイノシンとグアノシンに変換される。プリンヌクレオシドホスホリラーゼ（PNP）によってイノシン，グアノシンはヒポキサンチン，グアニンに変換される。グアニンはグアニンデアミナーゼによって脱アミノされてキサンチンに変換される。ヒポキサンチンはキサンチンオキシダーゼによって酸化されてキサンチンに変換される。キサンチンはさらにキサンチンオキシダーゼによって酸化されて尿酸になる。ATP は 5′- ヌクレオチダーゼを阻害し，無機リン酸は AMP デアミナーゼを阻害する。

ヒポキサンチンはキサンチンオキシダーゼによって酸化されてキサンチンに変換される。キサンチンはさらにキサンチンオキシダーゼによって酸化されて尿酸になる。これがヒトでのプリン代謝の最終産物で尿中に排泄される。

18･4･3 プリンヌクレオチド回路

AMP を AMP デアミナーゼで脱アミノし IMP を作り，それをアデニロコハク酸シンテターゼでアデニロコハク酸に変換し，それをアデニロコハク酸リアーゼで AMP に戻してやると，フマル酸が生じる。このプリンヌクレオチド回路が筋肉でクエン酸回路の中間体であるフマル酸を補充する。

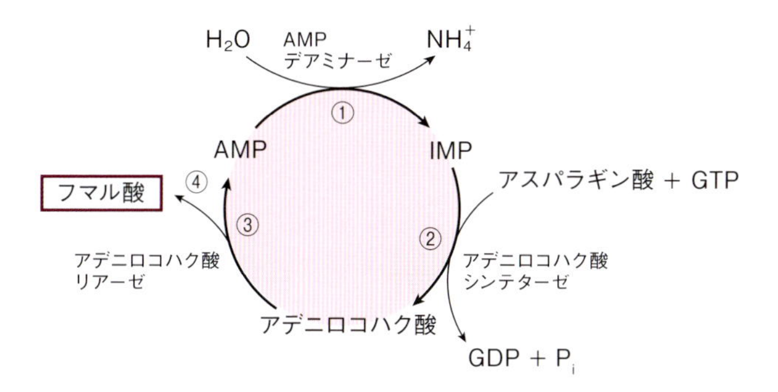

図 18・14　プリンヌクレオチド回路
AMP を AMP デアミナーゼで脱アミノし IMP を作り①，それをアデニロコハク酸シンテターゼでアデニロコハク酸に変換し②，それをアデニロコハク酸リアーゼで AMP に戻してやると③，フマル酸が生じる④。（文献 18-2 より改変）

18・4・4　プリン分解に関連した疾患

18・4・4・1　痛　風

痛風は尿酸の過剰生産ないし排泄障害の結果，血中の尿酸値が上昇する疾患である。尿酸ナトリウム結晶が組織とくに腎臓・関節に沈着し，急性痛風性関節炎を引き起こし，これが進行して慢性痛風性関節炎となる。

①**原発性痛風**：痛風の原因のほとんどは腎臓からの分泌障害による尿酸の排泄低下である。Lesch-Nyhan 症候群のように，プリン代謝酵素の遺伝的異常の結果起こる過剰生産が原因となることもある。

②**二次性高尿酸血症**：この形の痛風は多様な疾患および生活習慣によって引き起こされる（慢性腎不全患者，化学療法を受けている患者，骨髄増殖性疾患患者，プリンを多く含む食品を過剰に摂取する人など）。痛風は von Gierke 病やフルクトース不耐症など代謝疾患の付随症状として発症することもある。

③**痛風の治療**：急性発作はコルヒチンおよびアスピリンなどの抗炎症剤で治療する。コルヒチンは患部への顆粒球の移動を減少させ（運動に必要な微小管を脱重合することにより），抗炎症剤は疼痛を和らげる。痛風の治療方針の原則は尿酸濃度を飽和点以下に下げて尿酸結晶の沈着を予防することである。ほとんどの痛風患者は尿酸の“低排泄者”であるから，プロベネシドやスルフィンピラゾンなどの尿酸排泄薬が多くの痛風患者の治療に用いられている。アロプリノールは体の中でオキシプリノールに変換され，これがキサンチンオキシダーゼを阻害し，その結果，ヒポキサンチンとキサンチンが蓄積する。これらの化合物は尿酸よりも可溶性が高いので炎症反応を引き起こしにくい。

18・4・4・2　アデノシンデアミナーゼ欠損

アデノシンデアミナーゼ（ADA）はすべての細胞の細胞質に発現しているが，とくにリンパ球でこの酵素活性が高い。ADA 欠損の結果，デオキシアデノシンが蓄積し，これはリン酸化されてデオキシリボヌクレオチド dATP に変換される。dATP レベルが上昇するとリボヌクレオチドレダクターゼは阻害され，すべてのデオキシリボース含有ヌクレオチドの産生が阻害される。その結果，細胞はDNAを合成することができず，分裂することができない。最も重篤な形ではこの常染色体劣性疾患は重症複合免疫不全症（SCID）を引き起こし，T細胞とB細胞がすべて欠損してしまう。

18･5　ピリミジンヌクレオチドの分解

ヒトでは分解されないプリン環とは異なり，ピリミジン環は開化されて，β-アラニンや3-アミノイソ酪酸へと分解される。これらの化合物はマロニルCoAやメチルマロニルCoAに変換され，エネルギー代謝に寄与する。

理解度確認問題

Aは54歳男性。右足の親指の付け根に腫脹・発赤・疼痛が突然出現して，3日後に来院。来院時，当該箇所に疼痛・腫脹は認められたが，発熱・発赤は無し。血清尿酸値は7.7 mg/dLであった。家族歴として父は心筋梗塞，母は高血圧症，兄が狭心症。毎日ビール1～2本。喫煙は1日20本を25年間続けている。

1. 診断は何か。
2. 治療法は何か。

解　答

1. 痛風。痛風は尿酸の過剰生産ないし排泄障害の結果，血中の尿酸値が上昇する疾患である。尿酸ナトリウム結晶が組織とくに腎臓・関節に沈着し，急性痛風性関節炎を引き起こす。

2. 急性関節炎に対しては，コルヒチンおよびアスピリンなどの抗炎症剤で治療する。痛風の原因のほとんどは腎臓からの分泌障害による尿酸の排泄低下であるので，プロベネシドやスルフィンピラゾンなどの尿酸排泄薬が多くの痛風患者の治療に用いられている。またアロプリノールがよく用いられる。これは体の中でオキシプリノールに変換され，これがキサンチンオキシダーゼを阻害し，その結果，ヒポキサンチンとキサンチンが蓄積する。これらの化合物は尿酸よりも可溶性が高いので炎症反応を引き起こしにくい。

引用文献

18-1)　石崎泰樹・丸山　敬 監訳（2015）『イラストレイテッド生化学（原書6版）』丸善出版.

18-2)　Voet, D. *et al.*（田宮信雄ら訳）（2014）『ヴォート基礎生化学（第4版）』東京化学同人.

18-3)　Berg, J. M. *et al.*（入村達郎ら訳）（2013）『ストライヤー生化学（第7版）』東京化学同人.

19章 脂質代謝

脂質は水に不溶であるため，タンパク質との複合体であるリポタンパク質を形成して血中を輸送され，組織でエネルギー代謝や脂質合成に利用される。脂質代謝で鍵となる物質はアセチル CoA である。トリアシルグリセロールを分解して得られる脂肪酸から β 酸化により生成されるアセチル CoA は，クエン酸回路でエネルギー産生に利用される。一方，過剰の糖質からはアセチル CoA を経て脂肪酸が合成され，トリアシルグリセロールを生合成して余剰エネルギーが貯蔵される。糖尿病や絶食時には，肝臓では過剰なアセチル CoA からケトン体が産生され，他の組織（筋肉，脳など）にエネルギー源として供給される。コレステロールの生合成においてもアセチル CoA が前駆物質となる。コレステロールは細胞膜やステロイドホルモンなどの原料としてヒトに不可欠であるが，過剰なコレステロールは動脈硬化などの疾患の原因となる。

19・1　脂質の消化と吸収

摂取した食物に含まれる短鎖脂肪酸と中鎖脂肪酸が結合したトリアシルグリセロールは，舌リパーゼや胃リパーゼにより胃で分解される。長鎖脂肪酸が結合したトリアシルグリセロールは，十二指腸で界面活性作用をもつ胆汁酸により乳化され，小腸で膵液中に含まれる膵リパーゼの作用により遊離脂肪酸と 2-モノアシルグリセロールに加水分解される。遊離脂肪酸と 2-モノアシルグリセロールは，胆汁酸を主成分とするミセルを形成して可溶化され，小腸粘膜上皮細胞に吸収される（図 19・1）。

小腸で吸収された長鎖脂肪酸からアシル CoA シンテターゼにより生成されるアシル CoA 誘導体と，小腸粘膜上皮細胞が吸収した 2-モノアシルグリセロールは，トリアシルグリセロール合成酵素の作用により再びトリアシルグリセロールとなる。再合成されたトリアシルグリセロールは，コレステロールやリン脂質とともにアポリポタンパク質 apoB-48 との複合体であるカイロミクロン（キロミクロン）を形成する。カイロミクロンは，リンパ管を経由して血中へと出る。

19・2　脂質の輸送

摂取された食物由来の脂質や肝臓で合成された脂質は，タンパク質との複合体であるリポタンパク質を形成して血液を介して末梢組織へと運ばれる。

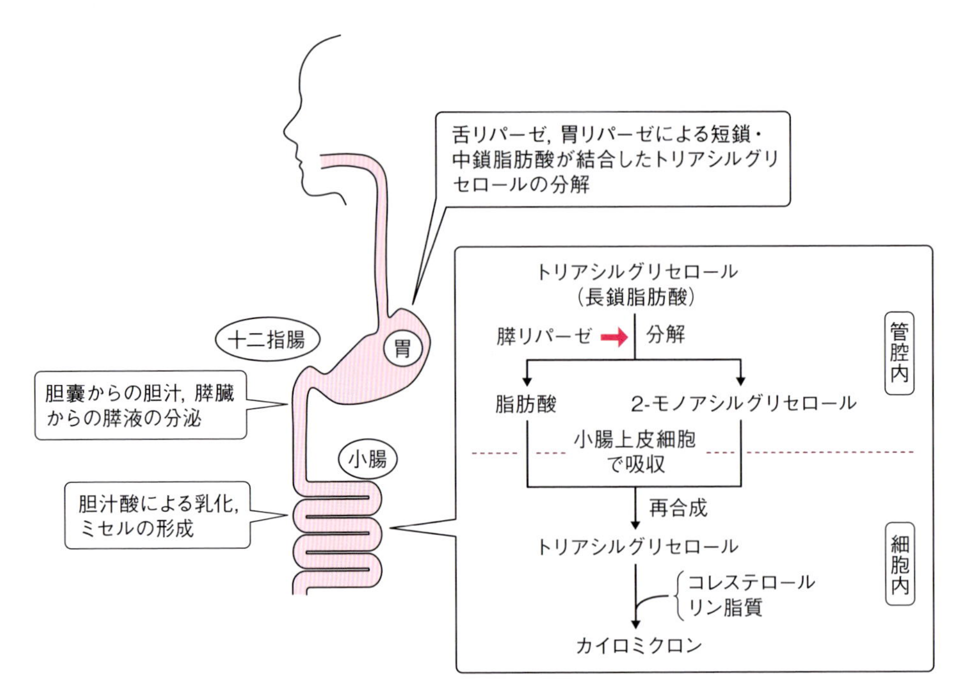

図 19·1　食物由来の脂質の消化と吸収
長鎖脂肪酸を結合したトリアシルグリセロール（中性脂肪）は，小腸で膵リパーゼにより脂肪酸と 2-モノアシルグリセロールに分解されて小腸上皮細胞に吸収される。吸収された脂肪酸と 2-モノアシルグリセロールからトリアシルグリセロールが再合成され，コレステロールやリポタンパク質との複合体であるカイロミクロンを形成する。

19·2·1　食物由来の脂質の輸送

摂取された食物由来の脂質（トリアシルグリセロール，コレステロール，脂溶性ビタミンなど）は，カイロミクロンにより輸送される（図 19·2）。血中に出たばかりのカイロミクロンは機能的に不完全な未熟カイロミクロンであるが，血中で高密度リポタンパク質（HDL）から供給されるアポリポタンパク質 apoE と apoC を受け取って成熟する。筋肉や脂肪組織などの末梢組織では，カイロミクロンの apoC-II により毛細血管内壁に局在するリポタンパク質リパーゼが活性化され，カイロミクロンのトリアシルグリセロールを脂肪酸とグリセロールに加水分解する。生成した脂肪酸は組織に吸収され，グリセロールは肝臓へと運ばれる。カイロミクロンは徐々に収縮してカイロミクロンレムナント（残渣）となる。コレステロールを多く含むレムナントは肝臓で apoE を認識するリポタンパク質受容体（レムナント受容体）をもつ肝細胞に取り込まれて処理される。

19·2·2　肝臓で合成された脂質の輸送

肝臓で合成されたトリアシルグリセロールやコレステロールは，超低密度リポタンパク質（VLDL）を形成して血中へ運び出される（図 19·3）。VLDL は血中で HDL からの apoE と apoC-II により修飾される。カイロミクロンと同様に，末梢組織でリポタンパク質リパーゼがトリアシルグリセロールを脂肪酸とグリセロールに加水分解する。VLDL の残渣は apoE

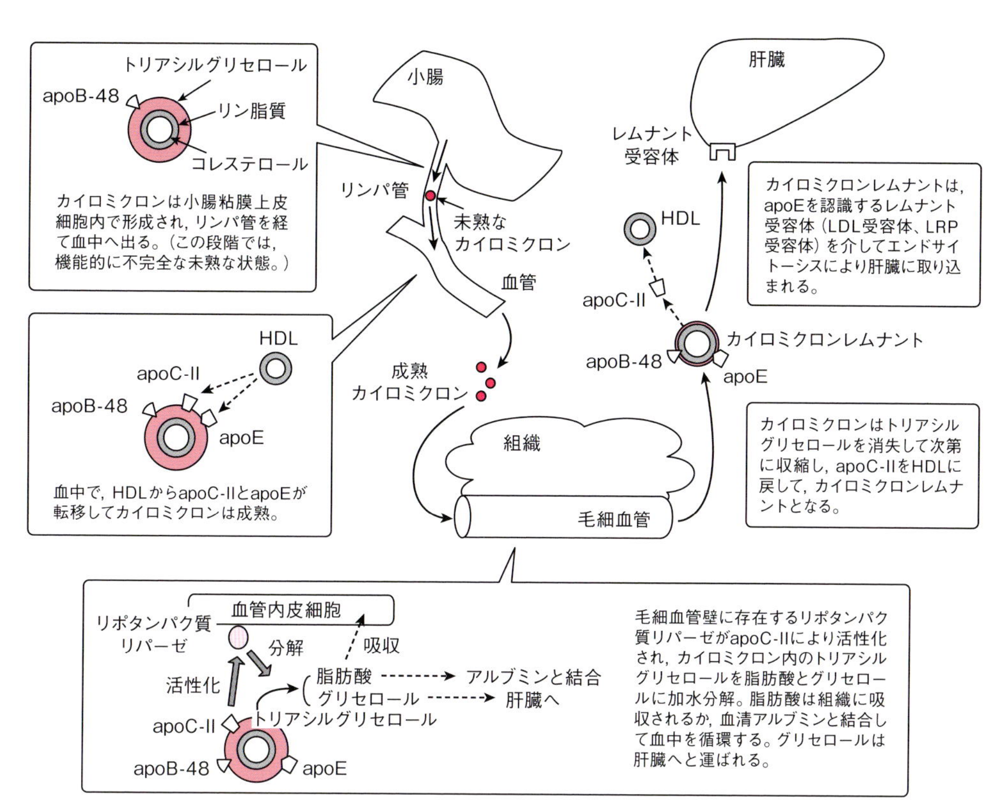

図 19・2　カイロミクロンの輸送
食事由来の脂質はリポタンパク質との複合体であるカイロミクロンにより血中を輸送される。末梢組織では毛細血管内壁に存在するリポタンパク質リパーゼの働きにより，カイロミクロンに含まれるトリアシルグリセロールは脂肪酸とグリセロールに分解され，脂肪酸は組織に吸収される。

とapoC-IIをHDLに戻し，中間密度リポタンパク質（IDL），さらに低密度リポタンパク質（LDL）となる。

コレステロールを大量に含むLDLは，末梢組織の細胞表面に存在するLDL受容体（apoB-100受容体）に結合し，エンドサイトーシスにより細胞内に取り込まれて分解され，コレステロールはその細胞で再利用される。

HDLはLDLとは逆に，末梢組織からコレステロールを取り込み肝臓へと輸送する。アポリポタンパク質apoC，apoEの血中貯蔵庫としての役割の他に，apoA-Iの作用により活性化される酵素（レシチン-コレステロール-アシルトランスフェラーゼLCAT）により取り込んだコレステロールをエステル化する。HDLは肝臓で細胞表面のスカベンジャー受容体SR-B1に結合して取り込まれ，コレステロールエステルが取り出される。末梢組織から肝臓に集められたコレステロールは胆汁酸合成などに利用される。

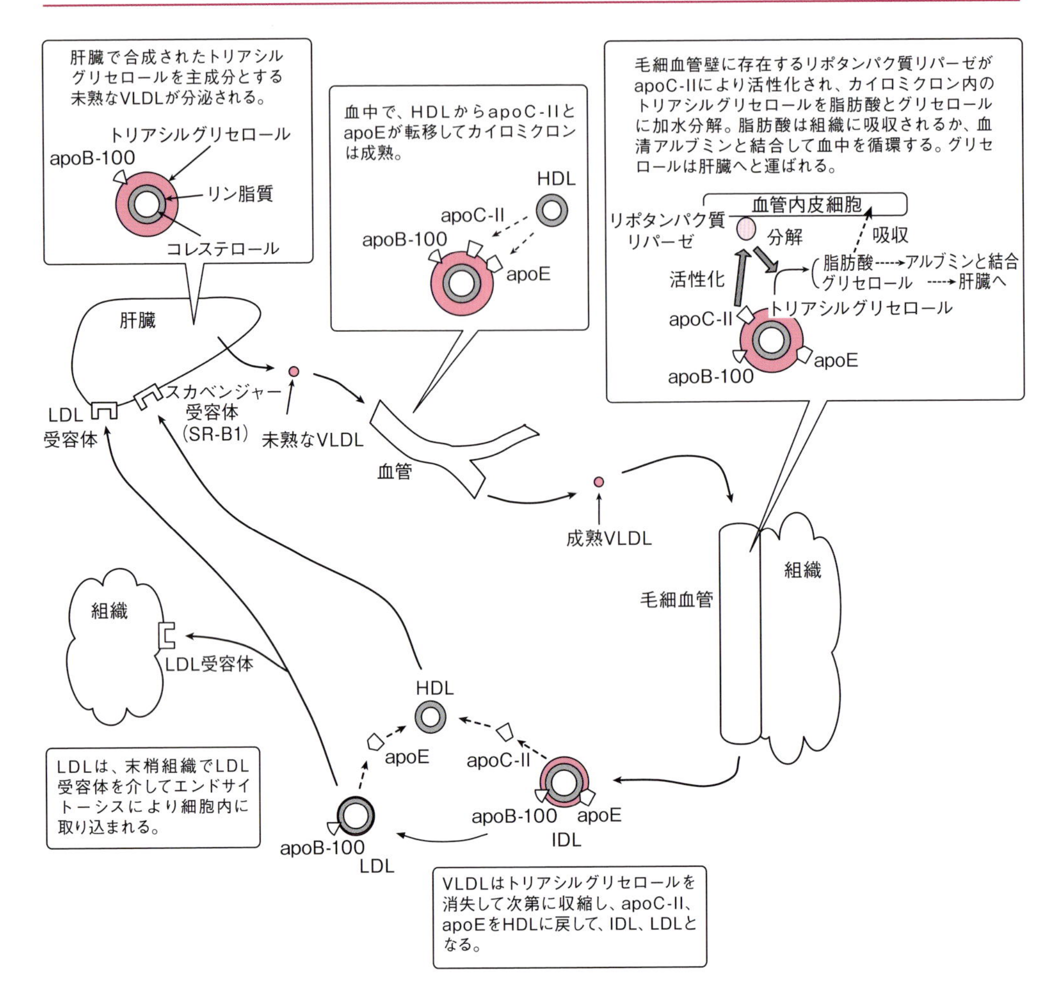

図 19･3 超低密度リポタンパク質（VLDL）と低密度リポタンパク質（LDL）の代謝
肝臓で合成された脂質は VLDL を形成して血中へ放出される。VLDL は末梢組織でトリアシルグリセロールを消失して収縮し，IDL，LDL になる。コレステロールを多く含む LDL は，末梢組織で LDL 受容体を発現する細胞に結合して取り込まれる。

19･3 脂肪酸の分解

19･3･1 貯蔵脂質の動員

空腹時，血糖値の低下に伴って脂肪組織に蓄えられたトリアシルグリセロール（中性脂肪）がエネルギー源として利用されるようになる。空腹時に血中濃度が上昇するホルモン（アドレナリン，グルカゴンなど）の刺激により脂肪組織でホルモン感受性リパーゼが活性化される。ホルモン感受性リパーゼはトリアシルグリセロールを脂肪酸とグリセロールに加水分解する（図 19･4）。分解産物である脂肪酸は血中に遊離され，血清アルブミンと結合して全身の組織に運ばれ，その細胞内でエネルギー代謝に利用される。（遊離脂肪酸は血液脳関門を通過できないため，脳のエネルギー源にはならない。）ホルモン感受性リパーゼの作用は，

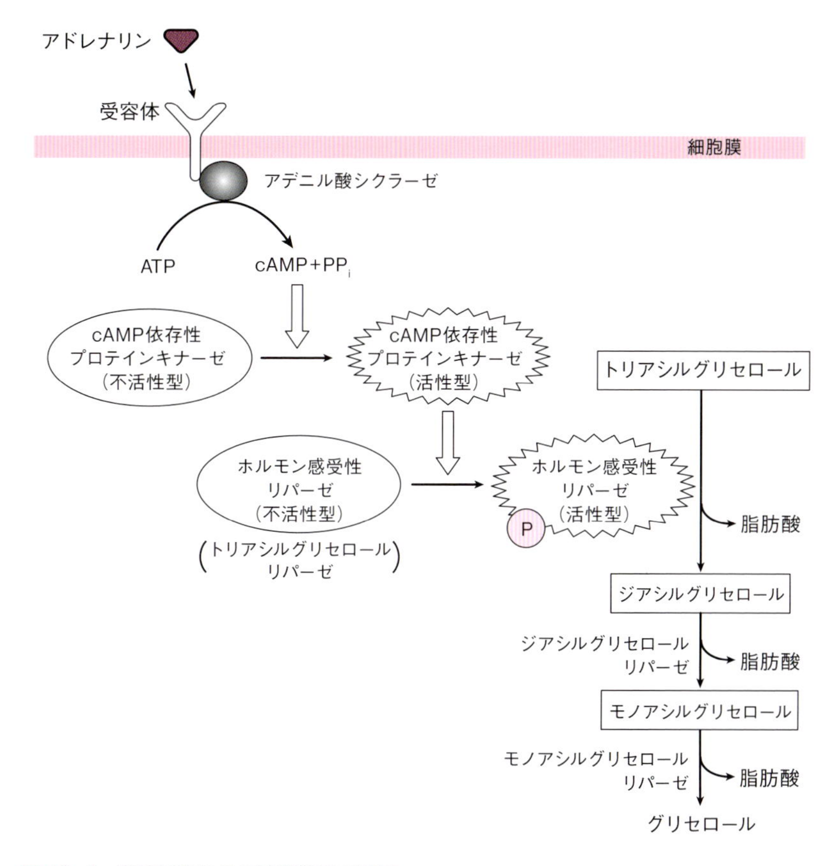

図 19·4　脂肪細胞からの貯蔵脂質の動員
脂肪組織では，血糖値の低下に伴って血中濃度が上昇するアドレナリンの刺激によりホルモン感受性リパーゼがリン酸化により活性化され，貯蔵されていたトリアシルグリセロールが脂肪酸とグリセロールに分解される。脂肪酸は血中へ放出されて全身の組織に供給され，エネルギー代謝に利用される。ホルモン感受性リパーゼの作用はインスリンによって不活化される。

食物摂取により血中濃度が上昇するインスリンにより不活化され，脂肪組織でのトリアシルグリセロールの分解反応は低下する。

19·3·2　脂肪酸のミトコンドリア内への輸送

細胞内に取り込んだ脂肪酸をエネルギー源として利用するための分解反応（β 酸化）はミトコンドリアのマトリックスで行われるため，脂肪酸はミトコンドリア内へと輸送される。脂肪酸はそのままではミトコンドリア膜を通過できないことから，カルニチンシャトルと呼ばれる輸送過程により脂肪酸のアシル基がミトコンドリアのマトリックス内へと輸送される（図 19·5）。脂肪酸は細胞質中でアシル CoA シンテターゼにより活性化されて脂肪酸アシル CoA となる。脂肪酸アシル CoA はアシル CoA キャリアタンパク質の作用によりミトコンドリア外膜を通過して膜間腔へと運ばれるが，ミトコンドリア内膜を通過することはできない。ミトコンドリア外膜の膜間腔側に存在するカルニチンパルミトイルトランスフェラーゼ I

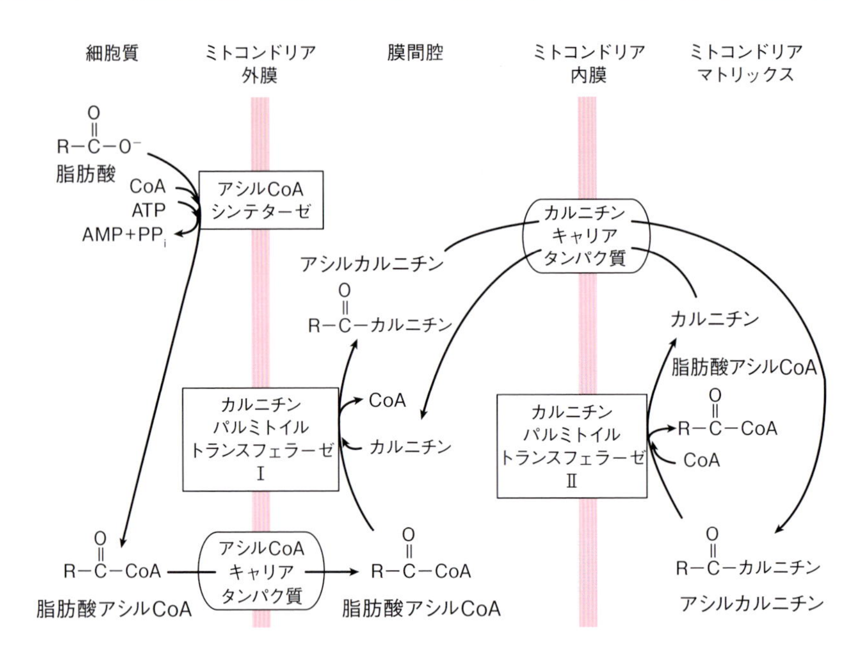

図 19・5 脂肪酸のミトコンドリア内への輸送（カルニチンシャトル）
細胞内に取り込まれた脂肪酸は，細胞質内で脂肪酸アシル CoA に変換されてミトコンドリア外膜を通過する。膜間腔へ運ばれた脂肪酸アシル CoA はアシルカルニチンへと変換されてミトコンドリア内膜を通過してマトリックスへと運ばれ，エネルギー産生に利用される。

(CPT-I) により脂肪酸アシル CoA のアシル基がカルニチンへと移行され，アシルカルニチンが生成される。アシルカルニチンはミトコンドリア内膜に存在するカルニチンキャリアタンパク質により遊離カルニチンと交換でミトコンドリア内膜を通過してマトリックスへと運ばれる。マトリックスではミトコンドリア内膜のマトリックス側に存在するカルニチンパルミトイルトランスフェラーゼ II (CPT-II) の働きにより，再びカルニチンと CoA が交換されて遊離カルニチンと脂肪酸アシル CoA が生成される。

19・3・3 脂肪酸の β 酸化

ミトコンドリアのマトリックス内に再生された脂肪酸アシル CoA は，これをエネルギー源として分解する反応（β 酸化）を受ける（図 19・6）。β 酸化は，以下の 4 段階の反応を経て，炭素鎖が 2 炭素分短くなった脂肪酸アシル CoA と 1 分子のアセチル CoA を生じる。

(1) FAD を補酵素としてアシル CoA デヒドロゲナーゼにより，脂肪酸アシル CoA の α 炭素と β 炭素から水素が切り出されて，エノイル CoA と $FADH_2$ が生成される。

(2) エノイル CoA ヒドラターゼによりエノイル CoA に水が付加され，3- ヒドロキシアシル CoA が生成される。

(3) NAD を補酵素として 3- ヒドロキシアシル CoA デヒドロゲナーゼにより 3- ヒドロキシアシル CoA の β 炭素が酸化されてケトン基となり 3- ケトアシル CoA と NADH が生成される。

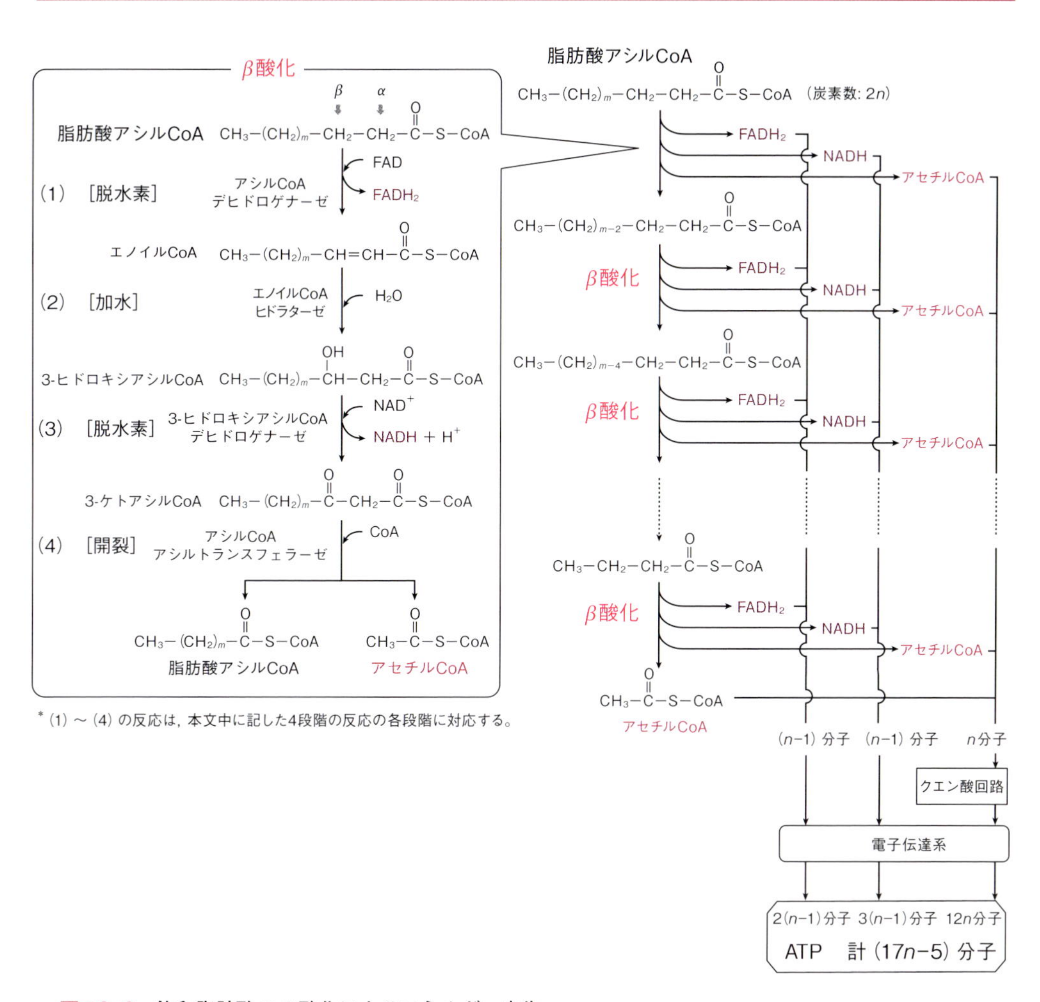

* (1) 〜 (4) の反応は，本文中に記した4段階の反応の各段階に対応する。

図 19·6　飽和脂肪酸の β 酸化によるエネルギー産生
脂肪酸アシル CoA はミトコンドリアのマトリックス内で β 酸化を受ける。β 酸化では，脱水素→加水→脱水素→開裂の 4 段階の反応を 1 サイクルとして脂肪酸アシル CoA からアセチル CoA が切り出される。生成されたアセチル CoA はクエン酸回路に入り，また $FADH_2$ と NADH は電子伝達系に入ってエネルギー産生に利用される。

(4)　アシル CoA アシルトランスフェラーゼによりアセチル CoA とはじめのアシル CoA より炭素数が 2 つ少ないアシル CoA が生成される。

この 4 段階の反応を繰り返してアシル CoA はすべてアセチル CoA に変換される。産生されたアセチル CoA はクエン酸回路へ，また $FADH_2$ と NADH は電子伝達系へ入ってエネルギー産生に利用される。

炭素数 $2n$ の飽和脂肪酸について考えると，β 酸化を $n-1$ 回繰り返して n 分子のアセチル CoA，$(n-1)$ 分子の $FADH_2$，$(n-1)$ 分子の NADH が生成される。1 分子のアセチル CoA がクエン酸回路，電子伝達系を経て完全に酸化されたときに生成する ATP は 12 分子であるから，n 個のアセチル CoA から $12n$ 分子の ATP が生成される。また，1 分子の $FADH_2$

の電子伝達系の酸化によって2分子のATPが，1分子のNADHの電子伝達系の酸化によって3分子のATPが生成されるから，β酸化により生成された$FADH_2$とNADHから計5（n−1）分子のATPが生成される。しかし，脂肪酸が活性化されて脂肪酸アシルCoAが生成される過程で1分子のATPが消費されており，また，その際に生じたAMPをATPに戻すために1分子のATPが必要である。したがって，炭素数$2n$の飽和脂肪酸が完全に燃焼されると$12n + 5 (n-1) - 2 = (17n-7)$分子のATPが正味産生される。生体内に最も多く存在する飽和脂肪酸のパルミチン酸（炭素数16，$n = 8$）の場合，1分子が完全に二酸化炭素と水になると，129分子のATPを産生する。

不飽和脂肪酸もβ酸化を受ける。この場合，二重結合部分を酸化するために，ある種のイソメラーゼとレダクターゼによる反応が，飽和脂肪酸のβ酸化過程に加わる。

β酸化はペルオキシソームでも行われる。炭素数20以上の長鎖脂肪酸は，ペルオキシソームでβ酸化されて炭素鎖を短くされた後，ミトコンドリアへと運ばれてβ酸化を受けて完全に分解される。ペルオキシソームに入った長鎖脂肪酸は，FADが補因子として関与するアシルCoAオキシダーゼによる反応を受け，エノイルCoAへと変換される。このとき産生される$FADH_2$は酸素分子と反応し，酸素分子はH_2O_2へと還元される。H_2O_2はカタラーゼによりH_2Oへと還元される。産生される$FADH_2$は電子伝達系に移行しないことから，ミトコンドリアにおけるβ酸化と比べてATPの生産は1サイクルあたり2分子少ない。エノイルCoAは，ミトコンドリアの場合と同様の反応を受けてアセチルCoAと炭素数が2つ少なくなったアシルCoAに変換される。

19・4 ケトン体の生成と利用

糖の利用が制限される状態（飢餓状態，糖尿病）のとき，エネルギー産生は脂肪酸のβ酸化に依存するようになる。このような状態においては，脂肪酸のβ酸化によりアセチルCoAの産生が増加するが，糖の供給不足によりグルコースの代謝が不十分であるため，ピルビン酸の供給低下，さらにピルビン酸カルボキシラーゼによるクエン酸回路の代謝中間体であるオキサロ酢酸の供給が低下する。また，オキサロ酢酸は糖新生に利用されるためホスホエノールピルビン酸に変換される。このため，クエン酸回路における代謝は進まなくなり，アセチルCoAの処理が低下する。このとき，肝臓において余剰のアセチルCoAからのケトン体の産生が亢進する（図19・7）。

アセト酢酸，3-ヒドロキシ酪酸，アセトンを総称してケトン体という。アセト酢酸と3-ヒドロキシ酪酸は水溶性の無毒な化合物であり，エネルギー源となる。アセトンはエネルギー源にはならない。ケトン体の生成は主に肝ミトコンドリアで行われる。2分子のアセチルCoAが縮合してアセトアセチルCoAが生じ，これとアセチルCoAが反応して3-ヒドロキシ-3-メチルグルタリルCoA（HMG-CoA）が生成される。HMG-CoAからアセチルCoAとアセト酢酸が生じ，さらにアセト酢酸を還元して3-ヒドロキシ酪酸が生じる（図19・8）。

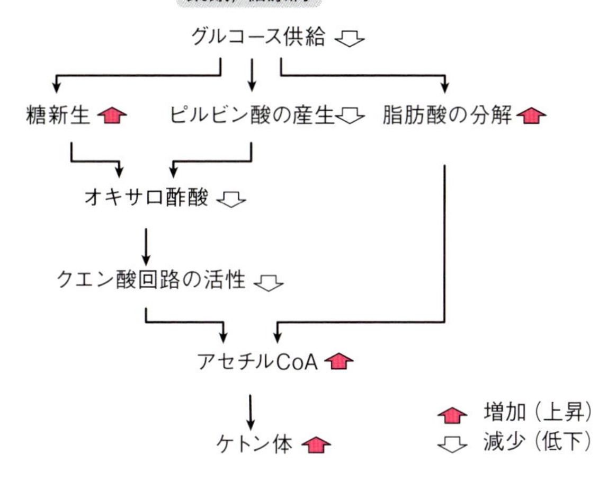

図 19·7　ケトン体産生の亢進

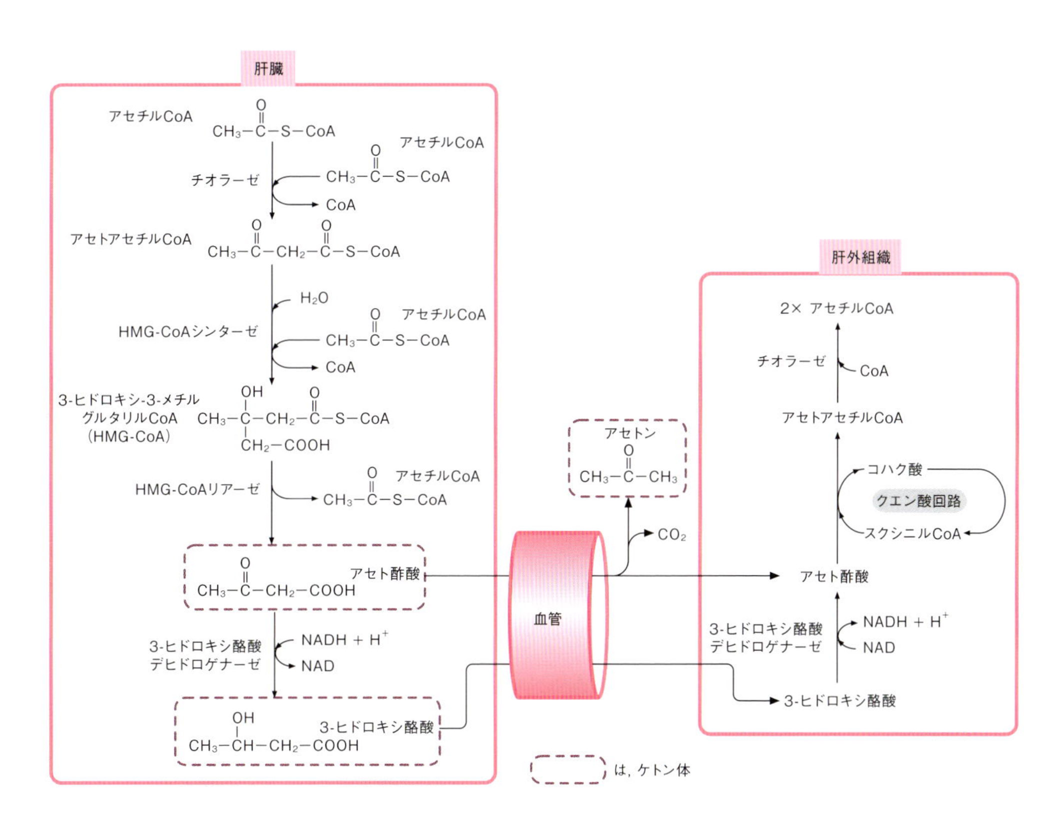

図 19·8　ケトン体の生成と利用
飢餓などの糖の利用が制限される状態では，脂肪酸の β 酸化によりアセチル CoA の産生が増加する。肝臓において余剰なアセチル CoA はケトン体に変換されて血中へ放出される。肝外組織（脳，筋肉，腎臓など）ではケトン体からアセチル CoA を生成し，エネルギー源として利用する。

第Ⅲ部　代謝

代謝中間体であるHMG-CoAは，コレステロール生合成の代謝中間体でもある。肝臓ではケトン体を処理する酵素の活性が低いことから，生成されたケトン体は血液中に放出される。血中でアセト酢酸は非酵素的に脱炭酸してアセトンとなる。血中のケトン体は，肝外組織（脳，腎臓，筋肉など）に取り込まれてエネルギー源として利用される。肝外組織では，3-ヒドロキシ酪酸が酸化されてアセト酢酸を生じ，このときNADHを産生する。さらに，アセト酢酸がスクシニルCoAと反応してアセトアセチルCoAを生じ，アセトアセチルCoAから2分子のアセチルCoAを生じる。生成されたアセチルCoAはクエン酸回路で代謝されてエネルギー産生に用いられる。脳は脂肪酸をエネルギー源として利用することができないことから，飢餓状態などの血糖が不足する状態ではケトン体がグルコースに替わる代替エネルギー源として利用される。

ケトン体の血中濃度が高くなった状態をケトーシス（ケトン血症）という。また，ケトン体（アセト酢酸，3-ヒドロキシ酪酸）はカルボン酸であるため，ケトン体濃度の上昇により血液のpHが低下（酸性）するアシドーシスと呼ばれる状態となる。ケトーシスとアシドーシスの両方が見られる状態をケトアシドーシスという。ケトーシス状態では，肺で呼気中へと排泄されるアセトンが増加して呼気がアセトン臭を帯びたり，ケトン体の尿中への排泄にともなう脱水症状が起こる。

19･5 脂肪酸の生合成

必要量以上に摂取された糖質などから生成される過剰量のアセチルCoAは，脂肪酸生合成の原料となる。産生された脂肪酸はトリアシルグリセロールへと変換されて脂肪組織に貯蔵される。脂肪酸の生合成は主として肝臓，乳腺，脂肪組織などで活発である。

19･5･1 細胞質へのアセチルCoAの供給

脂肪酸の分解（β酸化）はミトコンドリア内で行われたが，脂肪酸生合成は細胞質で行われる。脂肪酸合成の原料となるアセチルCoAはミトコンドリア内で生成され，ミトコンドリア膜を通過できない。このため，ミトコンドリア内のアセチルCoAは，クエン酸回路におけるオキサロ酢酸との縮合反応によりクエン酸に変換され，このクエン酸がトリカルボン酸輸送系により細胞質へ輸送される。細胞質へ出たクエン酸はATP-クエン酸リアーゼによってアセチルCoAとオキサロ酢酸に分解され，アセチルCoAが細胞質へと供給される（図19･9）。

オキサロ酢酸は，リンゴ酸デヒドロゲナーゼの作用によりNADHを用いて還元されてリンゴ酸に変換される。リンゴ酸はリンゴ酸酵素の働きにより脱炭酸的に酸化され，ピルビン酸，CO_2，NADPHに変換される。NADPHは脂肪酸生合成反応において還元力として利用される。ピルビン酸はミトコンドリア内に運ばれて，ピルビン酸カルボキシラーゼの作用によりオキサロ酢酸に変換される。

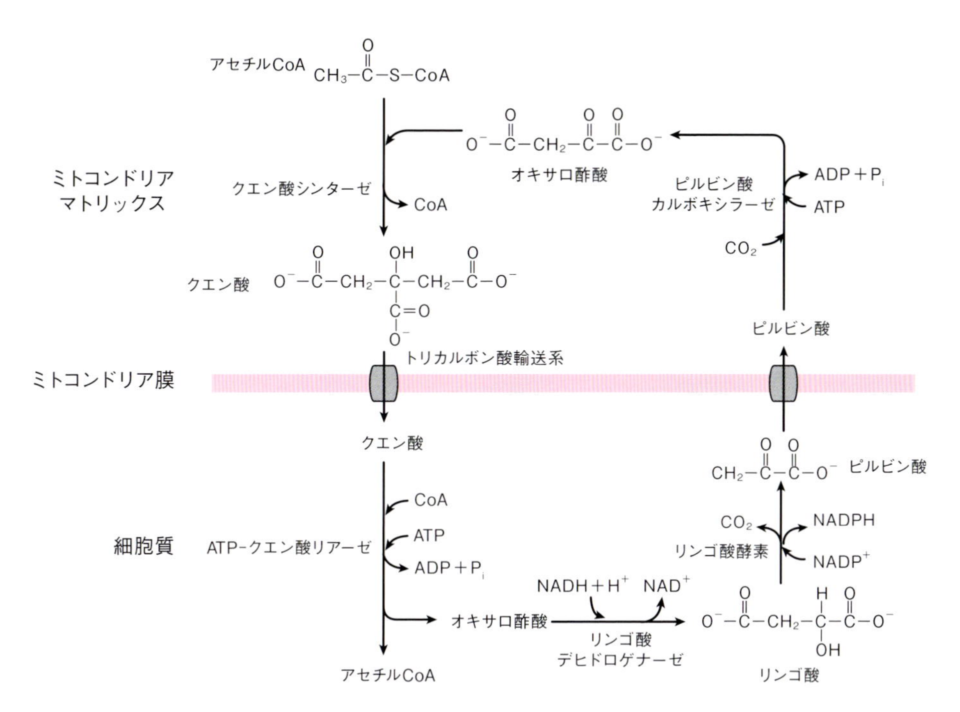

図 19・9　アセチル CoA の細胞質への供給
アセチル CoA はミトコンドリア内で生成される。過剰量はアセチル CoA は細胞質へと輸送されて脂肪酸合成の原料となる。アセチル CoA はミトコンドリア膜を通過できないため，オキサロ酢酸と縮合してクエン酸に変換されて細胞質へと輸送される。クエン酸は細胞質でオキサロ酢酸とアセチル CoA に分解される。

19・5・2　マロニル CoA の生成

細胞質のアセチル CoA は，アセチル CoA カルボキシラーゼの作用によりアセチル基がカルボキシル化されてマロニル CoA へと変換される（図 19・10）。この反応には ATP と重炭酸イオン，補酵素としてビオチンが関与する。アセチル CoA カルボキシラーゼは脂肪酸生合成における律速酵素であり，この酵素の活性は代謝中間体によるアロステリックな制御やホルモンによる制御を受ける（図 19・11）。摂食に伴うグルコース代謝により増加するクエン酸はこの酵素を活性化し，空腹時に脂肪の加水分解により生成する長鎖アシル CoA は酵素活性を阻害する。また，この酵素の活性はリン酸化によって制御されており，血糖値増加に伴うインスリンの増加はこの酵素を脱リン酸化して活性化し，空腹時に増加するアドレナリンやグルカゴンはこの酵素のリン酸化を促進して不活化する。

脂肪酸の合成反応と分解反応は同時には起こらない。この調節はマロニル CoA により行われる。マロニル CoA が増加すると，カルニチンパルミトイルトランスフェラーゼ I（CPT-I）に結合してアロステリック阻害する。これにより脂肪酸はミトコンドリア内に移行することができず，したがって β 酸化を受けない。

19･5･3 脂肪酸合成酵素

脂肪酸生合成過程においては，マロニル CoA にホモ二量体多機能酵素である脂肪酸合成酵素が作用して脂肪酸炭素鎖が伸長する。二量体のそれぞれにはアシル基が結合可能なチオール基（-SH）が 2 つ（Cys-SH，ACP-SH）あり，鎖長伸長中の中間体は CoA ではなくアシルキャリアタンパク質（ACP）に結合している。脂肪酸合成は，以下の 6 段階の反応を経て脂肪酸炭素鎖が伸長する（図 19･10）。

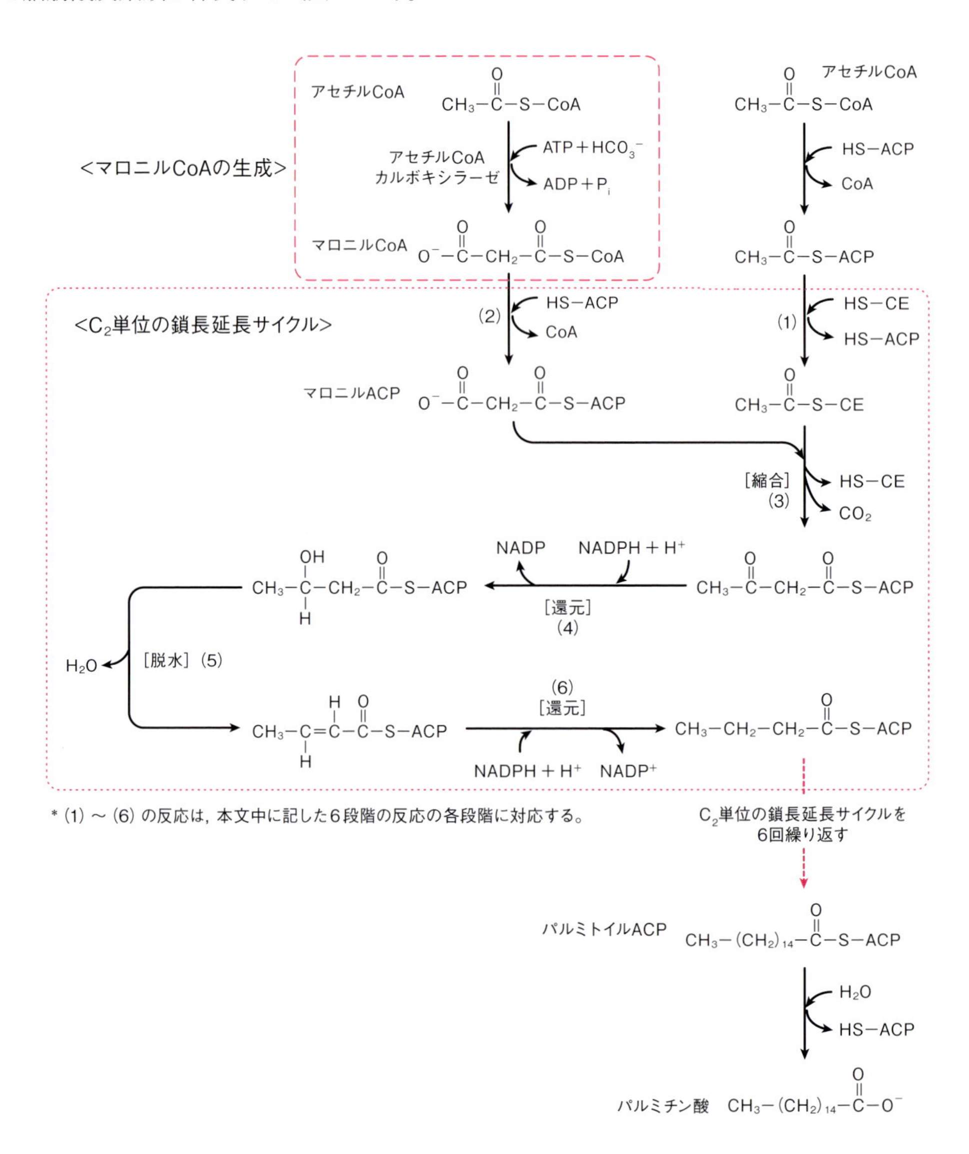

図 19･10 マロニル CoA の生成と脂肪酸の生合成
細胞質のアセチル CoA は，アセチル CoA カルボキシラーゼの作用によりマロニル CoA に変換される。アセチル CoA カルボキシラーゼは脂肪酸生合成の律速酵素であり，ホルモンなどにより制御される（図 19･11 参照）。脂肪酸合成酵素に転移したマロニル CoA にアセチル CoA 由来の 2 炭素単位が連続的に付加されて脂肪酸炭素鎖が伸長する。

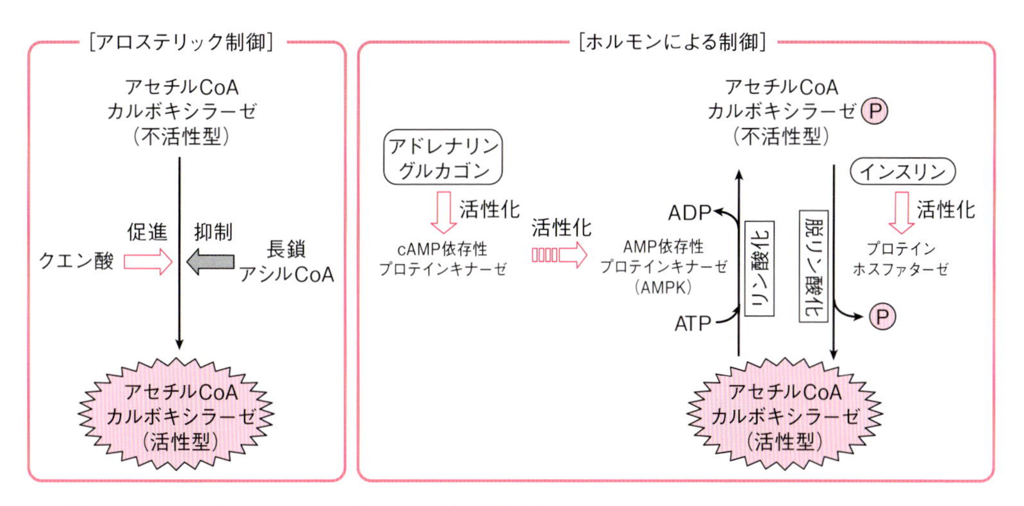

図 19・11　アセチル CoA カルボキシラーゼの活性制御
アセチル CoA をマロニル CoA に変換するアセチル CoA カルボキシラーゼは脂肪酸生合成の律速酵素である。この酵素の活性は脂肪の分解により生成する長鎖アシル CoA によりアロステリックに阻害される。また，血糖値の変化に対応したホルモン（インスリン，アドレナリン，グルカゴン）の作用によりアセチル CoA カルボキシラーゼのリン酸化状態が変化して酵素活性が制御される。

アセチル CoA からのアセチル基が脂肪酸合成酵素の ACP に転移し，次いで，

(1)　アセチル基が脂肪酸合成酵素の Cys 側鎖に転移する。
(2)　マロニル CoA からのマロニル基が脂肪酸合成酵素の ACP に転移する。
(3)　脱炭酸反応によりアセチル基とマロニル基が縮合する。
(4)　NADPH によりケトン基が還元される。
(5)　脱水反応により二重結合が生成される。
(6)　NADPH により二重結合が還元される。

この 6 段階の反応によりアセチル CoA 由来の 2 炭素単位が脂肪酸合成酵素に付加される。さらに脂肪酸合成酵素に新たなマロニル基が転移し，上述の一連の反応を 1 サイクルとしてアセチル CoA 由来の 2 炭素単位が連続的に付加されて脂肪酸炭素鎖が伸長する。7 サイクルの反応により炭素数 16 のパルミトイル ACP まで炭素鎖が伸長すると脂肪酸合成酵素から切り離され，パルミチン酸が生成される。

この脂肪酸生合成反応に還元剤として必要とされる NADPH は主としてペントース - リン酸回路，および細胞質におけるリンゴ酸酵素によるリンゴ酸からピルビン酸への変換反応から供給される。

生体内ではパルミチン酸を前駆体として，様々な脂肪酸が生成される。小胞体やミトコンドリアでは，炭素数 16 のパルミチン酸に炭素鎖を 2 つずつ付加する炭素鎖伸長反応により炭素数 18 や 20 の脂肪酸が生成される。また，小胞体では O_2 と NADPH を利用して脂肪酸に二重結合を導入する不飽和化反応が生じ，不飽和脂肪酸が産生される。例えば，パルミチン酸（16:0）からはパルミトレイン酸（16:1(9)）が，ステアリン酸（18:0）からはオレ

イン酸（18:1(9)）が産生される。これらの不飽和化反応は二重結合をつくる酵素 Δ^{9}- デサチュラーゼが触媒となり，飽和脂肪酸の 9 位に二重結合が 1 つ導入される。しかし，動物細胞には 12 位あるいは 15 位の位置に二重結合を導入するデサチュラーゼ（Δ^{12}- あるいは Δ^{15}- デサチュラーゼ）が欠損している。このため，リノール酸（18:2(9,12)）や α- リノレン酸（18:2(9,12,15)）は生体内で生合成することができず，食物から摂取しなければならない必須脂肪酸である。

19･6 トリアシルグリセロールの生合成

トリアシルグリセロールは，グリセロール 3- リン酸と脂肪酸アシル CoA から生成される（図 19･12）。肝臓や脂肪組織では，解糖系の中間体であるジヒドロキシアセトンリン酸がグリセロール -3- リン酸デヒドロゲナーゼの作用により還元されてグリセロール 3- リン酸が生成される。肝臓ではこの経路以外に，グリセロールキナーゼの作用によりグリセロールからグリセロール 3- リン酸を生成する経路もある。

グリセロール 3- リン酸は，アシルトランスフェラーゼの作用によりアシル CoA からの脂肪酸が付加されてリゾホスファチジン酸に変換される。さらに，脂肪酸が付加されてホスファチジン酸となる。ホスファチジン酸は，ホスファターゼにより脱リン酸されてジアシルグリセロールとなり，これにアシル CoA からの脂肪酸が付加されてトリアシルグリセロールが合成される。

また，小腸粘膜上皮細胞が吸収した 2- モノアシルグリセロールに脂肪酸を付加してジアシルグリセロールを生成し，これに脂肪酸を付加してトリアシルグリセロールを合成する経路もある。

19･7 グリセロリン脂質の代謝

グリセロリン脂質は，トリアシルグリセロール生合成の中間体である 1,2- ジアシルグリセロールとホスファチジン酸を前駆体として生合成される（図 19･13）。グリセロール骨格の 1 位の炭素には主に飽和脂肪酸が，2 位の炭素には主に不飽和脂肪酸が結合する。ホスファチジルエタノールアミンあるいはホスファチジルコリンの合成においては，まず原料であるエタノールアミンあるいはコリンがキナーゼによりリン酸化され，さらに中間体である CDP エタノールアミン（CDP：シチジン二リン酸）あるいは CDP コリンに変換される。これらの CDP- アルコールが 1,2- ジアシルグリセロールに付加され，ホスファチジルエタノールアミンあるいはホスファチジルコリンが生成される。ホスファチジルセリンは，ホスファチジルエタノールアミンのエタノールアミンと遊離セリンとの交換反応により生成される。ホスファチジルイノシトールは，ホスファチジンから生成される CDP ジアシルグリセロールとイノシトールから合成される。このようにシトシンを含んだ中間体を経て合成されることがグリセロリン脂質合成の特徴である。ホスファチジルイノシトールはアラキドン酸をもつこ

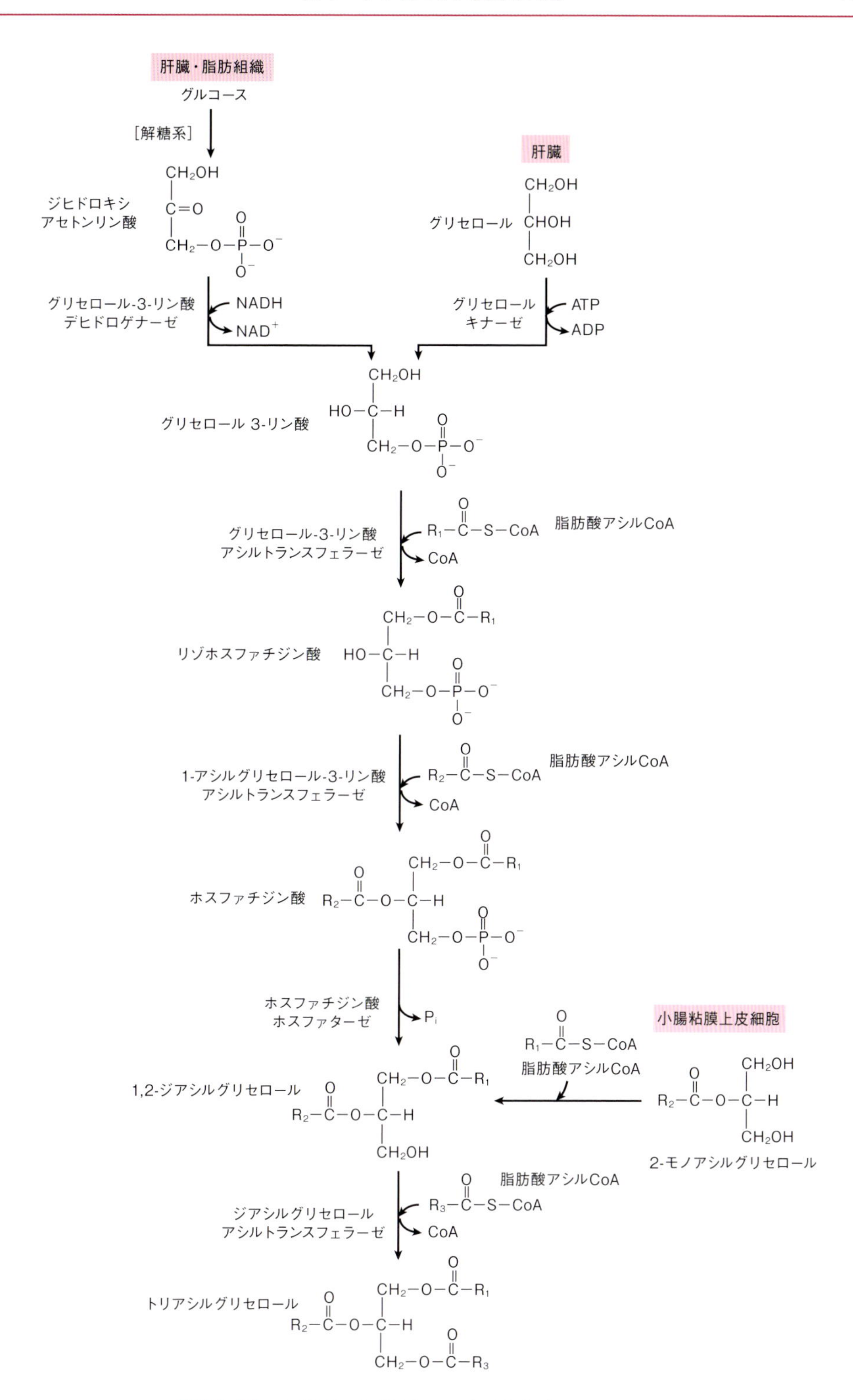

図 19·12　トリアシルグリセロールの生合成
肝臓や脂肪組織では，グリセロール 3- リン酸と脂肪酸アシル CoA からトリアシルグリセロールが合成される。

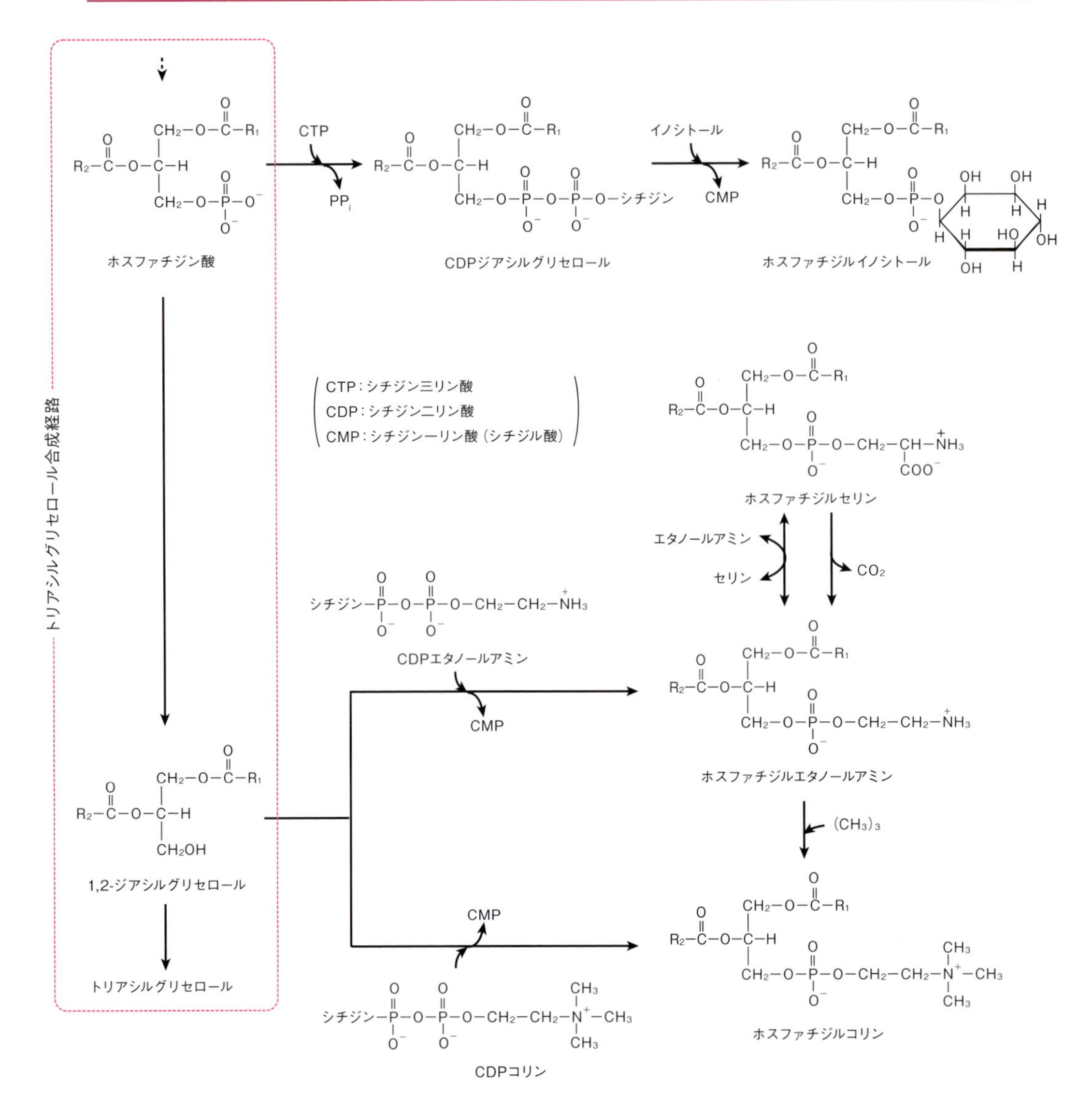

図 19・13 グリセロリン脂質の生合成
トリアシルグリセロール生合成の中間体であるホスファチジン酸と1,2-ジアシルグリセロールを前駆体としてグリセロリン脂質が生合成される。

とが多いことから，プロスタグランジン生合成において必要となるアラキドン酸の貯蔵庫として働く。

グリセロリン脂質の分解はホスホリパーゼにより行われる。ホスホリパーゼは A_1，A_2，C，D の 4 つに分類され，それぞれリン脂質の特異的結合を切断する（図 19・14）。ホスホリパーゼにより遊離される分子は，細胞内外の情報伝達に関与するシグナル分子となることが多い。

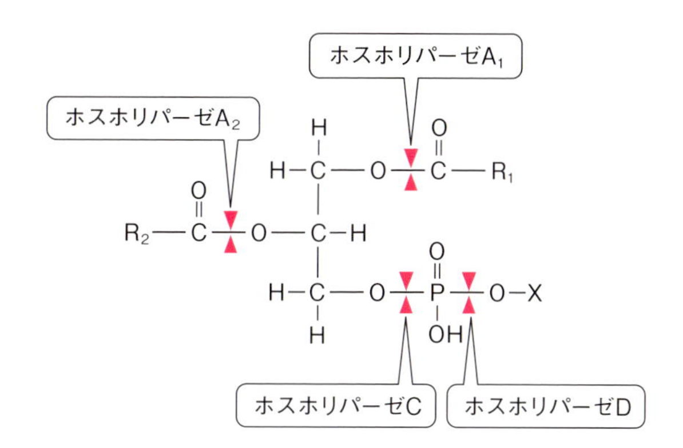

図 19·14　ホスホリパーゼによるグリセロリン脂質の分解
グリセロリン脂質は，脂質分解酵素ホスホリパーゼにより分解される。ホスホリパーゼの種類によりに切断される部位が異なる。遊離分子はシグナル伝達の脂質メディエーターとなる。

19·8　スフィンゴ脂質の代謝

スフィンゴリン脂質およびスフィンゴ糖脂質は，セラミドを前駆体として生合成される。小胞体において，パルミトイル CoA とアミノ酸のセリンが縮合してできるスフィンガニンに様々な種類の脂肪酸が付加されてセラミドが産生される（図 19·15）。セラミドにホスファチジルコリンからのホスホリルコリンが付加されることによりスフィンゴミエリンが生成される。スフィンゴ糖脂質は，セラミドに糖ヌクレオチドからの糖が付加されて合成される。ガラクトースの付加によりガラクトセレブロシドが，グルコースの付加によりグルコセレブロシドが，複数の糖と *N*-アセチルノイラミン酸（NANA）が付加されてガングリオシドができる。また，脳に多く含まれるスルファチドであるガラクトセレブロシド 3-硫酸は，ガラクトセレブロシドのガラクトースに硫酸基を付加することにより合成される。

スフィンゴ脂質の分解は様々な酵素により行われる（図 19·16）。スフィンゴミエリンはスフィンゴミエリナーゼによりホスホリルコリンを除去されてセラミドに変換される。セラミドはセラミダーゼの作用でスフィンゴシンと脂肪酸に分解される。スフィンゴ糖脂質は，*β*-ガラクトシダーゼやノイラミニダーゼなどの酵素によりガラクトースや NANA などが除去されてセラミドに変換され，さらに，スフィンゴシンと脂肪酸に分解される。

脂質代謝に関与する分解酵素の活性が不十分な場合，組織内に脂質が異常蓄積する脂質蓄積症（リピドーシス）を発症する。スフィンゴ脂質に関連する分解酵素の欠損が原因であるスフィンゴリピドーシスは，脳・神経組織に大きな影響を与え，致命的である（図 19·16）。

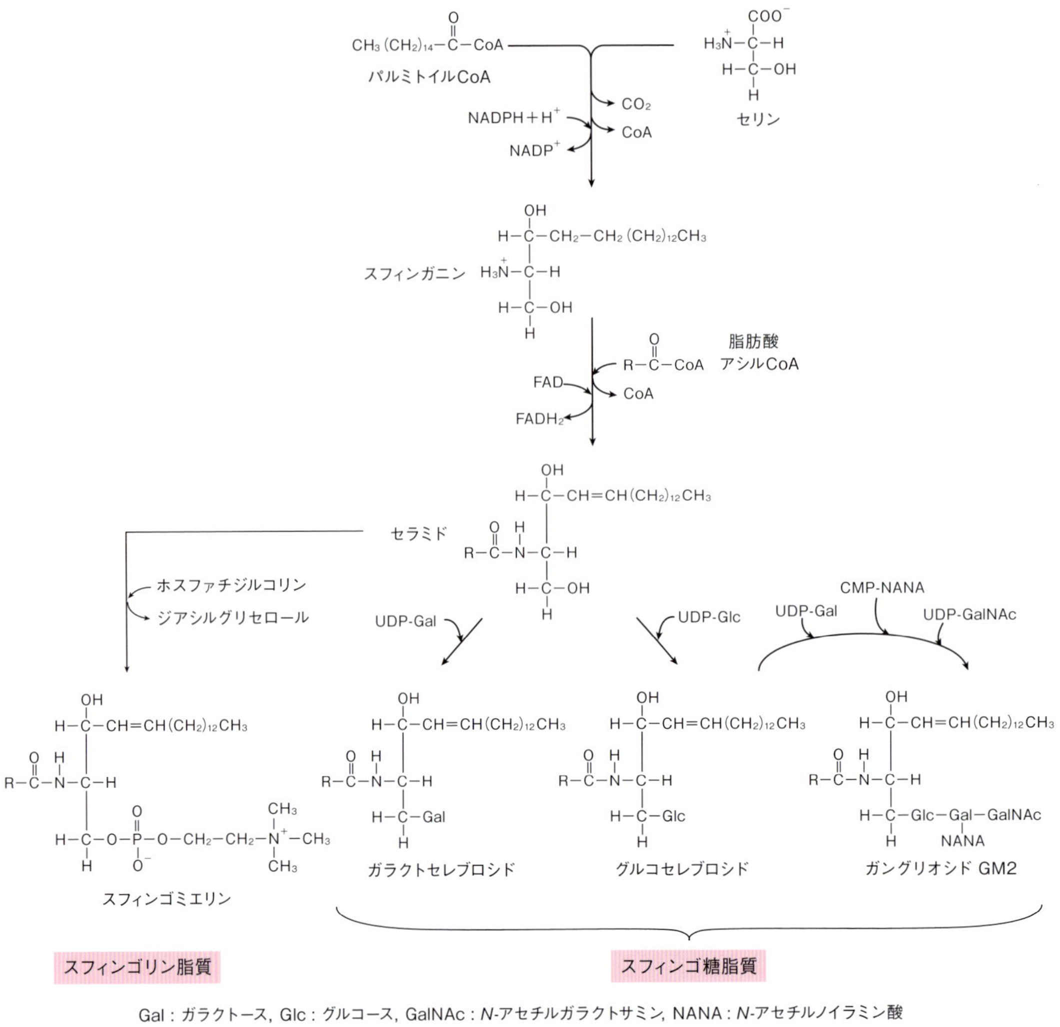

図 19･15　スフィンゴ脂質の生合成
セラミドにリン酸コリンあるいは糖鎖が結合して，それぞれスフィンゴミエリンとスフィンゴ糖脂質が生合成される。

19･9　コレステロールの代謝

19･9･1　コレステロールの生合成

コレステロールは生体膜の重要な成分の1つであるとともに，胆汁酸やステロイドホルモンの生合成における前駆体でもある。コレステロール合成は，糖代謝や脂肪酸の β 酸化などで生じるアセチル CoA を原料として，細胞質と小胞体で行われる（図 19･17）。

コレステロール生合成の最初の過程はケトン体の生成経路（ケトン体生成はミトコンドリア内で行われる）と同様であり，この過程で2分子のアセチル CoA が縮合してアセトアセチル CoA が生成，HMG-CoA シンターゼの作用によりアセトアセチル CoA にアセチル CoA

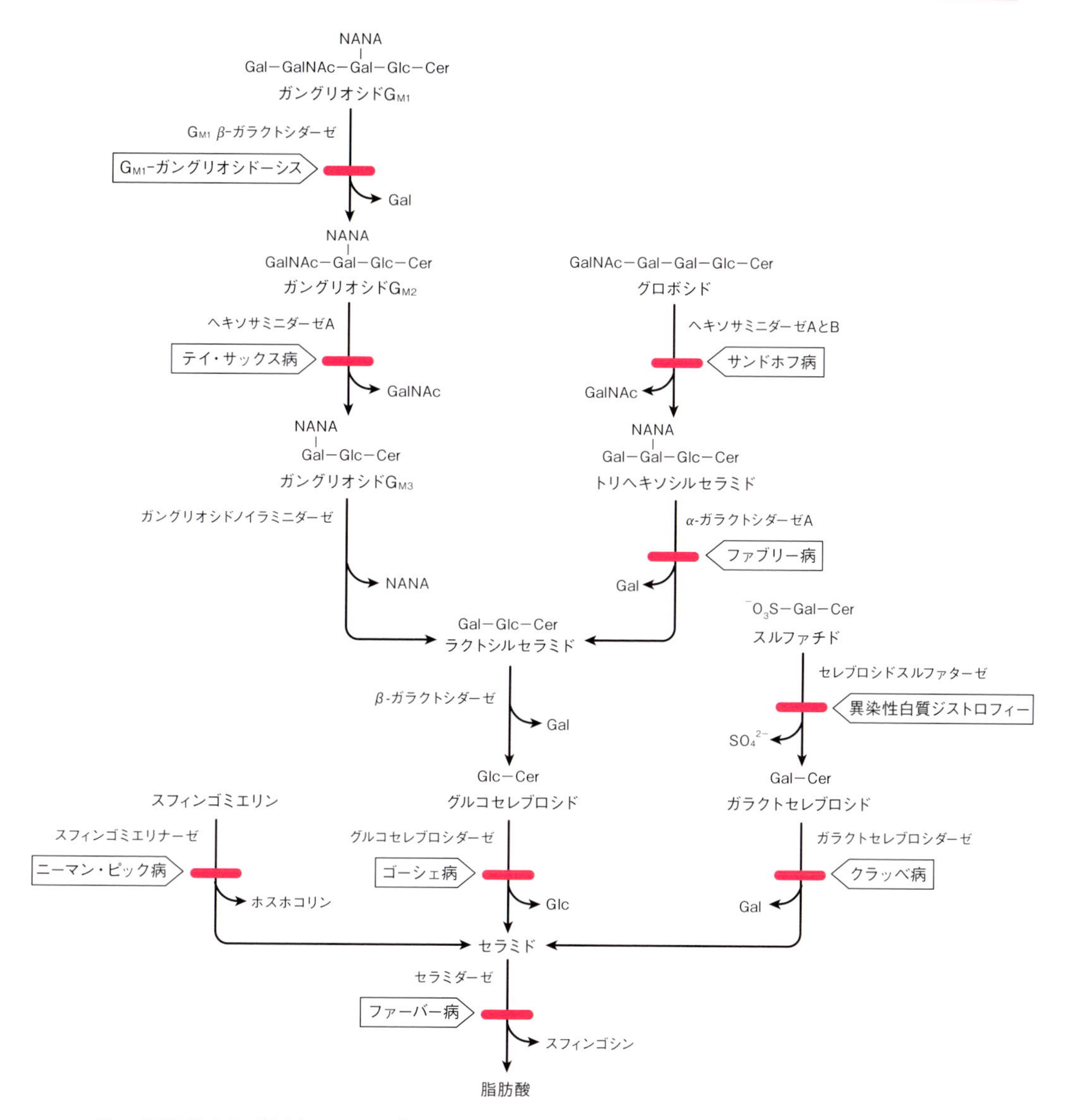

Cer：セラミド，Gal：ガラクトース，Glc：グルコース，GalNAc：*N*-アセチルガラクトサミン，NANA：*N*-アセチルノイラミン酸

図 19·16　スフィンゴ脂質の分解過程
スフィンゴ脂質は様々な酵素により分解され，最終的にスフィンゴシンと脂肪酸になる。これらの分解酵素が遺伝的に欠損すると，欠損酵素の基質が分解されずに蓄積するスフィンゴ脂質蓄積症（スフィンゴリピドーシス）を発症する。

を付加して 3-ヒドロキシ-3-メチルグルタリル CoA（HMG-CoA）が生成され，HMG-CoA は HMG-CoA レダクターゼによりメバロン酸に変換される。メバロン酸に 2 分子の ATP からリン酸基を転移する反応を経て 5-ジホスホメバロン酸，これを脱炭酸して炭素数 5（C_5）の化合物であるイソペンテニル二リン酸が生成される。さらに数段階の反応を経てスクアレン（C_{30}），2 段階の反応により環状化されてラノステロールが生成される。ラノステロールから多段階の反応を経てコレステロール（C_{27}）が作られる。

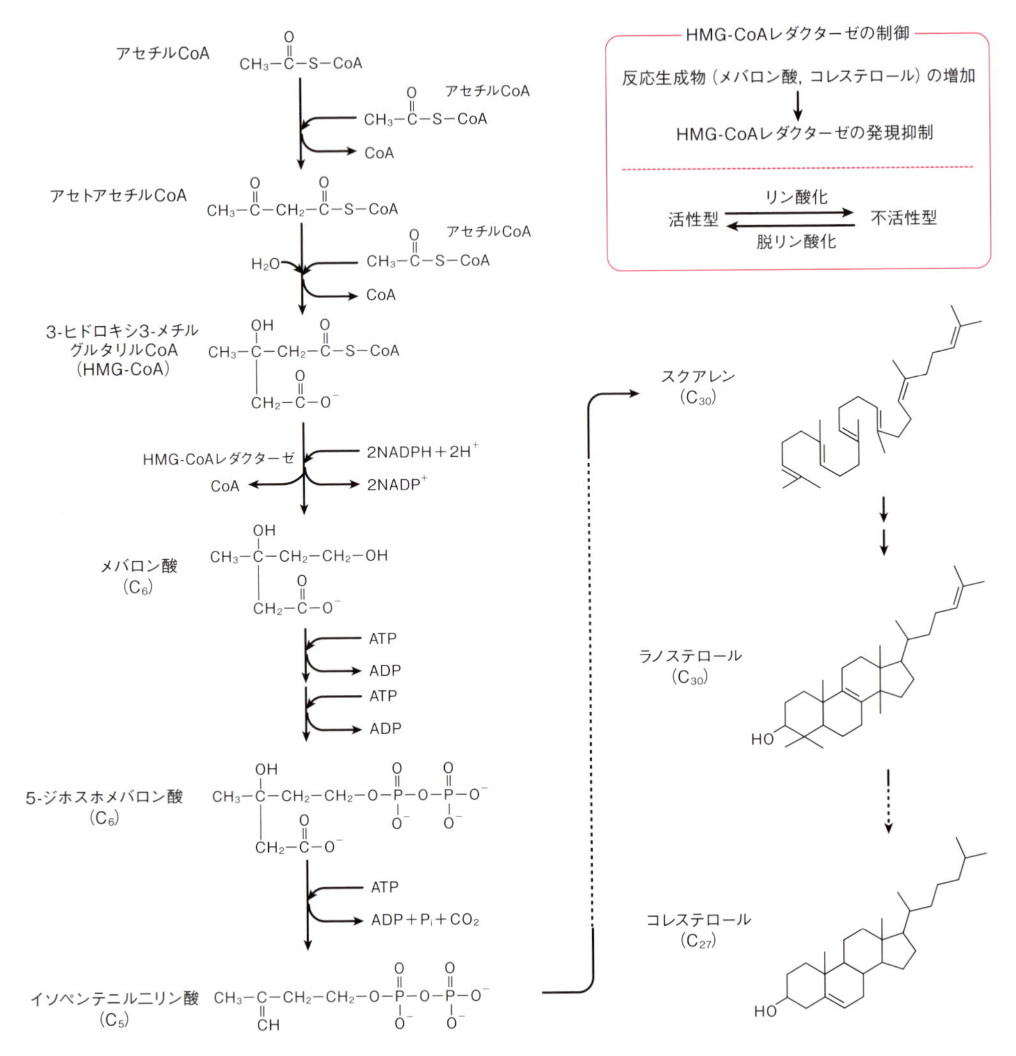

図 19·17　コレステロールの生合成
コレステロールは，細胞質と小胞体においてアセチル CoA を原料として生合成される。HMG-CoA をメバロン酸に変換する HMG-CoA レダクターゼはコレステロール生合成の律速酵素である。生成物であるメバロン酸やコレステロールはアロステリック因子として HMG-CoA レダクターゼの酵素活性を負に調節する。また，HMG-CoA レダクターゼの活性はリン酸化により調節される。

HMG-CoA レダクターゼはコレステロール生合成反応における律速酵素であり，補酵素として 2 個の NADPH を必要とする。生成物であるメバロン酸やコレステロールの濃度の上昇は HMG-CoA レダクターゼの発現を抑制すると同時に分解を促進し，コレステロール合成を抑制する。また, HMG-CoA レダクターゼは脱リン酸化により活性化され, コレステロール合成を促進する。

HMG と構造が類似したスタチン系の薬物（プラバスタチン, メバスタチン, ロバスタチン, シンバスタチンなど）は，HMG-CoA レダクターゼの競合阻害薬であり，コレステロール合成を低下させる目的で高コレステロール血症の治療薬として利用される。

コレステロールの生合成（同化）における酸化還元反応には NADP$^+$/NADPH 系が使われるのに対し，分解（異化）における酸化還元反応には NAD$^+$/NADH 系が使われる。

19·9·2　コレステロールの代謝産物

①胆 汁 酸

脂質の消化に不可欠な胆汁酸の生合成は肝臓で行われ，コレステロールを原料としてヒドロキシ基の付加や二重結合の還元などの多段階の反応を経て，一次胆汁酸であるコール酸やケノデオキシコール酸が生成される（図 19·18）。胆汁酸合成の律速段階は，コレステロール-7α-ヒドロキシラーゼの作用によるコレステロールの第 7 位炭素へのヒドロキシ基付加反応である。この酵素の遺伝子の転写活性は生成物であるコール酸により抑制され，胆汁酸合成が低下する。一方，原料であるコレステロールの増加はこの酵素の遺伝子の転写を活性化し，胆汁酸合成が高まる。一次胆汁酸は，グリシンあるいはタウリンとアミド結合してそれぞれグリココール酸，グリコケノデオキシコール酸あるいはタウロコール酸，タウロケノデオキシコール酸といった胆汁酸塩となり胆汁中へ出る。胆汁酸は，1 日におよそ 0.5 g つく

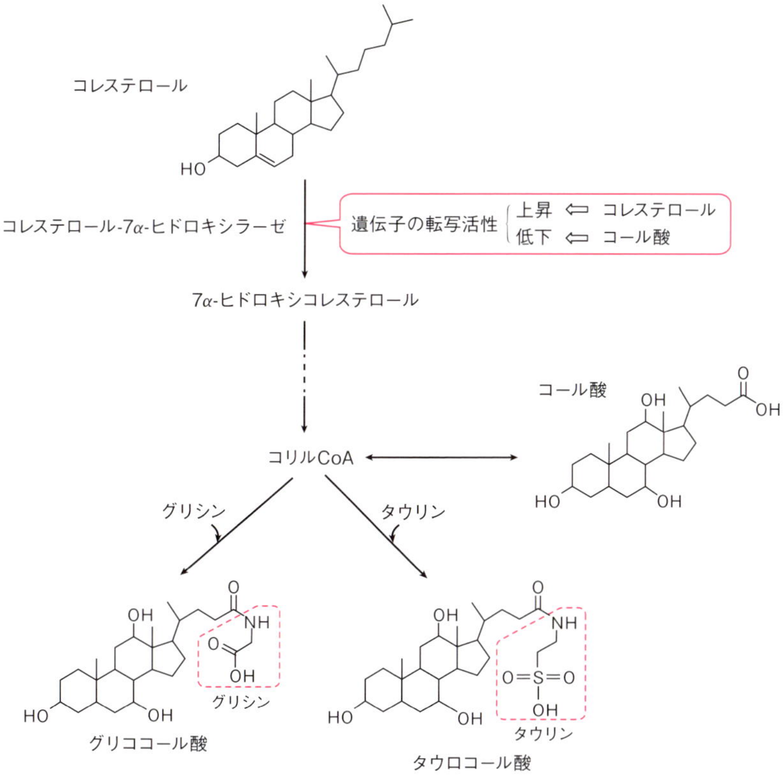

図 19·18　胆汁酸の生合成
脂質消化に重要な胆汁酸はコレステロールを原料として肝臓で生合成される。コレステロール-7α-ヒドロキシラーゼの作用によるコレステロールへのヒドロキシ基付加反応が，この経路の律速段階である。この酵素の遺伝子転写活性は生成物であるコール酸により抑制される。

られ，ほぼ同じ量が大便中に排泄される。

肝臓で生成された胆汁は胆嚢で濃縮・貯蔵され，十二指腸に分泌される。腸管では腸内細菌の働きにより胆汁酸塩からグリシンやタウリンが除去され，さらに還元されて，二次胆汁酸と呼ばれるデオキシコール酸やリトコール酸が産生される。胆汁酸と胆汁酸塩の混合物はその90%以上が回腸で吸収，門脈を通って肝臓へ運ばれて再利用される。肝臓において，胆汁酸はグリシンあるいはタウリンと抱合されて胆汁酸塩となり，再び胆汁に分泌される。このような過程を腸肝循環という。

②ステロイドホルモン

多様な生理作用をもつステロイドホルモンの合成は，副腎皮質や性腺においてコレステロールを前駆体として行われる（図19·19）。ステロイドホルモン生合成過程において，コレステロールはコレステロール側鎖切断酵素複合体（コレステロールモノオキシゲナーゼ）により炭素鎖を短縮されてプレグネノロン（C_{21}）に変換される。この反応はステロイドホルモン生合成の律速段階である。プレグネノロンは酸化および異性化されてプロゲステロンに変換される。プロゲステロンは，水酸化反応を触媒する様々な酵素の働きにより他のステロイドホルモンへ変換される。ステロイドホルモンは強力な生理活性をもつことから，この

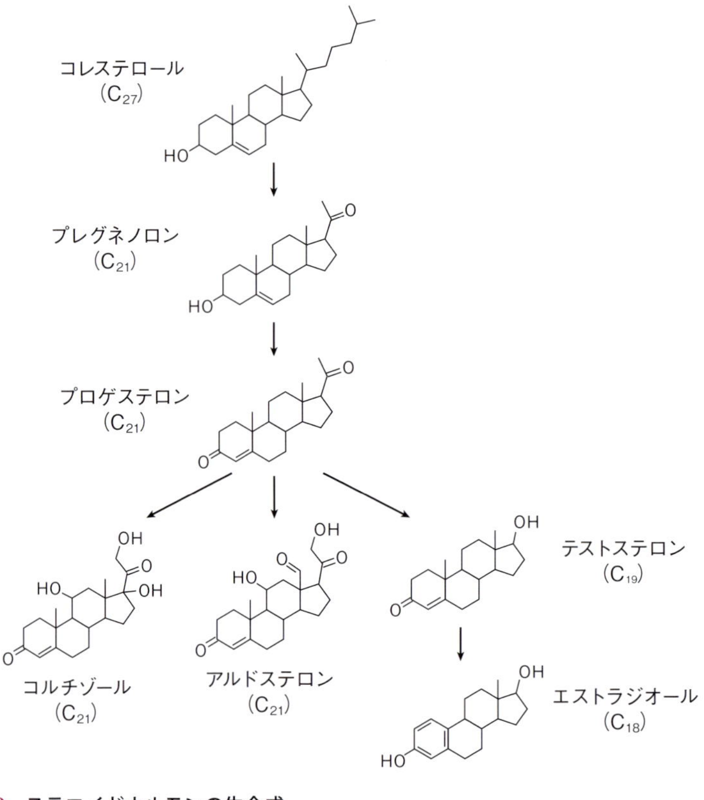

コレステロール（C_{27}）
プレグネノロン（C_{21}）
プロゲステロン（C_{21}）
コルチゾール（C_{21}）
アルドステロン（C_{21}）
テストステロン（C_{19}）
エストラジオール（C_{18}）

図19·19 ステロイドホルモンの生合成
ステロイドホルモンはコレステロールを原料として副腎皮質や性腺で生合成される。コレステロールをプログネノロンへと変換する反応がステロイドホルモン生合成の律速段階である。

水酸化反応に関与する酵素の欠損は代謝産物を増加させ，重大な機能異常を引き起こす。このような疾患を先天性副腎過形成という。

③コレステロール代謝の異常と動脈硬化

コレステロール代謝の異常は，脂質が動脈壁へ沈着するアテローム性動脈硬化症の発症要因となる。コレステロールはLDLにより血中を輸送され，血管内皮細胞の表面に存在するLDL受容体（apoB-100受容体）を介して細胞内へ取り込まれる。LDL受容体の機能が不十分なとき，血中のLDL濃度が上昇して血中コレステロールが増加し，高脂血症を呈する。血中LDLの増加や，高血圧や喫煙などによる血管内皮細胞の傷害は，血管内皮細胞の間隙から血管壁へのLDLの浸潤を増加させ，LDLは血管壁に沈着して酸化される。これに応答して血管壁へと侵入するマクロファージにはスカベンジャー受容体が高レベルで発現しており，この受容体を介して酸化LDLを細胞内へと取り込む。コレステロールエステルが蓄積したマクロファージはやがて泡沫細胞となって動脈硬化プラーク（斑）を形成し，血管腔を狭くする。

19·10　エイコサノイドの代謝

局所ホルモンとして機能するプロスタグランジン，ロイコトリエン，トロンボキサンなどのエイコサノイドは，炭素数20の多価不飽和脂肪酸から生合成される（図19·20）。量的にはアラキドン酸から生成されるものが多い。

生体膜を構成するリン脂質（とくにホスファチジルイノシトール）に結合しているアラキドン酸は，ホスホリパーゼA_2により膜リン脂質から切り出されて遊離する。遊離アラキドン酸からシクロオキシゲナーゼ（COX）経路によりプロスタノイド（プロスタグランジンやトロンボキサン）が，リポキシゲナーゼ経路によりロイコトリエンが生成される。

シクロオキシゲナーゼ経路において，遊離アラキドン酸はシクロオキシゲナーゼによる環状化によりプロスタグランジンPGG_2，さらにペルオキシダーゼによりプロスタグランジンPGH_2に変換され，さらに様々な合成酵素による反応を経由して各種のプロスタグランジンやトロンボキサンが生成される。シクロオキシゲナーゼには2つのアイソザイム（COX-1，COX-2）が存在する。COX-1はほとんどの組織で恒常的に発現しているが，COX-2は炎症シグナルなどにより限られた組織のみで発現が誘導される。

プロスタグランジンの合成は，ホスホリパーゼA_2活性あるいはCOX活性を阻害することにより抑制される。副腎皮質ホルモンである糖質コルチコイドは，ホスホリパーゼA_2を抑制性に制御するタンパク質（リポコルチン）の発現を促進することによりプロスタグランジンの前駆体であるアラキドン酸の産生を低下させる。また，非ステロイド性抗炎症薬であるアスピリンやインドメタシンは，COX-1とCOX-2の両者を阻害してプロスタグランジンの合成を抑制する。

BOX1 高脂血症

高脂血症は血液中の脂質含有量が正常値より高い病態であり，動脈硬化症・心筋梗塞・脳梗塞などの原因となる。現在では脂質値が高くなる場合だけでなく，HDLコレステロール値が低くなる場合も含めて脂質異常症という。脂質異常症は日本動脈硬化学会の「動脈硬化性疾患予防ガイドライン2017年版」の診断基準により次の3つに分類される。

高LDLコレステロール血症： LDLコレステロールが140 mg/dL以上

低HDLコレステロール血症： HDLコレステロールが40 mg/dL未満

高トリグリセリド血症： トリグリセリドが150 mg/dL以上

また，病態により増加するリポタンパク質の種類に基づいて，高脂血症は表19･1に示す6つの型に分類される（WHOの表現系分類）。

高脂血症は，遺伝的な素因などにより発症している「原発性高脂血症」（表19･2参照）と，糖尿病，甲状腺機能低下症，ネフローゼ症候群などの他の疾患や，ステロイドホルモン剤などの薬剤によりもたらされる「二次性高脂血症」に分けられる。

表19･1 WHOによる高脂血症の分類

タイプ	I	IIa	IIb	III	IV	V
増加するリポタンパク質	カイロミクロン	LDL	VLDL LDL	レムナント IDL	VLDL	カイロミクロン VLDL
総コレステロール	～	↑↑↑	↑↑	↑↑	～/↑	↑↑
トリグリセリド	↑↑↑	～	↑↑	↑↑	↑↑	↑↑↑

表19･2 原発性高脂血症

原発性カイロミクロン血症	
家族性リポタンパク質リパーゼ欠損症	カイロミクロン中の中性脂肪を分解する酵素であるリポタンパク質リパーゼ（LPL）の欠損により，血中からカイロミクロンとVLDLを取り除くことができずに蓄積。I型の表現型。
アポリポタンパク質C-II欠損症	LPL活性化タンパク質であるアポリポタンパク質C-IIの欠損により，血中にカイロミクロンとVLDLが蓄積。I型の表現型。
原発性V型高脂血症	原因不明。血中にカイロミクロンとVLDLが蓄積。V型の表現型。
特発性高カイロミクロン血症	原因不明。血中にカイロミクロンとVLDLが蓄積。
原発性高コレステロール血症	
家族性高コレステロール血症	LDL受容体の欠損によりLDLを取り込むことができず変性したLDLが血管壁に沈着した結果，若年期からアテローム性動脈硬化を発症。IIa型またはIIb型の表現型。
家族性複合型高脂血症	原因不明。IIa型，IIb型，IV型のいずれかの表現型。
特発性高コレステロール血症	原因不明。IIa型またはIIb型の表現型。
内因性高トリグリセリド血症	
家族性IV型高脂血症	原因不明。トリグリセリドに富むVLDLの増加を呈する。IV型の表現型。
特発性高トリグリセリド血症	原因不明。
家族性III型高脂血症	アポリポタンパク質Eの異常によりLDL受容体と結合しにくくなり，血中のコレステロール，トリグリセリドがともに高値を示す。III型の表現型。
原発性高HDL-コレステロール血症	コレステリルエステル輸送タンパク質（CETP）の欠損により，HDL中のコレステリルエステルとVLDL，IDL，LDL中の中性脂肪を交換できなくなる。HDLが増加（100 mg/dL以上）。

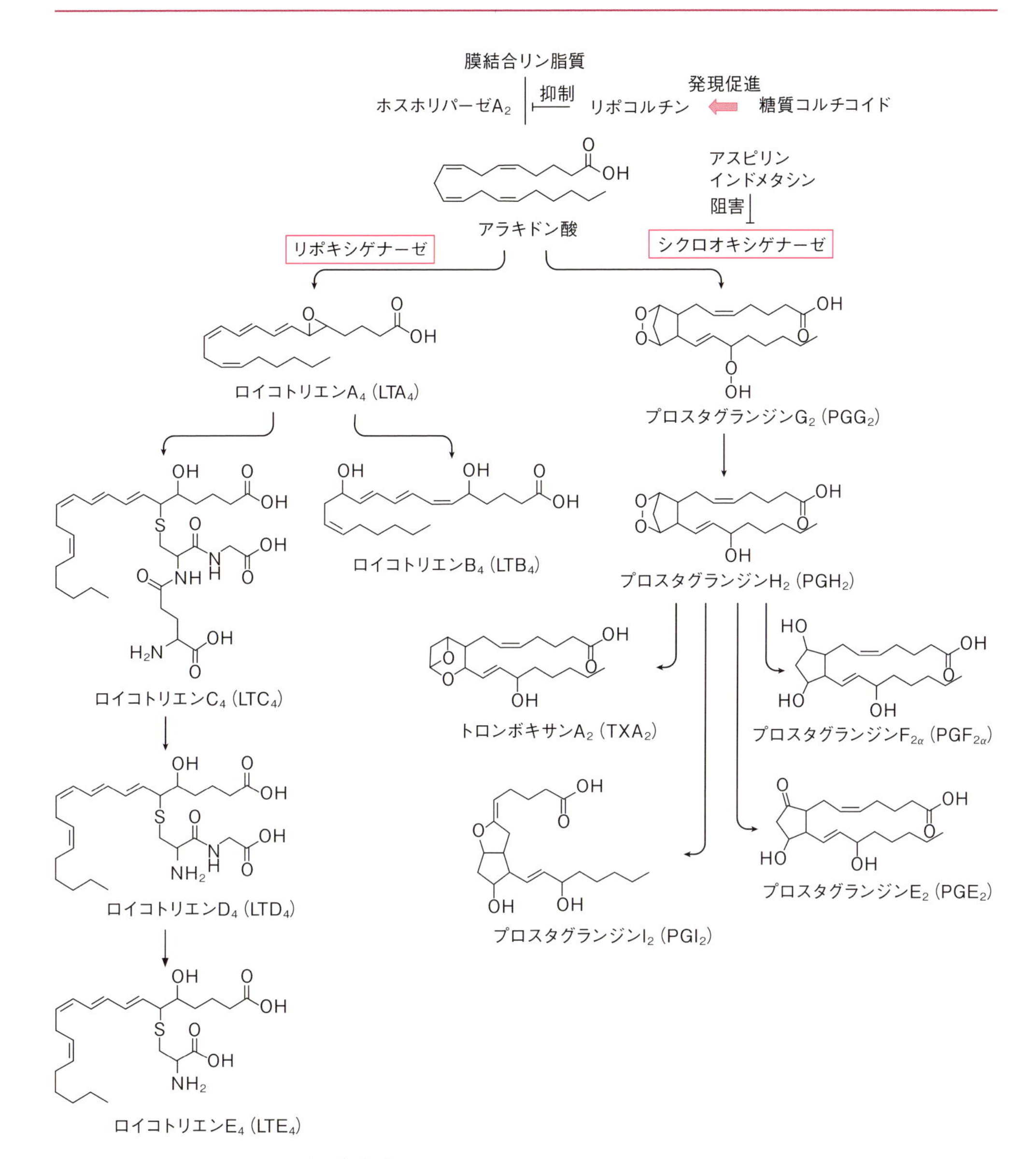

図 19·20　エイコサノイドの生合成
エイコサノイドは，炭素数 20 の多価不飽和脂肪酸（主にアラキドン酸）から生合成される。ホスホリパーゼ A_2 により生体膜のリン脂質に結合するアラキドン酸が切り出され，これを原料としてエイコサノイドが合成される。ホスホリパーゼ A_2 活性の阻害はアラキドン酸の産生を低下させる。また，非ステロイド性抗炎症薬は COX 活性を阻害してプロスタグランジンの産生を低下させる。

応用問題

53 歳男性。職場検診で高脂血症（脂質異常症）を指摘され，紹介受診。父親は高脂血症で加療中，冠動脈ステントを装着。理学所見は正常。血圧 156/86 mmHg，脈拍 82/ 分 整。血液検査にて血清コレステロールの高値を認める（血清総コレステロール 349 mg/dL，LDL

コレステロール 260 mg/dL，HDL コレステロール 61 mg/dL，空腹時トリグリセリド 105 mg/dL)。

1. 血液検査の結果から高脂血症の分類を診断せよ。
2. WHO の表現系分類に従って高脂血症のタイプを診断せよ。
3. 生活習慣の改善（食事療法など）を指導したが脂質管理が不十分であったことから，薬物療法を開始した。適切な薬物とその作用機構を述べよ。

解　答

1. 高 LDL コレステロール血症。高脂血症は血液中の脂質含有量が正常値より高い病態であり，動脈硬化症・心筋梗塞・脳梗塞などの原因となる。脂質異常症（高脂血症）の診断には日本動脈硬化学会の『動脈硬化性疾患予防ガイドライン 2017 年版』の診断基準を用いる。トリグリセリドと HDL コレステロールは基準範囲にあるが，LDL コレステロールが基準値（140 mg/dL）より高いことから高 LDL コレステロール血症と診断される。

2. IIa 型高脂血症。高脂血症の治療に際しては WHO 分類に基づいて方針を決定するのが実用的である。高脂血症ではコレステロールとトリグリセリドのどちらか一方，あるいは両者が増加する。本例では，HDL コレステロールおよびトリグリセリドが正常で，LDL コレステロールのみが高値であることから IIa 型と診断される。

3. HMG-CoA レダクターゼ阻害剤（スタチン系薬物)。コレステロール値の高いことから，コレステロール生合成の低下を図る。コレステロール生合成の初期段階において，HMG-CoA レダクターゼが律速酵素として HMG-CoA からメバロン酸への変換反応を触媒している。HMG と構造が類似したスタチン系の薬物は HMG-CoA レダクターゼを競合阻害してコレステロール合成を低下させる。

引用文献

19-1) Voet, D. *et al.*（田宮信雄ら訳）(2014)『ヴォート基礎生化学（第 4 版)』東京化学同人.

19-2) Berg, J. M. *et al.*（入村達郎ら訳）(2013)『ストライヤー生化学（第 7 版)』東京化学同人.

19-3) Harvey, R. A., Ferrier, D. R.（石崎泰樹，丸山 敬訳）(2015)『イラストレイテッド生化学（原書 6 版)』丸善出版.

19-4) 鈴木敬一郎ら（2011)『生化学』MEDICAL VIEW.

19-5) Murray, R. K. *et al.*（清水孝雄ら訳）(2013)『イラストレイテッド ハーパー・生化学（原書 29 版)』丸善出版.

20章　燃料代謝の制御と障害

ヒトのような高等動物では，代謝は各組織・器官によって分業され，全体としてそれらがうまく機能するように制御されている。その制御ではインスリン，グルカゴン，アドレナリンなどのホルモンが重要な役割を果たしている。またAMP活性化プロテインキナーゼ（AMPK）も大きな役割を果たしている。燃料代謝の障害の例として飢餓時，糖尿病を概説する。

20･1　臓器・器官による代謝の分業

20･1･1　脳

ヒト成人の脳の重量は体重の2%ほどしかないが，安静時のエネルギー消費量のおよそ20%を消費する。ATPの大部分は，神経活動の基盤となる静止膜電位の維持のために細胞膜のNa^{+},K^{+}-ATPアーゼによって使われる。通常はグルコースが脳の主な燃料分子であり，これが好気的に代謝される。脂肪酸は血液脳関門を通過できないので脳の燃料分子とはならない。このため，血液からのグルコース供給が必須であり，血糖値は一定レベル（50 mg/dL ≅ 2.78 mM）以上に保たれなければならない。飢餓時にはケトン体利用のための酵素系が誘導され，ケトン体を燃料分子とする。

20･1･2　筋　肉

グルコース，脂肪酸，ケトン体，分枝アミノ酸（ロイシン，イソロイシン，バリン）が骨格筋の主な燃料分子である。静止時には骨格筋は血中から取り込んだグルコースをグリコーゲンに変えて貯蔵する。運動時にはグリコーゲンは分解されてグルコース6-リン酸となり，解糖系で代謝される。骨格筋中のグルコース6-リン酸はグルコース-6-ホスファターゼがないため，遊離グルコースには変換されず，筋肉内に留まる。激しく運動するとき，筋収縮に必要なATPは細胞内にもともと存在するものが使われ，その次にホスホクレアチンのクレアチンへの変換に伴い産生されるATPが使われる。これが枯渇するとグルコース6-リン酸の解糖系による代謝で産み出されるATPが使われる。はじめは嫌気的代謝によるATP産生が中心で乳酸が産生される。乳酸は骨格筋では代謝できないので，血中に放出される。次第に好気的代謝によるATP産生が中心となる。心筋は脂肪酸，グルコース，ケトン体，乳酸（心筋内ではNAD^{+}/NADH比が大きく乳酸→ピルビン酸の変換が起き，これをクエン酸回路で燃やすことができる）を好気的に代謝してATPを獲得する。筋肉は燃料となる脂肪酸を血中の遊離脂肪酸（アルブミンと結合して血中を輸送される）およびリポタンパク質（食物由来の脂肪酸をトリアシルグリセロールの形で運ぶキロミクロンと肝臓由来の脂肪酸をトリアシルグリセロールの形で運ぶVLDL）から受け取る。リポタンパク質中のトリアシルグリセロールは筋肉の毛細血管内皮細胞の細胞膜表面に存在するリポタンパク（質）リパーゼ（LPL）により加水分解され，生じたモノアシルグリセロールと脂肪酸は筋肉中に取り込まれる。インスリンはLPL遺伝子の転写を活性化し，筋肉による脂肪酸の取り込みを促進する。心筋ではグルココルチコイドでLPLの合成が促進される。

20・1・3 脂肪組織

脂肪組織はこれまでエネルギーをトリアシルグリセロール（中性脂肪）の形で貯蔵する組織であると考えられてきたが，近年代謝調節に関わるホルモンを分泌していることがわかり注目を集めている。

20・1・3・1 脂肪貯蔵庫としての脂肪組織

脂肪組織は血中のリポタンパク質（キロミクロンとVLDL）から貯蔵のための脂肪酸を受け取る。これらのリポタンパク質中のトリアシルグリセロールは，筋肉の場合と同様に，脂肪組織の毛細血管内皮細胞の細胞膜表面に存在するLPLにより加水分解され，生じたモノアシルグリセロールと脂肪酸が脂肪組織中に取り込まれる。脂肪組織ではLPLはインスリンにより転写が促進され，グルカゴンやアドレナリンにより転写が抑制される。すなわち食事の後では脂肪酸取り込みが促進され，飢餓時・運動時には脂肪酸取り込みが抑制される。取り込まれた脂肪酸はトリアシルグリセロールの形で貯蔵される。トリアシルグリセロール合成に必要なグリセロール3-リン酸はジヒドロキシアセトンリン酸（DHAP）から作られる。DHAPは解糖系でグルコースから作られる。体の他の組織（骨格筋・心筋など）の需要に応じ，ホルモン感受性リパーゼ（HSL）がトリアシルグリセロールを脂肪酸とグリセロールに分解する。グリセロール3-リン酸濃度が高いときは脂肪酸はトリアシルグリセロールに再び組み込まれるが，グリセロール3-リン酸濃度が低いときは脂肪酸は血中に放出される。飢餓時にはDHAP濃度は低く脂肪酸の血中への放出が促進される。アドレナリン，成長ホルモン，グルカゴン，グルココルチコイド，ACTHはAキナーゼを介してHSLを活性化し，インスリンはホスホプロテインホスファターゼを介して抑制する。すなわち飢餓時・運動時には脂肪組織においてトリアシルグリセロール分解，脂肪酸の血中への放出が促進され，食後はこれらが抑制される。

20・1・3・2 内分泌器官としての脂肪組織

AMP活性化プロテインキナーゼ（AMPK）は，骨格筋，心筋，肝臓，脂肪組織において，異化経路を活性化し，同化経路を抑制することにより，細胞内エネルギー（ATP）レベルを保つ重要な役割を果たしている。AMPKはコレステロール合成の律速酵素であるHMG-CoAレダクターゼをリン酸化し不活化する酵素として同定されたが，その後AMPの存在下にさまざまな酵素をリン酸化しその活性を調節することが明らかになった。AMPKはAMPによってアロステリックに活性化されるのみならず，他のプロテインキナーゼ（LKB1，AMPKKなど）によってリン酸化されることによっても活性化される。心筋ではフルクトース2,6-ビスリン酸の濃度を決定するPFK-2/FBPアーゼ2の心筋アイソザイムをリン酸化することによりPFK-2を活性化し，解糖系が促進される。すなわち心筋細胞内のエネルギー不足の状況で解糖系が促進される。骨格筋･心筋ではアセチルCoAカルボキシラーゼ(ACC, 脂肪酸合成の律速段階酵素）のβ-ACCアイソザイム（ACC2）をリン酸化・不活化することによりマロニルCoA濃度を下げ（β-ACCアイソザイム（ACC2）はAキナーゼによってもPP1阻害を介して間接的にリン酸化・不活化される），アシルCoAのミトコンドリア取り込みに関わるカルニチンパルミトイルトランスフェラーゼIのマロニルCoAによる阻害を解除し，アシルCoAのミトコンドリア取り込みが増加，脂肪酸酸化が促進される。またAMPKは骨格筋によるグルコース取り込みもインスリン非依存性に促進する。またグリコーゲンシンターゼをリン酸化･不活化する。肝臓においてはACC［α-ACCアイソザイム(ACC1)とβ-ACCアイソザイム（ACC2）の両者が存在］，HMG-CoAレダクターゼ，グリコーゲンシンターゼ, PEPCK, G6Pアーゼをリン酸化･不活化する。脂肪組織においてはACC1(α-ACCアイソザイム）をリン酸化・不活化することにより脂肪酸合成を阻害するのみならず，HSLをリン酸化・不活化することにより，脂肪組織から血中への脂肪酸放出も抑制される。

脂肪組織はアディポネクチンというペプチドホルモンを産生し，血中に分泌する。アディポネクチンが筋細胞，肝細胞，脂肪細胞の細胞膜表面に存在するアディポネクチン受容体に結合すると，LKB1などを介して細胞内のAMPKがリン酸化され，活性化される。その結果上記のように，筋肉ではグルコース取り込み，解糖系促進（心筋の場合），脂肪酸酸化が進み，グリコーゲン合成が低下し，肝臓では脂肪酸合成，コレステロール合成，グリコーゲン合成が低下し，脂肪細胞では脂肪酸合成の低下，トリアシルグリセロールの分解（血中への脂肪酸放出）抑制が起こる。脂肪組織の量が増加するとアディポネクチンの合成・分泌が低下するが，この現象にはTNF-αが関与していると考えられる。また脂肪組織はレプチンというペプチドホルモンも合成・分泌する。これは脳の食欲刺激系に作用する満腹ホルモンである。

20･1･4　肝　臓

肝臓はエネルギー代謝の中枢である。脳その他の組織･器官･細胞で必要とされるグルコースを血液を介して供給することが肝臓の重要な役割である。食後血糖値（血中グルコース濃度）が上昇すると肝臓はグルコースを細胞内に取り込み，グルコキナーゼによりリン酸化しグルコース6-リン酸（G6P）として細胞内にトラップする。G6Pは肝細胞内で解糖系で代謝されピルビン酸となり，ピルビン酸はピルビン酸デヒドロゲナーゼ複合体によりアセチルCoAに変換される。アセチルCoAはクエン酸回路・呼吸鎖で代謝されATP産生に用いられるか，脂肪酸，リン脂質，コレステロールの合成に用いられる。G6Pはペントースリン酸経路で代謝されNADPHとリボース5-リン酸に変換される。またG6Pはグリコーゲンとして肝細胞内に貯蔵される。血糖値が低くなるとG6Pはグルコース-6-ホスファターゼによりグルコースに戻され，血中に放出され，血糖値を維持する。このときグリコーゲンとして貯蔵されていたグルコースはグリコーゲンホスホリラーゼによりG1Pとして切り出され，ホ

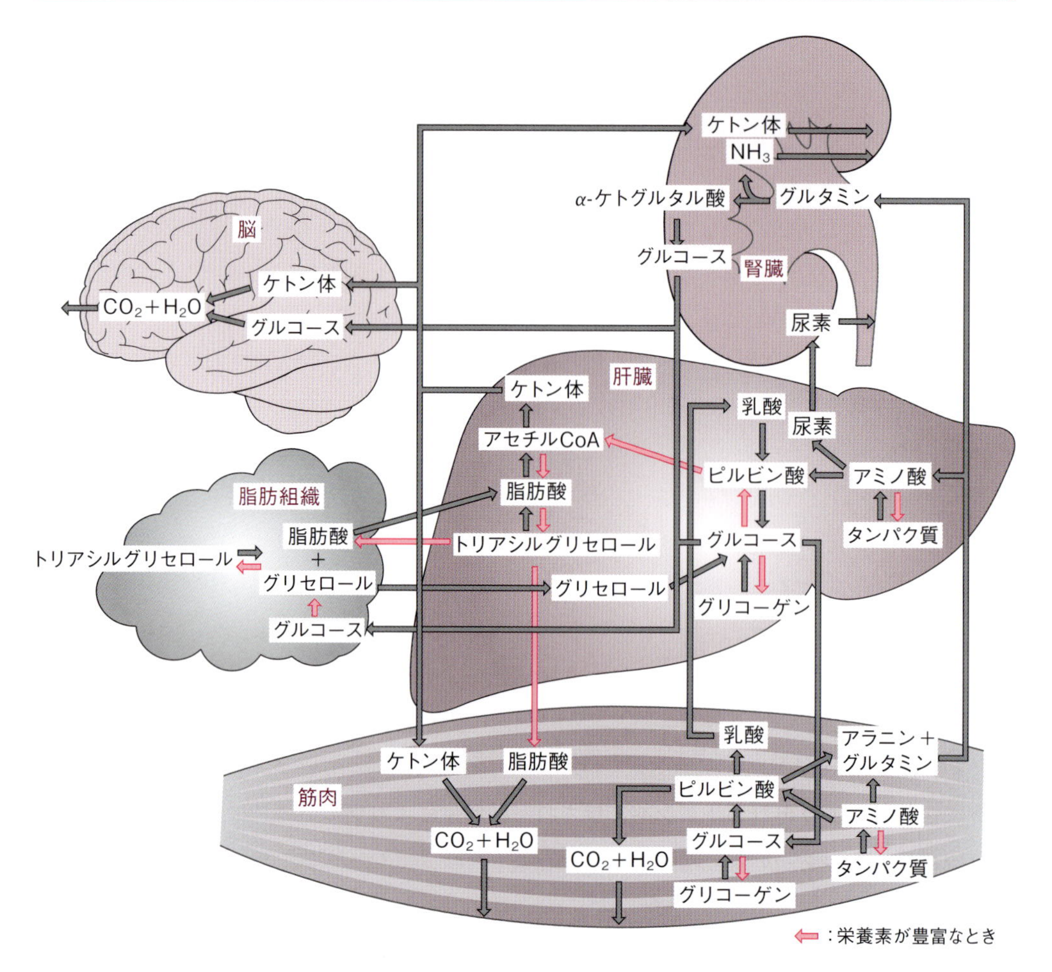

図 20･1　燃料代謝の分業
われわれのような高等動物では，代謝は各組織・器官によって分業され，全体としてそれらがうまく機能するように制御されている。（文献 20-1 より改変）

スホグルコムターゼにより G6P に変換され，これはグルコース-6-ホスファターゼによりグルコースに戻され，血糖値の維持に寄与する。肝臓は脂肪酸代謝の基地でもある。肝臓は脂肪組織由来の脂肪酸を血液から受け取り（脂肪酸は血中ではアルブミンと結合している），トリアシルグリセロールにして VLDL を作り，これを血中に放出するか，β 酸化によりアセチル CoA にしてケトン体に変換し，血中に放出するか，あるいはこのアセチル CoA をクエン酸回路と呼吸鎖で代謝してエネルギーを得る。肝臓において脂肪酸は体の各組織・器官の需要に応じていずれかの運命をたどる。肝臓ではアミノ酸もいろいろな代謝中間体に変換され，クエン酸回路と呼吸鎖で代謝され ATP を供給するか，糖原性アミノ酸の場合は糖新生によりグルコースに変換されて血中に放出されるか，ケト原性アミノ酸の場合はケトン体に変換されて血中に放出される。飢餓が長引くと，骨格筋タンパク質が分解され，生じたアラニン，グルタミンなどが血中に放出され，これらを肝臓が受け取り，糖新生でグルコースに変換し，血糖値を維持する。食事直後にはアミノ酸はクエン酸回路と呼吸鎖で燃やされて肝臓に ATP を供給する。

20・1・5　腎　臓

腎臓は尿素，尿酸などの廃棄物を濾過し，グルコースなどを再吸収する。また重炭酸イオン（HCO_3^-）の再吸収，ケトン体などの代謝酸イオンの排泄を介して血液 pH の調節を行っている。また糖新生能ももっている。飢餓時には腎臓による糖新生の寄与が大きくなる。

20・1・6　血　液

脳，骨格筋，心筋，脂肪組織，肝臓が代謝を分業できるのは，血液がそれぞれの代謝産物を運搬するからである。

コリ回路：骨格筋は血液からグルコースを受け取り，嫌気的代謝により乳酸を産生する。骨格筋は乳酸をそれ以上代謝できないので，血中に放出する。肝臓はこの乳酸を取り込んで，ピルビン酸に戻し（乳酸デヒドロゲナーゼ，LDH で），糖新生によりグルコースに変換し，血中に戻してやる。このグルコースを再び骨格筋が利用し，代謝サイクルを形成する。これをコリ回路と呼ぶ（図 10・5 参照）。

グルコース－アラニン回路：骨格筋が血中から取り込んだグルコースが解糖系によりピルビン酸に代謝されると，その一部はアミノ酸（グルタミン酸など）からアミノ転移を受け，アラニンに変換される。このアラニンが血中に放出され，肝臓によって取り込まれ，肝臓内でアミノ転移により再びピルビン酸に戻され，糖新生によりグルコースに変換されて血中に戻される。アラニンのアミノ基は肝臓でアンモニアかアスパラギン酸のアミノ基になり，尿素回路で尿素となる。グルコース－アラニン回路は骨格筋から肝臓に窒素を運ぶ役割も担う（図 10・6 参照）。

20・2　燃料代謝の内分泌制御

20・2・1　インスリン

血糖値が上昇すると（100 mg/dL 以上）膵臓の β 細胞からインスリンが分泌される［この他にもマンノースなどの糖（フルクトースはインスリン分泌を刺激しない），アミノ酸（アルギニン，リシンなど），迷走神経刺激などでも分泌が促進される］。

20・2・1・1　筋　肉

インスリンは筋肉の細胞膜上に GLUT4 をリクルートし，グルコースの取り込みを増加させる。またホスホプロテインホスファターゼ 1 を活性化し，細胞内リン酸化レベルが低下，グリコーゲン分解が抑制され，グリコーゲン合成が促進される。またインスリンは筋肉におけるタンパク質合成を促進する。インスリンは LPL の転写を活性化し，筋肉による脂肪酸取り込みを促進する。インスリンは筋肉の β-ACC を脱リン酸・活性化し，マロニル CoA の濃度を上昇させることにより，脂肪酸酸化を抑制する。

20･2･1･2 脂肪組織

インスリンは脂肪組織でも GLUT4 のリクルートを介して，グルコースの取り込みを増加させる。脂肪組織ではグルコースは解糖系，ピルビン酸デヒドロゲナーゼ複合体によりアセチル CoA に変換され，トリアシルグリセロール合成に用いられる。インスリンはピルビン酸デヒドロゲナーゼ複合体の活性化（複合体に含まれるピルビン酸デヒドロゲナーゼホスファターゼを活性化することにより），α-ACC の脱リン酸・活性化を通して，脂肪酸合成を促進する。またインスリンはホルモン感受性リパーゼの脱リン酸・不活化を介して，トリアシルグリセロール分解を抑制する。インスリンは LPL 遺伝子の転写を活性化し，脂肪組織による脂肪酸の取り込みを促進する。

20･2･1･3 肝 臓

インスリンはグルコキナーゼ，PFK-1，ピルビン酸キナーゼの遺伝子転写を活性化，解糖系を促進すると共に，PEPCK，FBP アーゼ 1，グルコース-6-ホスファターゼの遺伝子転写を抑制，糖新生を抑制する。インスリンはホスホジエステラーゼの活性化による細胞内 cAMP 濃度低下，ホスホプロテインホスファターゼ 1 の G_L サブユニットの転写活性化，グリコーゲンシンターゼキナーゼ 3β（GSK3β）の不活化などを介してグリコーゲン分解を抑制し，グリコーゲン合成を促進する。インスリンはアセチル CoA カルボキシラーゼ（α-ACC，β-ACC）の脱リン酸・活性化を介して脂肪酸合成を促進する。このときマロニル CoA の濃度が上昇するので，カルニチンパルミトイルトランスフェラーゼ I が阻害され，脂肪酸の β 酸化が抑制される。またインスリンはアセチル CoA カルボキシラーゼ（α-ACC，β-ACC），脂肪酸シンターゼの転写も活性化しこれらの酵素量を増加させる。

20･2･2 グルカゴンとアドレナリン

血糖値が低下すると膵臓の α 細胞からグルカゴンが分泌される。グルカゴンの分泌はアドレナリンによっても促進される。アドレナリンは交感神経刺激時（ストレスなど）に副腎髄質から分泌される。

20･2･2･1 筋 肉

筋肉にはグルカゴン受容体は存在しない。筋肉の細胞膜の β 受容体にアドレナリンが結合すると，A キナーゼを介してグリコーゲン分解が促進され，グリコーゲン合成が抑制される。またこのとき，β-ACC 活性が低下し，マロニル CoA 濃度が低下して脂肪酸酸化は促進される。

20･2･2･2 脂肪組織

脂肪組織ではグルカゴンは A キナーゼを介してホルモン感受性リパーゼをリン酸化・活性化し，トリアシルグリセロールの脂肪酸への分解が促進される。A キナーゼは α-ACC の脱リン酸を阻害するので，このとき，脂肪酸合成は阻害される。アドレナリンは β 受容体を介して A キナーゼ依存的にホルモン感受性リパーゼをリン酸化・活性化し，トリアシルグリセロールの脂肪酸への分解を促進する（脂肪酸合成は阻害）。

表 20·1　燃料代謝の内分泌制御

組織	インスリン	グルカゴン	アドレナリン
肝臓	グリコーゲン合成　増加 脂質合成　増加 糖新生　低下	グリコーゲン合成　低下 グリコーゲン分解　増加 糖新生　増加	グリコーゲン合成　低下 グリコーゲン分解　増加 糖新生　増加
筋肉	グルコース取り込み　増加 グリコーゲン合成　増加 グリコーゲン分解　低下	効果無し	グリコーゲン合成　低下 グリコーゲン分解　増加
脂肪組織	グルコース取り込み　増加 脂質合成　増加 脂質分解　低下	脂質分解　増加	脂質分解　増加

20·2·2·3　肝　臓

グルカゴンは肝臓においてAキナーゼ依存的にグリコーゲン分解を促進し，グリコーゲン合成を抑制する。また，グルカゴンは二機能酵素 PFK2/FBP アーゼ 2 をAキナーゼ依存的にリン酸化•不活化することにより，細胞内フルクトース 2,6- ビスリン酸濃度を低下させ，解糖系を抑制，糖新生を促進する。さらに，グルカゴンはAキナーゼを介して PEPCK, FBP アーゼ 1，グルコース -6- ホスファターゼの遺伝子転写を活性化し，逆にグルコキナーゼ，PFK-1，ピルビン酸キナーゼの遺伝子転写を抑制する。このため糖新生の酵素の量は上昇し，解糖系の酵素の量は低下する。アドレナリンは β 受容体を介して，グルカゴンと同様の作用を及ぼす（グリコーゲン分解促進・グリコーゲン合成抑制，糖新生促進・解糖系抑制)。アドレナリンは α 受容体を介してカルシウム依存的にホスホリラーゼキナーゼを活性化することによってもグリコーゲン分解を促進する。グルカゴン，アドレナリンは α-ACC, β-ACC の脱リン酸を阻害し（Aキナーゼ依存的に）不活化，脂肪酸合成を阻害する（脂肪酸酸化はマロニル CoA 濃度低下を介して促進)。

20·3　燃料代謝の障害

20·3·1　飢 餓 時

血糖値が低下すると，膵臓からグルカゴンが放出される。グルカゴンは肝臓においてグリコーゲン分解促進・グリコーゲン合成抑制作用を及ぼす。グリコーゲン分解によって生じたグルコース 6- リン酸はグルコース -6- ホスファターゼにより遊離グルコースとなり，これは血中に放出される。またグルカゴンは上述の機構により，糖新生を促進，解糖系を抑制する。糖新生によって生じたグルコースも血糖値の維持に用いられる。絶食が長引くと肝臓のグリコーゲンは枯渇し，肝臓から血糖値維持のために放出されるグルコースの大部分は糖新生によるものとなる。糖新生の材料としては骨格筋タンパク質の分解で生じる糖原性アミノ酸が重要である。さらに絶食が続くと，骨格筋タンパク質の分解速度は次第に減少する。ある程度の運動能力の維持のために骨格筋を保存しておくことが生存にとって必須だからである。肝臓は脂肪酸の β 酸化で生じるアセチル CoA からケトン体を合成し，これを血中に放出する。

この頃までには脳もケトン体をエネルギー源として利用できるようになっている。このため脂肪が多いヒトほど飢餓に耐えて生存することができる。

20・3・2 糖 尿 病

糖尿病（diabetes mellitus, DM）は，インスリンの分泌不足か，インスリン感受性の低下のために，“グルコース飢餓状態”となっている病気である。グルコース利用が低下し，脂肪およびタンパク質の異化が亢進する（トリアシルグリセロールの分解，脂肪酸酸化，糖新生，骨格筋タンパク質の分解，ケトン体合成の亢進）。DM には以下の 2 種類が存在する。

1 型糖尿病（インスリン依存性糖尿病）：若年期（25 歳以下）に突然発症する糖尿病で，自己免疫的機序により膵臓 β 細胞が破壊されインスリン分泌能が喪失している。長期生存にはインスリン投与が必須である。

2 型糖尿病（インスリン非依存性糖尿病）：ふつう 40 歳以降に徐々に発症する糖尿病で，末梢組織のインスリン抵抗性や膵 β 細胞からのインスリン分泌不足により，相対的にインスリンが不足している状態。最近チアゾリジンジオン（TZD）が経口糖尿病薬として注目を集めている。これは脂肪細胞内のペルオキシソーム増殖因子活性化受容体 γ（PPAR-γ）のアゴニストで，アディポネクチンの合成を誘導し，その結果として肝細胞と筋肉細胞で AMPK が活性化される。また筋肉では直接 AMP/ATP 比を大きくして AMPK のリン酸化・活性化を促進する。そのため，肝細胞では脂質（脂肪酸，コレステロール）合成が抑制され，骨格筋では脂肪酸酸化，グルコースの取り込みが促進される。また脂肪組織ではホルモン感受性リパーゼが AMPK によりリン酸化・不活化され，トリアシルグリセロールの分解（それに引き続いて起こる血中への脂肪酸の放出）が抑制されるとともに，α-ACC（ACC1）のリン酸化・不活化により，脂肪酸合成も抑制される。ビグアナイド系のメトフォルミンも AMPK の活性化を通して肝臓における糖新生を抑制し，筋肉におけるグルコース取り込みを促進させる。この他，血糖値依存的にインスリン分泌を促進する消化管ホルモンであるインクレチンを分解する酵素（DPP-IV）の阻害薬や，近位尿細管におけるグルコース取り込みを阻害する SGLT2 阻害薬も抗糖尿病薬として注目を集めている。

理解度確認問題

以下に記載する患者 A 氏（女性）は，糖尿病性腎症で尿毒症を併発し，透析導入となった症例である。

<u>患者</u>：64 歳

<u>診断</u>：糖尿病，糖尿病性腎症（腎不全），肝硬変，高血圧，鼻出血，貧血

<u>主訴</u>：鼻出血，倦怠感，体動時息切れ

<u>現病歴</u>：45 歳時に尿糖（＋）が見つかり，糖尿病を指摘されたが，自覚症状無く放置。その後次第に体重減少・口渇・食欲増進などが出現し，近医を受診した。このとき血糖は 500

mg/dL 近く，肝機能も不良であった。糖尿病・慢性肝炎の治療のため B 病院入院。血糖値 200-300 mg/dL とコントロール不良のためインスリン治療を開始したが，長期間コントロール不良であり，HbA1c 8-9%の状態が続いた。その後クレアチニン値が 1.9 → 2.4 → 3.8 → 4.3 mg/dL と腎症が急速に進行し，血糖が低下したためインスリンの減量が必要となった。肝機能の低下，嘔気など尿毒症の症状も出現してきたため，透析導入目的にて当科紹介入院となった。

既往歴：22 歳　結核（右上葉切除），28 歳　虫垂炎，32 歳　出産にて大出血，34 歳　子宮内膜症，ポリープ，58 歳　白内障手術。

家族歴：父　結核，　母　胃がん，祖父　膀胱がん

生活歴：飲酒（－），喫煙（－）

輸血歴：22 歳で結核にて右上葉切除時および 32 歳で出産大出血時輸血を受けている。

入院時現症：身長 152 cm，体重 45.4 kg，体温 36.7 ℃，脈拍 96/min，血圧 130/68 mmHg，呼吸数 14，意識清澄，食欲は減退。下肢振動覚低下。

入院時検査所見：［血液］白血球数 $5.8 \times 10^3/\mu L$，赤血球数 $167 \times 10^4/\mu L$，Hb 5.6 g/dL，Ht 17.2%（MCV 103 fl, MCH 33.3 pg, MCHC 32.4%），Ret 2.9%，血小板数 $12.4 \times 10^4/\mu L$［血液化学］総タンパク質 7.6g/dL, アルブミン 3.5 g/dL, LDH 622 IU/L, Asp-T 32 IU/L, Ala-T 18 IU/L, γ-GTP 9 IU/L, ALP 129 IU/L, CPK 48 IU/L, 総ビリルビン 0.2 mg/dL, 直接ビリルビン 0.1 mg/dL, 総コレステロール 149 mg/dL, 中性脂肪 143 mg/dL, HDL コレステロール 30 mg/dL, 尿酸 8.3 mg/dL, 尿素窒素 77 mg/dL, クレアチニン 6.6 mg/dL, Na 134 mEq/L, K 5.6 mEq/L, Cl 106 mEq/L, リン 4.7 mg/dL, カルシウム 8.3 mg/dL, 血糖値 193 mg/dL, NH_3 54 μg/ dL［血液ガス分析］pH 7.346, pCO_2 26.0 mmHg, pO_2 61.9 mmHg, HCO_3^- 13.9 mEq/L, 塩基余剰 (BE) － 10.08 mEq/L, O_2 飽和度 91.1%［尿］pH 5，タンパク質（＋＋），グルコース（＋＋），ケトン体（－）［眼底所見］増殖性網膜症

入院後の経過：入院後のある日の夕方より起座呼吸となった。肺水腫・強い尿毒症状が認められ，緊急に透析の必要があると判断された。その後状態は安定し，週 3 回の透析（4 時間 / 回）にて観察中である。早朝空腹時血糖は 90-110 mg/dL で糖尿病のコントロールは良好である。増殖性網膜症については 3 か月に一度当院眼科にて経過観察中である。

1. 糖尿病で腎臓症状，神経症状，眼底症状が出現する病態を説明しなさい。
2. 血液ガス分析からこの患者はどのような状態と考えられるか。
3. 肝硬変の原因は何であると考えられるか。

解　答

1. 糖尿病では血管障害を来す。大血管障害として動脈の粥状硬化症，微小血管障害として網膜症，腎障害，神経障害がもたらされる。

2. 血液ガス分析から pH がやや酸性に傾き（7.35 ～ 7.45 が基準値），HCO_3^-が 13.9 mEq/

L と低下している（22 ～ 26 mEq/L が基準値）ことから代謝性アシドーシスと考えられる。塩基余剰（base excess，BE）とは 0.93 × [HCO_3^-] ＋ 13.77 × pH － 124.58 の式で求められる値で，基準値は－ 2 ～＋ 2 mEq/L であり，＋ 2 mEq/L 以上の場合は代謝性アルカローシス，－ 2 mEq/L 以下の場合は代謝性アシドーシスを示している。この患者の場合，BE は－ 10.08 mEq/L であることからも代謝性アシドーシスの状態と考えられる。また pCO_2 が 26.0 mmHg と低下していることから（35 ～ 45 mmHg が基準値）呼吸性代償が起きていると考えられる。おそらくこの代謝性アシドーシスは尿毒症によるものと考えられる。

3. 2 回も輸血を受けていることから C 型肝炎によるものと考えられる。

引用文献

20-1) Voet, D. *et al.*（田宮信雄ら訳）（2014）『ヴォート基礎生化学（第 4 版）』東京化学同人.

20-2) Berg, J. M. *et al.*（入村達郎ら訳）（2013）『ストライヤー生化学（第 7 版）』東京化学同人.

第Ⅳ部　遺伝子の複製と発現

21章　DNAの生化学

生体活動は，単純に総括すれば，環境情報を加味しつつ，核酸の遺伝（ゲノム）情報に基づいて行われる。遺伝情報を担う核酸は，一部のウイルスを除いてすべて二本鎖DNAである（ウイルスの場合には一本鎖や二本鎖のDNAもしくはRNAがゲノム情報を担っている）。古典的ではあるが，セントラルドグマ（DNA → RNA →タンパク質）という遺伝情報が王道である。DNAは4種類の塩基が連結しており，相補的塩基対を形成して二本鎖となっている。RNAを分解するRNAaseは活性を失いにくいが（煮沸しても再生する），DNAaseは変性しやすい。そのためDNAは自然界ではかなり安定なものとなっており，遺伝情報の伝達物質となっている。情報は安全に保管するとともに必要な時には容易にアクセスできるという二律背反な機能を発揮する必要がある。

21･1　セントラルドグマ

哺乳類の細胞では，一般的に遺伝情報は

DNA → RNA →タンパク質

の一方通行である。しかし，RNAウイルスでは逆転写酵素によりRNA→DNAの流れがある。それを加味すると下のようになる。

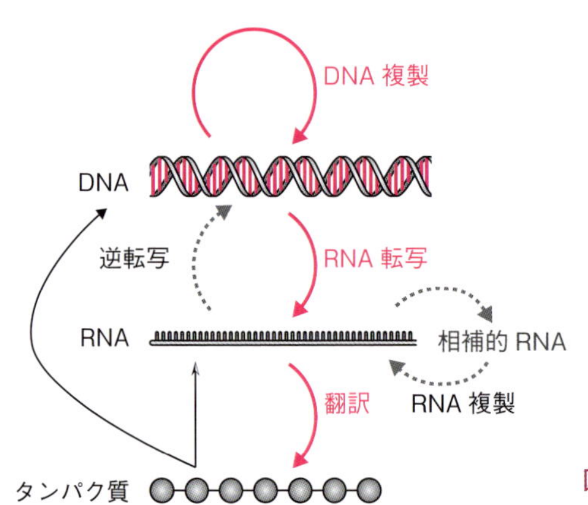

図21･1　セントラルドグマ（文献21-1より改変）

今のところタンパク質のアミノ酸配列がそのままRNAもしくはDNAの配列に読み取られる経路は見いだされていない。しかし，タンパク質の酵素によるRNA編集という，RNAの塩基の変換が見いだされている。また，DNA修復ではタンパク質の酵素によるDNA鎖の塩基の変更が行われている。拡大解釈すると，タンパク質から核酸（RNA／DNA）への情報伝達が無いとは言えないのかもしれない。

21・2　DNA 複製

21・2・1　複製とは

一部のウイルスを除いて，親から子へ伝達される遺伝情報を蓄えている本体は，デオキシリボ核酸（DNA）である。1953 年にワトソン（Watson）とクリック（Crick）によってDNA が二重らせん構造をしていることが発見され，DNA の塩基配列が複製に適している，つまり次世代に遺伝情報を引き継ぐために情報のコピーを作製するのに適した構造をしてい

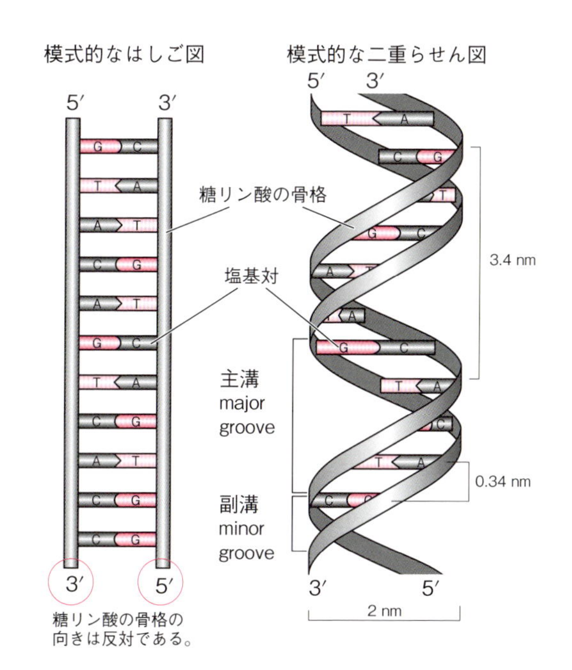

図 21・2　DNA の模式図
DNA は相補的な塩基対の配列からなる二本鎖である。（文献 21-1 より改変）

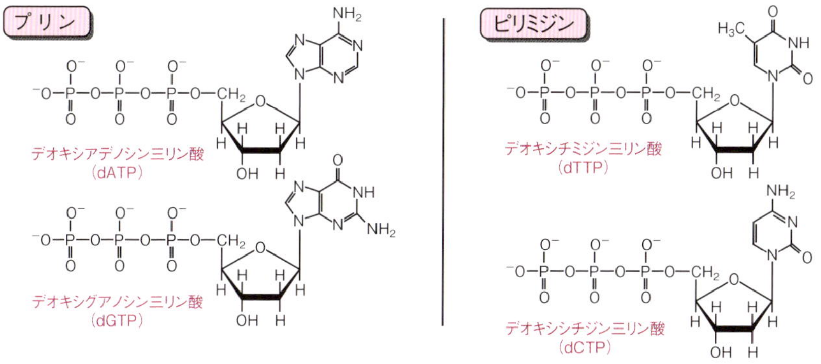

プリン

デオキシアデノシン三リン酸（dATP）

デオキシグアノシン三リン酸（dGTP）

ピリミジン

デオキシチミジン三リン酸（dTTP）

デオキシシチジン三リン酸（dCTP）

図 21・3　DNA の塩基
塩基はプリンのアデニン，グアニン，そしてピリミジンのチミン，シトシンがある。DNA は高エネルギーリン酸結合をもつ dATP，dGTP，dTTP，dCTP（総称を dNTP と記す）が DNA ポリメラーゼによって連結されて複製される。

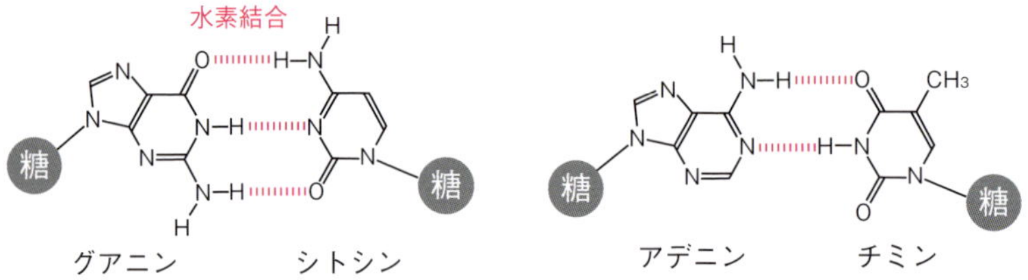

水素結合

グアニン シトシン アデニン チミン

図 21·4 相補的塩基対

G（グアニン）：C（シトシン）と A（アデニン）：T（チミン）
基本的には GC および AT 以外は塩基対を形成しない。なお GC との間には水素結合が 3 本，AT との間には水素結合が 2 本となっている。従って，二本鎖を解離させるためには，GC が多い方（GC リッチな配列）が AT が多い方（AT リッチな配列）よりもエネルギーを必要とする（高い温度を必要とする）。

ることが明らかになった。DNA は二本鎖であり，お互いに相補的な塩基と特異的な塩基対を形成しているため，二本鎖のどちらからも自身を鋳型にすることで娘鎖を合成することができる。その結果，同じ塩基配列の二本鎖，つまり元の DNA と同じ塩基配列の DNA(コピー)を作製することができる。紙のコピーでは，元の原稿とコピーは紙としてはまったく別物(書かれている情報は同じ）であるが，DNA の場合には，親 DNA の二本鎖はそれぞれ 1 本ずつ受け継がれ，娘 DNA の片側の鎖となる。この“半保存的複製”が DNA 複製の本質である。

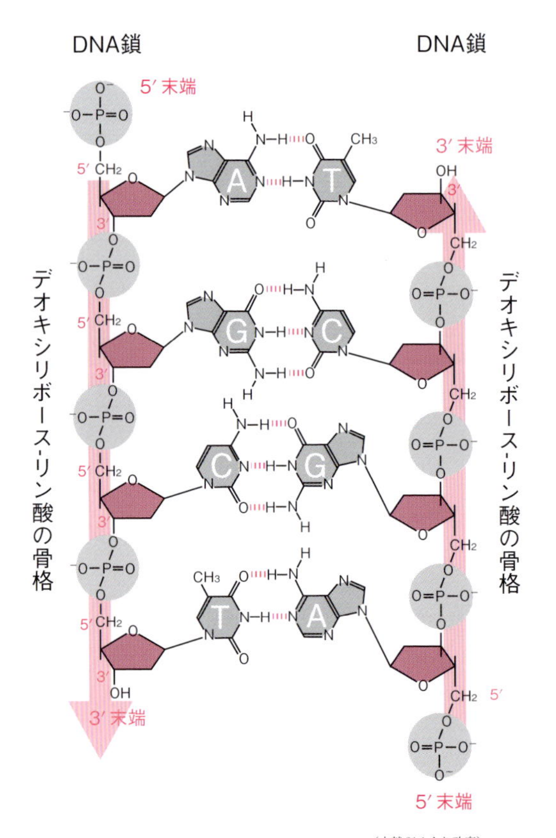

図 21·5 DNA の塩基対の模式図（文献 21-1 より改変）

図 21･6　A と U（ウラシル）の塩基対
RNA では T のかわりに U となる。U と A もお互いに相補的な塩基である。

図 21･7　シトシンからウラシルへの変換

当然ながら，細胞分裂時の複製はきわめて正確に行われなければならず，新規 DNA を合成する DNA ポリメラーゼは校正機能（proof-reading）を備えることでミスを修正し，高い精度を実現している。

21･2･2　複製起点

複製の開始部位は複製起点（origin of replication）と呼ばれ，原核生物では 1 か所であるが，真核生物の染色体は直鎖状になっていて，その端から複製されるのではなく，1 本の染色体中に複製起点が多数存在し様々な箇所から同時に開始される。複製起点の塩基配列は二本鎖が解離しやすいように AT が豊富であり（水素結合が 3 本の GC 対より 2 本の AT 対のほうが解離しやすい，図 21･4 参照），ある程度の配列特異性が見られる。ここに複製起点認識複合体が結合する。

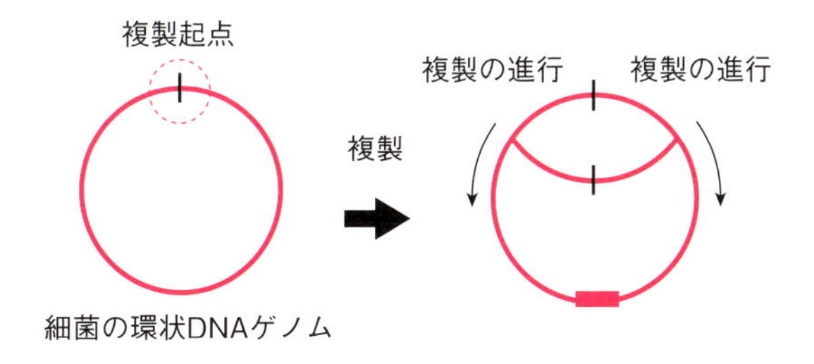

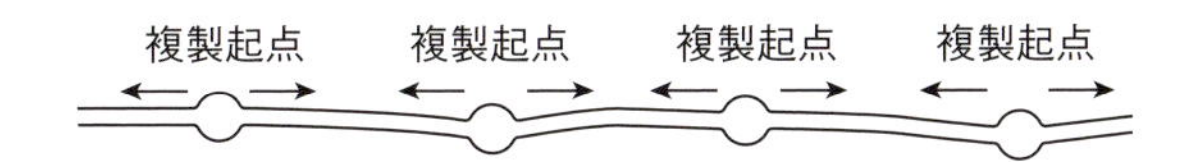

真核生物の直鎖状のゲノムDNA（染色体）

図 21･8　細菌の環状 DNA のゲノムには複製起点（複製が開始される部位）は 1 か所しか存在しないが，真核生物の染色体には複数の複製起点が存在し，巨大なゲノム DNA を効率良く複製することができる。

21･2･3　複製フォーク

DNA の複製を行う酵素は DNA 依存 DNA ポリメラーゼである。つまり DNA を鋳型にして（DNA 依存），それに相補的な DNA 鎖を合成する。多くの場合，単に DNA ポリメラーゼと呼ぶ。DNA ポリメラーゼは，一本鎖 DNA を鋳型にして，鋳型 DNA にとっての 5′ か

塩基
5′
4′
3′
2′
1′
OH
糖鎖の炭素の番号付け

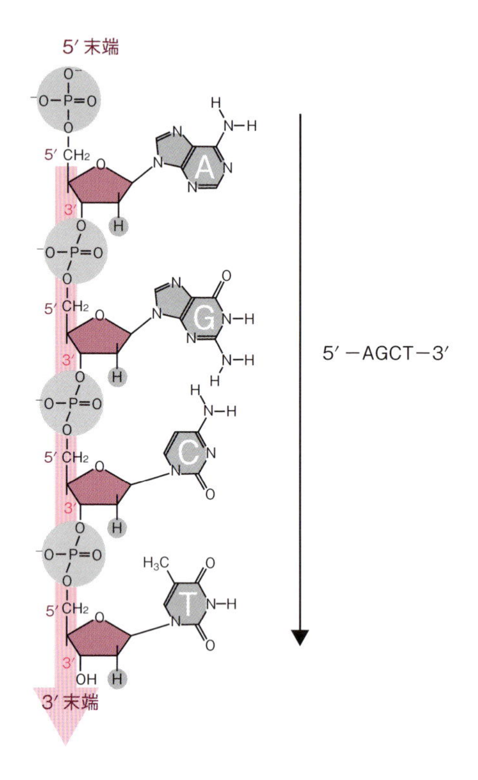

図 21·9　DNA 鎖の方向性
ヌクレオチドの糖の炭素の番号付けから，5′ 炭素にリン酸が結合している。また，DNA 鎖は 5′ 炭素と 3′ 炭素がリン酸基によって連結されている。その端を見ると，リン酸が結合した 5′ 炭素とヒドロキシ基が結合した 3′ 炭素となっている。それぞれを 5′ 端，3′ 端という。伝統的に，塩基配列を記すときは左側に 5′ 端，右側に 3′ 端とする。DNA の複製の際にも，3′ のヒドロキシ基に dNTP の高エネルギーリン酸から発するエネルギーを利用してヌクレオチドが結合されていくので，DNA 鎖は 5′ → 3′ の方向に伸長していく。(dNTP については 21·1·8 項を参照) (文献 21-1 より改変)

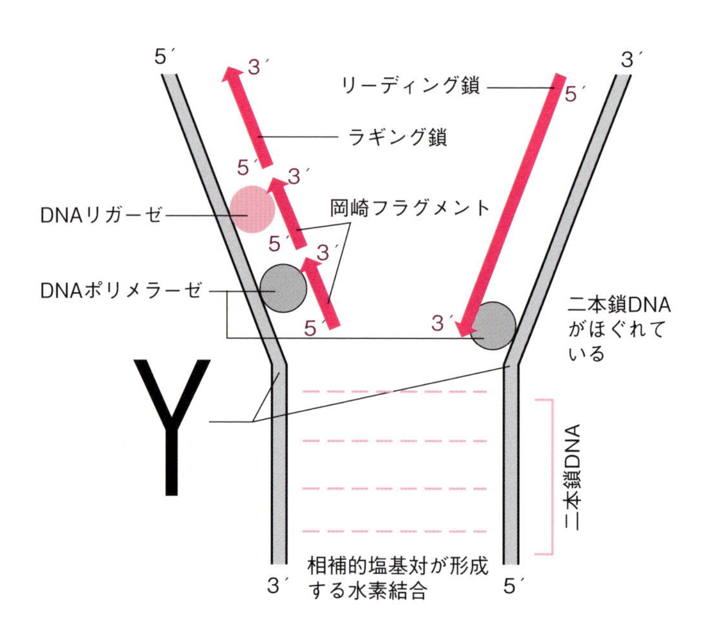

図 21·10　二本鎖 DNA の複製が行われる Y の字に模式的に示される複製フォーク
詳細については後述する。複製だけを見れば DNA ポリメラーゼと DNA リガーゼだけであるが，実際には多数の因子が必要な複雑な過程である。

ら3′方向に新規DNAを合成していく。そのために，少なくともDNAポリメラーゼがいる周辺では二本鎖が解離して一本鎖となり，“V”の字形になる。二本鎖がまだ解離していない部分も含めると“Y”字形になり，この部位のことを複製フォークと呼ぶ。

21·2·4　DNAヘリカーゼ

DNAの二本鎖を開いて一本鎖にするタンパク質がDNAヘリカーゼである。DNA複製のメカニズムがよく判明している大腸菌のDNAヘリカーゼ（DnaB）は六量体で構成されており，各サブユニットは一本鎖DNAが中心に位置するように環状に配置された構造をしている。一本鎖DNAを取り込む際は，六量体の環状構造が開いてDNAを取り込み，その後に環が閉じる。この反応には特別な機構が必要とされ，通常は起こらない。そして，ATPの加水分解によるエネルギーを利用して，5′から3′方向，もしくは3′から5′方向に決まった方向に動き（ヘリカーゼの種類による），二本鎖を連続的に解離していく。複製フォークでは，DNAヘリカーゼは一本鎖の一方にのみ結合している。

ヘリカーゼでほぐれた一本鎖には一本鎖結合タンパク質（SSB）が結合して，再アニーリング（二本鎖の形成）を防ぐ。さらにSSBは一本鎖のみで塩基対を形成するステムループの形成を防いだり，DNAaseによる分解からも防護する。

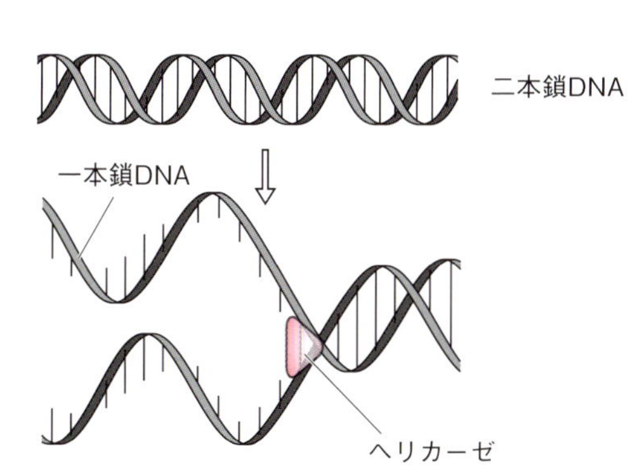

図21·11　DNAヘリカーゼはATPのエネルギーを利用してDNA鎖をほぐして，DNAポリメラーゼが作用できるようにする。（文献21-1より改変）

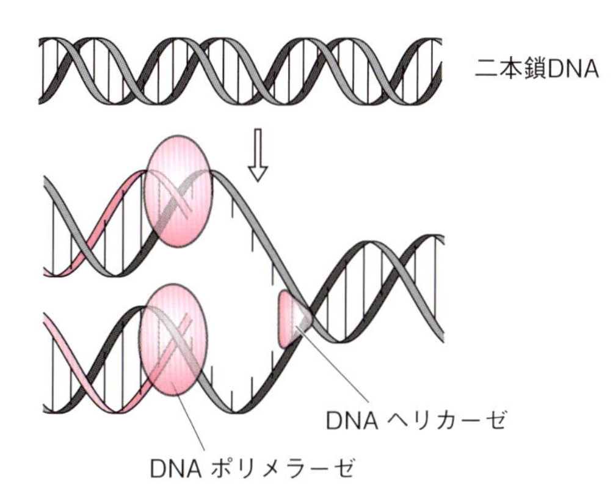

図21·12　DNAヘリカーゼがほぐしたところにDNAポリメラーゼが合成を開始する。DNAヘリカーゼがDNAポリメラーゼを先導していく。（文献21-1より改変）

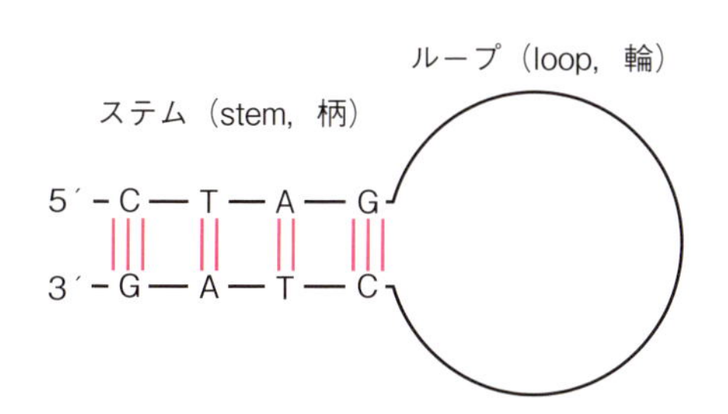

図21·13　ステムループ構造
二本鎖DNAは別個のDNA鎖の間だけではなく，1本のDNAの中でも形成される。これはRNAでも同じである。

21･2･5　DNA トポイソメラーゼ

複製フォークで DNA ヘリカーゼにより二重らせんが解離すると，複製フォークでは，らせんがほどけることにより回転力が生じてしまう。そのままでは巨大な分子がねじれ動くことになる。このねじれを，DNA を切断して解消させるのがトポイソメラーゼである。I 型 DNA トポイソメラーゼは二本鎖の片側鎖だけを切断（ニックを入れる）させることでスーパーコイルを解消させ，断端同士を再結合する。DNA トポイソメラーゼは数種類存在するが，基本的には，ある DNA 鎖を切断して再結合して元の DNA 鎖に戻すときに，コイルの複雑な立体構造を改変する（塩基配列は不変）。例えば，二本鎖 DNA のある 1 本の鎖を切断して，その切れ目にもう 1 本の鎖を通すことで DNA 鎖のらせんをほぐすことができる（I 型）。あるいは，細菌の二本鎖環状 DNA を切断して，別の環状 DNA の輪をくぐらせてから再結合して，独立した2個の環状DNAを連環させることができる（II 型）。このようなトポイソメラー

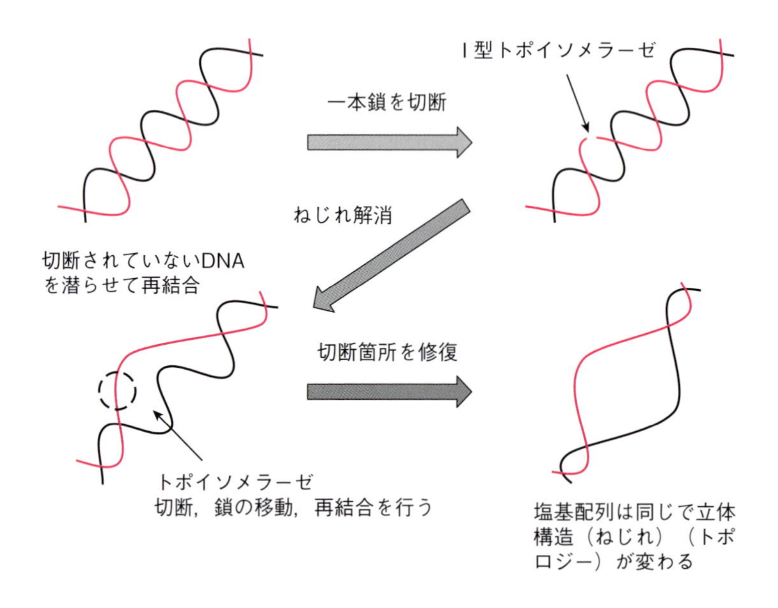

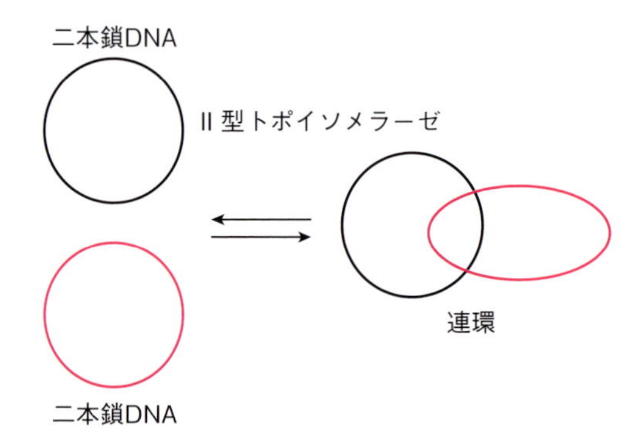

**図 21･14　二本鎖 DNA のらせん構造など立体構造を変える
トポイソメラーゼ（塩基配列は不変）**

ゼによって，複製フォークの DNA ヘリカーゼによってできたねじれ（スーパーコイル）を解消する。大腸菌の II 型 DNA トポイソメラーゼは DNA ジャイレースと呼ばれ，ATP の加水分解によるエネルギーを利用する。一方，I 型 DNA トポイソメラーゼは ATP 加水分解によるエネルギーを必要としない。

21·2·6　複製フォークでの DNA 合成

複製フォークでは二本鎖が 2 本の一本鎖に分かれ，それぞれが DNA ポリメラーゼの鋳型となる。先に述べたように，DNA 合成は 5′ → 3′ 方向へと行われる。つまり，DNA ポリメラーゼは鋳型 DNA の上を 3′ → 5′ 方向へと進む。このため DNA 合成は，一方は複製フォークの進行方向と同じ方向に，一方は逆方向へ伸長する。前者の場合，DNA ポリメラーゼと複製フォークの進行方向は同じであるため，追いかけるように連続的な DNA 合成が可能となる。ここで合成された新しい DNA 鎖をリーディング鎖と呼ぶ。しかし，逆方向の DNA 鎖の場合はこれと同じようにはいかない。DNA ヘリカーゼによって二本鎖が解きほぐされた後，SSB によって一本鎖 DNA を維持させつつ複製フォークをある程度進ませた段階で，複製フォークの進行とは逆方向に DNA 合成が行われる。これが繰り返されることにより，DNA 断片（岡崎フラグメント）が不連続に合成され，最終的にはこれらが連結されることで切れ目のない DNA となる。こうして合成される DNA 鎖をラギング鎖と呼ぶ。

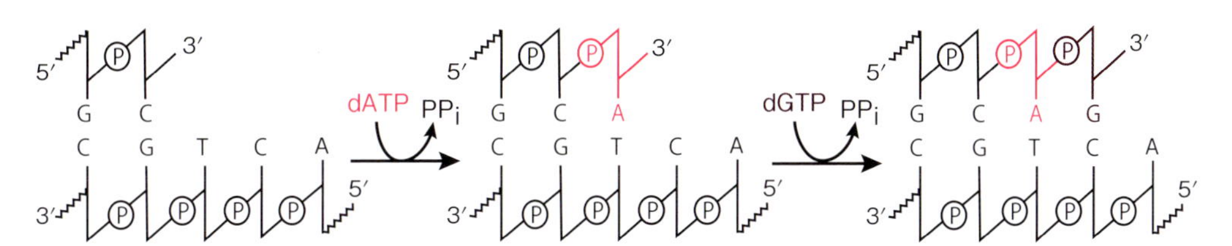

図 21·15　DNA ポリメラーゼは dNTP の 5′ 炭素に結合した高エネルギーリン酸のエネルギーを利用して，5′ を 3′ に結合する。

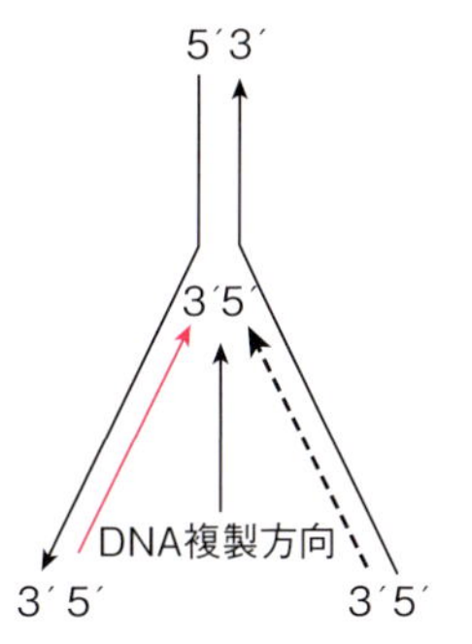

図 21·16　従って，5′ → 3′ の方向で合成できる DNA 鎖は問題ないが，反対の DNA 鎖の複製が困難になる。

21·2·7　ラギング鎖合成

一本鎖の鋳型 DNA のみでは，DNA ポリメラーゼは新規の相補鎖を合成開始することはできない。DNA ポリメラーゼはある DNA 鎖に塩基を連結する酵素であり，まっさらの DNA 鎖に相補的な DNA を合成しようとしても，塩基を付ける最初の足がかりが必要である。つまり，合成の最初の場所は二本鎖になっている必要がある。そのために，ラギング鎖の合成開始地点では，毎回 5 〜 10 塩基の RNA（RNA プライマーと呼ぶ）が新規に合成されており，DNAポリメラーゼはそのRNAに塩基を連結する形でDNA合成（つまり岡崎フラグメント）伸長を行っている。このRNAプライマーを合成するRNAポリメラーゼ(プライマーゼ）は，DNAポリメラーゼとは異なり鋳型DNAのみから新規に相補的配列のRNAを合成できる。その結果,新しく合成された相補鎖はRNAにDNAが連結されたものができ上がる。鋳型はDNAなので，このRNAプライマー部分はRNA：DNAハイブリッドとなっており，RNA分解酵素の一種であるRNaseH（Hはhybridに由来する）によって除かれる。生じたギャップはDNAポリメラーゼによって埋め合わせられるが，この岡崎フラグメントごとにニック（切れ目）が入った二本鎖DNAとなる。ニックはDNAリガーゼによって結合され，最終的に完全な二本鎖DNAとなる。

リーディング鎖の場合は，連続的に伸長することが可能なので，RNAプライマーが合成されるのは最初の一回だけである。これもラギング鎖と同じように除去，埋め合わせが行われ，つなぎ合わされる。

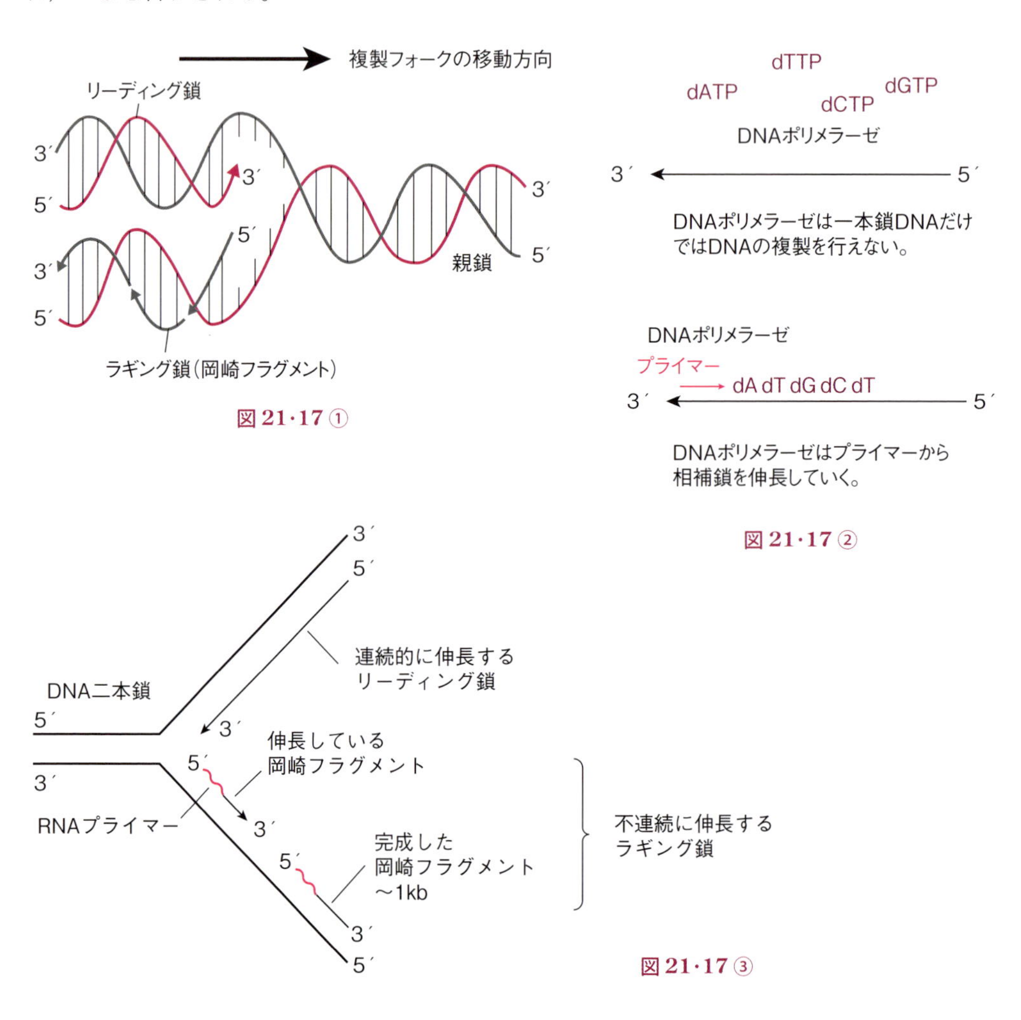

図21･17　岡崎フラグメントによるラギング鎖の複製

21·2·8　DNA ポリメラーゼ

原核生物でも真核生物でも DNA ポリメラーゼは，3′ 末端の -OH に，デオキシヌクレオシド三リン酸（dGTP，dCTP，dATP，dTTP の 4 つ。それらを総称して dNTP という）の α- リン酸をエステル結合させることで，DNA を伸長していく。鋳型 DNA のみから新規に DNA 合成を行えないのは，3′ 末端の -OH が必要なためで，開始地点にはプライマー RNA など二本鎖の領域を必ず必要とする。DNA ポリメラーゼは塩基を 1 つ付加させた後も鋳型 DNA に結合したまま移動し（鋳型 DNA を 3′ → 5′ 方向へ），次々とデオキシヌクレオシド三リン酸の付加反応を行っていく（デオキシヌクレオシドは DNA 鎖の 3′ 末端に付加されていくため，3′ → 5′ 方向に伸びる）。

DNA ポリメラーゼには，デオキシヌクレオシドを付加するだけでなく，塩基を除去する活性をもつものもある。5′ → 3′ 方向に塩基を除去する活性を，5′ エキソヌクレアーゼ活性という (3′ → 5′ 方向なら, 3′ エキソヌクレアーゼ活性)。このエキソヌクレアーゼ活性を使って，間違った塩基対となった塩基を除く校正や，RNA プライマーの除去が行われる。

21·2·9　原核生物の DNA ポリメラーゼ

DNA ポリメラーゼには複数の種類が存在し，酵素活性やエキソヌクレアーゼ活性などの特徴に合わせて役割が異なる。原核生物には 5 種類の DNA ポリメラーゼが存在し，細胞分裂時の複製における伸長反応を主に担っているのは，DNA ポリメラーゼ III（Pol III）である。Pol III は，他の DNA ポリメラーゼよりも連続反応性に優れており，さらに 3′ エキソヌクレアーゼ活性を有している。鋳型 DNA と正しく塩基対を形成できないデオキシヌクレオシドが付加されてしまった場合，Pol III は下流でのデオキシヌクレオシドの付加反応時に 3′ エキソヌクレアーゼ活性がポリメラーゼ活性を上回るようになる。その結果，間違った塩基まで 3′ → 5′ 方向へ塩基が除去される。再びポリメラーゼ活性によって正しい塩基対が形成されれば，ポリメラーゼ活性がエキソヌクレアーゼ活性を上回ったまま伸長反応が続いていく。DNA の複製過程は，複製時のエラーが次世代に受け継がれないように正確に塩基対形成が行われる必要がある。Pol III の校正機能は，その精度に多大な貢献をしている。

DNA ポリメラーゼ I（Pol I）は Pol III よりも連続反応性に乏しく数十塩基しか付加できないが，5′ エキソヌクレアーゼ活性を有している。Pol I はその 5′ エキソヌクレアーゼ活性を使って RNA プライマーを除去し，さらにそれに伴って生じたギャップをポリメラーゼ活性によって埋める。この程度のギャップの DNA 合成であれば，Pol I のポリメラーゼ活性で十分である。このように Pol I も Pol III と同様に DNA 複製時に使用され，Pol III と同様に 3′ エキソヌクレアーゼ活性による校正機能ももっている。

他の DNA ポリメラーゼは，DNA 損傷の修復機能に用いられ翻訳時には用いられない。

21·2·10　真核生物の DNA ポリメラーゼ

真核生物の DNA ポリメラーゼも数種類が存在し，その数は 10 数種類を超える。その中で，DNA 複製に関与するのは，DNA ポリメラーゼ α（pol α），DNA ポリメラーゼ δ（pol δ），

DNA ポリメラーゼ ε（pol ε）である。原核生物とは異なり，ラギング鎖とリーディング鎖の合成は別々の DNA ポリメラーゼが担っており，pol δ がラギング鎖の合成を，pol ε がリーディング鎖の合成を行っている。pol α にはプライマーゼ活性をもつサブユニットも含まれていて，RNA プライマーを合成後すぐに短い DNA 断片を RNA プライマーより伸長させることができる。しかし，pol α は反応連続性が低いため，その後の伸長反応は pol δ，pol ε にそれぞれ引き継がれる。DNA 修復に関与している DNA ポリメラーゼもある。

21・2・11　テロメア

大腸菌のゲノム DNA は環状であるが，ヒトの染色体は直鎖状である。直鎖状の場合，リーディング鎖は末端まで完全に複製が可能となる。しかし，ラギング鎖は RNA プライマーが合成された後に末端側から伸長してくるので，末端からそれに一番近い岡崎フラグメントまでの複製が不可能となってしまう。このため DNA 複製を経るごとに，娘 DNA の一方の鎖は末端が短くなってしまう（ラギング鎖側が短くなるので，二本鎖のうち 3′ 側の末端が突出する）。この問題を解決するために，染色体の末端はテロメアと呼ばれる TG に富む配列が数千回繰り返されている。ヒトの場合は，TTAGGG という配列である。テロメアは，テロメラーゼによって伸長される。このテロメラーゼは，鋳型として DNA を別個に必要とせず DNA 合成を行える DNA ポリメラーゼの 1 つで，内在している RNA 分子を鋳型にして DNA 合成を行い，突出している 3′ 側をさらに伸長させている。このように，ある特定の決まった配列の RNA 分子を鋳型としているので，同じ配列の繰り返しとなる。ある程度まで伸びると相補鎖の岡崎フラグメントが合成され二本鎖となる（3′ 側の突出部分は依然として残る）。このテロメラーゼは生殖細胞や幹細胞で発現しており，世代を経るたびに染色体の末端が短くならないように，配偶子がもつ染色体のテロメアの長さは維持されている。しかし，通常の正常な体細胞ではテロメラーゼは発現しておらず，細胞分裂を繰り返すごとにテロメアは短くなる。このテロメアの長さが細胞の老化と関係しており，ある一定以下の長さになると細胞分裂ができなくなることなどが知られている。一方で，がん細胞ではテロメラーゼ活性が上昇しており，がん細胞の無限増殖を可能にしている。

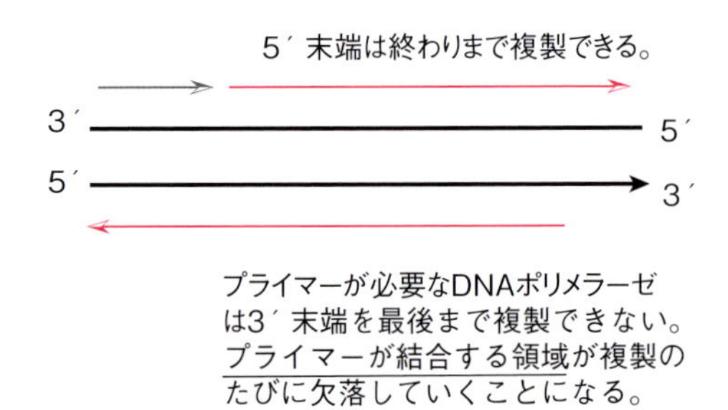

図 21・18　テロメアは複製のたびに短くなる

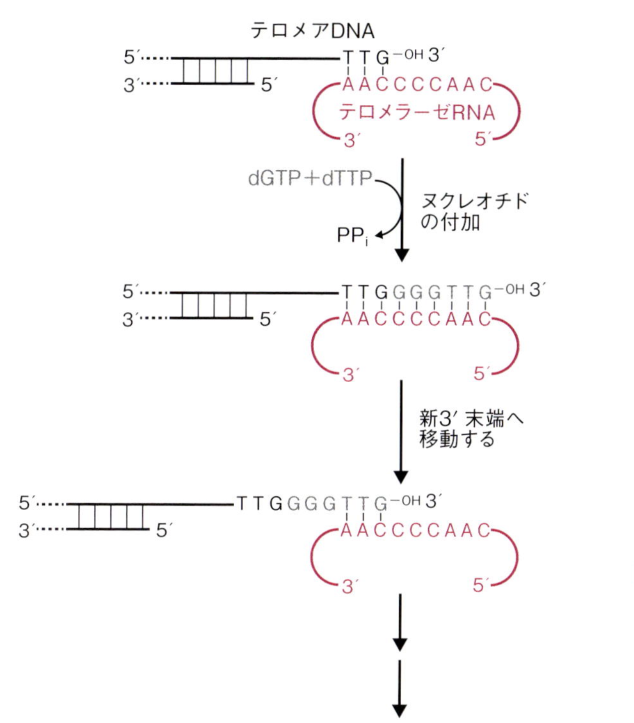

図 21・19　テロメラーゼには鋳型となる RNA を含んでおり，反復配列の一部に結合して逆転写酵素として DNA を伸長していく。（文献 21-1 より改変）

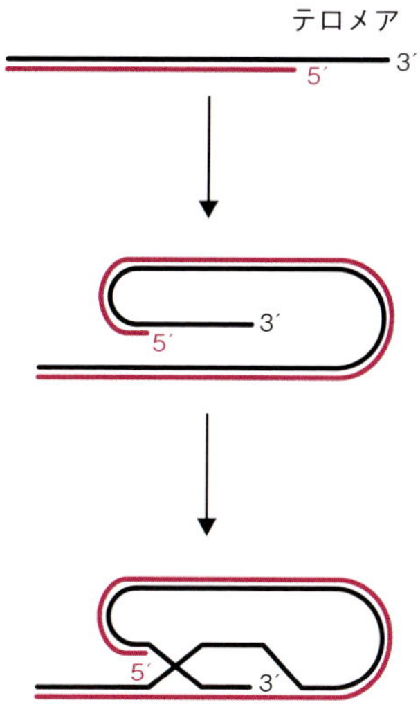

テロメア
5′
3′

図 21・20　テロメアの一本鎖 DNA はぷらぷらしているわけではなく，折りたたまれている。（文献 21-1 より改変）

21・2・12　DNA 複製開始機構

1 つの複製起点から複製される DNA の単位を，レプリコンという。原核生物での複製起点は 1 つなので，その生物のゲノム全体が 1 つのレプリコンとなる。一方，真核生物は複数の複製起点をもち，レプリコンは複数となる。レプリコンにはイニシエーターとレプリケーターの 2 つが定義されていて，イニシエーターとは複製開始を担うタンパク質群を，レプリケーターとはイニシエーターが特異的に結合する DNA 領域を指している。DNA 複製はレプリコン内のランダムな場所から始まるのではなく，特定の DNA 領域（レプリケーター）から始まる。レプリケーターに複製開始機能を担うタンパク質（イニシエーター）が結合し，その後の複製反応に必要な DNA ポリメラーゼなどのタンパク質群を引き寄せる。複製起点とは，“複製の始まる開始点”なのでレプリケーター内のある 1 か所となる。

レプリケーターの DNA 配列には，イニシエーターが結合する箇所以外に，イニシエーターによって DNA の二本鎖がほどかれる AT リッチな領域も存在する。この複製開始機構は大腸菌でよく判明している。大腸菌のゲノム DNA は環状であり，レプリケーターは 1 つで *oriC* と呼ばれる。*oriC* には大腸菌のイニシエーターである DnaA が結合する 9 bp の部位が 5 つ，二本鎖が解きほどかれる 13 bp の部位が 3 つ存在する。DnaA がレプリケーターに結合し 13 bp の部位の二本鎖が解離すると，DNA ヘリカーゼの DnaB と，DnaB 活性を普段は抑制しているDnaCの複合体が呼び寄せられる。呼び寄せられるとDnaCは離れていき，DnaBはDNAの片側の鎖に入り込んだのちヘリカーゼ活性をもって複製フォークを作り出し，さらにDNAポリメラーゼIIIなど他の構成因子も呼び寄せる。こうして複製に必要なコンポーネントがレプリケーターに集合する。

真核生物の場合では，イニシエーターは複製起点認識複合体（origin recognition complex：ORC）と呼ばれる。大腸菌の場合と異なり，ORCがレプリケーターに結合しただけでは複製は開始されない。それは，真核生物では複数の複製起点が存在し，各々の複製起点からの複製が同期する必要があるため，その機構が備わっているからである。

21・2・13　細胞周期とDNA複製

原核生物の複製起点は1か所だが，ゲノム全体の複製が完了する前に再び複製起点から複製サイクルが始まることがある。しかし，真核生物には細胞周期が存在する。核と細胞質が分裂するM期，DNA複製が行われるS期，M期とS期の間のG_1期，S期とM期の間のG_2期に分かれていて，DNA複製が行われる時期が厳密に決められている。1サイクル中にすべての複製起点が活性化される必要はないが，S期中にゲノム全領域が複製される必要がある。あまりに使われない複製起点が多くて複製されていない染色体領域があると，娘染色体が親染色体と結合したままになる。もし，M期に無理やり分離すると欠失が生じてしまう。逆に，同一の複製起点が細胞周期の1サイクルの間に何度も使われると余分な染色体領域ができることになり，遺伝子重複の原因になるかもしれない。がんの原因に，遺伝子増幅による発現量亢進や染色体の転座による融合遺伝子などがある。細胞周期1サイクルにおいて，複製起点が一度だけ必ず使われることは，こうした染色体異常を避ける意味でも非常に重要である（もっとも，分裂するM期の前にDNA複製が正しく行われたのか調べるチェックポイントがあり，正しく行われていない場合M期に入れない）。では，どのようにして複数の複製起点が細胞周期1サイクルに一度だけ使われるのだろうか。

細胞周期の様々な調節には，サイクリンとサイクリン依存キナーゼ（Cdk）が深く関与しているが，複製起点からの複製開始もCdk活性が関与している。真核生物では，ORCがレプリケーターに結合した後に，Cdc6とCdt1，Mcm2-7というタンパク質とともに複製前複合体（pre-RC）が，G_1期に形成される。このpre-RCはDNAに結合しただけでは二本鎖を解離せず，Cdk活性が高いS期に入ると，リン酸化を受け活性化する。そして，二本鎖を解離し，DNAポリメラーゼなどを呼び寄せ，DNA複製が始まる。このCdk活性が高い状態は，S期に続くG_2期，M期と続き，レプリケーターにpre-RCが形成されないように維持する。G_1期ではCdk活性は低下し，pre-RCの形成が促進される。しかし，pre-RCの活性化は起きないため，複製装置が集合することはなく，複製は始まらない。このようにして，G_1期のみにpre-RCが形成され，その次の複製に使われるレプリケーターが選ばれる。S期に入ると選ばれたレプリケーターより複製が始まるが，この段階で新しくpre-RCが形成されることはなく，立て続けに同じ複製起点から複製が始まることを防いでいる。

21・2・14　P C R

DNA ポリメラーゼをつぎつぎに働かせて DNA を試験管内で大量に複製する方法が PCR 法である。これは，DNA の解離と DNA ポリメラーゼによる複製を繰り返すことで，目的の DNA を倍増していく方法である。

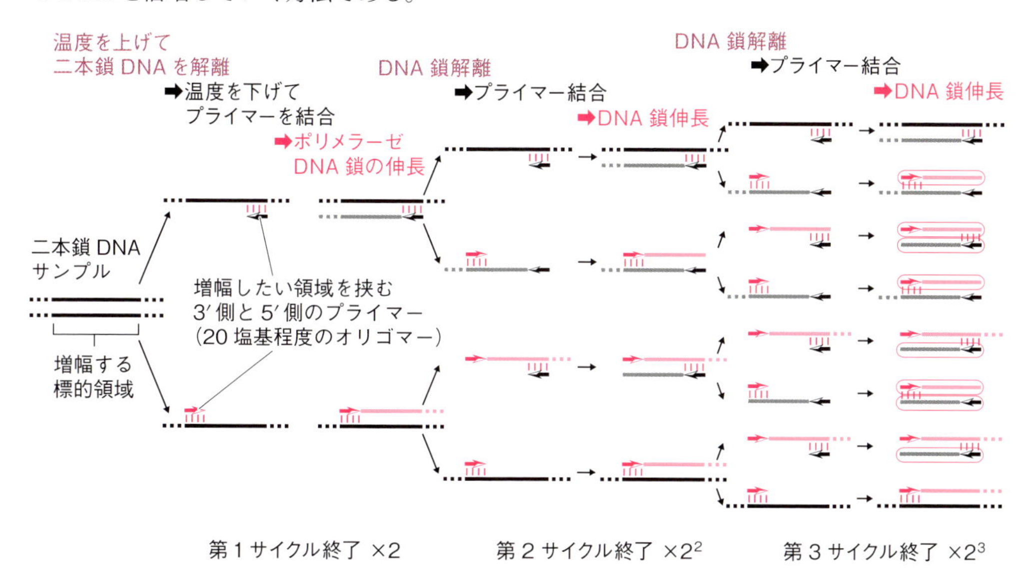

図 21・21　PCR 法
まず，温度を上昇させて（95℃程度，15 秒程度），二本鎖 DNA を解離して一本鎖 DNA にする。そして，温度を下げて（60℃程度，15 秒程度）特異的な配列（増幅させたい配列）に特異的なプライマー（20 塩基程度の一本鎖 DNA，オリゴ DNA）をアニーリングさせる。そして耐熱性 DNA ポリメラーゼが作用する適度な温度（70℃程度，30 秒程度）に上げて DNA を複製させる。温度や反応時間は目的とする DNA の長さや配列によって調整されるが，おおよそ 1 分で 2 倍となる。従って，20 分も行えば 2^{20}（～ 100 万）倍になる。（文献 21-1 より改変）

21・2・15　DNA 修復

DNA ポリメラーゼはただ相補的な塩基を重合していくだけではなく，誤った塩基が結合した場合には，それを除去する機能ももっている。従って，非常に正確にほとんど誤りなく複製されていく。ところが，紫外線や放射線，あるいは化学物質（変異物質）によって DNA の塩基が置き換えられてしまうことがある。これをそのままにしておくと遺伝情報の誤りがどんどん増えていってしまう。そのために，相補的ではない塩基を発見して修復する機構が存在する。これを DNA 修復（DNA repair）という。

この修復機構が異常になると，日光に少し当たっただけで重傷の日焼けとなり，皮膚がんが高率で発生する色素性乾皮症（xeroderma pigmentosum）となる。

21・2・16　DNA → RNA

DNA の塩基配列は情報を担っているが，そのままでは情報を具体化することはできない。パソコンのハードディスクのようなものである。ハードディスクの情報に基づいて，ディスプレイに絵を描き，音をだして，情報は機能するのであり，ハードディスクだけを眺めてい

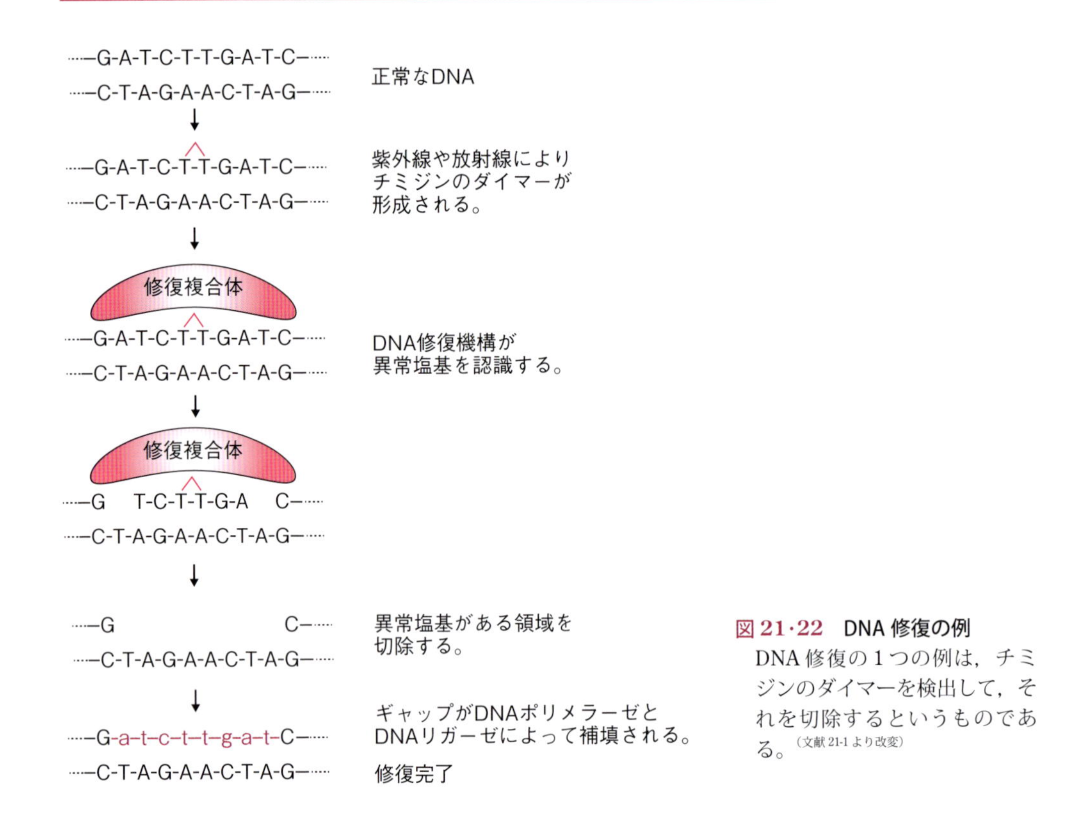

図21·22 DNA修復の例
DNA修復の1つの例は，チミジンのダイマーを検出して，それを切除するというものである。（文献21-1より改変）

てもなにもわからない。DNAの情報はセントラルドグマのとおり，まず，相補的なRNAに読み取られ，そのRNAの配列はアミノ酸配列に読み取られペプチドとなる。ペプチドが最終的に修飾されたり折りたたまれたりして機能するタンパク質（酵素や構造タンパク質）となって遺伝情報は具体化される。DNAの情報のRNAを介した具象化については次章で説明する。

21·2·17 染色体とエピジェネティクス

核のDNAは裸でぷらぷらしているわけではない。ヒストンをはじめとする核タンパク質が結合してコンパクトに折りたたまれて染色体となっている。細胞分裂の際にははっきりと確認できる凝集染色体となる。それ以外のときはクロマチンと呼ばれる分散した状態となっている。あまり遺伝子発現が行われていない領域は，比較的凝集しておりヘテロクロマチンと呼ばれる。遺伝子発現が活発な領域は，ほぐれた状態でユークロマチン，とくに活発な領域は活性クロマチンと呼ばれる。

遺伝子発現はDNAの塩基情報に基づいて行われているが，それ以外にもヒストンのアセチル化やDNA塩基のメチル化などによっても発現が制御されている。ヒストンはアセチル化によってDNAとの結合が緩むために，転写因子などがDNAにアクセスしやすくなる。アデニンやシトシンのメチル化によって転写が抑制される。このような，DNAの塩基配列以外による遺伝子発現制御機構をエピジェネティクス（epigenetics）といい，細胞分裂の際

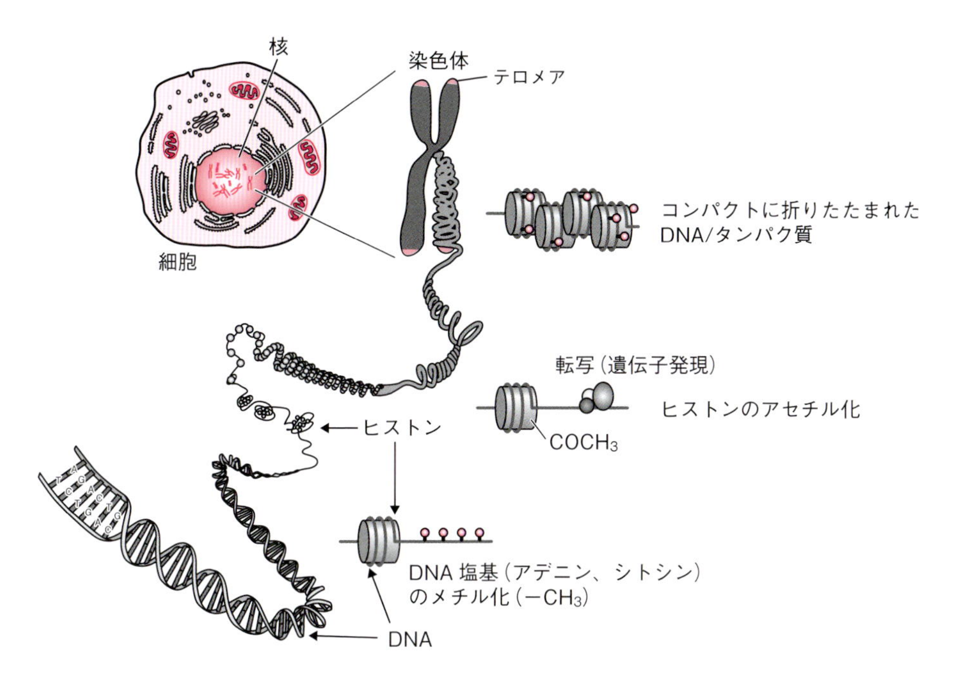

図 21·23　染色体とエピジェネティクス
DNA はコンパクトに折りたたまれて染色体となっている。その構造や DNA 結合タンパク質ヒストンのアセチル化，DNA 塩基のメチル化によって遺伝子発現が制御されている。塩基配列に基づかない遺伝情報をエピジェネティクスという。（文献 21-1 より改変）

にも維持され次世代に伝達されていく。従って，エピジェネティクスは DNA の塩基配列とは異なる遺伝情報をもっていると言える。

理解度確認問題

以下の配列を PCR で増幅することができないプライマーの組み合わせはどれか？（1 つとは限らない）

5´-cctttttcctgcccccaacaactgtgccccctgaatgccaccgggatctgcaggctgggct
ggcacgcatcctaggaagcaagttgagctcctggcagcgcaatcctgcactgaagctggc-3´

A：5´-aactgtgccccctgaatgat-3´　　5´-agcccagcctgcagatcccgg-3´
B：5´-ccccctgaatgccaccggga-3´　　5´-cacagttgttgggggcaggaa-3´
C：5´-aggaactgtgccccctgaat-3´　　5´-gccagcttcagtgcaggattg-3´
D：5´-gccccctgtttgccaccggg-3´　　5´-tcagtgcaggattgcgctgcc-3´
E：5´-gggatctgcaggctgggctg-3´　　5´-ctcattggaaaaatgtgtgaa-3´

第Ⅳ部 遺伝子の複製と発現

解　答

A：5´-aactgtgccccctgaatgat-3´　　5´-agcccagcctgcagatcccgg-3´
3′末がマッチしていない場合には基本的にはプライマーとして機能しない。

B：5´-ccccctgaatgccaccggga-3´　　5´-cacagttgttgggggcaggaa-3´
5′側と3′側のプライマーが外側になっている。

C：5´-aggaactgtgccccctgaat-3´　　5´-gccagcttcagtgcaggattg-3´
5′側にミスマッチが存在するが，多くの場合，増幅可能である。

D：5´-gccccctgtttgccaccggg-3´　　5´-tcagtgcaggattgcgctgcc-3´
中程にミスマッチが存在するが，多くの場合増幅可能である。また，このようなミスマッチを用いれば塩基配列を改変することができる。これを開発したMichael Smith（1932～2000年）はPCR考案者（Kary Banks Mullis，1944年～）と共に1993年ノーベル化学賞を受賞した。

E：5´-gggatctgcaggctgggctg-3´　　5´-ctcattggaaaaatgtgtgaa-3´
3′側プライマーが無関係の配列

引用文献

21-1）丸山 敬・松岡耕二（2013）『医薬系のための生物学』裳華房.

22章　RNAの生化学と転写

DNAは親から子へ伝達される遺伝情報の原本である。この情報に基づいてタンパク質が作られて，情報は具象化される。DNAとタンパク質の間に介在するのがRNAである。DNAと相補的な配列のmRNAが作製され（転写），mRNAの配列はアミノ酸配列に変換される（翻訳）。古典的にはRNAはmRNAとリボソームを構築するrRNA，そしてアミノ酸と結合したtRNAが主とされていた。また，ゲノムDNAのタンパク質のアミノ酸配列を指定するコード領域とその転写を制御する領域以外はジャンク配列として無くてもかまわないと考えられていた（遺伝子改変マウスを作製するときも，その領域の変更は生体機能に影響をもたらさないとされていた）。しかし，そのような領域も実はRNAとして読み取られ（non coding RNA），様々な細胞機能（例えば翻訳）の制御を行っていることが明らかになった。

22･1　転写とは

原始地球では最初にRNAが誕生したというRNAワールド仮説が有力ではあるが，DNA→mRNA→ペプチド（タンパク質）は基本的な遺伝情報の流れである。

細胞は，基本的にその種のゲノム情報を全部もっている。つまり，数万種類のタンパク質

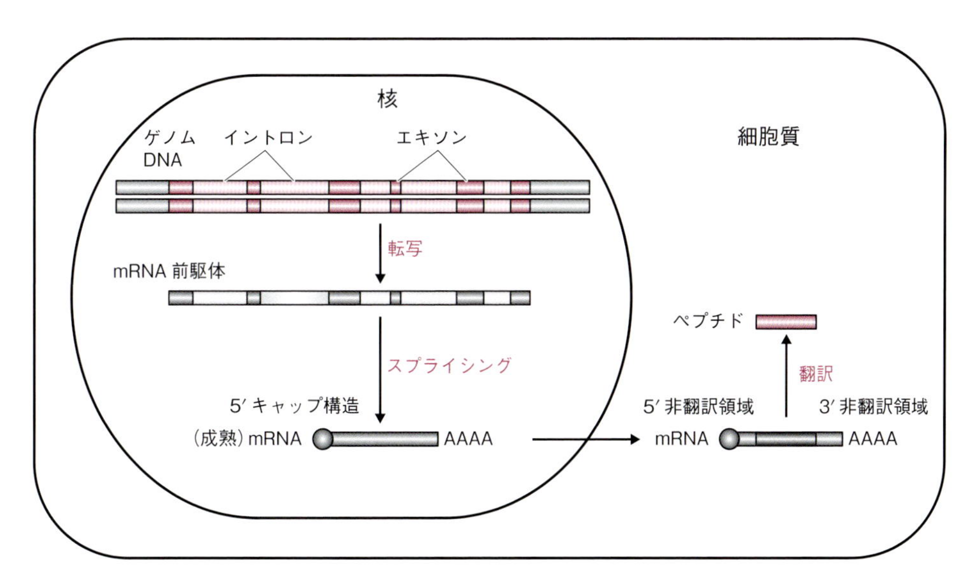

図22･1　DNAの情報はmRNAを経てペプチド（タンパク質）として発現されるという，古典的な遺伝情報の発現経路。タンパク質の読み取られない領域（ゲノムの90%以上を占める）は意味がない（大切なコード領域を守るダミー程度）とされてきた。（文献22-1を改変）

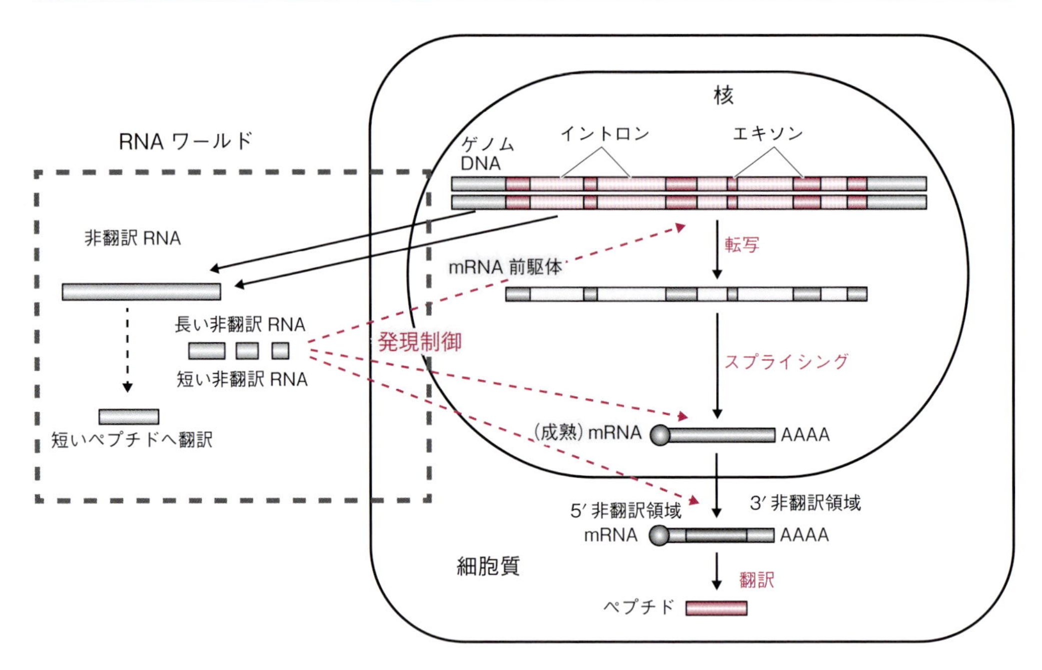

図 22·2　タンパク質をコードしていない領域のほとんどが非翻訳 RNA として転写され，ゲノムの発現を制御していることが明らかになった。さらに，2014 年には長い非翻訳 RNA から短いペプチドが翻訳されることも報告された。（文献 22-1 を改変）

や RNA 分子すべてを作るための情報をもっている。しかし，通常はその一部の遺伝物質が“発現”する。細胞の機能の多くを担うタンパク質分子が産生されるには，その遺伝情報たる DNA から RNA ポリメラーゼによって RNA 分子が産生され，その RNA をもとにタンパク質が合成される。この遺伝子発現過程において，DNA を鋳型にして RNA が合成されることを転写という。転写は，RNA ポリメラーゼだけで行われるわけではなく，その開始，伸長，終結に様々な転写因子が関与し制御されて行われている。また，核をもたない原核生物と核をもつ真核生物では，転写制御に関する複雑性に大きな差がある。

RNA つまりリボ核酸とは物質の名称だが，その果たす役割によって特に別の名称で呼ばれることもある。上記のように，アミノ酸配列情報をもちタンパク質を合成するために使用される RNA はメッセンジャー RNA（messenger RNA，mRNA）と呼ばれる。

22·2　原核生物における転写

22·2·1　RNA ポリメラーゼ

細菌の RNA ポリメラーゼは 1 種類しか存在しない。細菌の RNA ポリメラーゼは，2 つの α サブユニットと，β，β'，ω サブユニットの計 5 つのサブユニットで構成されるコア酵素に，σ サブユニットが結合したホロ酵素という形態をとっている。RNA ポリメラーゼが最初に結合する DNA 塩基配列をプロモーター領域（promoter region）という。精製されたコア酵素は，*in vitro* 実験において DNA 分子のどの場所からでも転写を開始できることが示されて

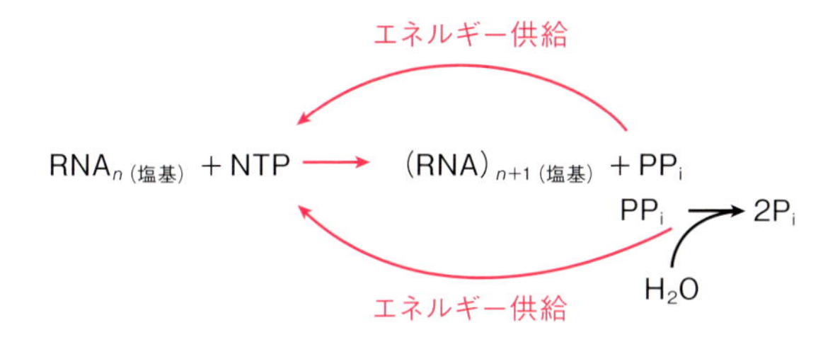

図 22・3　RNA ポリメラーゼは RNA（リボ核酸のポリマー）にリボ核酸を 1 個連結する酵素である。その際，NTP から 2 個のリン酸が加水分解されて放出されるエネルギーが用いられる。NTP は ATP，GTP，CTP，UTP の 4 種類である。ATP と言えば，エネルギー供給体というイメージであるが，遺伝情報伝達も担っているのである。

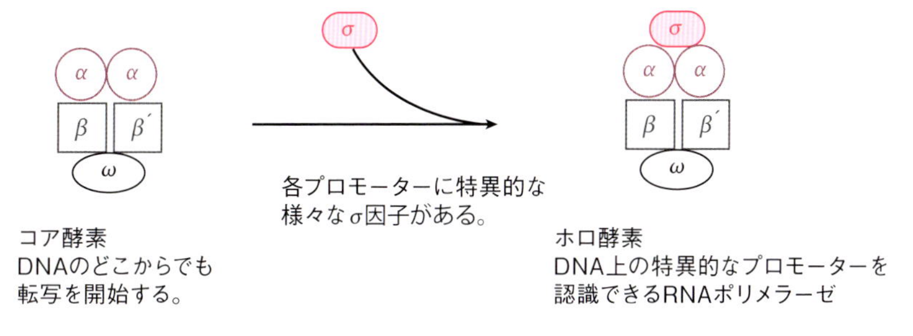

図 22・4　細菌の RNA ポリメラーゼ

いる。細胞内では，σ サブユニットが結合しホロ酵素となることで，プロモーター領域を認識し，決まった場所からの転写開始が可能となっている。

22・2・2　転写開始

多くの場合，プロモーター領域には特徴的な配列が 2 つ存在する。その配列は，転写開始点を＋1，その 1 つ上流（5′ 側）の塩基を－1 としたとき（ゼロに相当する塩基はない）の－10 と－35 付近にそれぞれ位置している。その位置と塩基配列は，すべての遺伝子において同じというわけではないが，多くの遺伝子を比較し理想化した配列（コンセンサス配列）は，－35 領域の付近では 5′-TTGACA-3′ であり，－10 領域の付近では 5′-TATAAT-3′ である。実際の塩基配列はコンセンサス配列と微妙に異なっている。その違いによって，一定時間あたりに転写をどのくらい開始できるかというプロモーターの強さを決定している。

22・2・3　伸長反応

RNA ポリメラーゼは，DNA ポリメラーゼと異なりプライマーを必要とせず，新しい RNA を 1 塩基から伸長して RNA 鎖を合成することができる。転写の初期は，10 塩基以下の短い RNA 鎖を合成しては放出することを繰り返しているが（開始未遂 abortive initiation），11 塩基以上の RNA の合成ができると，この RNA は RNA ポリメラーゼ分子内に収まり切らず，収まり切らなかった RNA の部分は鋳型 DNA とのハイブリッドも形成できなくなる。この

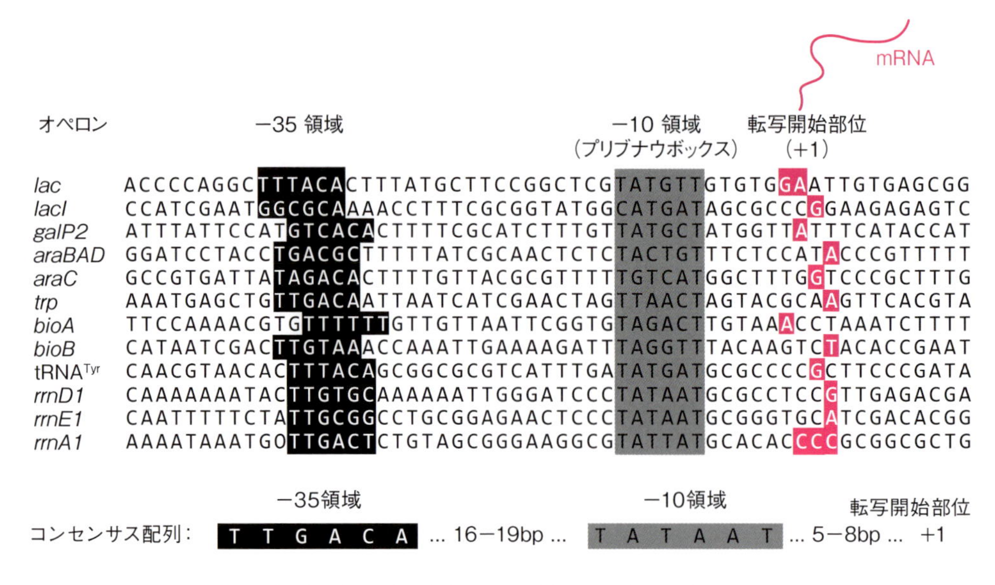

図 22·5 大腸菌の様々なオペロン(遺伝子)に共通に見られる転写開始部位上流のゲノム DNA の塩基配列(文献 22-2 を参考に作成)

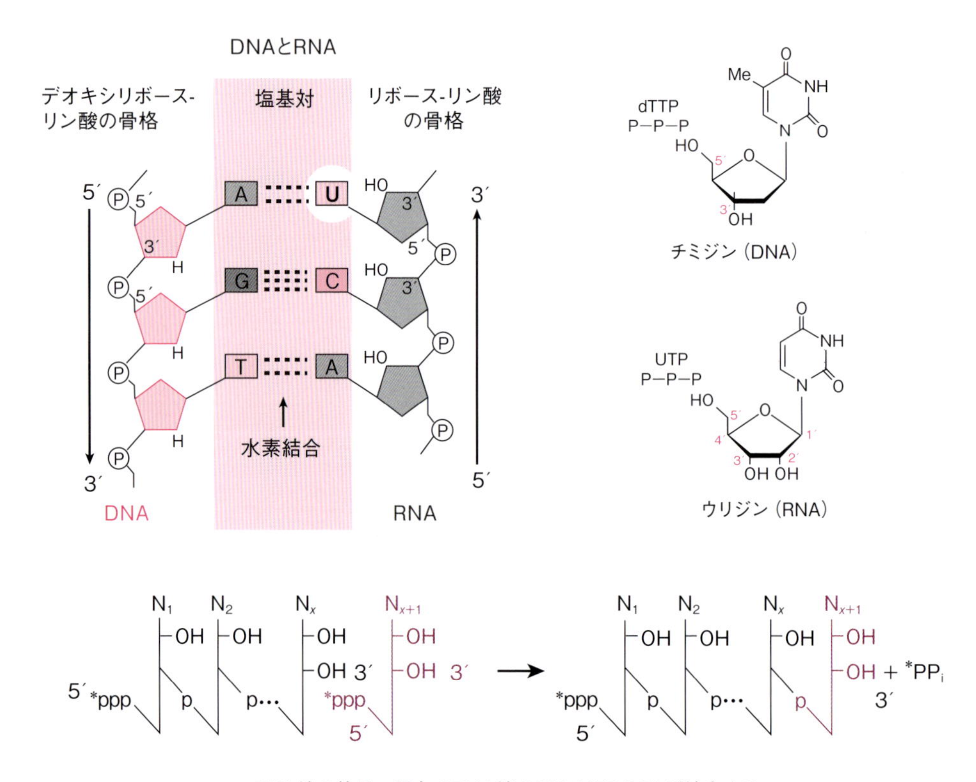

図 22·6 RNA の伸長

RNA の塩基の A,G,C は DNA と共通であるが,DNA の T に相当するのは U (ウリジン) となっている。T と同じように A と塩基対を形成する。

段階にいたると，σサブユニットがRNAポリメラーゼから解離し，コア酵素はプロモーターから移動しDNAらせんをほどきながら伸長反応を進める。伸長反応時は，DNA複製のDNAポリメラーゼと同様に5′→3′方向に進み，3′末端の-OH基に塩基を1つずつ付加していく。

22·2·4　終　結

転写は遺伝子末端に存在する終結シグナル（ターミネーター）と呼ばれる配列で終結する。RNAポリメラーゼはターミネーターに到達するとDNAから解離し，合成したRNA鎖も放出される。転写終結には，ρ因子非依存的終結とρ因子依存的終結の2つが知られている。ρ因子は，6つの同一サブユニットが環状に配置されている六量体のATPaseであり，RNAポリメラーゼから出てきた合成されたばかりのRNA部位（つまり合成RNA鎖の3′側）近くのC残基が多い配列に結合して，ATPのエネルギーを利用して5′側へ移動する。RNAポリメラーゼ終結部位（共通配列ははっきりせず，RNAポリメラーゼの転写速度が著しく低下する領域）で停止すると，ρ因子はRNAポリメラーゼに追いついて，ATP依存的にRNAをDNAから解離させ転写を終結させる。一方，ρ因子非依存的終結は，合成RNA鎖の二次構造が終結のシグナルとなる。このターミネーターは2つの要素からなる。1つは，2つのGCに富む約20塩基からなる互いに相補的な配列が逆方向に並んでおり，この配列の合成RNA鎖はヘアピン構造となる。もう1つは，前述のヘアピン構造の下流にUが連続している。このGCリッチなヘアピン構造と3′側の連続したAU塩基対（RNA：DNAハイブリッドでAが鋳型DNA側）が形成されると，これが内在的ターミネーターとして機能し，RNAポリメラーゼから合成RNAが解離し転写が終結する。

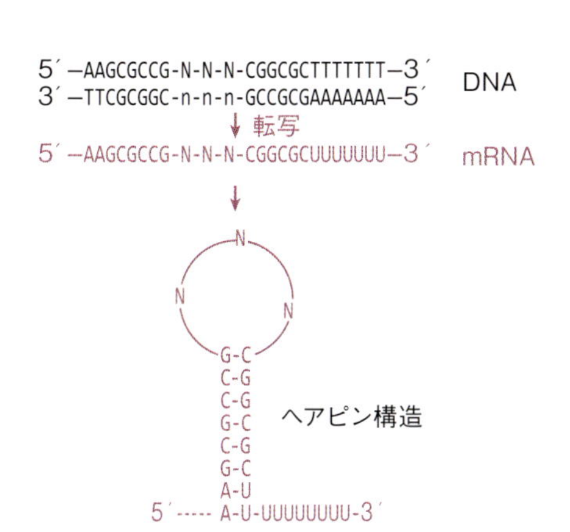

この様なヘアピン構造がmRNAに出現するとRNAポリメラーゼは解離する。

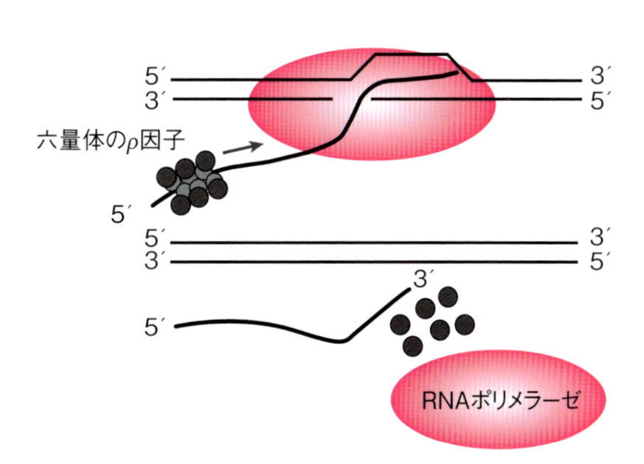

ρ因子を必要とする停止：ρ因子は転写を停止しているRNAポリメラーゼを解離させる。

図 22·7　転写の終結

22·3　真核生物における転写

細菌では転写されたRNAはそのままmRNAとして機能するが，真核細胞では，スプライシングなど転写後に修飾が行われて成熟mRNAとなる。また，細菌のmRNAは1本のRNAが複数のポリペプチド（タンパク質）をコードしていることがあるが，真核細胞のmRNAは，1本のRNAは1本のペプチドをコードしている（生成されたペプチドが後に切断されて複数のペプチドとなって機能することはある）。1本のRNAが複数のペプチドをコードしていれば，同じ量のペプチドを効率良く翻訳することができるが，各ペプチドの合成量を個別に微調整することはできない。

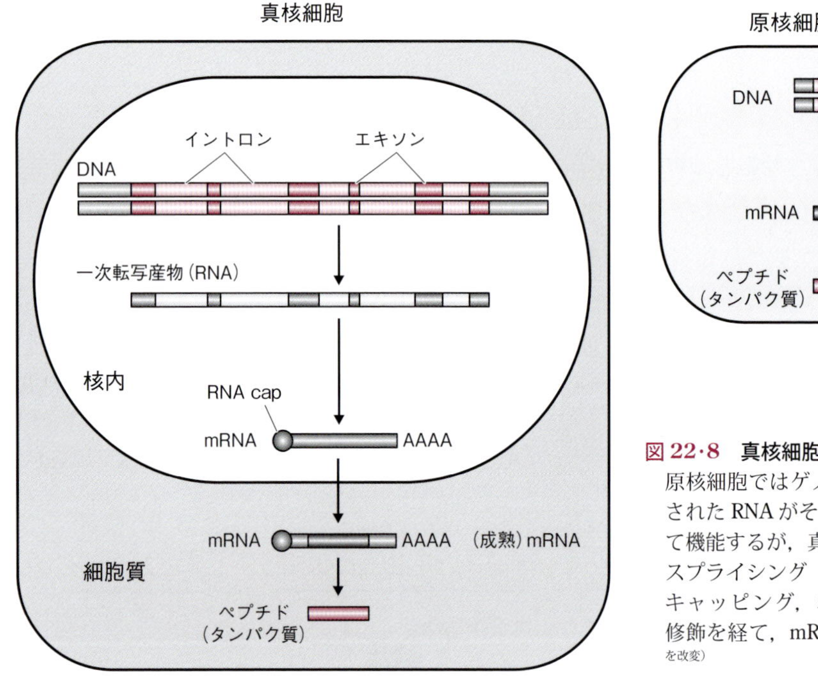

図22·8　真核細胞と原核細胞の違い
原核細胞ではゲノムDNAから転写されたRNAがそのままmRNAとして機能するが，真核細胞の場合にはスプライシング（イントロン除去），キャッピング，ポリA付加などの修飾を経て，mRNAとなる。（文献22-1を改変）

22·3·1　RNAポリメラーゼ

真核生物のRNAポリメラーゼには3種類（Pol I，Pol II，Pol III）が存在し，それぞれ合成するRNAの種類が異なる。RNAポリメラーゼI（Pol I）は，核小体でのrRNA前駆体を合成する（前駆体rRNAが切断されて28S, 18S, 5.8S rRMAとなる）。RNAポリメラーゼII（Pol II）は，mRNAの前駆体となるmRNAを合成し，他にsnRNA，snoRNA，miRNAといった，低分子でタンパク質に翻訳される情報を含まないRNA（non-coding RNA，ncRNA）も合成する。RNAポリメラーゼIII（Pol III）は，tRNAや5S rRNAを合成する。以下ではmRNA前駆体を合成するPol IIについて述べる。

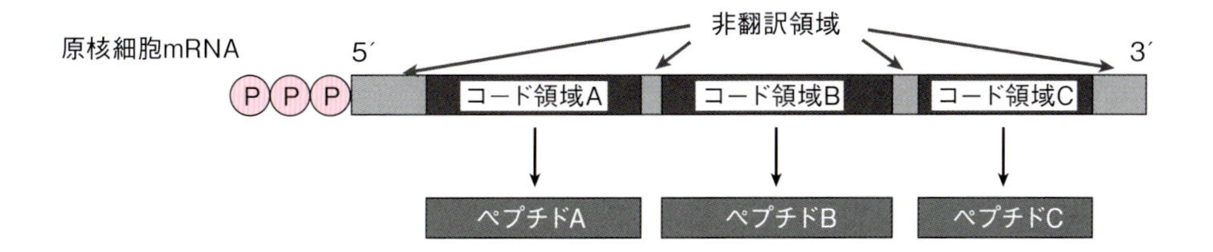

真核細胞mRNA
5′非翻訳領域
3′非翻訳領域
⊕ 5′
G — P P P
コード領域
AAAAA150-250 3′
CH_3
ポリAテール
5′キャップ構造
ペプチド

図 22·9　原核細胞の 1 本の mRNA が複数個のペプチドをコードしていることがある。これをポリシストロン性 mRNA という。真核細胞では原則として 1 本の mRNA は 1 個のペプチドしかコードしていないためモノシストロン性ということになる。ウイルスの IRES (internal ribosome entry site, 配列内リボソーム進入部位) で複数のコード配列を連結することによって，真核細胞で機能するポリシストロン性 mRNA を作製することができる。遺伝子工学で，同時に同量のペプチドを発現させるために用いられる。

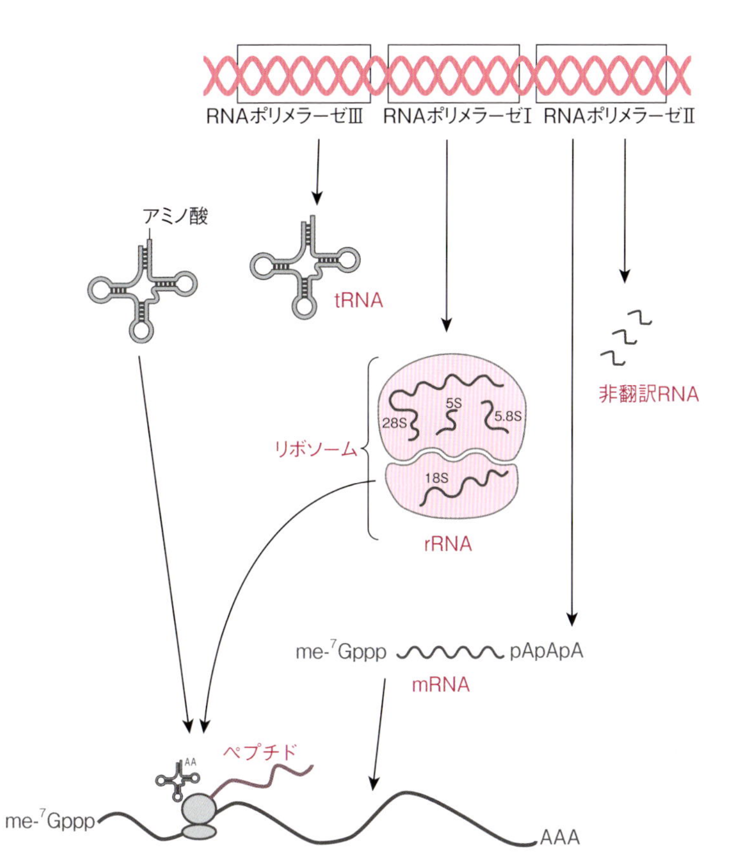

図 22·10　真核生物の 3 種類の RNA ポリメラーゼ
概ね，RNA ポリメラーゼ I はリボソームの rRNA，RNA ポリメラーゼ III は tRNA，そして，RNA ポリメラーゼ II は mRNA や非翻訳 RNA を転写する。

22·3·2 転写開始

原核生物の転写と同様に，Pol II による転写開始機構においてプロモーターにコンセンサス配列が存在している。Pol II による転写開始に最低限必要な領域をコアプロモーターといい，転写開始点より約 25 塩基上流に存在する TATA ボックス，TFIIB 認識配列，イニシエーターなどが含まれ，これらの領域には真核生物の転写開始に必要な因子群が結合する。特異的な転写開始には，原核生物では 1 つの因子（ρ サブユニット）で十分であったが，真核生物では複数個の開始因子が必要であり，これらを基本転写因子と呼ぶ。

TATA ボックスには，基本転写因子の 1 つである TFIID が結合する。TATA ボックスに直接結合する TFIID のサブユニットを，TBP（TATA-binding protein）という。この結合は，転写開始前の複合体形成に必須であり，この結合を契機に TFIIA, TFIIB, TFIIF, ポリメラーゼ，TFIIE，TFIIH と基本転写因子が次々と結合し，転写開始前複合体となる。TFIIH にはヘリカーゼ活性があり，DNA の二重らせんをほどき，さらにキナーゼ活性によりポリメラーゼの尾部（後述）にある Ser 残基をリン酸化する。これによりポリメラーゼはプロモーターから離れ，伸長反応へと進む。

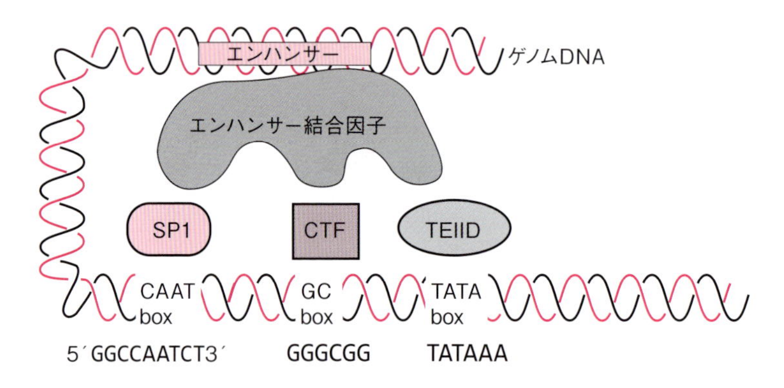

図 22·11 プロモーターとエンハンサー
転写因子が結合するのがプロモーターである。配列だけからは推測できないが，概ね，類似配列をもつ領域として CAAT ボックス，GC ボックス，TATA ボックスが知られている。また，プロモーター領域とは離れた領域に，転写を促進するエンハンサーや抑制するサイレンサー領域がある。遠く離れていても，DNA の立体構造（折れ曲がり）により，調節領域に結合した制御因子がプロモーター領域に作用することができる。（文献 22-1 を改変）

22·3·3 ポリメラーゼ II の尾部

RNA ポリメラーゼ Pol II の大サブユニットの C 末端には，Tyr-Ser-Pro-Thr-Ser-Pro-Ser のアミノ酸 7 個が繰り返し登場する。この部分はカルボキシル末端ドメイン（CTD）もしくは尾部と呼ばれる。前述したように，この Ser は TFIIH によりリン酸化される。リン酸化された RNA ポリメラーゼ II は RNA 合成（転写）を開始する。転写が終わると，RNA ポリメラーゼ II は DNA から離れ，ホスファターゼによって脱リン酸化される。脱リン酸化された RNA ポリメラーゼは転写開始複合体と結合できるようになり，新たな転写を行う。

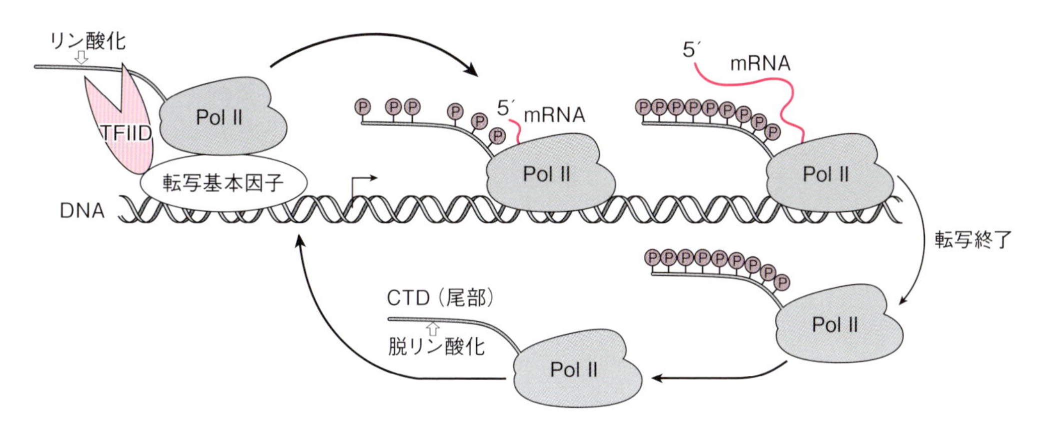

図 22・12　RNA ポリメラーゼ II 尾部のリン酸化
RNA ポリメラーゼ II は尾部がリン酸化すると DNA を滑るようにして RNA を転写していく。転写が終了して DNA から解離すると脱リン酸化して，再び転写基本因子に結合できるようになる。（文献 22-1 を改変）

22・3・4　伸長反応

原核生物の場合と同様に，真核生物での転写でも初期に短い RNA 産物がいくつも合成される。しかし，原核生物とは異なりポリメラーゼの C 末端側のリン酸化がポリメラーゼの

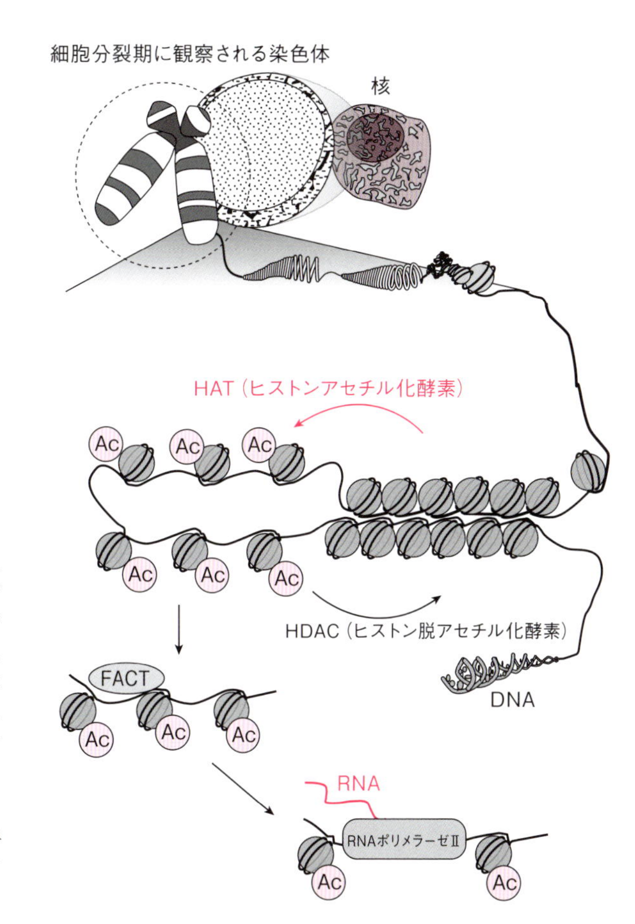

図 22・13　染色体構造と転写
染色体はヒストンなどのタンパク質と DNA が結合したものである。リシン残基がアセチル化していないヒストンはその正電荷により負電荷の DNA と強く結合しており，転写的に不活性な状態である（ヘテロクロマチン）。ヒストンアセチル化酵素によってリシンがアセチル化されると電荷が失われ，DNA に転写因子がアクセスしやすくなる。FACT によりヒストンと DNA の解離が促進され，RNA ポリメラーゼ II による転写が行われる。

プロモーター通過に寄与している。伸長反応時には基本転写因子などの大部分の開始因子はポリメラーゼから解離させられており，代わりに伸長因子と呼ばれる様々な因子が関与している。

真核生物のゲノムDNAは，ヒストン八量体に巻きついたヌクレオソームを形成している。当然ながら，このヒストンタンパク質は転写反応にとって障害物となる。FACT（facilitates chromatin transcription）は，RNAポリメラーゼの先でH2A・H2B二量体を除去することで，ヌクレオソームをRNAポリメラーゼが通過できるようにし，さらにRNAポリメラーゼの後ろで再びH2A・H2B二量体を戻して完全なヌクレオソームを再形成させている。

22・3・5　終　結

RNAポリメラーゼは，ポリA付加シグナルを過ぎてRNA鎖が切断された後も転写をしばらく続ける。転写終結の仕組みはまだ明らかにされていないが，ポリA付加時のRNA切断後にできる第二のRNAを分解していくことで最終的に終結するというモデルが考えられている。終結のシグナルとなるDNAの塩基配列は存在しないようである。

22・3・6　転写後修飾

真核生物では，核内での転写から，次章で述べる核外での翻訳への過程にいくつかのステップが存在する。mRNAの5′末端のキャップ形成，3′末端のポリアデニル化，そしてRNAスプライシングである。

22・3・7　5′末端キャップ構造

転写反応によりmRNAが合成され，その5′末端がRNAポリメラーゼ分子から出てくるとすぐにキャップの形成が行われる。キャップ形成は3段階の反応を経て行われる。合成された直後のRNAの5′末端は3つのリン酸（α，β，γ位）をもっており，末端のγ-リン酸がRNAトリホスファターゼによって除去される。次に，β-リン酸にグアニル酸転移酵素によりGMPが付加される。グアノシンが付加された後，このグアニンがメチル基転移酵素によってメチル化を受ける。キャップ形成が行われるとポリメラーゼの尾部（CTD）の反復配列のSerの脱リン酸化が起きて，一連のキャップ形成に関与する分子構造が解離する。mRNAの5′末端のこの構造は，翻訳開始においてリボースがmRNAを末端から開始コドンAUGを探す際の認識部位となる。mRNAの安定化にも寄与し，翻訳の効率が向上する。

22・3・8　3′末端ポリアデニル化

ポリメラーゼが遺伝子の終わりに近づくと，ポリメラーゼの尾部（CTD）には，CPSF（切断・ポリアデニル化特異性因子）とCstF（切断促進因子）が結合している。遺伝子上のポリA付加シグナル（AAUAAA）をポリメラーゼが通過し転写すると，その転写部位にCPSFとCstFが移動する。その結果，RNAは下流のところで切断されRNAポリメラーゼから解離する。その後，ポリAポリメラーゼが呼び寄せられて，RNAの3′末端にATPを使用してアデニンを連続的に付加する。このポリA配列には特異的に結合するタンパク質が存在し，核内から核外へのmRNAの輸送や，mRNAの安定性に寄与している。

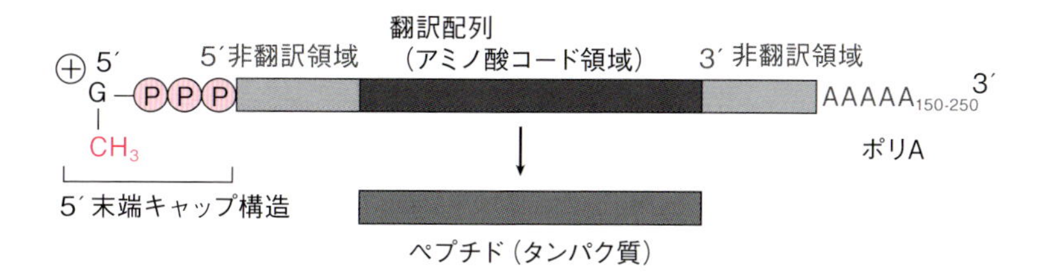

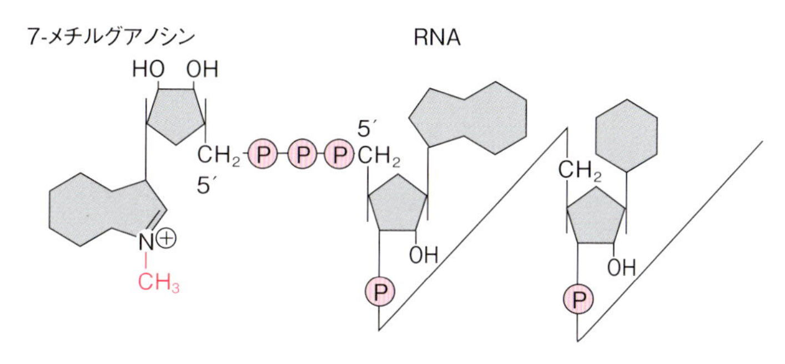

図 22·14　5′末端キャップ構造とポリ A テール（文献 22-1 を改変）

22·3·9　RNA スプライシング

真核生物では，遺伝子（DNA）から mRNA が産生され，mRNA 配列を元にアミノ酸の並びが決定されタンパク質が合成される。逆に考えると，アミノ酸の配列情報ひいては mRNA の配列情報は，遺伝子に DNA 配列情報として載っていることになる。しかし，遺伝子の DNA 配列には，翻訳時に使用される mRNA の配列情報を指定する領域だけが含まれている訳ではない。真核生物の遺伝子には，mRNA となる領域（エキソン exon）と，最終的に mRNA からは脱落する領域（イントロン intron）が存在し，エキソンはイントロンによっ

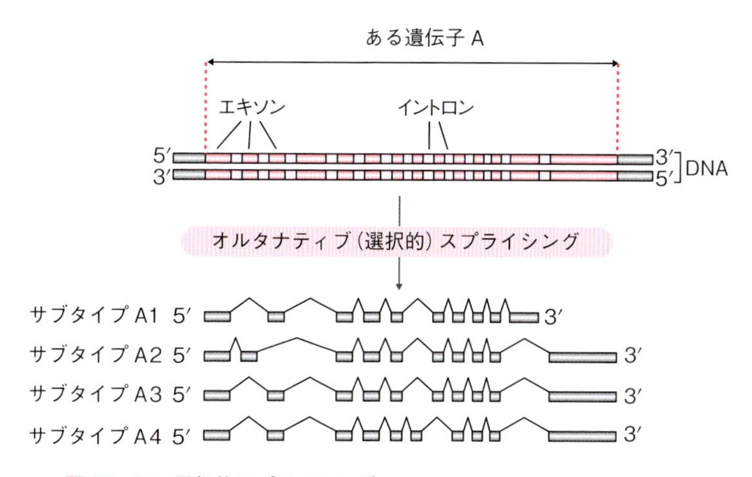

図 22·15　選択的スプライシング
つなげるエキソンを適宜選択することによって，1 つの遺伝子から，似ているが異なったタンパク質を複数個作製することができる。例えば，組織によって異なるサブタイプ，あるいは，時間によって異なるサブタイプを発現させることができる。（文献 22-1 を改変）

5′-----AGGU------A-----------AGG---------
エキソン　　イントロン　　エキソン

図 22・16　エキソン／イントロンのコンセンサス（共通）配列
エキソンとイントロンの間にはだいたい共通配列が存在する。エキソンの 3′ 側は AG で終わり，5′ 側は G で始まることが多い。ほとんどの場合，イントロンの 5′ 側は GU で始まり，3′ 側は AG で終わる。またイントロン内のある A がスプライシング反応に必須である。

て分断されている。原核生物の大抵の遺伝子にはこのような分断は見られず，mRNA やアミノ酸を指定する遺伝子領域に切れ目はない。1 つの遺伝子がいくつのエキソンとイントロンに分断されているのかは，各々の遺伝子ごとによって様々であり，細菌などと同じようにまったく分断されておらずイントロンのない遺伝子も存在するし，骨格筋収縮に関与するコネクチンというヒトの遺伝子のように 363 個もあるものもある。エキソンとイントロンの大きさも様々である。例外は多く存在するが，エキソンは一般的に 100 塩基から 200 塩基くらいの長さであるが，イントロンは数千，数万，時には数十万塩基長にもなり，エキソンよりも長いことが多い。

真核生物の遺伝子の領域の DNA 配列は，最初にすべて RNA へと転写される。この RNA のことを mRNA 前駆体という。次に，mRNA 前駆体からイントロン領域が除かれ，タンパク質合成の翻訳過程に使用される mRNA（とくに成熟 mRNA とも呼ばれる）となる。このイントロンが除去されエキソンがつなぎ合わせられる過程を RNA スプライシングという（図 22・17）。

RNA スプライシングにおいて大事なことは，正確にイントロンが除去されて，正しくエキソンがつながれることである。これがうまくいかないと配列が異なった mRNA ができてしまい，翻訳過程ではこれらが正しい mRNA なのか間違った mRNA なのかを区別する手段がないため，異常なアミノ酸配列のタンパク質を作ってしまうことになる。そのために，イントロンとエキソンの境界の位置を正確に区別し，確実にイントロンを除去し，エキソンを正確につなぎ合わせることが必要となる。この機能を担っているのが，核内低分子 RNA（small nuclear RNA, snRNA）である。snRNA には，U1，U2，U4，U5，U6 の 5 種類あり，これらは数個のタンパク質と結合して複合体を形成している。この snRNA- タンパク質複合体を核内低分子リボ核タンパク質粒子（small nuclear ribonuclear protein particles, snRNP：スナープ）という。エキソンとイントロンの境界には，その位置を正確に示す，多くの遺伝子で共通したコンセンサス配列が存在する。例えば，5′ スプライス部位のコンセンサス配列は U1 snRNA をもつ U1 snRNP によって認識され，その後いくつかの過程を経て複数の snRNP が会合したスプライソソームが mRNA 前駆体上に形成される。スプライソソームはエステル転移反応を 2 回行い，イントロンの除去とエキソンの結合を行う（図 22・17）。まず，イントロンの 5′ 側をエキソンと切り離し，イントロン内のアデニンのリボースの 2′-OH とエステル結合させる（RNA は投げ縄のような構造になる）。次に，露出した 5′ 側のエキソンの

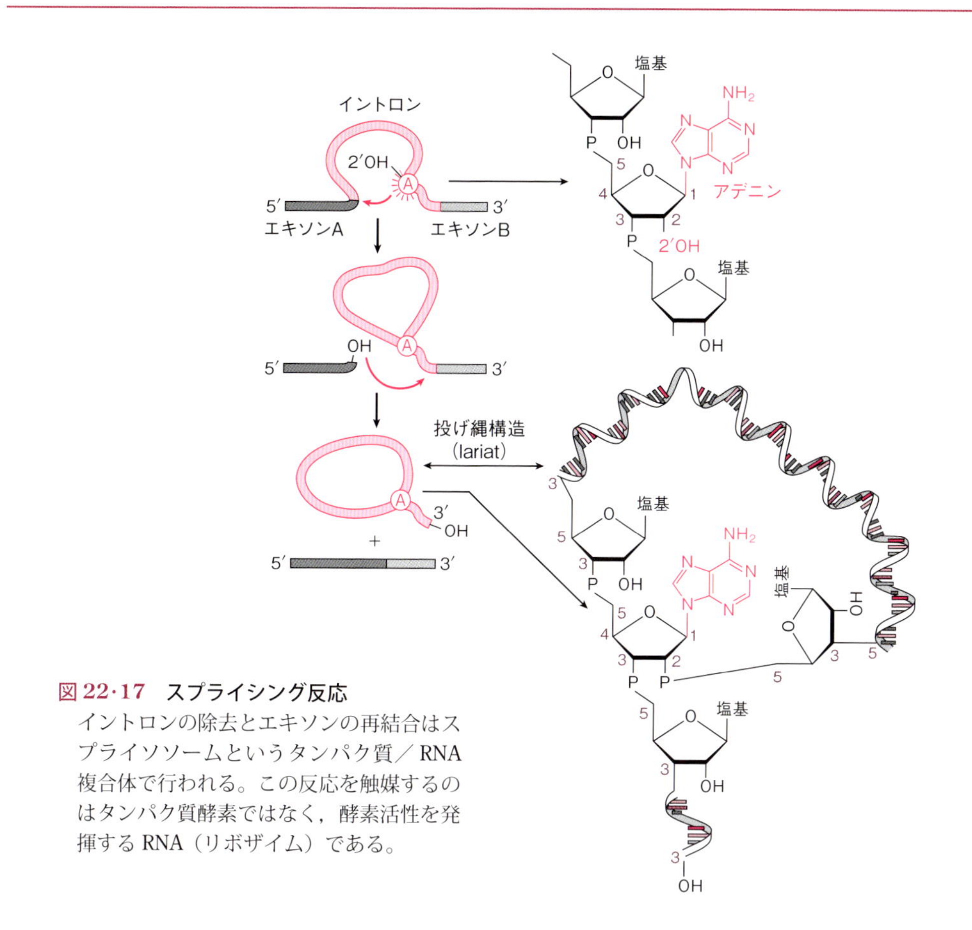

図 22・17　スプライシング反応
イントロンの除去とエキソンの再結合はスプライソソームというタンパク質／RNA複合体で行われる。この反応を触媒するのはタンパク質酵素ではなく，酵素活性を発揮するRNA（リボザイム）である。

3′ 末端の 3′-OH を，3′ 側のイントロン - エキソン境界のリン酸エステル結合を求核攻撃により切断しつなぎ合わせる。その結果，あるイントロンの両側のエキソン同士が結合し，そのイントロンは除かれる。

22・3・10　トランススプライシング

大部分の mRNA 前駆体は，上述のようにスプライソソームによって 1 本の RNA が切断／再結合によって成熟型の mRNA となる。これは 1 つの RNA 分子内での反応であるが，ある

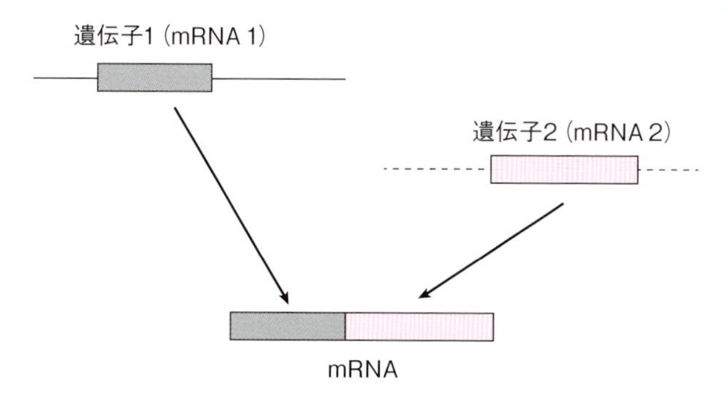

図 22・18　トランススプライシング
トリパノソーマの mRNA の 5′ 側の配列はほとんど同じである。これは共通の mRNA 1（SL RNA）との様々な mRNA 2 の 2 本の mRNA の間でスプライシングが生じ，成熟 mRNA の 5′ 側には共通の SL RNA 由来のエキソンが組み込まれるためである。このように 2 本の mRNA の間で行われるスプライシングをトランススプライシングという。トリパノソーマや線虫などで見られる，ごく例外的な現象である。

種の生物では異なったRNA分子間でエキソンがつながれることがある。このことをトランススプライシングといい，アフリカ睡眠病を引き起こすトリパノソーマでは，ほとんどのmRNAがトランススプライシングを受けている。また，線虫では1%のmRNAでトランススプライシングが生じている。その他の真核生物ではほとんど見いだされていない。

BOX1 トリパノソーマ症 trypanosomiasis

原虫（単細胞性動物）であるトリパノソーマによる感染症。アフリカのアフリカ・トリパノソーマ症（睡眠病）（ツェツェバエが媒介昆虫）と，中南米のアメリカ・トリパノソーマ症（シャーガス病）（サシガメが媒介昆虫）がある。マラリアと同じように媒介昆虫がヒトを吸血するときに感染する。睡眠病では，意欲の衰え，傾眠そして昏睡状態になる。シャーガス病では拡張型心筋症や巨大消化管が発症する。

理解度確認問題

DNAの塩基であるチミンTはRNAに含まれるウラシルUからわざわざエネルギーを消費して合成される。なぜ，DNAではUの代わりにTが用いられているのだろうか。（ヒント：シトシンは非酵素的にウラシルになりやすい。）

解 答

GCという塩基対はGUになりやすいことになる。もしUが一般的に用いられていれば，GUという異常塩基対はAUだったのかGCだったのか区別できない。Uの代わりにTが用いられているので，GUはGCであったと結論され修復することができる。

引用文献

22-1) 丸山 敬・松岡耕二（2013）『医薬系のための生物学』裳華房.

22-2) Voet, D. *et al.*（田宮信雄ら訳）（2014）『ヴォート基礎生化学（第4版）』東京化学同人.

23章　リボソームの生化学と翻訳

タンパク質こそが，細胞機能・生体機能を発揮するための物質そのものである。タンパク質の性質は，どのような性質のアミノ酸がどのように並んでいるのかによって大きく左右される。mRNAというリボヌクレオチドから，アミノ酸という化学的にはまったく似ていない物質に情報を変換しなければならない。リボソームは，tRNAなどを使い多大なエネルギー使って変換作業を正確に行う。遺伝情報の変異は，翻訳過程を経て初めて表面化することになる。遺伝情報の変異が生体機能に利益をもたらすものであれば，進化的に有利となる。

23・1　翻訳とは？

DNAから転写されるRNAには，mRNA，rRNA，tRNAなどがあるが，このうちmRNAには細胞を構成するタンパク質のアミノ酸配列を決定する情報が含まれている。核のない原核生物では転写後すぐに，真核生物では，5′末端へのキャップ構造，3′末端へのポリAの付加，そしてRNAスプライシングといった転写後修飾を受けてから核外へとmRNAが輸送され，アミノ酸のポリペプチド鎖（つまりタンパク質）が合成される。このmRNAの塩基配列情報をもとにしたポリペプチド鎖合成過程を翻訳という。

23・2　コドンと読み枠

mRNAのヌクレオチド配列はアデニン（A），グアニン（G），シトシン（C），ウラシル（U）の4種類から構成されているが，一方でポリペプチド鎖に使われるアミノ酸は20種類である。4種類から20種類の情報へと変換するには，複数の文字（ヌクレオチド配列）で20種類に対応しなければならず，そのためには少なくとも3文字以上が必要となる。2文字では$4^2 =$ 16種のみしか指定できないが，3文字を用いれば，$4^3 = 64$と，アミノ酸20種を十分に指定することができる。実際に，必要最小数である3塩基で特定の1つのアミノ酸に対応しており（コードしている），この3塩基の枠をコドンと呼ぶ。必要最小の数といっても64種類もあり，このうちの61種類が20種類のアミノ酸をそれぞれ指定している（残りの3種類は終止コドンという。後述）。つまり，1つのアミノ酸を指定するコドンには複数の種類が存在し，このことを縮重（degeneracy）という（冗長性ともいう）。多くのアミノ酸は2から4種類のコドンによってコードされるが，アルギニン（Arg）のように6つのコドンにコードされていたり，メチオニン（Met）やトリプトファン（Trp）のようにコドンが1つしかない（それぞれ，AUGとUGGのみ）場合もある。

隣接するコドンの間に無駄な間隔やコドン同士の一部が重複したりすることはなく，3塩基ごとの『読み枠』（open readeing frame，ORF）が隙間無く連続しており，それぞれのコドンがコードするアミノ酸がペプチド結合で連結されてポリペプチド鎖となる。ポリペプチド鎖合成の開始は，基本的には mRNA の最も 5′ 側にある AUG から始まり，開始コドンと呼ばれる。ORF はこの AUG に一致した枠で決定され，その ORF に従ったコドンで 3′ 方向へと読まれていく。また，64 種類あるコドンのうちアミノ酸に対応するのは 61 種類で，残りの 3 種類（UAG，UAA，UGA）はアミノ酸をコードしておらず終止コドンとして機能している。つまり，上記のコドンが ORF に出現するとポリペプチド鎖合成はその 1 つ前のコドンで終了し，翻訳が完了する。

FIRST	SECOND U		SECOND C		SECOND A		SECOND G		THIRD
U	Phe (F)	UUU	Ser (S)	UCU	Tyr (Y)	UAU	Cys (C)	UGU	U
U	Phe (F)	UUC	Ser (S)	UCC	Tyr (Y)	UAC	Cys (C)	UGC	C
U	Leu (L)	UUA	Ser (S)	UCA	STOP	UAA	STOP	UGA	A
U	Leu (L)	UUG	Ser (S)	UCG	STOP	UAG	Trp (W)	UGG	G
C	Leu (L)	CUU	Pro (P)	CCU	His (H)	CAU	Arg (R)	CGU	U
C	Leu (L)	CUC	Pro (P)	CCC	His (H)	CAC	Arg (R)	CGC	C
C	Leu (L)	CUA	Pro (P)	CCA	Gln (Q)	CAA	Arg (R)	CGA	A
C	Leu (L)	CUG	Pro (P)	CCG	Gln (Q)	CAG	Arg (R)	CGG	G
A	Ile (I)	AUU	Thr (T)	ACU	Asn (N)	AAU	Ser (S)	AGU	U
A	Ile (I)	AUC	Thr (T)	ACC	Asn (N)	AAC	Ser (S)	AGC	C
A	Ile (I)	AUA	Thr (T)	ACA	Lys (K)	AAA	Arg (R)	AGA	A
A	Met (M) (START)	AUG	Thr (T)	ACG	Lys (K)	AAG	Arg (R)	AGG	G
G	Val (V)	GUU	Ala (A)	GCU	Asp (D)	GAU	Gly (G)	GGU	U
G	Val (V)	GUC	Ala (A)	GCC	Asp (D)	GAC	Gly (G)	GGC	C
G	Val (V)	GUA	Ala (A)	GCA	Glu (E)	GAA	Gly (G)	GGA	A
G	Val (V)	GUG	Ala (A)	GCG	Glu (E)	GAG	Gly (G)	GGG	G

図 23·1　コドン表

コドンは，5′ 末端が左側にくるように書いてある。
mRNA の配列なので，DNA の T の代わりに U となっている。
DNA の配列としては U を T に置き換える。（文献 23-1 を改変）

	AGA									UUA					AGC					
	AGG									UUG					AGU					
GCA	CGA						GGA			CUA				CCA	UCA	ACA			GUA	
GCC	CGC						GGC		AUA	CUC				CCC	UCC	ACC			GUC	UAA
GCG	CGG	GAC	AAC	UGC	GAA	CAA	GGG	CAC	AUC	CUG	AAA		UUC	CCG	UCG	ACG		UAC	GUG	UAG
GCU	CGU	GAU	AAU	UGU	GAG	CAG	GGU	CAU	AUU	CUU	AAG	AUG	UUU	CCU	UCU	ACU	UGG	UAU	GUU	UGA
Ala	Arg	Asp	Asn	Cys	Glu	Gln	Gly	His	Ile	Leu	Lys	Met	Phe	Pro	Ser	Thr	Trp	Tyr	Val	stop
A	R	D	N	C	E	Q	G	H	I	L	K	M	F	P	S	T	W	Y	V	

図 23·2　コドンの縮重とアミノ酸略号

メチオニン（Met，M）とトリプトファン（Trp，W）のコドンは 1 つのみであることに注目。（文献 23-1 を改変）

23･2･1　tRNA，アミノアシル tRNA

コドンは 3 塩基からなるが，それぞれのコドンに対してどのようにして特異的なアミノ酸を対応させているのだろうか？　そのアダプターとしての役割を果たしているのが，tRNA（transfer RNA）である。tRNA は 20 種類以上存在し，1 つの tRNA は特定のアミノ酸のみを結合しているが，アミノ酸によっては複数の tRNA と結合しうる。さらに，大部分の tRNA が複数のコドンと結合することが可能である。つまり，あるコドンは特定のアミノ酸のみをコードするが，アミノ酸の多くは複数のコドンによってコードされているというコドンの冗長性を生み出している分子的な機構は，tRNA とアミノ酸の関係によるものである。

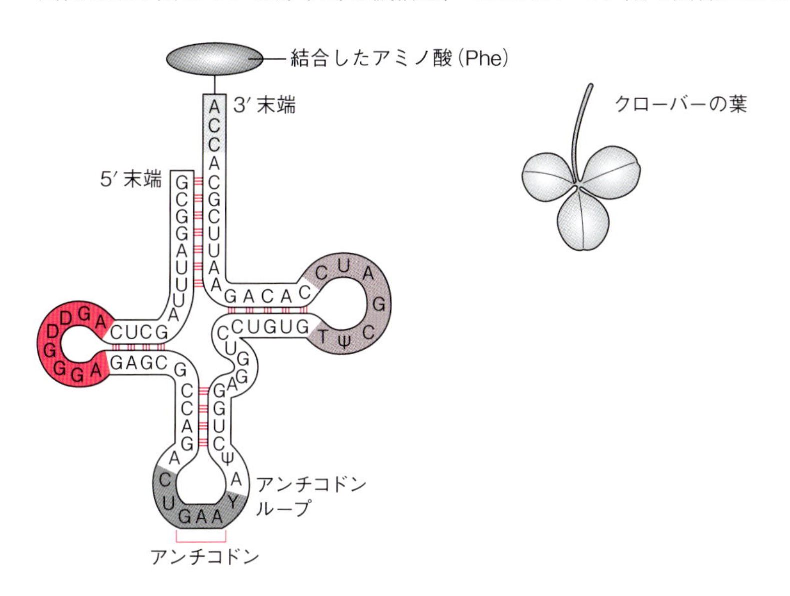

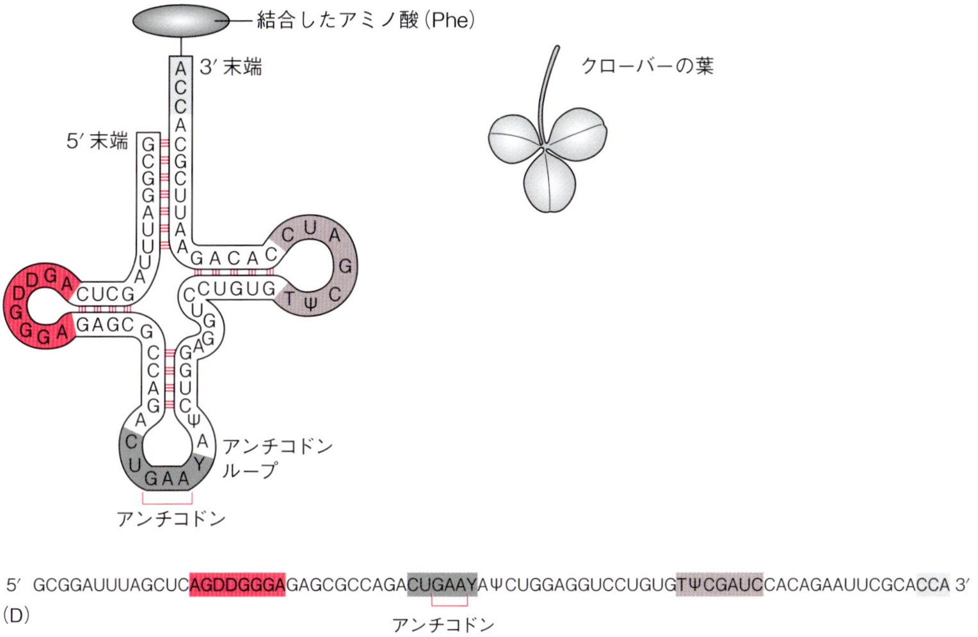

結合したアミノ酸（Phe）
3′ 末端
5′ 末端
クローバーの葉
アンチコドンループ
アンチコドン
5′ GCGGAUUUAGCUCAGDDGGGAGAGCGCCAGACUGAAYAΨCUGGAGGUCCUGUGTΨCGAUCCACAGAAUUCGCACCA 3′
(D)
アンチコドン

図 23･3　tRNA の構造
tRNA は一本鎖 RNA が分子内相補的塩基対を形成しながら折りたたまれている。tRNA には通常と異なる塩基（修飾塩基）が含まれている。例えば，アンチコドンループの 3′ 側や薄えんじ色のループにある Ψ はシュードウリジン pseudouridine である。（文献 23-1 を改変）

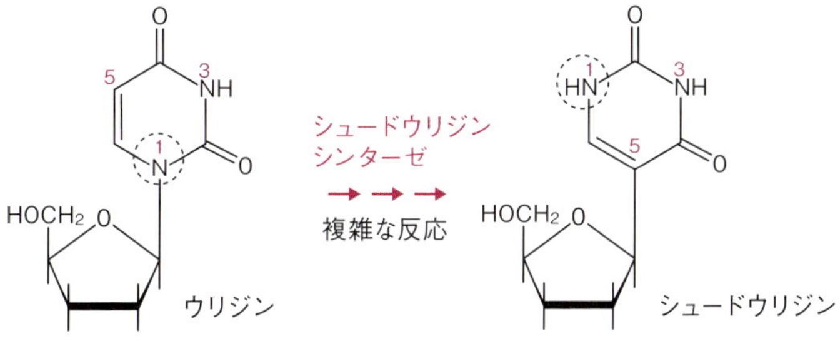

シュードウリジンシンターゼ
複雑な反応
ウリジン
シュードウリジン

図 23･4　シュードウリジン合成
シュードウリジンはウリジンからシュードウリジンシンターゼによって生成されるが，塩基と糖の結合部位を変える複雑な反応である。

tRNAの長さは75～95塩基であり，必ず3′末端が5′-CCA-3′という配列で終わっている。さらに，内部にはお互いに相補鎖となりうる配列が存在していないため，こうした領域同士でいくつかの二重らせんが形成され，クローバーの葉のような二次構造をとっている。クローバーの真ん中の葉に相当する領域の一本鎖の部分に，mRNAと相補鎖を形成するアンチコドンと呼ばれる3塩基が存在する。このアンチコドンの配列が各tRNAのコドン認識の決め手となっている。

tRNAへのアミノ酸の結合は，アミノアシルtRNA合成酵素によって触媒される。アミノ酸のカルボキシ基とtRNAの3′末端側のアデノシン（3′末端のCCA配列のA）のヒドロキシ基との間にアシル結合が形成される。この反応は，2段階の酵素反応で，まずアミノ酸がATPと反応し，アミノ酸-AMPが形成されピロリン酸が放出される。次にアミノ酸-AMPがtRNAのアデノシンのヒドロキシ基と反応しAMPが放出される。アミノ酸とtRNAをつなぐアミノアシル結合は高エネルギー結合で，アミノ酸がtRNAから加水分解によって外れ，隣のコドンに対応するアミノ酸とペプチド結合する際に利用される。

20種類のアミノ酸には，それぞれ特定のアミノアシルtRNA合成酵素が存在している。先に述べたようにtRNAは特定のアミノ酸と結合するが，大抵のアミノ酸は複数のtRNAと結合する。つまり，アミノアシルtRNA合成酵素は複数のtRNAを認識しており，それに対応する特定のアミノ酸を結合させている。アミノアシルtRNA合成酵素による，tRNAとアミノ酸の高い精度の選別，認識のおかげで，mRNAの遺伝情報が正確に翻訳されタンパク質へ変換されることが可能となっている。

tRNAは20種類以上存在するが，すべてのコドンに対応できる64種類までは存在していない。つまり，1つのtRNAが複数のコドンを認識している。ある1つのアミノ酸をコードするコドンの配列を比較すると，1，2文字目は共通しているが3文字目にゆらぎが存在す

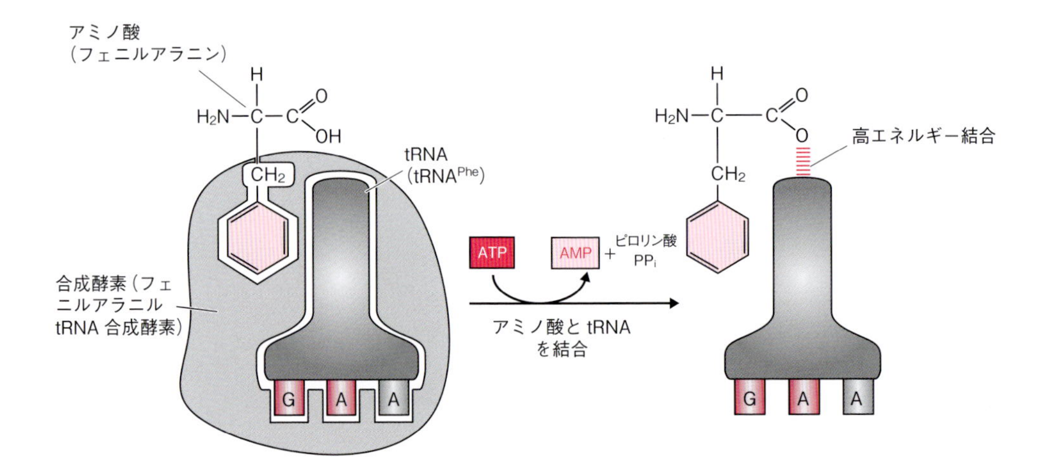

図23·5 アンチコドンに対応したアミノ酸を正確に結合するアミノアシルtRNAシンテターゼ（文献23-1を改変）

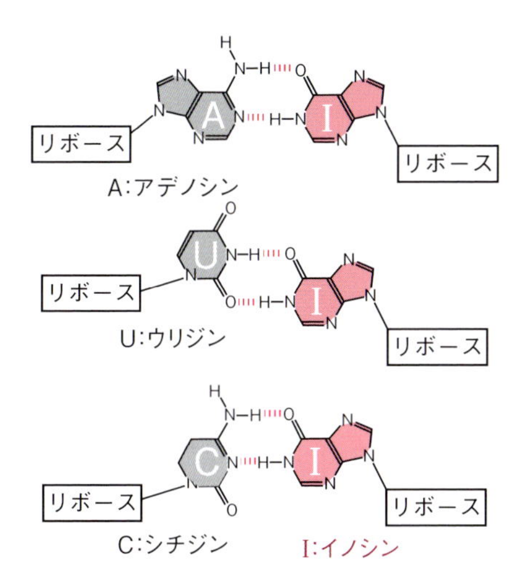

図 23･6 第 3 コドンの揺らぎ
第 3 コドン（コドンの 3 文字目）と塩基対を形成するアンチコドンの塩基はしばしばイノシン（I）である。I はシチジン，ウリジン，アデノシンとも塩基対を形成することができる。従って，tRNA は複数個のコドンを認識することになる。

ることが多いことがわかる。これは，tRNA のアンチコドンの 5′ 末端の塩基（アンチコドンの 1 文字目でコドンの 3 文字目と対をなす塩基）が，他の 2 つと異なり空間的に固定されておらず，コドンの 3 文字目の塩基との水素結合がそれほど厳密でないためと考えられている（ゆらぎ仮説と呼ばれている）。最初の 2 文字目までが G や C によって占められている割合が高いほど，3 文字目の塩基に依存せずアミノ酸が決まる（プロリン，アラニン，アルギニン，グリシンなど）。これは，3 つの水素結合が形成される GC 塩基対が，2 つの水素結合で形成される AU 塩基対より強力で，2 文字で十分なコドン・アンチコドンの対形成が可能となるからであろう。また，3 文字目はどの塩基とも比較的安定な塩基対（非ワトソン・クリック塩基対）を形成しうるイノシンとなっていることもある。

23･3 リボソーム

mRNA 上にアミノアシル tRNA を配置し，アミノ酸を連結してポリペプチド鎖となる場所を提供するのがリボソームである。リボソームは 50 種類以上のタンパク質と数種類の rRNA（ribosome RNA）からなる巨大な複合体であり，大サブユニットと小サブユニットの 2 つに大きく分けられる。原核生物の大サブユニット（50S）には 5S rRNA，23S rRNA が含まれ，小サブユニット（30S）には 16S rRNA が含まれている（S：沈降係数[＊23-1]）。真核生物の大サブユニット（60S）には 5.8S rRNA, 5S rRNA, 28S rRNA が，小サブユニット（40S）

＊ 23-1　S は沈降係数（スベドベリ）で，超遠心（重力の数万倍以上の加速度）をかけて沈降させたときの速度をもとにした単位である。値が大きいほど沈降速度は速く，分子も大きくなる（大きさ，密度，形を反映する）。原核生物のリボソーム全体では 70S，真核生物のリボソーム全体では 80S となる。構成する rRNA の単純な数字の合計とならないのは，沈降速度は形状などに左右されるためである。

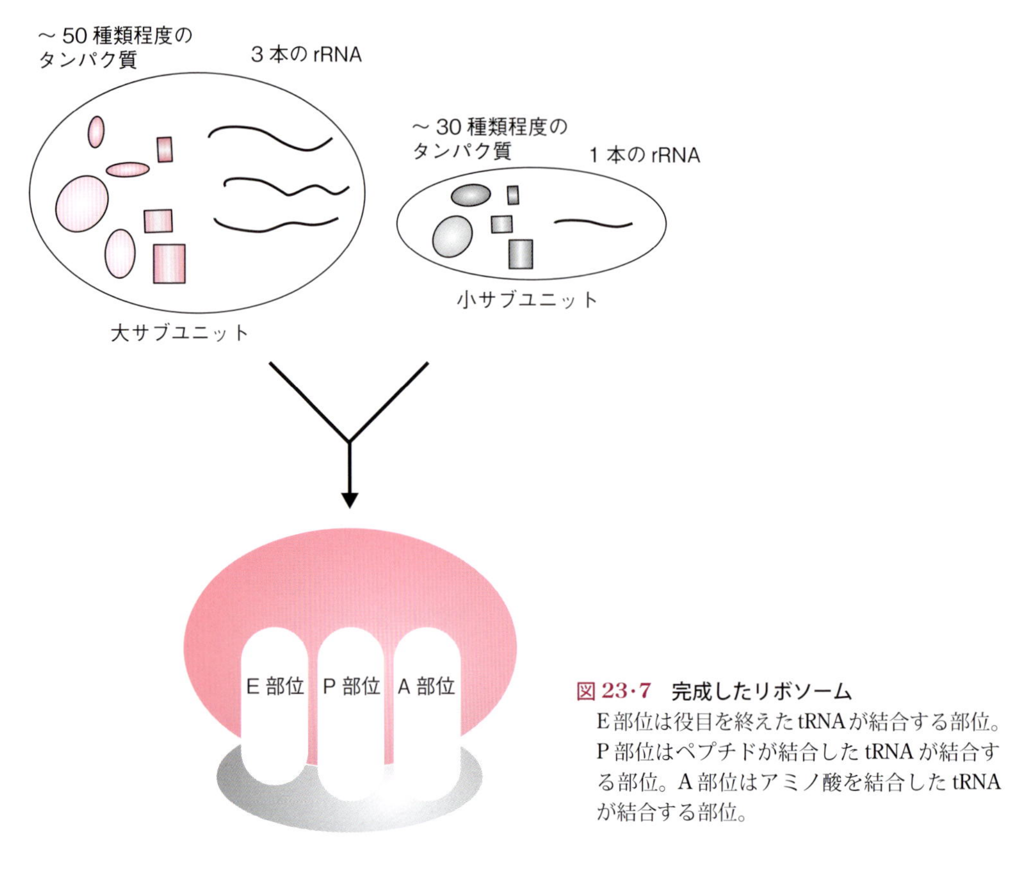

図23･7　完成したリボソーム
E部位は役目を終えたtRNAが結合する部位。P部位はペプチドが結合したtRNAが結合する部位。A部位はアミノ酸を結合したtRNAが結合する部位。

には18S rRNAが含まれている。大サブユニットにはアミノ酸残基同士をペプチド結合させるペプチジル転移酵素活性があり，小サブユニット上ではアミノアシルtRNAがmRNAとコドン-アンチコドンの塩基対を形成する。

翻訳中のリボソームには，mRNAとtRNAが結合する部位として，A部位，P部位，E部位の3つが存在する。A部位では，mRNAのA部位内のコドンに対応するアンチコドンをもつアミノアシルtRNAがmRNAと結合する。P部位では，A部位の1つ前の読み枠のコドンに対応するtRNAが結合しており，このtRNAにはそれまで翻訳されたポリペプチド鎖が結合していて，ペプチジルtRNAとなっている。P部位のペプチジルtRNAに結合しているポリペプチド鎖が次のアミノアシルtRNA（A部位のアミノアシルtRNA）に転移すると，P部位のtRNAはE部位へと移動しリボソームから脱出する。

23･4　翻訳開始

翻訳はmRNAの開始コドンをリボソームが認識することにより開始されるが，このリボソームは開始コドンに対応したアンチコドンをもつアミノアシルtRNAを最初からP部位に入れている。そして，翻訳過程でも読まれる進行方向はmRNAの5′末端から3′末端方向であり，ペプチド鎖はアミノ末端（N末端）からカルボキシ末端（C末端）へと連結され合成される。翻訳が mRNA の 5′ 末端側の AUG を開始コドンとして始まる基本的機構は，原核生物でも真核生物でも共通しているが，AUG を認識する分子機構は異なっている。

翻訳が始まるためには mRNA とリボソームが結合しなければならない。原核生物では，多くの場合 mRNA の開始コドンよりも上流（5′ 側）にシャイン・ダルガーノ配列（SD 配列）というプリン塩基（A と G）に富む配列が存在する。16S rRNA には SD 配列と相補的な配列が存在するため塩基対を形成でき，16S rRNA を含む小サブユニットが mRNA と結合する。この 16S rRNA と SD 配列の塩基対形成によって，mRNA と小サブユニットの位置関係が決定され，開始コドンの AUG が P 部位に来るような配置となる。この P 部位に開始 tRNA は直接入り込んでおり，開始コドンと塩基対を形成する。（翻訳中は，tRNA はリボソームの A 部位を経由してからでないと P 部位に入れない。後述。）

開始コドンの配列は AUG だが，翻訳開始点以外に存在する AUG がコードするアミノ酸はメチオニンである。しかし，翻訳開始の際の tRNA（開始 tRNA）には *N*- ホルミルメチオニンが結合している（fMet-tRNA）。このため，原核生物のすべてのタンパク質の N 末端は *N*- ホルミルメチオニンとして合成されることになるが，最終的にはホルミル基のみが除去されたり，N 末端の数残基のアミノ酸ごと除去されたりする。

小サブユニットと開始 tRNA，mRNA の会合には開始因子（initiation factor）と呼ばれるタンパク質が関与し，原核生物の場合 IF-1，IF-2，IF-3 の 3 種類が知られている。IF-1 は A 部位を占拠し，tRNA の結合を防ぐ。IF-2 は開始 tRNA と小サブユニットの結合を補助し，さらに GTP を結合し加水分解する。IF-3 は，小サブユニットと大サブユニットの結合を阻害し，小サブユニットのみが mRNA と結合できるようにする。mRNA 上の開始コドンと開始 tRNA のアンチコドンが塩基対を形成するように正しく配置し小サブユニットや開始因子とともに複合体を形成すると，IF-3 が解離し大サブユニットが小サブユニットに結合できるようになる。大サブユニットが結合すると IF-2 は GTP を加水分解し，IF-1 とともに複合体から解離する。最終的に，P 部位に開始 tRNA が入り，次のコドンに対応する tRNA が入る A 部位は空いている大小サブユニットからなるリボソーム -mRNA 複合体が形成され，次の伸長反応へと進む。

真核生物では，mRNA 上に SD 配列に相当する配列は存在せず，その代わりに mRNA の 5′ 末端のキャップ構造が認識される。小サブユニット，開始 tRNA，開始因子（eIF）は，mRNA とは関係なく結合していて複合体を形成している。5′ キャップ構造は eIF-4 によって識別され，eIF-4 が先ほどの小サブユニットを含む複合体を呼び寄せることで，mRNA の 5′ 末端に開始前複合体が作られる。真核生物の開始 tRNA には *N*- ホルミルメチオニンではなくメチオニンが結合している。開始因子にも原核生物以上の種類が存在するが，A 部位を覆う開始因子（eIF-1A），開始 tRNA を小サブユニットに結合させる GTP 結合タンパク質（eIF-2），大サブユニットと小サブユニットの再会合を阻害する因子（eIF-3）などの主要構成要素は，原核生物と同様である。

開始前複合体は5′末端よりmRNA上を3′方向へと進み，5′末端側に存在する最初のAUGを探しだす。最初のAUGが出現し，開始tRNAとの間でコドン・アンチコドン塩基対が形成されると，eIF-2によりGTPが加水分解され複合体中の開始因子が解離し，原核生物の場合と同様に，最終的に開始tRNA（P部位），A部位が空いた大小サブユニットからなるリボソーム-mRNA複合体となる。

23・5　翻訳伸長

翻訳の伸長過程では，ポリペプチド鎖のカルボキシ末端に新しいアミノ酸のアミノ基がペプチド結合で付加されていく。この過程にも伸長因子と呼ばれる補助因子が存在している。伸長反応の最初は，mRNAのA部位に存在するコドンに正しく対応するアミノアシルtRNAがA部位に入る。この際，アミノアシルtRNAには伸長因子EF-Tu（原核生物での名称）が結合しており，A部位で正しいコドン・アンチコドンの塩基対が形成されると，GTPを加水分解しtRNAとリボソームから解離する。つまり，伸長因子EF-Tuは，GTP加水分解のエネルギーを利用して翻訳の正確さに重要な役割を果たしている。このように正しいアミノ酸をもつアミノアシルtRNAがA部位に入ると，P部位にあるペプチジルtRNAのポリペプチド鎖はtRNAから解離し，A部位のアミノアシルtRNAのアミノ酸のアミノ基（カルボキシ基はtRNAと結合している）とペプチド結合を形成する。こうしてペプチド鎖は，A部位に入ってきた新しいアミノアシルtRNAに結合しているアミノ酸と結合し，1残基伸長した

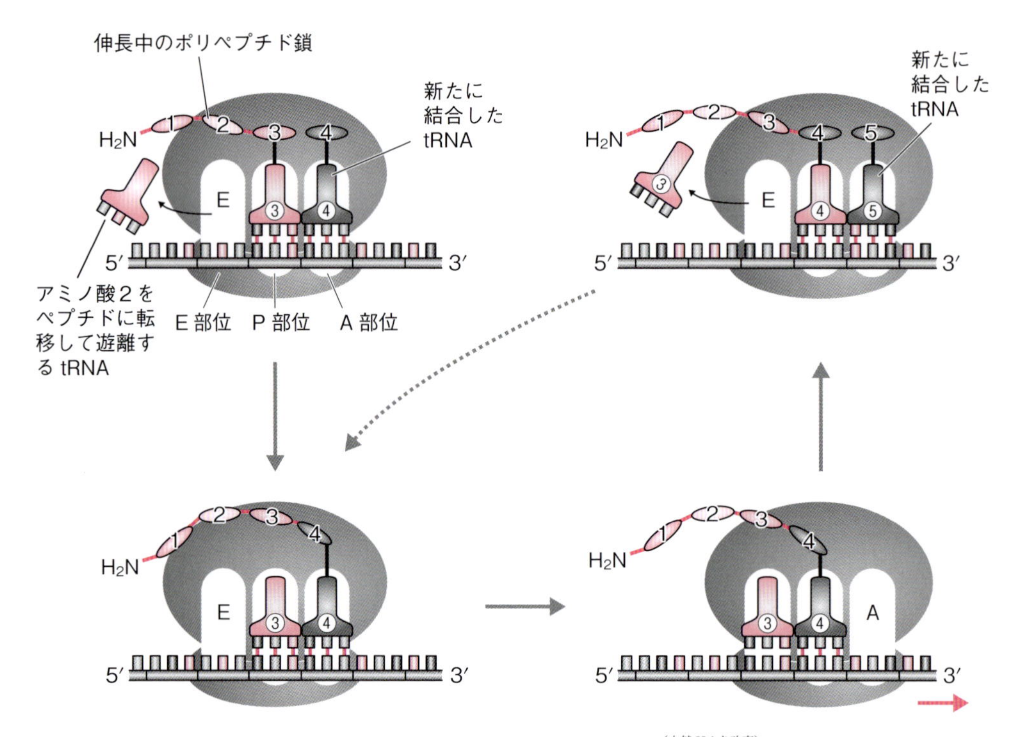

図23・8　リボソームでのペプチド伸長反応（文献23-1を改変）

ペプチジル tRNA ができあがる。最後に P 部位の tRNA は E 部位へ，A 部位の新しいペプチジル tRNA は P 部位へと移動し，E 部位の tRNA はリボソームから外れていく。この最終段階過程はトランスロケーションと呼ばれ，伸長因子 EF-G による GTP 加水分解を必要とする。これらの一連の流れが，終止コドンが A 部位にくるまで続きペプチド鎖が合成されていく。この翻訳伸長過程のメカニズムは，真核生物でもほぼ同じである。

P 部位にあるポリペプチド鎖を A 部位のアミノアシル tRNA にペプチド結合させる反応は，大サブユニットの 23S rRNA のペプチジルトランスフェラーゼ活性によって触媒されている。この触媒機構の詳細は不明であるが，RNA は単にリボヌクレオチドが連なる塩基配列を記述するだけの分子ではなく，化学反応を触媒することもある。このような RNA はリボザイムと呼ばれ，生命の誕生は遺伝情報と化学反応を触媒する能力をもつ RNA によって始まったのではないのかという RNA ワールド仮説の基盤となっている。

23·6　翻訳終結

A 部位に終止コドンの UAG，UAA，UGA がやってくると，終止コドンに対応したアンチコドンをもつ tRNA ではなく，終結因子（release factor）というタンパク質によって認識される。原核生物では RF1 が UAG を，RF2 が UAA と UGA を認識する。真核生物では eRF が 3 つの終止コドンすべてを認識する。終結因子は A 部位の終止コドンを認識すると，P 部位のペプチジル tRNA を加水分解してペプチド鎖を tRNA から解離する。RF1 や RF2 は，RF3（真核生物の場合，eRF3）によってリボソームから離れる。この際も GTP が加水分解される。

BOX1　抗生物質

抗生物質は感染症治療には必要不可欠な薬剤である。抗生物質には，翻訳における原核生物と真核生物の違いを作用機序としているものが多くある。つまり，感染症を引き起こす細菌（原核生物）の翻訳過程を阻害するが，その薬物濃度では真核生物であるヒトの翻訳過程に対してほとんど影響を及ぼさない。代表的な抗生物質であるテトラサイクリンは原核生物の小サブユニットの A 部位を標的としていて，アミノアシル tRNA 結合を阻害する。

23·7　読み枠と突然変異

突然変異とは，遺伝子の DNA 配列の変化である。主に DNA 複製時のエラーが修復されずに残ってしまった結果であるが，この配列の変化は，その細胞の次の細胞周期における複製でも受け継がれてしまう。つまり，突然変異の結果が細胞機能に影響が（それほど）なければ，この細胞系列では変化した遺伝子をもち続けることになる。突然変異が体細胞で起こるか生殖細胞で起こるかによって，結果は大きく異なる。体細胞で起これば，その細胞系列だけに影響が出る。致死的な影響があればその細胞は死んでしまうが，細胞機能に関係のないことや，逆に機能を増強するような変化が生じることもある。がん細胞に数多くの遺伝子の突然変異が起きていることがわかっており，近年はその変異に応じて最適な治療を選ぶための研究が行われている。一方，生殖細胞に突然変異が起これば，それは配偶子となり，子孫に受け継がれていく。生物の歴史における進化や多様性は，こうした生殖細胞における突然変異の積み重ねともいえる。

突然変異には，単一の塩基の変化である点突然変異と，染色体レベルの DNA の大きい領域の変化を伴う突然変異がある。ここでは，翻訳時の読み枠に大きく影響する点突然変異について述べる。

23･7･1 サイレント変異

tRNA のアンチコドンの 5′ 末端の塩基と，コドンの 3′ 末端の塩基との水素結合がそれほど厳密でないことがあるために，コドンの 3 文字目がゆらぎとなり 1 つのアミノ酸を指定するコドンに複数の種類がある。こうしたコドンの場合，3 文字目の塩基が突然変異で他の塩基へと置換されてもアミノ酸は変わらないことがある。こうしたものを含めて，塩基が変わってもアミノ酸として変わらない突然変異をサイレント変異という。例えば，アミノ酸のバリンを指定するコドンには GUU，GUG，GUA，GUC があるが，3 文字目がどの塩基に変わっても結局はバリンであることには変わりない。また，アルギニンを指定するのは CGU，CGG，CGA，CGC，AGA，AGG と 6 種類あるが，CGG から AGG と変わってもアルギニンであり，これもサイレント変異である。

23･7･2 ミスセンス変異

サイレント変異はアミノ酸配列が変わらない変異であるが，アミノ酸を 1 つ変えるような変異をミスセンス変異という。ミスセンス変異によるアミノ酸置換は，そのタンパク質の機能に対してそのアミノ酸がどれほど寄与していたかによって，結果は大きく異なってくる。あまり機能とは関係ない部位であったり，アミノ酸の性質（例えば電気的な性質や分子の大きさなど）がそれほど変わらないアミノ酸に置換されたりしているのなら，影響がまったくないか，効率が少し変化するくらいで済むかもしれない。しかし，酵素活性の活性中心部位のアミノ酸であれば，機能が完全に失われるかもしれない。ヒトの遺伝病の鎌状赤血球貧血はこのミスセンス変異の代表的な例であり，ヘモグロビンのサブユニットの β グロビンタンパク質の 6 番目のアミノ酸がグルタミン酸からバリンに変わっている。この変異をホモで保有するとヘモグロビンの酸素運搬能力が低下し赤血球が鎌状になり，生体の循環動態が悪化し深刻な病態となる。

23･7･3 ナンセンス変異

ミスセンス変異はアミノ酸置換となる変異であったが，変わったコドンが終止コドン（UAA，UAG，UGA）の場合はここで翻訳が終了する。このような変異をナンセンス変異という。変異がタンパク質のどのアミノ酸の位置で起こるかにもよるが，多くの場合，タンパク質は大幅に短くなるため，でき上がったタンパク質が本来と同じ機能を保持していることは少ない。

23·7·4　フレームシフト変異

サイレント変異やミスセンス変異，ナンセンス変異は，遺伝子上の DNA の塩基置換によって起こるが，複製時に塩基が欠失したり挿入したりする場合もある。こうした変異では，当然ながらそれ以降の読み枠は本来の読み枠と大きく異なってしまい，フレームシフト変異と呼ぶ。読み枠がずれてしまっているので，変異箇所以降のアミノ酸配列はかなり異なったものが続くことになる（多くは，かなり早い段階で終止コドンが出現する）。大抵の場合，ナンセンス変異と同様にタンパク質の機能は失われる。もし欠失や挿入が 2 塩基であったら，読み枠がずれたままになるのでアミノ酸配列は大きく異なってしまう。しかし 3 塩基の挿入や欠失であったら，読み枠は元に戻るので，終止コドンの挿入でなければ 1 アミノ酸の欠失や挿入となるだけで影響は少なくなる可能性が高い。

GAA（グルタミン酸）→ GAG（グルタミン酸）
　同じグルタミン酸をコードしているのでサイレント変異
GAA（グルタミン酸）→ CAA（グルタミン）
　グルタミン酸からグルタミンに変わるのでミスセンス変異
GAA（グルタミン酸）→ TAA（終止コドン）
　ペプチドの途中に終止コドンが出現してしまい，短いペプチドとなってしまうので，　ナンセンス変異

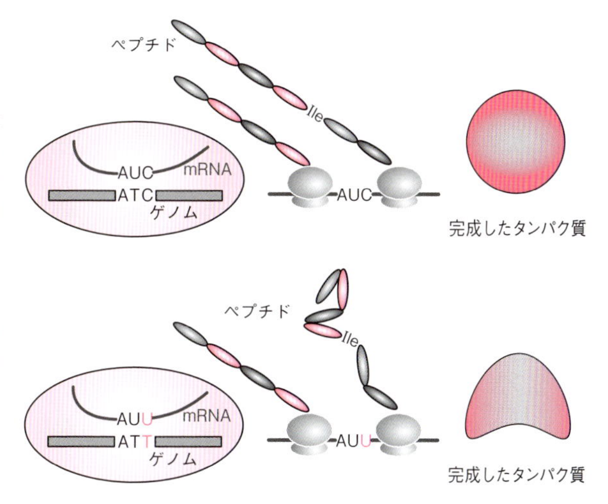

図 23·9　「沈黙」は「同意」にあらず
コドンの同義変異でも異なった機能のタンパク質が産生される例が報告されている。コドンが変化してもコードされるアミノ酸が変化しない同義(サイレント)変異によって，同じアミノ酸配列をもちながら，翻訳されたタンパク質の機能に差が見られる例が報告されている。これはコドンによってペプチドの伸長速度が異なり，変異コドンの翻訳の際に局所的に著しくペプチド伸長速度が低下するためではないかと指摘されている。この変異が存在すると，未完成のペプチドが長期に存在することになり，ペプチドの折りたたみ過程が変化し，完成したタンパク質の立体構造や膜系への組み込み状態が異なる可能性がある。（文献 23-1 を改変）

理解度確認問題

```
          10        20        30        40
gagctctctgaggcaccatgctgacccgccccaagttcgcctaatg
```

1. 上記の塩基配列がコードしている可能性が最も高いペプチドを記せ。
2. 上記推測に基づいて，下記の変異の影響の大きい順を議論せよ。
   A. gagctctctgaggcaccaTtgctgacccgccccaagttcgcctaatg
   B. gagctctctgaggcaccatgctgacccgccccaaTttcgcctaatg
   C. gagctctctgaggcaccatgctgacccgccccGagttcgcctaatg
   D. gagctctctgaggcaccatgctgacccgccccaagttcgcAtaatg

解　答

1. コドンは3個の塩基からなるため翻訳フレームとしては下記の3種類が考えられる。

```
          10        20        30        40
gagctctctgaggcaccatgctgacccgccccaagttcgcctaatg
E  L  S  E  A  P  C  *  P  A  P  S  S  P  N
 S  S  L  R  H  H  A  D  P  P  Q  V  R  L  M
  A  L  *  G  T  M  L  T  R  P  K  F  A  *
```

原則として開始コドンのATGと停止コドンで挟まれているとすれば，

M（開始コドン）L T R P K F A

がコードされているペプチドと推測される。

```
野生型 gagctctctgaggcaccatgctgacccgccccaagttcgcctaatg
         A  L  *  G  T  M  L  T  R  P  K  F  A  *
```

```
             10        20        30        40        50
A.     gagctctctgaggcaccaTtgctgacccgccccaagttcgcctaatg
       E  L  S  E  A  P  L  L  T  R  P  K  F  A  *
        S  S  L  R  H  H  C  *  P  A  P  S  S  P  N
         A  L  *  G  T  I  A  D  P  P  Q  V  R  L  M
```

フレームシフトが起こり，まったくペプチドが作られなくなる。

```
             10        20        30        40        50
B.     gagctctctgaggcaccatgctgacccgccccaaTttcgcctaatg
         A  L  *  G  T  M  L  T  R  P  N  F  A  *
```

リシン→アスパラギン　アミノ酸の性質が＋の電荷をもつものから電荷のない（脂溶性ではない）ものに変化する。

```
                10          20          30          40
C.      gagctctctgaggcaccatgctgacccgccccGagttcgcctaatg
          A  L  *  G  T  M  L  T  R  P  E  F  A  *
```

リシン→グルタミン酸　アミノ酸残基が＋の電荷をもつものから－の電荷をもつものに変化する。

```
                10          20          30          40
D.      gagctctctgaggcaccatgctgacccgccccaagttcgcAtaatg
          A  L  *  G  T  M  L  T  R  P  K  F  A  *
```

アミノ酸の変化は無い

上記から，ペプチドがまったく作られなくなるA，リシンからアスパラギンに変異するB，リシンからグルタミン酸に変異するC，そしてアミノ酸の変異が生じないDの順に，影響は大きいと推測される。

引用文献

23-1)　丸山 敬・松岡耕二（2013）『医薬系のための生物学』裳華房.

第Ⅳ部

24章　染色体の生化学と発現制御

遺伝子のDNA情報は転写によりRNAへ，翻訳によりアミノ酸配列へと変換され，タンパク質となって機能が発現される。遺伝情報が指定するのはタンパク質のアミノ酸配列のみであるが，脂質やリン酸などがアミノ酸残基に結合するなど，さらなる修飾を受けて，細胞内で特定の機能を果たす分子となる。このタンパク質の修飾は酵素によって行われるが，酵素もまたDNA情報に基づいて作製されることを考えれば，結局は細胞機能のすべての「指令書」は遺伝情報に記載されていることになる。つまり，遺伝情報とは，タンパク質のアミノ酸配列の情報とそのタンパク質を産生する時，場，量の制御情報の両方を含んでいることになる。

24･1　遺伝子発現調節

遺伝情報はタンパク質の生合成として発現しているわけであるが，各タンパク質は，すべての細胞で生体がどのような状態（例えば，発生過程にある胎児と生後の子供や成人など）でも一様に発現されているわけではない。組織を構成するそれぞれの細胞では，その組織や生体が生物としてどのステップに位置しているのかによって，それに適したタンパク質が作られ，その細胞の構造や機能が果たされるように調節されている。その遺伝子発現の調節機構として最も一般的なのが，転写開始時の調節である。つまり，いかに適した細胞で適した時期に適した量を作り出すかを，遺伝子発現の最初の段階で決定している。

以前はジャンク配列と言われていたゲノムDNAの遺伝子と遺伝子の間の配列，あるいはエキソンとエキソンの間のイントロンを含めて，アミノ酸をコードしていない領域もほとんどはRNAに転写されることが明らかになってきた。例外的には，RNA自身が酵素機能を発揮することがあるが，基本的にはこうして産生された非翻訳RNAのほとんどはタンパク質の発現制御を行っている。従って，「遺伝情報＝タンパク質生成指令書」と考えて，今のところは問題ない。なお，生命の目的は子孫を残すことと考えれば，タンパク質の目的は遺伝情報（原則DNA，一部のウイルスでRNA）を未来永劫に複製することと言える。

24･2　原核生物（細菌）における遺伝子発現制御

原核生物では，1つの細胞機能（例えばラクトース代謝経路）に関与するタンパク質群の遺伝子が，隣同士に並んで存在することが多い。これらの遺伝子群の上流には，その発現を調節する因子が結合する配列が存在し，下流の遺伝子群の転写をまとめて制御している。この場合，RNAポリメラーゼは遺伝子群から1つのmRNAを転写産物としてつくり（この

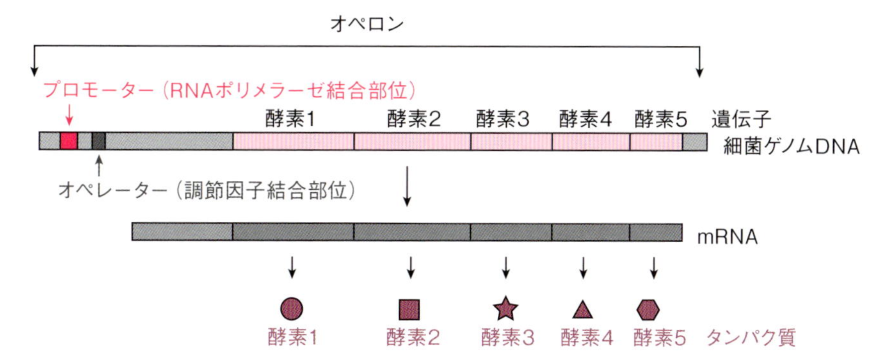

図 24·1　1 本の mRNA として複数個のタンパク質をコードしている（ポリシストロン性）領域が転写される単位をオペロンという。1 つの制御因子によって複数個のタンパク質の発現を一度に制御できる。効率は優れているが，タンパク質の発現を個別に制御することはできない。真核生物では原則として単シストロン性，1 本の RNA は 1 個のタンパク質のみをコードしている。

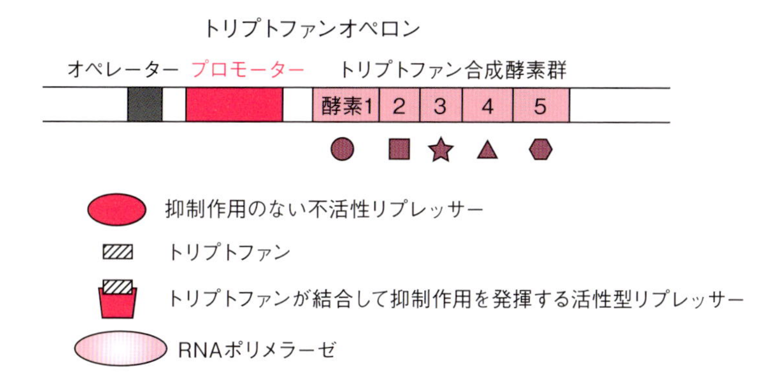

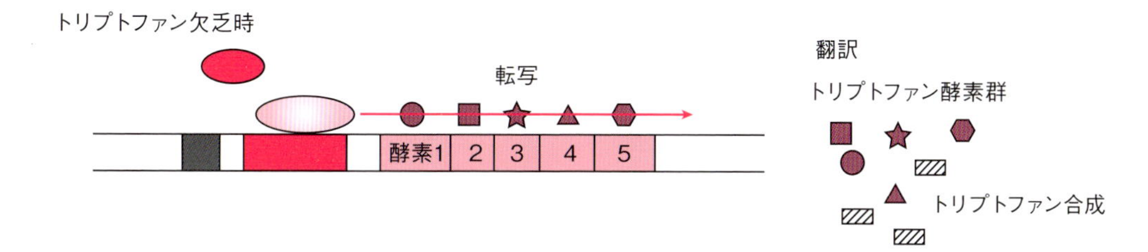

トリプトファン豊富時

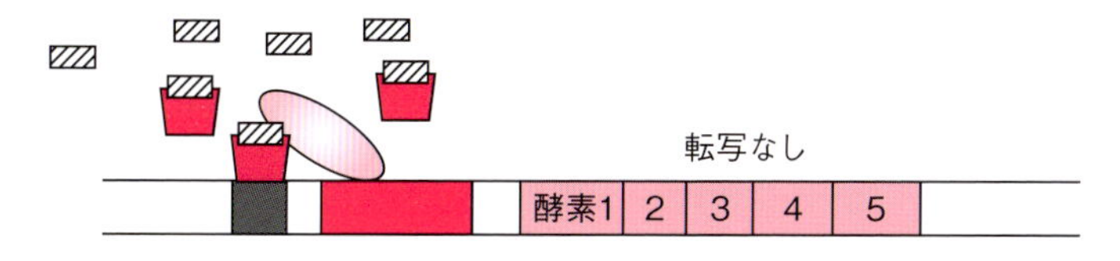

図 24·2　オペロン単位での発現調節
トリプトファンが増加すると転写抑制因子（リプレッサー）が活性化されて，トリプトファン合成酵素の転写が抑制される。結果として，酵素が産生されなくなり，トリプトファンの生合成も低下する。

mRNAは複数の遺伝子情報をもつことになり，ポリシストロン性mRNAと呼ばれる)，翻訳過程で複数のポリペプチド鎖が1つのmRNAから合成される。こうすることで，ある特定の機能を果たす遺伝子群をまとめて発現制御することが可能となる。この発現調節する配列と，その下流の遺伝子群（構造遺伝子と呼ばれる）をまとめてオペロン（operon）と呼ぶ。

24·3　ラクトース *lac* オペロン

オペロンにおける転写制御に関して最もよく研究されているものに，ラクトース代謝を担う *lac* オペロンがある。細菌は主にグルコースをエネルギー源とする（そのまま解糖系に入りATP産生に寄与できる)。しかし，細菌の周囲に常にグルコースがたっぷり存在しているとは限らない。*lac* オペロンは，周りにグルコースが存在せずラクトースが豊富にある場合に誘導され，ラクトースをエネルギー源とするために必要なラクトース代謝に関するタンパク質群がコードされている。*LacZ* 遺伝子は β ガラクトシダーゼをコードしており，ラクトースをガラクトースとグルコースに分解する。*LacY* 遺伝子は，パーミアーゼをコードし，ラクトースの細胞内への輸送を行う。*LacA* 遺伝子は，チオガラクトシドアセチルトランスフェラーゼをコードしており，パーミアーゼがラクトース以外に取り込んでしまったチオガラクトシドの除去を担っている。この3つの酵素によって，グルコース欠乏時にガラクトースをエネルギー源として使用することができる。3つの構造遺伝子の上流のプロモーター領域[発現調節に関与するオペレーターとCAP（カタボライト活性化タンパク質）結合部位］がラクトースオペロンである。オペレーターにはLacリプレッサーが結合し，このLacリプレッサーは近くに存在する *LacI* 遺伝子にコードされているが，*lac* オペロンとは異なる独自のプロモーターをもっている。

グルコースがエネルギー源として利用可能なときは，ラクトース代謝をする必要はなく，上述の酵素群は不要であり，その遺伝子の発現は抑制される。Lacリプレッサーがオペレーター部位に結合しており，RNAポリメラーゼのプロモーターへの結合を阻害している。結果として構造遺伝子の転写は行われない。

グルコースが存在せずラクトースのみがエネルギー源として利用可能なときは，*lac* オペロンが誘導される。まず，わずかに細胞内にラクトースが取り込まれると，異性体であるアロラクトースに変換され，Lacリプレッサーに結合する。Lacリプレッサーは構造変化を起こし，オペレーター部位に結合できなくなり，RNAポリメラーゼがプロモーター領域に結合できるようになる。さらに，グルコースが存在しないと細胞内ではアデニル酸シクラーゼが活性化し，cAMP濃度が上昇する。cAMPはCAPに結合し，このcAMP-CAP複合体はCAP結合部位に結合し，RNAポリメラーゼによる転写を促進させる。こうしてグルコースが欠乏して，ラクトースが豊富に存在するときにのみ，連続して並んでいる *LacZ*, *LacY*, *LacA* 遺伝子より1つのポリシストロン性mRNAが発現し，このmRNAより各々3種類のタンパク質が合成され，ラクトースはどんどん細胞内に取り込まれ，エネルギー産生へ利用

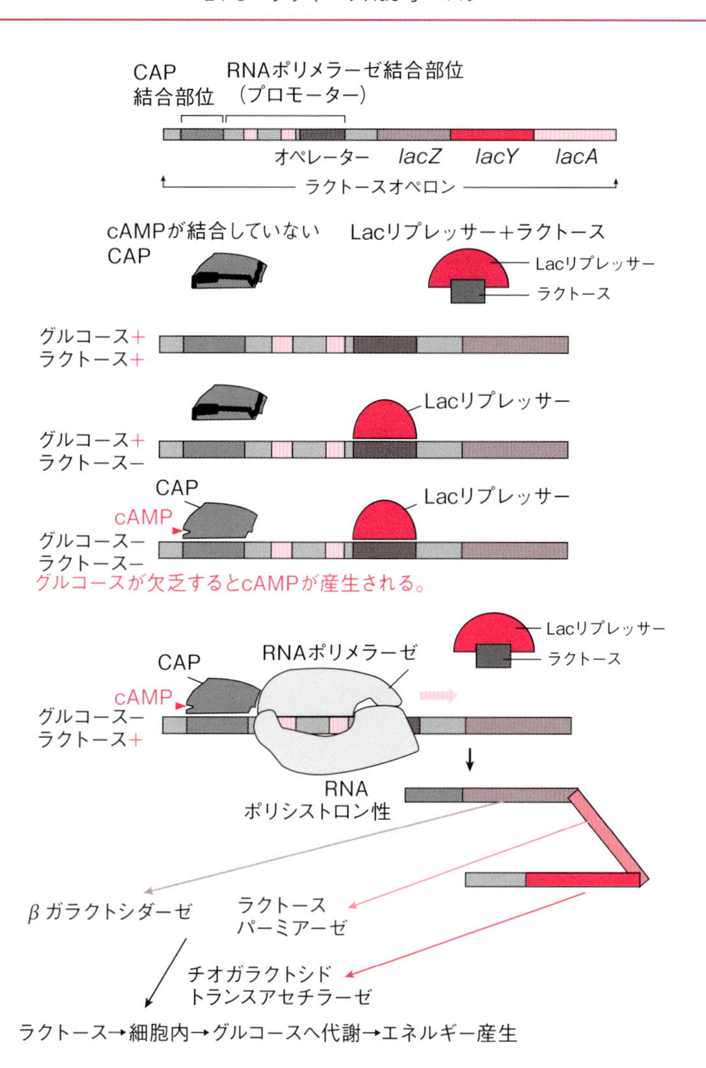

図 24·3　ラクトースオペロン

されるようになる。

では，グルコースとラクトースの両方が存在し，エネルギー源として利用できる場合はどうだろうか？　Lac リプレッサーにアロラクトースが結合しオペレーター部位に結合できず，RNA ポリメラーゼがプロモーター領域に結合可能であっても，グルコース濃度が高いことから，アデニル酸シクラーゼは不活性状態にある（カタボライト抑制）。cAMP の細胞内濃度は上昇せず，CAP 結合部位に cAMP-CAP 複合体がほとんど結合していないことから，RNA ポリメラーゼは転写を効率良く行うことができず，構造遺伝子はほとんど発現できない。このようにして，グルコース存在下では余計なラクトース代謝に関する遺伝子群の発現が行われないように調節されている。エネルギー産生効率の高いグルコースのみを代謝するのである。

24・4 真核生物における遺伝子発現制御

真核生物における遺伝子発現調節機構は原核生物よりも遥かに多岐にわたり複雑である。真核細胞のゲノムDNAは染色体という，タンパク質などが結合した複雑な複合体を形成しており，DNAのみならずこの複雑な構造も遺伝子発現を制御している。ヒストンタンパク質とDNAの結合によるクロマチン構造や核膜の存在，複雑なmRNA合成過程などが存在する。遺伝子発現制御が複雑に，そしてより緻密な制御のもと行われることで，アウトプットとして多様な細胞機能を実現している（図21・25参照）。

24・5 シス作用調節配列

特定のシグナルに対して反応すべき遺伝子群を協調的に制御することは，当然ながら真核生物でも最重要課題であり，とくに多細胞生物では形態や機能を維持する上でその破綻は死を意味する。しかし真核生物にはオペロンは存在せず，各遺伝子はそれぞれ固有の発現調節領域をもっている。そこで，例えば，遺伝子の調節領域内に共通の部位をもたせ，1個の発現制御因子が複数個の共通部位に作用することで，複数のタンパク質の発現の協調調節を可能にしている。

分子の位置や作用部位が同じ側にあるのをシス，別のところ（対岸）にあるのをトランスと一般的に言う（5章のシス脂肪酸，トランス脂肪酸などを参照）。上記の制御では，ある制御因子が結合したDNAの制御領域は直近の下流の遺伝子の発現を制御するので，この制御配列はシス制御を行っているという。制御因子は別の遺伝子由来であり（しばしば別の染色体に存在），その遺伝子とは遠く離れたところを制御しているので，制御因子はトランス制御を行っているという。

多くの場合，こうした調節配列はプロモーター領域かその上流に位置しており，調節因子が結合することで，RNAポリメラーゼがプロモーターに結合し転写を制御している。哺乳類などの真核生物では，発現を活性化する遺伝子のプロモーター領域から数十kb以上遠く離れている場合も数多くあり，エンハンサーと呼ばれる。一方，遺伝子発現を負に制御する調節配列はサイレンサーと呼ばれている。

細胞外からのシグナルを受け取る受容体としては，細胞内にあるものと細胞表面にあるものがある。細胞内受容体の基質は，細胞膜を通過可能な脂溶性の低分子化合物であり，例えばグルココルチコイドやミネラルコルチコイド，性ホルモン，ビタミンD，甲状腺ホルモンなどがある。これらの物質が細胞膜通過後に受容体と結合すると，基質－受容体複合体は核内に移行し，多くの場合，二量体を形成することでDNA上の特定の配列上に結合する。このように，細胞内受容体の場合は，受容体自身が遺伝子発現領域に結合し直接的な制御を行っている。細胞外受容体の基質は，ペプチドやタンパク質など多岐にわたる。基質が細胞外受容体に結合すると，細胞内にそのシグナルが伝わり連続的なタンパク質リン酸化による経路

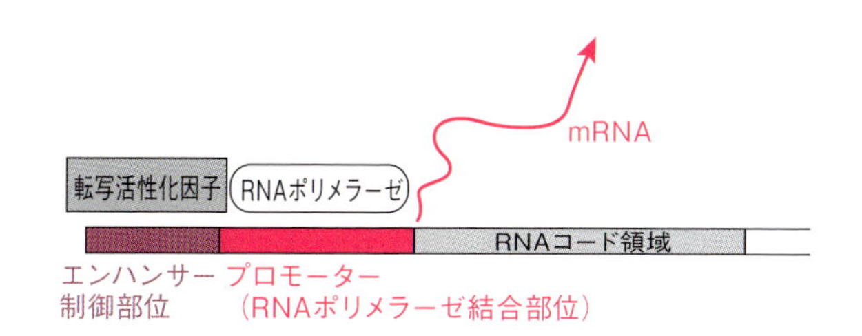

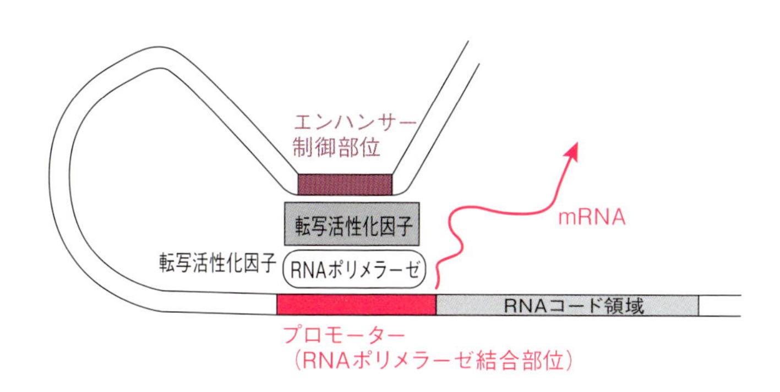

図 24･4　制御因子が結合する部位はプロモーターのごく近傍のこともあれば，はるかに離れた領域に存在することもある。離れた領域でも，ゲノム DNA の立体構造によって RNA ポリメラーゼの転写を制御することができる。

や，cAMP や Ca^{2+}などのセカンドメッセンジャーを介して別のタンパク質を活性化させる経路など，様々なものが存在する。最終的には調節配列に結合するタンパク質を活性化することで，遺伝子発現調節を制御している。

24･6　mRNA での制御

真核生物の mRNA は転写後，5′ 末端のキャップ形成，3′ 末端のポリアデニル化といった修飾，そしてスプライシングを受け翻訳過程へ移行する。mRNA のこれらの過程も遺伝子発現調節の場の 1 つである。

スプライシングの際に pre-mRNA が異なるスプライス部位を用いてスプライシングされれば，異なる配列の mRNA ができ上がり，それを鋳型としたタンパク質も異なったものになる。こうしたスプライシングを選択的スプライシングといい，組織によって異なるアイソフォームのタンパク質を発現する際などに見られる。例えば，横紋筋細胞に存在するトロポニンは，筋収縮の際にアクチンフィラメントとミオシンの結合を Ca^{2+}依存的に調節するタンパク質であるが，そのサブユニットの 1 つであるトロポニン T には，速筋型，遅筋型，心筋型の 3 種類のアイソフォームが存在し，選択的スプライシングによって生み出されている。

近年，注目をうけ急速に研究が進んでいるものに RNA 干渉（RNAi）がある。短い RNA 鎖が作られ，この RNA 鎖の配列に相同な配列をもつ遺伝子の mRNA に結合し，その mRNA

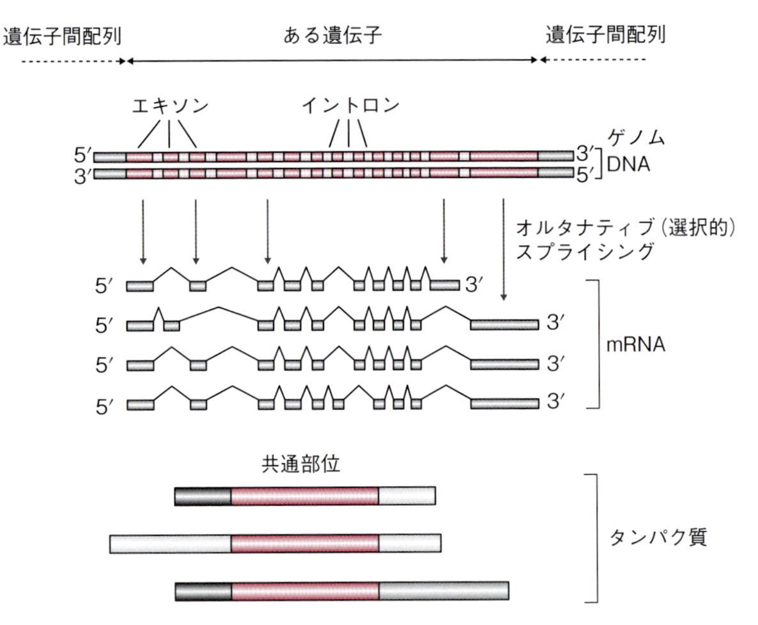

図 24·5　オルタナティブ（選択的）スプライシング（図 22·15 も参照）

1つの遺伝子から適当にエキソンを選ぶことによって，様々な mRNA（タンパク質）が作られる。例えば機能的に重要な配列を共通にもち，付加部位を変えることによって，基本機能は同じながら，微妙に性質が異なったタンパク質を効率よく（ゲノム遺伝子を節約して）生成することができる。（文献 24-1 より改変）

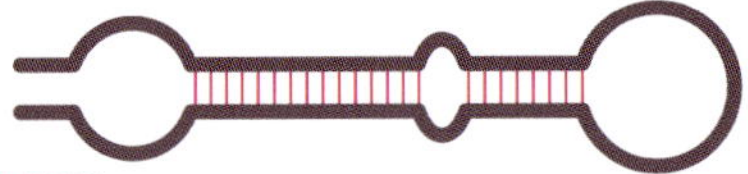

前駆体 RNA
一本鎖として転写されるが分子内で二本鎖を形成する。

miRNA
Dicer によって 20 塩基程度の短い二本鎖 RNA（miRNA）に切断される。

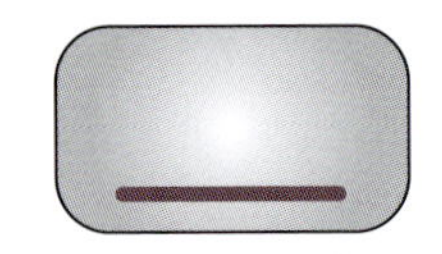

RISC
短い RNA は Argonaute などと RISC を形成する。

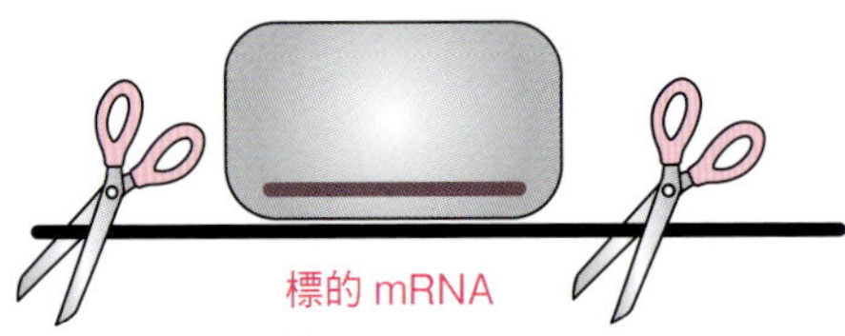

標的 mRNA の分解
RISC は miRNA と相補的な mRNA を認識して分解する。

図 24·6　miRNA による遺伝子制御（文献 24-1 を改変）

からの翻訳を阻害したり，mRNA 自体を不安定にさせたりすることで，結果的に遺伝子発現を低下させる。こうした短い RNA 鎖（microRNA，miRNA）は，前駆体となる RNA からダイサー（Dicer）により切り出され，大抵 21 ～ 23 塩基対からなる。こうした miRNA は，Argonaute ファミリーなどのタンパク質とともに RNA 誘導サイレンシング複合体（RNA-induced silencing complex：RISC）を形成する。すると二本鎖の miRNA は変性し，片側の鎖がガイド RNA（guide RNA）になり，もう一方の鎖（passenger RNA）は捨てられる。このガイド RNA の配列と相補的な配列をもつ mRNA が標的となり，ガイド RNA の塩基配列との相補性が高い（つまり一致している割合が高い）ほど，RISC 内の Argonaute ファミリータンパク質によって分解される。一致率が低くミスマッチがいくつか存在すると，分解されずに標的 RNA に RISC が結合したままとなり，結局は翻訳が阻害される。

すでに数百種類の miRNA が同定されており，様々な遺伝子発現の制御を通して細胞機能調節に関与していることがわかっている。こうした機構による発現制御は，まだまだ研究途上であり，どの程度にまで広がっているのかは，まったく予想がつかない状況である。

24・7　翻訳過程における調節

一般的な遺伝子発現調節機構といえば，mRNA 量の調節という転写制御である。転写における制御は遺伝子発現の ON と OFF を切り替えるには最適であるが，ポリペプチド鎖ができ上がるまでには，mRNA 前駆体から，時にはプロセッシングにより成熟 mRNA になり，核外へと運搬される過程を経なければならないため，発現量を微妙に変化させたり，シグナルに応じて素早くタンパク質量を変化させたりすることは得意としない。それに比べ，mRNA からのポリペプチド合成では素早い調節が可能である。mRNA 量を調節する一般的な機構が転写開始時の制御であるのと同様に，ポリペプチド合成での調節も，合成速度を制御するよりも翻訳開始時，つまり mRNA へのリボソームの結合を制御するほうが簡単で効率的である。

先に述べたように，真核生物の mRNA には 5′ 末端にキャップ構造が存在し，この 5′ キャップが eIF-4 によって認識されると，P 部位に開始 tRNA をもった小サブユニットが引き寄せられ，翻訳が始まる。5′ キャップの認識は，eIF-4 のサブユニットの 1 つの eIF-4E が最初に結合し，続いて eIF-4 の他のコンポーネントが集まると行われる。この会合は eIF-4E 結合タンパク質である 4E-BP と競合しており，4E-BP 存在下では翻訳開始が阻害される。しかし，リン酸化された 4E-BP は eIF-4E に結合できないため，競合することはなくなる。このように，4E-BP をリン酸化するキナーゼによって翻訳開始の効率が調節されており，このリン酸化は mTOR（mammalian target of rapamycin）を介したシグナル伝達の下流に存在している。mTOR を介したシグナル伝達は，アポトーシスや細胞増殖，血管新生などに関与していることが知られており，これらを抑制する mTOR 阻害剤は抗がん剤として臨床で使われている。

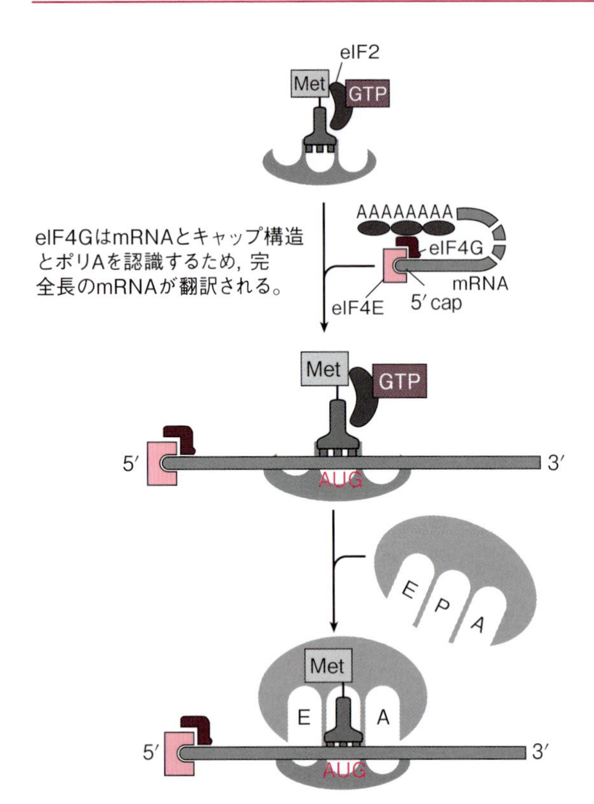

図 24・7　翻訳開始の制御
翻訳開始には様々な因子が存在する。それらの活性を調節することによって翻訳（タンパク質の発現量）を制御することができる。

開始 tRNA の小サブユニットへの運搬効率を調節する機構もある。この過程には eIF-2 が必要であるが，eIF-2 がリン酸化されると GTP 結合型の eIF-2 が減少する。結果として開始 tRNA の小サブユニットへの運搬効率が低下し，翻訳開始が制限される。

24・8　遺伝子クラスターを形成している遺伝子の発現

赤血球内で酸素の運搬に関わるヘモグロビンは，成人では 2 分子の α グロビンと 2 分子の β グロビンの四量体からなり，各サブユニットそれぞれにヘムが結合されている。β グロビン遺伝子は 5 種類あるグロビン遺伝子の 1 つであり，他のグロビン遺伝子と染色体上では並んでいる。5 つのグロビン遺伝子座の上流には遺伝子座制御領域（locus control region：LCR）が存在し，どの遺伝子が発現しているのかを調節している。

胎児期に胎児は胎盤から母親から栄養や酸素を供給され獲得するが，β グロビン遺伝子系の遺伝子発現は胎児への酸素運搬機構に関与している。母体の循環血液中内の酸素はグロビン分子内のヘムに結合しているが，胎盤でグロビン内のヘムから酸素が奪われることになる。胎児では β グロビンでなく γ グロビンが発現しており，γ グロビンと α グロビンからなる胎児型ヘモグロビンは，成人型のヘモグロビンよりも高い酸素結合能をもっている。この酸素結合能力の差を生かして胎盤で母体側から胎児側への酸素移行を可能にしている。出生直前になると，γ グロビン産生は低下し代わりに β グロビンが発現するようになる。またヘモグロ

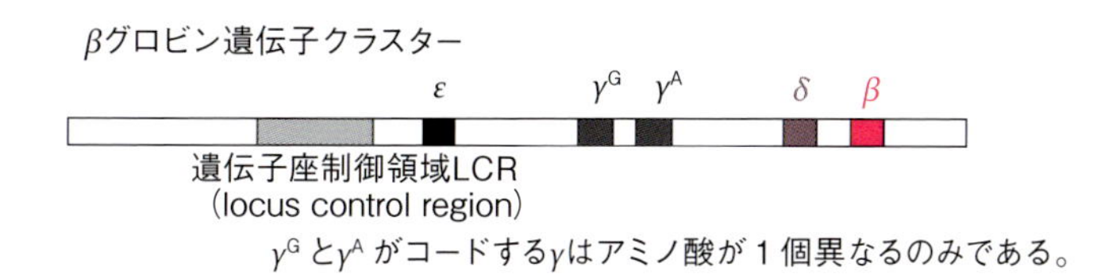

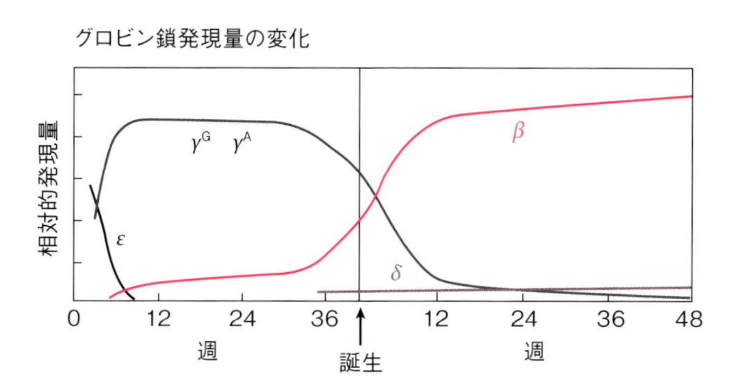

図 24·8　グロビン遺伝子クラスターと発現量の変化

ビン産生臓器も肝臓から骨髄へと変化する。

24·9　エピジェネティックな制御（ヒストンアセチル化，DNA メチル化）

真核生物のゲノム DNA はヒストンタンパク質と結合しており，ヌクレオソーム単位を形成している。ヌクレオソーム修飾酵素には，ヒストンのアミノ末端（ヒストン尾部）のアミノ酸にメチル化やアセチル化などの化学修飾を行う酵素［ヒストンアセチル基転移酵素（histone acetyl transferase：HAT）など］と，ATP 依存的にヌクレオソームの配置を変化させるクロマチン再構築複合体などがある。これらの働きが組み合わさることで，クロマチン構造の局所的な変化を生み出し，その箇所に存在するプロモーターへの転写開始複合体のアクセスのしやすさを調節し遺伝子発現制御が行われている。

ヒストン尾部はヌクレオソームから外に出ており，化学修飾を受けることができる。例えば，ヒストン尾部のアセチル化は尾部の正電荷を減少させ，ヌクレオソームのコアと DNA の電気的結合力が低下する。つまり，ヒストンのアセチル化により，転写因子が DNA に接近しやすくなり，その箇所に存在する遺伝子の転写が活性化される。逆に，ヒストン脱アセチル化酵素（histone deacetylase：HDAC）はアセチル基を除去し，多くの場合転写を抑制する。

クロマチン再構築複合体の ATP 加水分解サブユニットは，ヒストン八量体に巻き付いている DNA を少し引っ張ることで，ヒストンと DNA の結合を緩め，DNA を少しずつずらしていく。このように DNA がヒストン八量体のまわりを回りながら滑って動いていき，最終的に DNA 上でのヌクレオソームの相対的な位置がずれる。もしプロモーターの位置がクロマチン内部から外部へと転写複合体が近づける位置に変われば，その下流に位置する遺伝子の転写活性は上昇する。

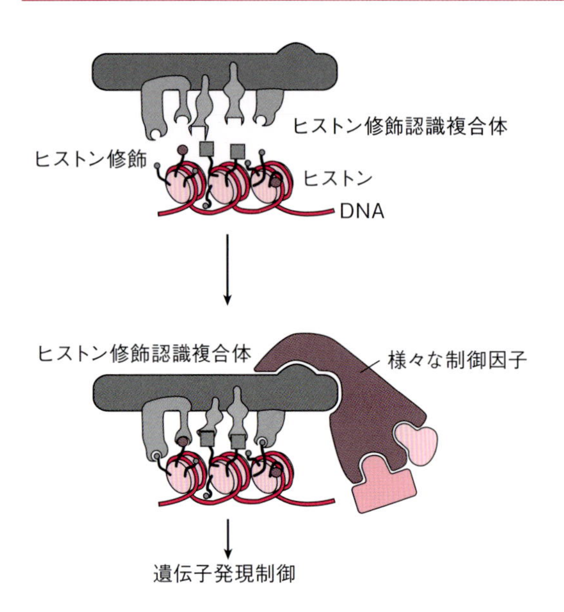

図 24・9　ヒストン修飾によるエピジェネティクス　ヒストンの修飾により遺伝子の発現が制御される。ヒストンの修飾は細胞分裂後も維持されるために，DNA によらない遺伝情報の伝達であり，エピジェネティクスという。（文献 24-2 を改変）

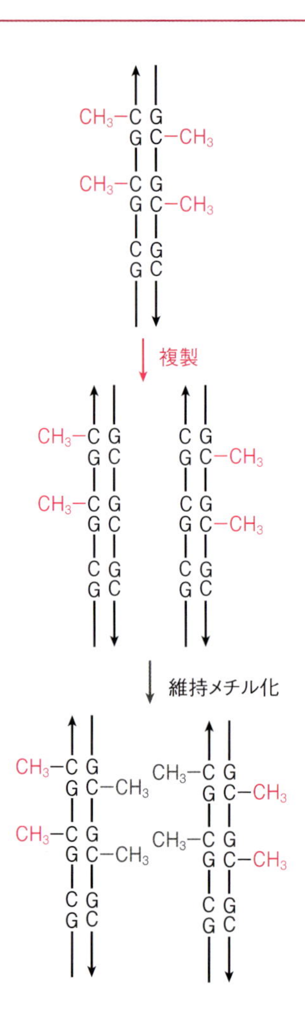

図 24・10　DNA メチル化の保存　メチル化されている領域は回文配列となっており，複製後に元の DNA と同じようにメチル化が行われる。

ヒストンだけでなく DNA もメチル化を受ける。DNA のメチル化自体は，原核生物が自己のゲノム DNA をメチル化し，外来から侵入した DNA（例えばファージなどのメチル化されていない DNA）と区別する戦略として用いていることは，よく知られている。哺乳類細胞では，メチル化された DNA は HDAC などによって認識され周辺のクロマチン構造変化を誘導し，遺伝子の発現抑制に関連していることがある。実際，ゲノム上で豊富にメチル化されている部位は，ヘテロクロマチン領域に存在することが多い。

24・10　インプリンティング

DNA のメチル化は，インプリンティング（刷り込み，imprinting）においてよく研究されている。二倍体の細胞では，性染色体上の遺伝子を除き，父親由来と母親由来の 2 つの遺伝子をもっている。通常では，この 2 つの対立遺伝子の間に大きな差はないので，発現量も等しくなる。しかし，インプリンティングによって制御されている遺伝子では，父親由来か母親由来かによって発現が異なり，一方からしか発現されないということが起きている。配偶子に受け継がれる一倍体の染色体は，父親由来か母親由来かはランダムに決められる。つまりゲノムに刷り込まれているインプリント（上の例ではメチル化）は，始原生殖細胞のある段階でいったん消去され，配偶子形成過程において精子では父親型のインプリントが，卵では母親型のインプリントが刷り込まれる。

よく知られている例が *H19* 遺伝子と *Igf2*（インスリン様増殖因子 2）遺伝子である。*H19* 遺伝子と *Igf2* 遺伝子は染色体上で近接しており，その間にはインスレーターと呼ばれる，父親由来の染色体ではメチル化されている領域がある。この 2 つの遺伝子の下流には，両遺伝子の発現を活性化するエンハンサーが存在する。インスレーターがメチル化されていないと，インスレーターに結合した因子によってエンハンサーによる *Igf2* 遺伝子の活性化が阻害され，*H19* 遺伝子のみが活性化される。一方，インスレーターがメチル化されていると，エンハンサーは *Igf2* 遺伝子を活性化することが可能となる（父親由来では *H19* 遺伝子のプ

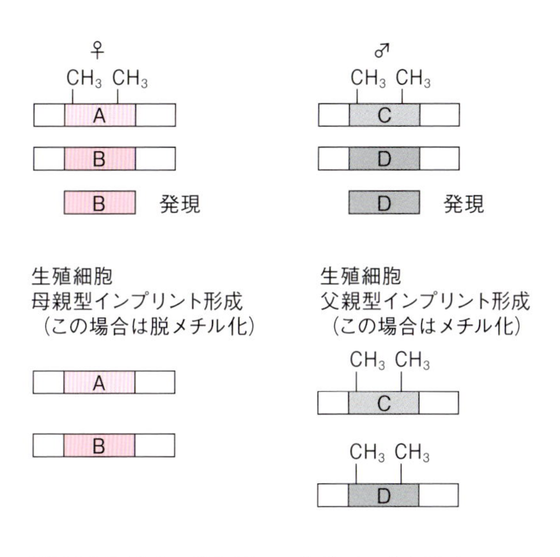

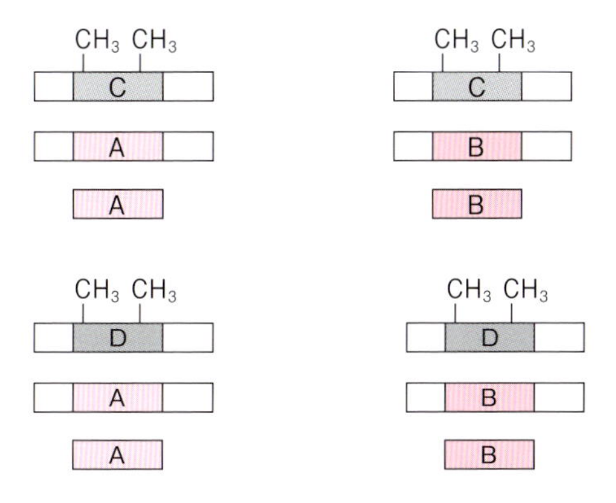

図 24・11　インプリンティングの例

ロモーターもメチル化されていて *H19* 遺伝子発現が抑制されている)。つまり，母親由来の染色体から *H19* 遺伝子が発現し，父親由来の染色体から *Igf2* 遺伝子が発現している。この領域(11 番染色体 p15 領域)のインプリンティングを原因とする疾患も存在する。ベックウィズ－ヴィーデマン症候群（Beckwith-Wiedemann syndrome：BWS）は 11p15 が責任遺伝子座であり，父親由来の片親性ダイソミー（2 本ある相同染色体がどちらも片親由来のこと）など，多くの場合で，両方の染色体のインスレーター領域がメチル化されている。そのため，両方の *Igf2* の対立遺伝子から IGF2 が発現し発現亢進となる。IGF2 は胎児期の細胞増殖を促進させるため，BWS では巨大児となる。その他に，インプリンティングが関与している遺伝性疾患には，プラダー・ウィリー症候群（Prader-Willi syndrome：PWS）がよく知られている。PWS の責任遺伝子座は 15 番染色体 q11-13 領域であるが，この領域が欠失するか，母親由来の片親性ダイソミーでも PWS となる。つまり，この領域にある父親由来の染色体から発現する遺伝子の欠損に由来している。インプリンティングが関わっている遺伝子を責任遺伝子とする遺伝性疾患は，当然メンデルの法則からは外れた遺伝形式をとることになる。

母親もしくは父親から受け継いだインプリンティングは，受精後，発生，成長の過程の細胞分裂でも受け継がれる。体細胞分裂時の DNA 複製は半保存的に行われ，新しく合成された DNA 鎖はメチル化を受けていない。この半メチル化 DNA は維持メチラーゼによって完全なメチル化 DNA となり，継承されていく。ヒストンの修飾も，体細胞分裂時に継承される。DNA 複製における複製フォークでは，ヒストンは DNA から解離しているが，すぐにヌクレオソームを形成する。この娘 DNA のヌクレオソーム形成には完全に新しいヒストンタンパク質が使われるわけではなく，親 DNA を巻き付けていたヒストンタンパク質が娘 DNA へと分配され，足りないヒストンタンパク質に新規のものが使われてヌクレオソームが形成される。この古い修飾されたヒストンタンパク質は，同じように修飾する酵素を引き寄せ，周辺の新規ヒストンタンパク質に同様の修飾をもたらす。このようにして，ヒストンの修飾も体細胞分裂を越えて受け継がれていく。

24・11 トランスポゾンとレトロポゾン

疾患の原因となるレトロウイルスはその存在がすぐにわかる。しかし，それほどの障害をもたらさない，宿主と共生するようなウイルスはどうであろうか。われわれの知らないうちにゲノムのなかに潜り込んでいる可能性は十分に考えられる。実際，ゲノムのなかに「移動する遺伝子，転移因子，可動遺伝子」（トランスポゾンやレトロポゾン）が見いだされている。

このような可動遺伝子が自由に動き回っていては，ゲノムの恒常性がまったく維持されず，おそらく機能障害が生じるだろう。したがって，だいたいはおとなしく落ち着いていると考えられる。しかし，発生期（胎児）では，活性化されてゲノムの中を移動することが報告されている。とくに，生後は分裂することのないニューロン（神経細胞）で，可動遺伝子によるゲノムの多様性が神経機能に影響を及ぼすことが提唱されている。生殖細胞（減数分裂時

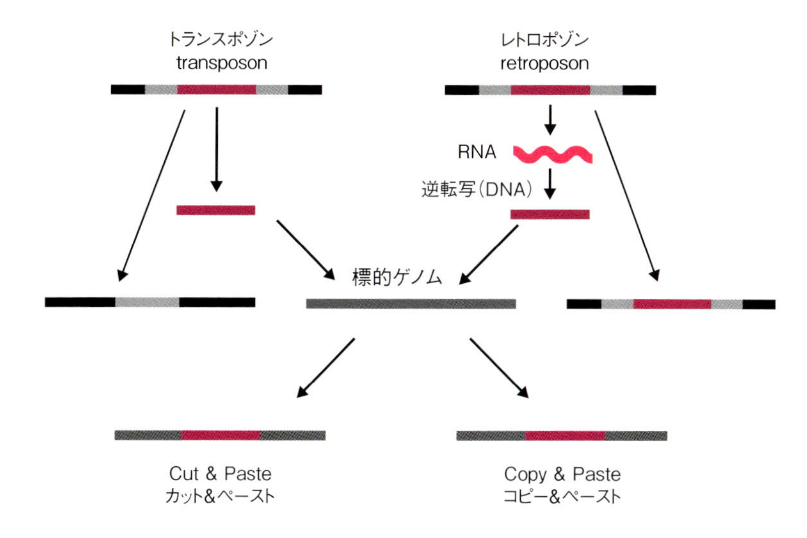

図 24·12　トランスポゾンとレトロポゾン（文献 24-1 を改変）

の組換えにより，卵や精子のゲノムは本来のゲノムがシャッフルされている）と多様な抗原に対応する免疫細胞以外の体細胞のゲノムはすべて同じであるというのはあまりに単純な前提かもしれない。まったくの想像ではあるが，体細胞への核移植によるクローン動物の作製効率が著しく低いのも，そもそも体細胞のゲノムにもいろいろあって，一部の体細胞しかフルセットのゲノム情報をもっていないことが原因なのかもしれない。

理解度確認問題

下のような遺伝形式のメカニズムを論ぜよ

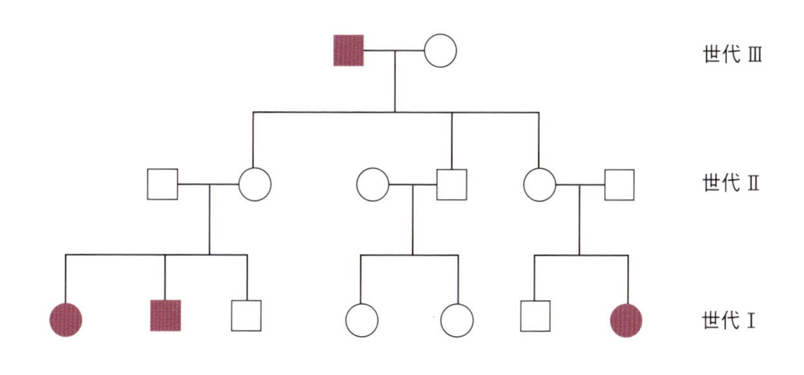

□：正常男性，○：正常女性，■：発症男性，●：発症女性

解　説

女性に発症しているのでY染色体遺伝子変異は否定的。
世代II女性に発症していないのでX染色体優性は否定的
世代I女性で発症しているのでX染色体劣性は否定的
世代Iで多数発症しているので常染色体劣性は否定的
世代IIで発症していないので常染色体優性は否定的
→単純なメンデル遺伝ではない。
→母親由来だと発症しているようである。

遺伝子Xはインプリンティングにより母親由来の染色体のみが発現する遺伝子と仮定する。世代IIでは異常遺伝子があったとしても，父親由来染色体になるので見かけ上は存在しないことになる。世代Iでは母親から異常遺伝子を引き継ぐと発現し発症する。

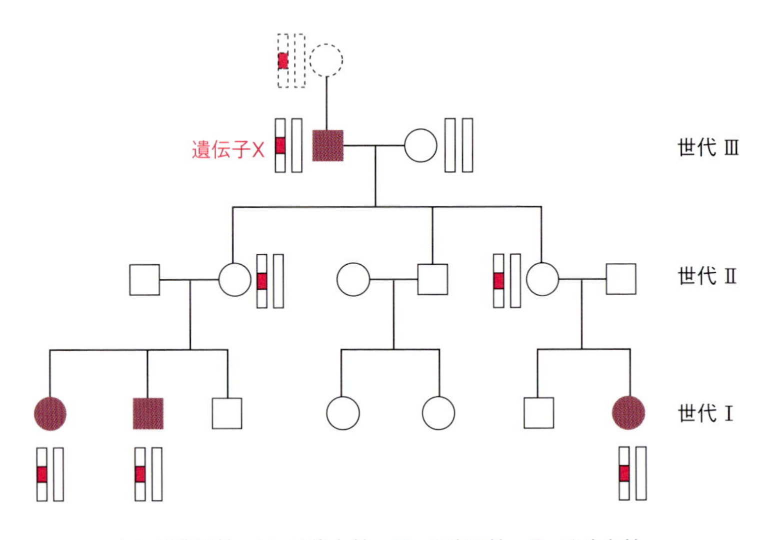

引用文献

24-1)　丸山 敬・松岡耕二（2013）『医薬系のための生物学』裳華房.
24-2)　Alberts, B. *et al.*（中村桂子・松原謙一監訳）（2010）『細胞の分子生物学（第5版）』ニュートンプレス.

第Ⅴ部　情報伝達系

第V部

25章　細胞内情報伝達(GPCRなど)

生命機能の維持には，生化学的反応の状況に応じた調節が必要である。その代表的なものが細胞外の情報を細胞内に反映させる情報伝達である。情報は，多くの場合は化学物質（情報伝達物質）だが，一部は音，光，温度，圧力といった物理的情報もある。物理的な情報はそれぞれに特化した感覚細胞（内耳の有毛細胞や網膜の視細胞）によって化学物質の変化に変換される。このように情報伝達には情報変換も含まれる。

情報伝達物質には，それが結合して反応を引き起こす受容体が存在する。代表的なのが，細胞膜表面に存在するGPCR(Gタンパク質共役受容体)であり，細胞外のホルモンが結合して，細胞内のセカンド・メッセンジャー（cAMP, IP_3，Ca^{2+}など）の変化をもたらす。あるいは，あるキナーゼが活性化され，それが次のキナーゼを活性化するという，リン酸化カスケードにより情報が伝達されていく。

臨床使用されている薬物の多くは，情報（シグナル）伝達を増強するか，抑制するものである。

25･1　情報（シグナル）伝達とは？

細胞活動では，様々な酵素が統合的に制御される必要がある。この制御は細胞外あるいは細胞内の状況の変化に基づいて行われる必要がある。そのためには，細胞内の反応，ある組織内の細胞間，そして各組織間，あるいは個体と個体の間に至るまで，その内部の各部位間でも，あるいは外界との間でも様々な情報のやり取りが必要となる。情報伝達（signal transduction）とそれに基づいた変化（応答）responseが行われる。情報伝達は情報変換という過程も含む。例えば，光の情報を化学的な情報に変換する。あるいは，細胞外の化学物質（例えばホルモン）の情報を細胞内の化学物質（例えばcAMP）に変換する。ニューロンとニューロンの間のシナプスでは電気的情報（アクション･ポテンシャル）と化学的情報（神経伝達物質）の間の変換が行われている。

細胞内情報伝達としては，例えば，酵素のアロステリック制御は代謝過程間の情報伝達と言える。細胞間情報伝達としては，例えば神経伝達物質による神経伝達など化学物質（制御因子）による細胞機能の相互調節が行われている。組織間情報伝達としてはホルモンによる制御が代表である。細胞では化学物質が主な情報伝達手段であるが，時として電気（神経伝達），光（視覚）や圧力（聴覚）などの物理的刺激も情報を担う。本章では主に化学的情報伝達を概説する。

ある情報伝達物質が受容体（最終的な応答を行う効果器も含む）に結合すると，何らかの応答が行われる。最終的な応答（例えば筋肉の収縮）が行われることもあれば，さらに情報伝達物質の作成（萌出）が行われることもある。また，キナーゼ・カスケード（連鎖反応）のように，次々にキナーゼが活性化されていくこともある。

情報の伝達のパターンとしては，単に次に情報を伝えるだけではなく，情報の増強，分散，統合が行われ，様々な活動が制御される。あるいは細胞内の情報を細胞外に提示するなど細胞外へ情報の伝達が行われる（図 25・1）。

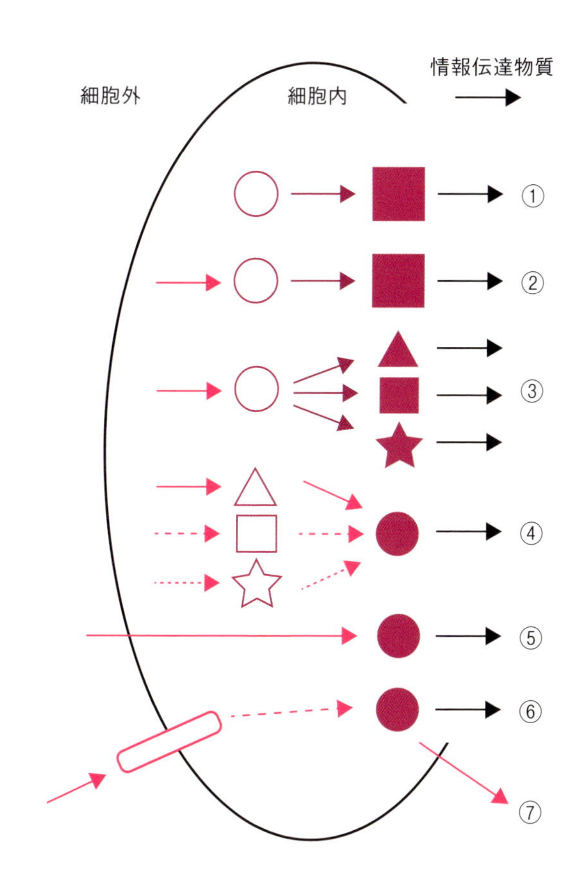

図 25・1　様々な化学的情報伝達
化学的情報伝達を例にすると，以下のように様々なものがある。①別の情報伝達分子への変換；②情報の増強（軽減）；③分散；④統合；⑤細胞外の情報；⑥細胞表面の受容体を介する情報伝達；⑦細胞外への情報伝達。それぞれある化学物質（情報伝達物質）が受容体に結合して，何らかの応答をもたらす。応答には，さらに次の受容体に情報を伝達する化学物質の生成も含まれている。

BOX1 フェロモン（pheromone）

昆虫では個体間の化学的情報伝達物質であるフェロモンが化学物質として解明されている。マウスではフェロモン受容体が存在し機能している。当初は尿にフェロモンが存在すると想像されていたが，雄の涙腺からメスの鋤鼻器官に作用するペプチドが発見された。顔をこすりあわせることによって雄マウスから雌マウスに情報伝達が行われる。ヒトでもフェロモンは機能しているらしいということは言われてきたが，はっきりとしたデータは無い。そのヒトフェロモンの代表例として女性の生理周期が他の女性の「フェロモン」によって調節されていると報告されている（女子寮における生理周期の同期）。また性ステロイドがフェロモン様に行動変化をもたらすことが報告されている。しかし，個人間の情報伝達手段として言語が発達しているヒトで，フェロモン様の化学的情報伝達の実態や生理的意義は不明である。

フェロモンの定義では，その物質は無意識下でヒトの行動を制御しなくてはならない。ハーブなどの心地よい香りで気持ちがリラックスしたり，体育系の汗の臭いに圧倒されて逃げ出すというのは，あくまで臭いを認識した上での行動であるからフェロモンではない。また，もし昆虫の性フェロモンなどのようなものがヒトに存在すれば，例えば，その物質のところへ「無意識に」ヒトが群れるはずである。しかし，多数のヒトが同じような無意識の行動を起こす事象はいまだ知られていないので，はっきりとした強力なフェロモンは，ヒトの言語的精神活動の進化の過程で失われたと考えられる。逆に，そのような化学物質が存在すれば，ヒトの行動を本人の自覚なしに制御することになり，ある意味，危険であろう。

25・2 酵素の制御における情報伝達

酵素のアロステリック制御やフィードバック阻害は，酵素の直接の標的である基質以外の第 3 の物質によって酵素の活性が制御（抑制）されるメカニズムである。この第 3 の物質は，酵素活性を抑制するという情報を担う情報伝達物質（広義；signaling molecule）である。この第 3 の物質は酵素に結合して酵素活性が抑制するという応答をもたらすことから，あまり一般的ではないが，酵素は受容体（広義；receptor）と言える。酵素が作用する相手を基質というように，情報伝達物質が作用（結合）する相手を受容体という。薬物の効果を考える場合には，薬物受容体あるいは薬物標的といわれる。

酵素（その他の様々なタンパク質の機能も含む）の活性制御の代表例が，リン酸化によるものである。陰性電荷のリン酸基がキナーゼによって付加されると，タンパク質の立体構造が変化し，その機能が変化する。付加されたリン酸基はホスファターゼによって除去され，リン酸化による制御は可逆的となる。このリン酸化によるタンパク質の機能調節は代表的な情報伝達経路である。ある情報伝達物質によってキナーゼやホスファターゼが活性化（抑制）されて，応答（機能調節）が行われる（図 25・2）。

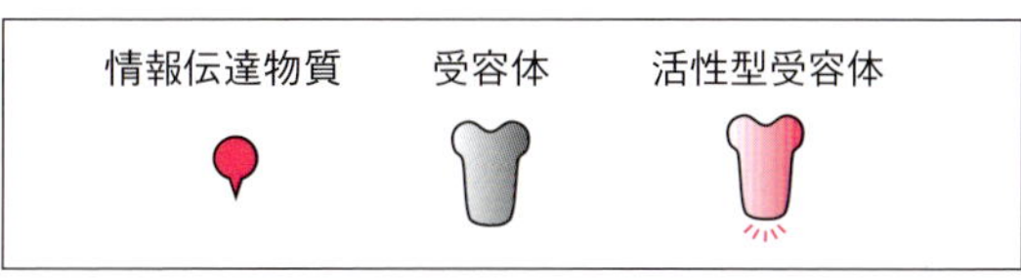

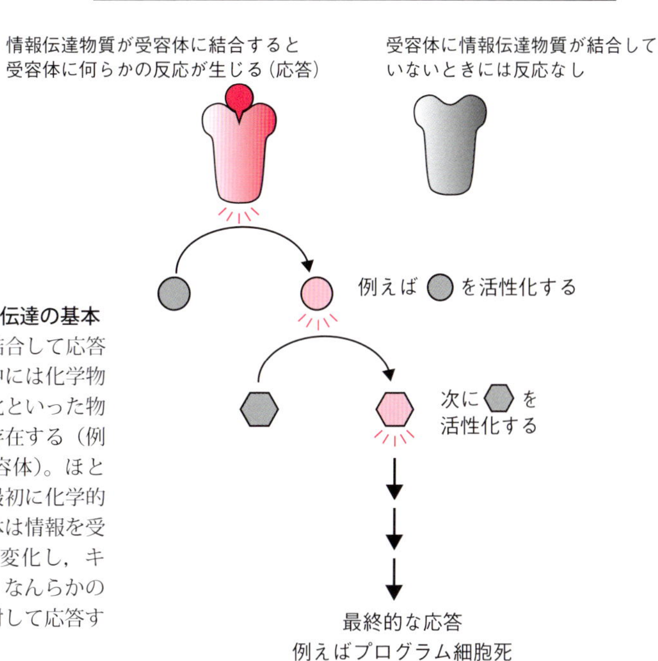

図 25･2　情報（シグナル）伝達の基本
情報伝達物質が受容体に結合して応答が生じる。なお受容体の中には化学物質ではなく，光や温度変化といった物理事象に応答するものも存在する（例えば，網膜における光受容体）。ほとんどの場合，物理事象は最初に化学的情報に変換される。受容体は情報を受容するとその立体構造が変化し，キナーゼ作用の活性化など，なんらかの機能変化が生じ，情報に対して応答する。（文献 25-1 を改変）

25･3　カスケード経路

アロステリック酵素では，制御因子が結合するとその酵素の活性が抑制するという，一段階の情報伝達である。しかし多くの場合，情報伝達には何段階も存在し，連鎖反応的に情報が伝達されるカスケード（cascade）を構成している。何段階もの反応を経ることにより，微小な情報を増幅することができる。例えば，それぞれの段階の受容体は 10 個の情報伝達分子を活性化できるとする。1 個の情報伝達分子 S1 が，1 個の受容体 R1 に結合したとする。活性型 R1 は 10 個の情報伝達分子 S2 を活性化する。すると S2 によって 10 個の R2 が活性化され，活性型 R2 はそれぞれ 10 個の S3 を活性化することになる。この結果，1 個の情報伝達分子から 100 個の情報伝達分子が形成され，情報（シグナル）強度は 100 倍に増幅することになる。また，活性型 R1 が 2 種類の情報伝達分子を活性化すれば，1 種類の情報伝達分子を 2 種類に細分化することができる。細分化されたある経路が，別の情報伝達物質で抑制されれば，異なった情報伝達物質により制御することができる（クロストーク crosstalk）。こうして，様々な情報を統合的に処理して最適の最終的応答を行うことが可能になる（図 25･3）。

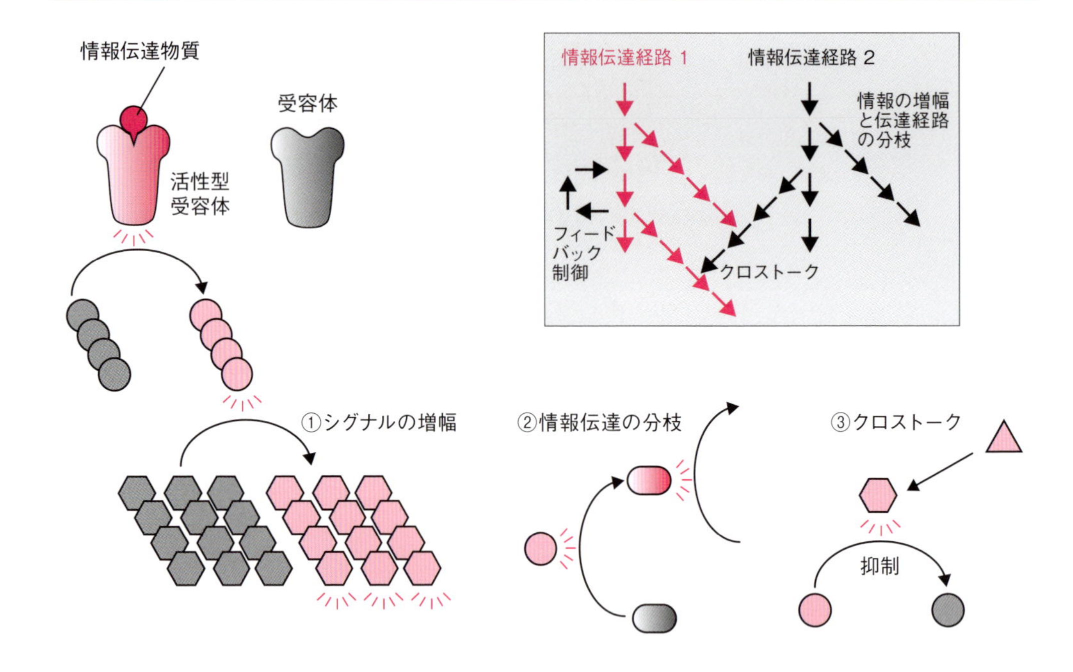

図 25･3　情報伝達経路のカスケード
多くの情報伝達経路は最終応答が行われるまで多段階からなるカスケード（連鎖反応）を形成している。これにより①情報の増幅，②情報伝達経路の分枝，③他の情報伝達経路とのクロストークが可能になる。また，自分自身の経路を制御するフィードバック抑制（活性）もあり得る。その結果，様々な情報に統合的に応答する。（文献 25-1 を改変）

25･4　情報伝達と薬学

情報伝達にはこのように，情報を伝える物質（光，圧力，温度といった物理的事象も含まれる）が存在し，それが標的（受容体）に結合して応答が生じることになる。なお応答を生じる生じないにかかわらず，標的に結合する物質のことをリガンド（ligand）という。リガンドには，ただ結合するだけで何も生じないもの，応答を引き起こすもの（アゴニスト agonist），あるアゴニストの作用を抑制するもの（アンタゴニスト antagonist），何もしないもの，アゴニスト非存在下の受容体活性をさらに抑制するもの（リバースアゴニスト reverse agonist），あるいは受容体の分解を促進するものなど，様々な種類が存在する。ある受容体のアゴニストが別のアゴニストの最大応答に達しない低い応答のみをもたらす場合には，部分（partial）アゴニストという。これらの概念は薬物作用を理解するのに重要である。

狭義あるいは一般的には，受容体は細胞外の情報伝達物質の標的を意味する。膜受容体は細胞膜を通過できない情報伝達物質の情報を細胞内へ伝達する窓口となる。また，ステロイドホルモンは細胞膜を通過して細胞質（細胞内）の受容体に結合する。情報伝達の目的は，生体内の各細胞を統合的に制御することである。外界の情報に従って，適切な応答を行うことが効率的な細胞活動に必須となる。従って，この情報伝達系が異常になれば，多くの場合，合目的応答が不可能となり疾患となる。治療は，異常そのものを正常にすることはもちろん，別の情報伝達経路を活性化あるいは抑制することによって，異常出力を正常にすることが行われる。臨床的に使用される薬物のほとんどは，生体内の情報伝達物質のアゴニスト，あるいはアンタゴニスト，あるいは部分アゴニストである場合がほとんどである。生理的情報伝

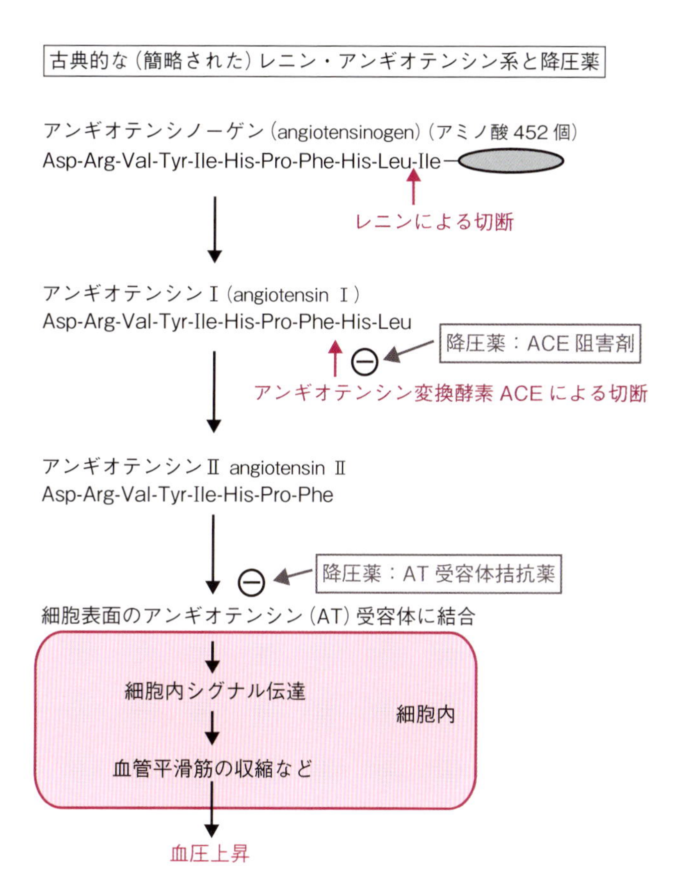

図 25·4　細胞外情報伝達と薬物の例

哺乳類個体の正常な機能には血圧の管理が重要である。血圧が低下傾向になると，レニンが腎臓から分泌されて血中のアンギオテンシノーゲンを切断する。さらに ACE（アンギオテンシン変換酵素）によって切断されたアンギオテンシン II は血管内皮細胞受容体に結合して血管を収縮させて血圧を上昇させる。腎臓で察知された血圧低下の情報はアンギオテンシンという化学物質によって，体全体の血管平滑筋へ伝達されて，血圧を上昇するように調節される。こうして血圧を一定にすると恒常性維持ホメオスタシスが行われる。逆に何らかの異常により血圧が高く維持される状態となった高血圧症では，このレニン・アンギオテンシン系の抑制が治療薬となる。ACE 阻害薬はアンギオテンシン II が生成されないようにする。AT 受容体拮抗薬はアンギオテンシン II が血管内皮細胞に作用しないようにする。このように疾患治療薬には，情報伝達系を活性化あるいは抑制する薬物が数多く存在する。（文献 25-1 を改変）

達物質の産生を抑制（促進）するものもある。また，情報伝達の応答の一つであるキナーゼなど酵素の阻害薬（活性薬）もある。生理的な情報伝達物質そのものも，薬物として使用されている（例えば，ホルモン薬）（図 25•4）。

25•5　細胞の内と外

細胞は，細胞膜という障壁により細胞の外と内を生み出すことにより細胞活動を行っている。例えば，細胞外ではナトリウムイオンの濃度を高く，細胞内ではカリウムイオンの濃度を高く維持することによって，細胞内の電位をマイナスに維持している。細胞外からナトリウムイオンが急速に流入することによって，細胞内がプラスになる活動電位が発生する。細胞膜が傷害される（すかすかに穴が開く）と，その細胞は活動を停止する（死を迎える）。従って，細胞の外と内の間には細胞膜という障壁（バリアー barrier）が存在する。しかし，完全に隔絶するだけでは細胞は生存し得ない。例えば，エネルギーを細胞外から入手し，老廃物（二酸化炭素も含む）を細胞外へ破棄しなければならない。細胞の外と内の情報伝達でも細胞膜は一種の障壁（あるいは混線を防ぐ絶縁体）となっている。

情報分子は細胞間質（水溶性）を浮遊してくるため，多くは水溶性である。水溶性情報伝達物質は，あらかじめ産生しておいて細胞内の小胞に貯蓄しておくことが可能となる。必要なときに，開口分泌により迅速に放出して情報を伝達できる。脂溶性情報伝達物質の副腎ステロイドホルモンは副腎で合成されると，そのまま血中に分泌される。したがって，分泌量の増減は合成を制御する必要がある。

水溶性物質は脂溶性の細胞膜を通過できない。従って，水溶性情報伝達物質は細胞膜上にある受容体に結合して細胞内へ情報が伝達される。またタンパク質に結合して水溶性の間質を浮遊している脂溶性情報分子（例：ステロイドホルモン，甲状腺ホルモン，ビタミン D，ビタミン A）がある。脂溶性物質は細胞膜を通過できるため，細胞内の受容体に結合する。また，受容体への刺激がアクチンなどの細胞骨格を介して核に機械的に伝達される機械的情報伝達（mechanotransduction）がある（例：細胞外マトリックス・インテグリン系）。

25•6　情報伝達の標的

細胞外の情報は，カスケード（多段階反応）などを経て最終的には細胞機能に影響を及ぼす。その影響として，直接的に現在存在するタンパク質の機能に影響を及ぼす場合（核外標的）と，細胞核の遺伝子発現系に影響を及ぼして「未来の」タンパク質の機能に影響を及ぼす場合（核内標的）がある。核外標的の場合には，数分以内にその効果が出現する。核内標的の場合には，遺伝子発現の変化を介するために，より遅く，数時間以上のタイムラグ（遅延）が存在することもある（図 25•5）。

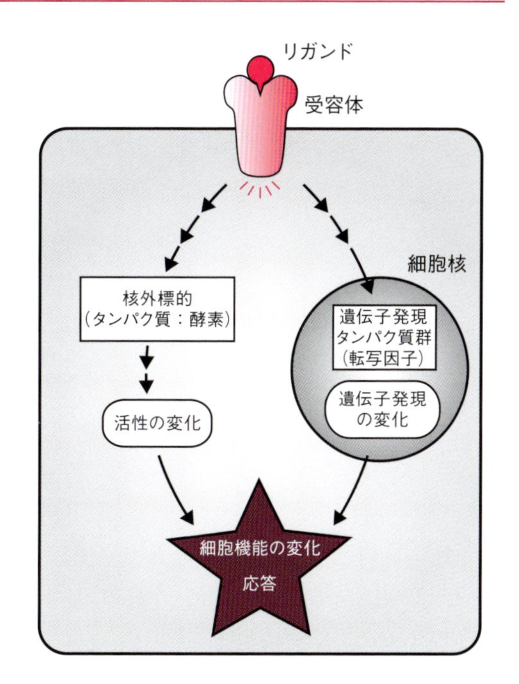

図 25·5　情報伝達の核外標的と核内標的
直接的標的が核外のタンパク質（酵素など）であれば，情報伝達の結果は速やかに出現する。核内の場合には遺伝子発現（タンパク質生成）が行われるために効果が出現するまでには時間がかかり，長期に及ぶ制御が可能となる。なお，本図は説明のために細胞表面受容体のみを示しているが，ステロイドホルモンなどの細胞内受容体も存在する。（文献 25-1 を改変）

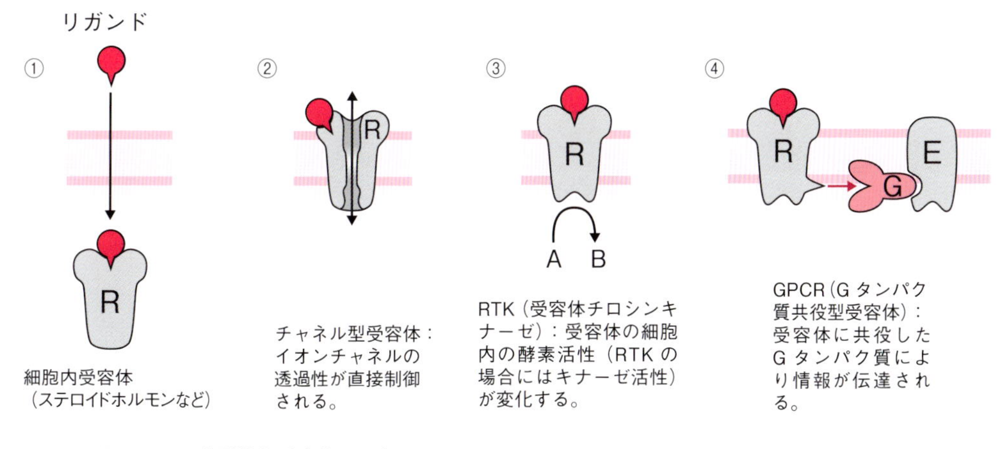

図 25·6　典型的な受容体の分類
様々な観点に基づいた分類法がある。ここでは，①細胞内に存在する受容体，②イオンチャネルそのものである受容体，③細胞表面にリガンドが結合すると，細胞内ドメインで何らかの反応（リン酸化，プロテアーゼによるプロセシングなど）が生じる受容体，④ G タンパク質共役型受容体（GPCR）と分類した。（文献 25-2 を改変）

25·7　細胞表面受容体

生物系は，基本的には水の中に油でできた風船が浮かんでいる状態と考えられる。従って，細胞間の情報伝達物質（例えば，インスリン，アドレナリン）の多くは水溶性であり，細胞に進入することはできない。細胞表面に結合して細胞内に情報を伝達することになる。この結合相手が受容体である。代表的なものは以下のように分類される（表 25·1）。情報伝達因

表 25·1　化学的受容体

化学的受容体の種類	説明
イオンチャネル連結型受容体	細胞内外の間のイオンの透過性の変化によって情報を伝達する。例：アセチルコリン受容体
G タンパク質共役型受容体（GPCR）	受容体に結合した G タンパク質によって情報を伝達する。例：アドレナリン受容体 GPCR は重要だが，複雑でもある。ひとまずは，以下の G タンパク質のサブタイプを理解しておけばよいだろう。 Gs s は刺激 stimulate であり，後述するアデニルシクラーゼを活性化（刺激）して細胞内の cAMP を上昇させる。コレラ毒素は Gs を活性化状態に保持する。 Gi i は阻害 inhibit であり，Gs とは逆にアデニルシクラーゼを阻害する。百日咳毒素は Gi の活性化を抑制する。したがって，コレラ毒素も百日咳毒素も cAMP を増加させる。 Gq q の由来は不明（なんとなく命名されたらしい）だが，イノシトール 3 リン酸（IP_3）とジアシルグリセロール（DAG）を産生する。IP3 は主として小胞体に作用して Ca^{2+}を放出される。Ca^{2+}は様々な過程を制御する。DAG は例えば Ca^{2+}とともにプロテインキナーゼ C を活性化する。
キナーゼ連結型受容体	受容体の細胞内ドメインのキナーゼ活性（リン酸化）の変化によって情報を伝達する。例：インスリン受容体
プロテアーゼ連鎖型受容体	プロテアーゼの活性化によって情報を伝達する。例：細胞死受容体
細胞内断片遊離型受容体	活性化されると受容体の細胞内ドメインが遊離して情報を伝達する。例：notch

表 25·2　物理的受容体

物理的受容体の種類	説明
メカノセンサー（mechanosensor，機械受容体）	聴覚の有毛細胞には微小管からなる線毛があり，音で動かされるとイオンチャネルを開口して活動電位を発生する。
光受容体	細胞内の小胞体膜に埋め込まれたロドプシン（GPCR）は光により活性化される。

子は化学的リガンドを想定して説明するが，光や熱，張力といった物理的な刺激によって活性化される（細胞内へ情報を伝達する）受容体も存在する（表 25･2）。機械的情報伝達は，このような物理的刺激によって活性化される受容体だけではなく，情報伝達が細胞骨格をテコのようにして機械的に行われるという例が知られている。

25･8　細胞内受容体

ステロイドホルモン受容体と甲状腺ホルモン受容体が代表的な細胞内受容体である（表 25･3）。

表 25·3 細胞内受容体

受容体の種類	説明
ステロイドホルモン受容体	抗炎症作用を発揮する糖質コルチコステロイドは，細胞内の受容体に結合して複合体を形成する。この複合体は核内に移行して転写装置に作用し，遺伝子発現を変化させる。
甲状腺ホルモン受容体	甲状腺ホルモン（T_3）は細胞核まで浸透し，受容体と結合する。T_3 が結合した受容体は遺伝子発現を制御する。

BOX2 細胞核以外で作用するステロイドホルモン

ステロイドホルモンは細胞内受容体に結合し，細胞核に移行して遺伝子発現を制御する。実は 20 年以上前より，ステロイドホルモンも細胞核以外に作用することが知られていた（non-genomic action）。その 1 つは，従来のステロイド受容体に結合するが核外で作用を発揮するものであり，もう 1 つが，細胞外の細胞膜受容体に結合して作用するというものである。例えばプロゲステロン（黄体ホルモン）の G タンパク質共役型受容体が同定されている。

25·9 セカンドメッセンジャー

細胞外からの情報を細胞内に伝達する代表的な分子が cAMP や Ca^{2+} である。これらの分子は，リガンドが標的に結合すると，cAMP の場合には産生酵素が活性化され，Ca^{2+} の場合にはチャネルが開口して，細胞内の濃度が上昇する。小分子であるために，細胞質を速やかに拡散して細胞の全体にその情報を伝達していく。その他の小分子情報伝達物質に，IP_3，毒ガス（NO，H_2S，CO）などが知られている。

25·10 cAMP

cAMP は細胞膜内側に存在するアデニル酸シクラーゼによって AMP から産生される。アデニル酸シクラーゼの主な活性化経路は，後述する G タンパク質共役型受容体によるもの

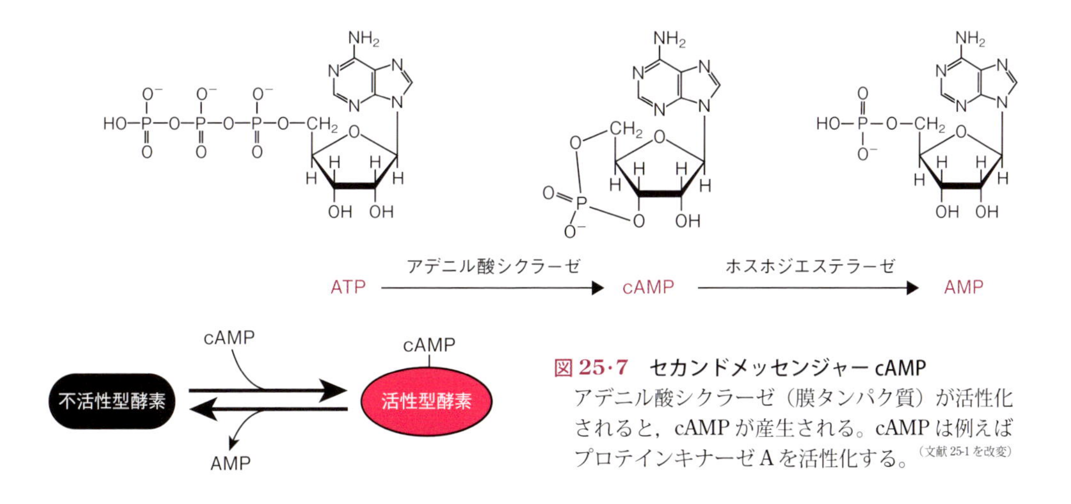

図 25·7 セカンドメッセンジャー cAMP
アデニル酸シクラーゼ（膜タンパク質）が活性化されると，cAMP が産生される。cAMP は例えばプロテインキナーゼ A を活性化する。（文献 25-1 を改変）

である。細胞質で上昇した cAMP は，例えば，プロテインキナーゼ A（PKA，cAMP 依存性プロテインキナーゼ）を活性化する。PKA は様々な基質をリン酸化してその活性を制御する（図 25･8）。

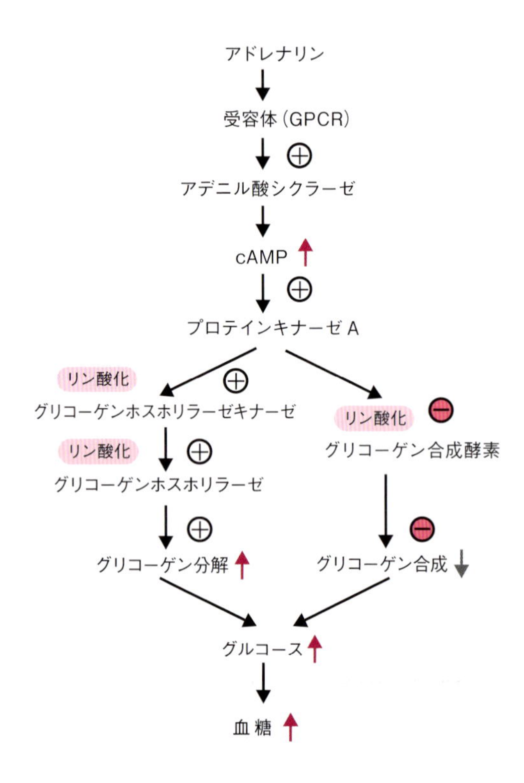

図 25･8 cAMP を介した情報伝達の例
細胞表面の受容体にアドレナリンが結合すると，細胞質の cAMP が上昇する。その結果，PKA が活性化され基質がリン酸化される。グリコーゲン合成酵素のようにリン酸化により活性が抑制される場合もある。図では，グリコーゲン分解が促進され，グリコーゲン合成が抑制され，結果としてグルコースが上昇する。（文献 25-1 を改変）

25･11 Ca^{2+}：カルモジュリン

Ca^{2+}による制御機構として最初に発見された骨格筋のトロポニンである。トロポニンと同様のカルシウム結合(制御)タンパク質が，カルモジュリンである。トロポニンは横紋筋(骨格筋と心筋）においてのみ機能しているが，カルモジュリンはほとんどすべての細胞で機能しているカルシウム受容体タンパク質である（図 25･9)。

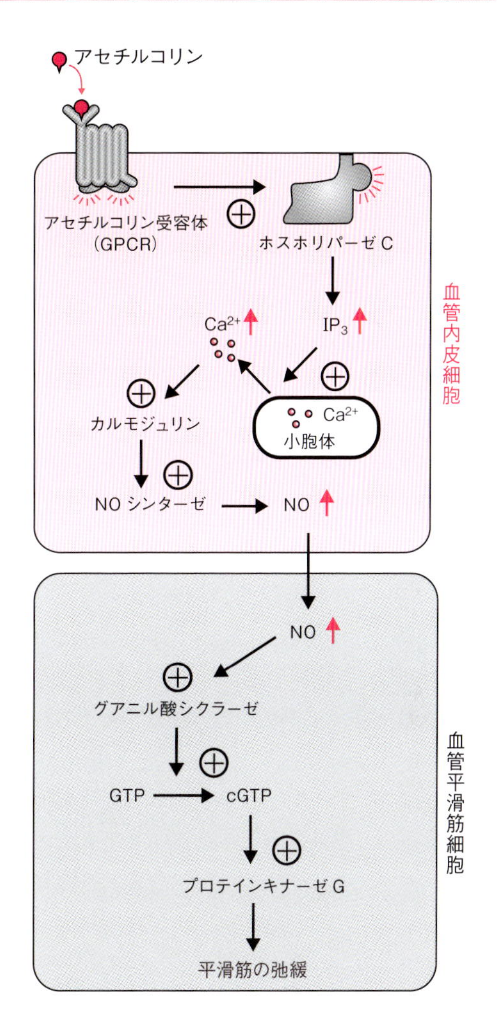

図 25・9　カルモジュリン
この図では，GPCR（後述）と NO という情報伝達経路も含まれている。GPCR によって IP_3 が産生され，それが細胞内の Ca^{2+} 濃度を上昇させる。Ca^{2+} が結合したカルモジュリンによって NO の産生が上昇する。NO は自由に細胞間を拡散していき，平滑筋の弛緩をもたらす。cAMP と同様な cGMP もセカンド・メッセンジャーとして機能している。（文献 25-1 を改変）

25・12　IP_3 と DAG

GPCR（後述）が Gqα を活性化すると，ホスホリパーゼ C が活性化され，IP_3（イノシトール 1,4,5- トリスリン酸，inositol 1,4,5-trisphosphate）と DAG（ジアシルグリセロール，diacylglycerol）が生成される。IP_3 は小胞体の Ca^{2+} チャネルに作用し，小胞体から Ca^{2+} が流出し，細胞内の Ca^{2+} 濃度が上昇する。Ca^{2+} はカルモジュリンなど様々な標的に影響を及ぼす（図 25・10）。

IP_3 と同時に生成される DAG はプロテインキナーゼ C（PKC）を活性化する。不活性の PKC は細胞質で待機している。Ca^{2+} 濃度が上昇して PKC に Ca^{2+} が結合すると，PKC は細胞膜近傍に局在するようになり，そこで DAG と結合して活性化される。PKC も様々な標的をリン酸化して影響を及ぼす。

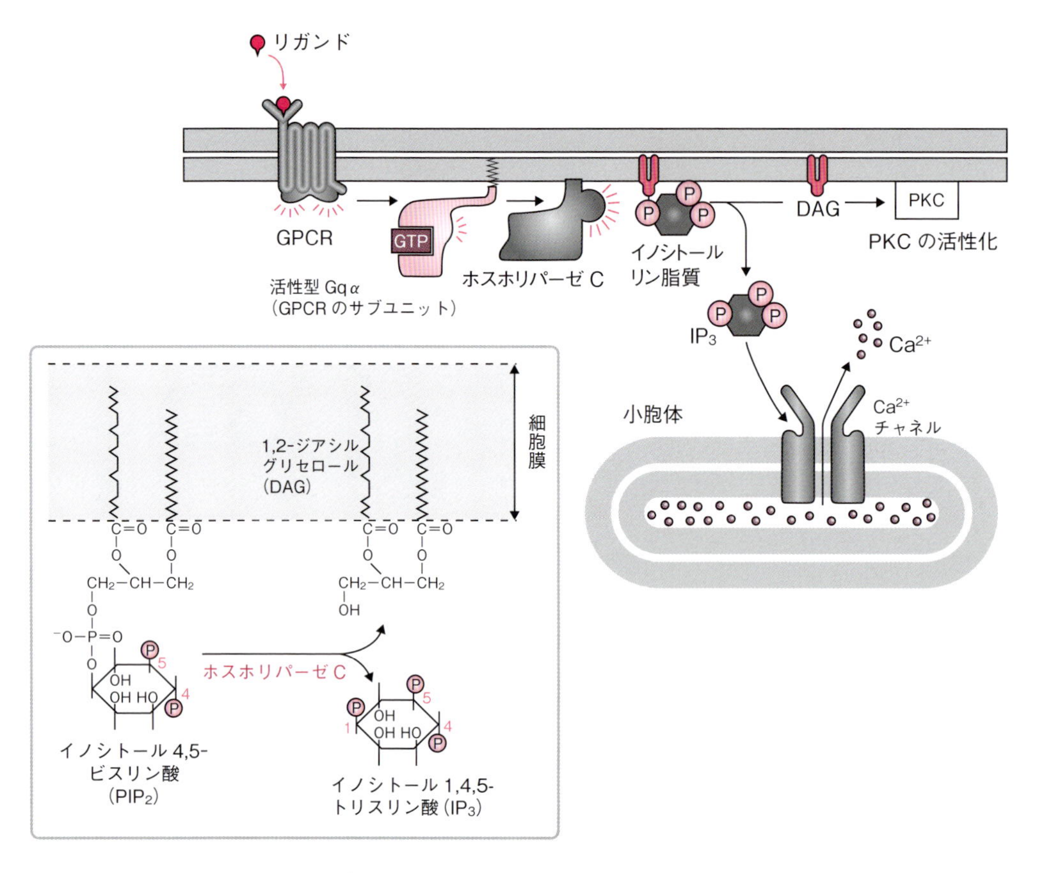

図 25・10　IP_3 と DAG
細胞膜に埋め込まれたイノシトールリン脂質が，GPCR 経由で活性化されたホスホリパーゼ C によって切断され，DAG と IP_3 になる。IP_3 は小胞体から Ca^{2+} を遊離させる。DAG は PKC を活性化させる。それぞれさらに様々な標的に影響を及ぼす。（文献 25-3 を改変）

BOX3　躁鬱病と情報伝達

情報伝達は当然ながら精神機能にも関与している。躁鬱病は，やたら楽しくて活動が過剰になる躁病と，何もかもやる気をなくす鬱病が周期的に繰り返す疾患である。双極性障害とも言われている。この複雑な精神疾患に，単純な無機塩のリチウム炭酸が有効である。リチウムは IP_3 のリサイクル系酵素を阻害していることが明らかになった。ただし，この作用だけでリチウムの効果を説明できないし，精神活動と IP_3 系の詳細も不明ではある。

薬物の開発（創薬）の手段として，現在有効な化合物を少し改変して新たな薬物を開発することが行われている。リチウムは有効であるが，あまりに単純すぎて化合物をいじることができず，リチウムに類似した薬物は開発されていない。

25・13　毒ガス

一酸化窒素（NO），硫化水素（H_2S），一酸化炭素（CO）はそれぞれ毒ガスである。特にH_2SとCOは自殺目的でしばしば用いられる。しかし，これらの毒ガスは生体内で微量ながら生合成されており，情報伝達を担っている（図25・11）。

NOは，血管標本にアセチルコリンを投与した実験で，血管内皮が存在しないと弛緩作用が出現しないことから発見された（血管内皮由来弛緩因子，endothelium-derived relaxing factor：EDRF）。なおNOは速やかにタンパク質などと共有結合を形成して，その活性を失う非常に強力な酸化ストレス物質であり，過量の場合は強い毒性を発揮する。

狭心症は心筋を養っている冠動脈が狭窄する疾患である。心筋が酸素（栄養）不足となり，痛みが出現する。この段階では可逆的で，安静にするなどして心筋の血液必要量が低下すれば収まる。しかし，血流不足により心筋が非可逆的に傷害され壊死に陥った状態が心筋梗塞である。狭心症の場合には血流を改善すれば症状が軽減する。血流を改善するためには血管を拡張すればよい。従来よりニトログリセリン（ダイナマイトの材料だが，薬剤として使われている。微量では爆発の心配はない）が用いられてきた。ニトログリセリンは狭心症発作時に著効を示す（無効の場合には心筋梗塞に移行してしまっている可能性が高い）。ニトログリセリンからNOが発生して血管平滑筋が弛緩する。

NOはグアニル酸シクラーゼを活性化してcGMPを増加させる。その後の経路ははっきりしないが，Ca^{2+}濃度の低下やホスファターゼの活性化などにより，平滑筋のアクチン／ミオシン系が抑制されて弛緩する。ニトログリセリンの問題は半減期（作用時間）が短いことである。そこで，cGMPを増加させるか，あるいはcGMPの分解を抑制すれば，使いやす

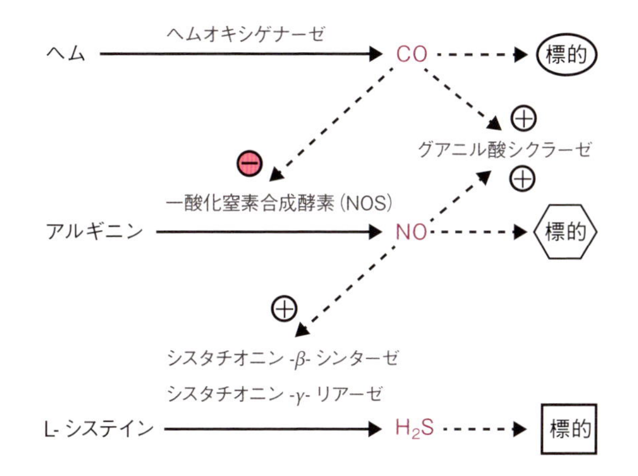

図25・11　毒ガスの産生系路とクロストーク
最初に血管弛緩因子として発見されたNOについては研究が著しく進んでいる。しかし，COやH_2Sについては不明な点が多いが，本来的な情報伝達物質であることは認められている。（文献25-1を改変）

い狭心症治療薬になることが期待され，あるcAMP分解酵素（ホスホジエステラーゼ）阻害薬をヒトに投与する臨床試験が開始された。ところが，男性患者が異様にこの薬物を要求した。調べたところ，この薬物（シルデナフィル，商品名バイアグラ）は勃起不全を改善することが明らかになった。陰茎海綿体にあるホスホジエステラーゼを特異的に阻害することによって，血管を弛緩させ，陰茎海綿体静脈の血流が増加して勃起させるのであった。シルデナフィルはニトログリセリン系薬物と併用すると著しく血圧が低下する危険性がある。逆にシルデナフィルは心筋保護作用もあるとされる。肺高血圧症という肺動脈の血圧が上昇する疾患にもシルデナフィルが有効なことが見いだされた。肺高血圧症治療薬のシルデナフィルはレバチオという商品名で販売／使用されている。また，NOと同じような小分子の毒ガスCOとH_2Sが情報伝達を行っていることが明らかになってきた。

BOX4　クスリはリスク

危険な毒物（リスク）というのは生体に大きな作用を発揮するということである。それを適切な程度に作用させれば生体機能を制御することができる。NO，CO，H_2Sは過量では毒物であるが，微量で生体制御を行っている。ホルモン（甲状腺ホルモンやステロイドホルモンなど）も，過量ではホルモン過剰症という疾患になる。マスタードガスという毒ガスから，抗がん薬が開発された。毒物と薬物は紙一重である。

25・14　受容体チロシンキナーゼ

受容体タンパク質の細胞の外側の領域にリガンドが結合すると，受容体の細胞内側のキナーゼ（プロテインチロシンキナーゼ，protein tyrosine kinase：PTK）が活性化され，細胞内での情報伝達が開始される（receptor tyrosine kinase：RTK）（図25・12）。上皮増殖因子（epidermal growth factor）や線維芽細胞増殖因子（fibroblast growth factor）などの受容体は，リガンドが結合しない場合にはモノマーとして細胞膜に存在する。リガンドが結合するとヘテロダイマーあるいはホモダイマーが構成され，細胞内のチロシンキナーゼドメインが活性化される。このキナーゼにより，受容体の細胞内ドメインのチロシンが自己リン酸化される。その結果，様々な情報伝達物質が結合して活性化され，細胞内への情報伝達が行われる。増殖を促進する因子の1つがRasである。

Rasは，rat（ラット）由来のsarcoma（肉腫）遺伝子ということで命名された。分子量2万程度であり，GTPase活性があり，GTPもしくはGDPを結合する低分子量Gタンパク質である。RTKによりGDPからGTPに置換されると活性化され，例えばRafキナーゼを活性化するというMAPKカスケードが開始される。

インスリン受容体はSS結合により，常に四量体を形成している。インスリン受容体基質（insulin receptor substrate：IRS）などをリン酸化する。

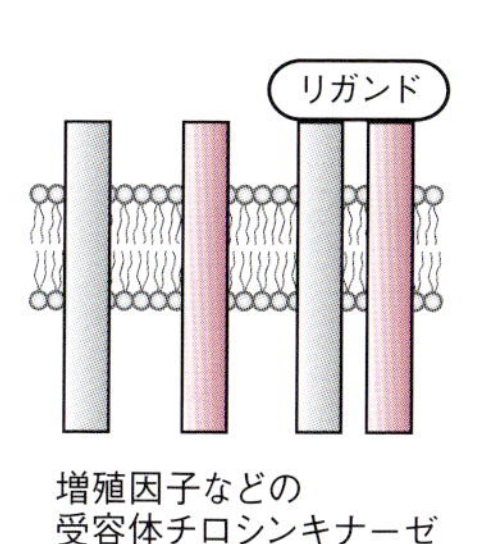

増殖因子などの
受容体チロシンキナーゼ

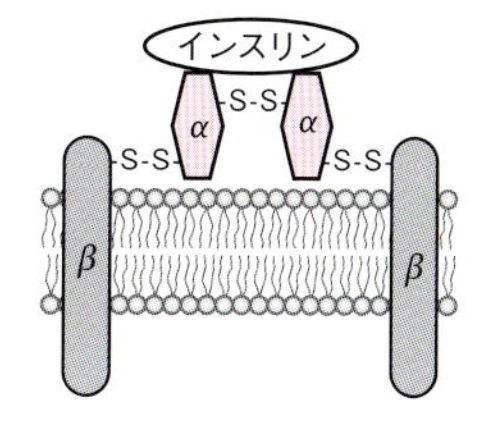

インスリン受容体および
インスリン様増殖因子受容体

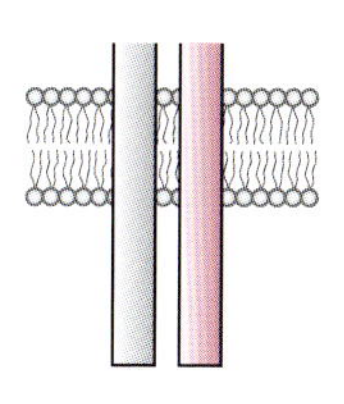

①リガンド結合によりダイマー（ホモあるいはヘテロ）が形成される。
インスリン受容体の場合には最初からS-S結合で四量体が形成されている。

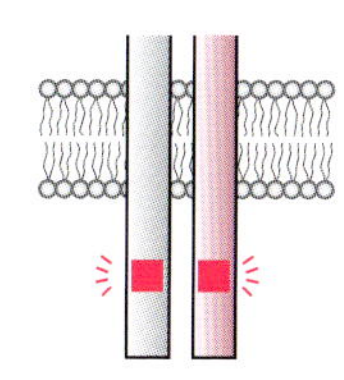

②細胞内のチロシンキナーゼドメインが活性化される。

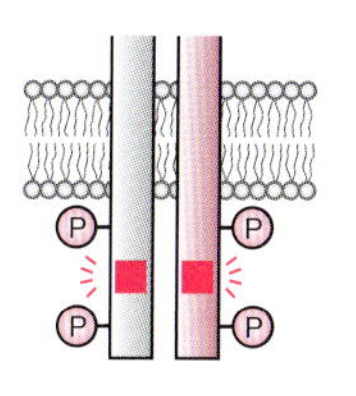

③細胞内ドメインのチロシンが自己リン酸化される。

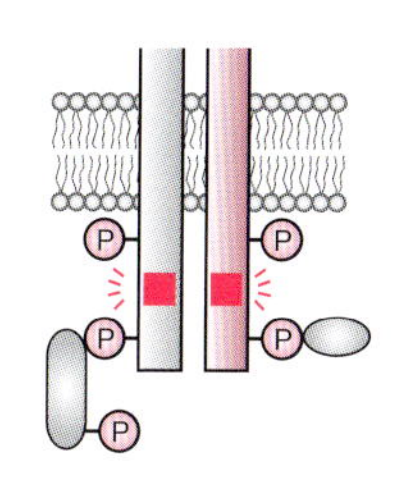

④リン酸部位にシグナル伝達物質が結合したり,リン酸化により活性化されシグナル伝達が行われる。

図 25・12　受容体チロシンキナーゼ（文献 25-1 を改変）

25・15　MAPK 系

MAPK 系は細胞増殖因子の細胞内のリン酸化情報伝達経路である。当初は微小管結合タンパク質を基質とすることから，MAP（microtubule-associated protein）キナーゼと命名された。しかし，それ以外に様々な基質をリン酸化することから，MAP（mitogen-activated protein）キナーゼ（MAPK）と命名された（mitogen とは細胞分裂を促進する因子のことである）。3 クラスの MAP キナーゼ（MAP kinase（例えば Erk），MAP kinase kinase（Mek），MAP kinase kinase kinase（Raf））が存在する（図 25・13）。これらのキナーゼはセリン／スレオニンキナーゼであり，Erk と Mek は自身のセリンとスレオニンがリン酸化されることによって活性化される。また様々なホスファターゼによって脱リン酸化されて抑制される。MAP キナーゼ・カスケードとしては，元祖ともいえる増殖刺激経路など 4 種類が知られている。

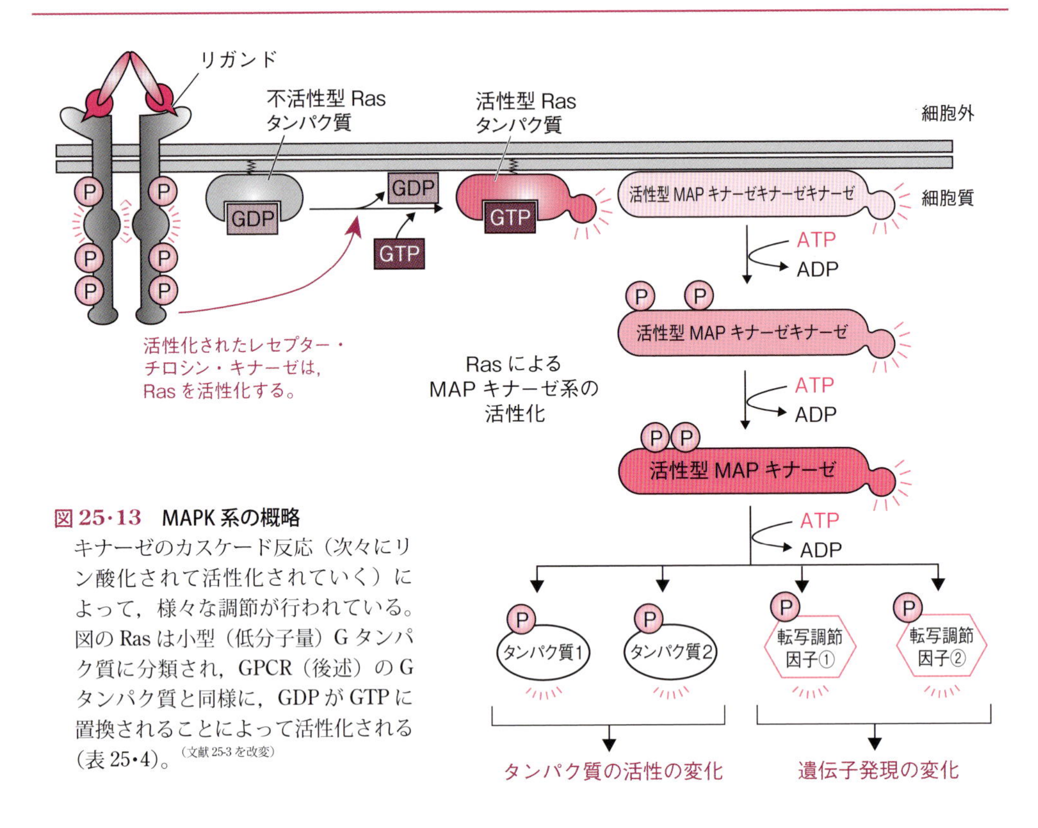

図 25・13　MAPK 系の概略
キナーゼのカスケード反応（次々にリン酸化されて活性化されていく）によって，様々な調節が行われている。図の Ras は小型（低分子量）G タンパク質に分類され，GPCR（後述）の G タンパク質と同様に，GDP が GTP に置換されることによって活性化される（表 25・4）。（文献 25-3 を改変）

表 25・4　低分子量 G タンパク質のグループ

グループ名	代表的メンバー	機能
Ras	Ras，Ral，Rap	細胞の分化増殖
Rho	Rho，Rac，Cdc42	細胞骨格の制御
Rab	Rab1~Rab41	細胞内小胞輸送
Arf	Arf1~Arf9	細胞内小胞輸送
Ran	Ran	核輸送

25・16　GPCR と三量体 GTP 結合タンパク質

細胞外のドメインに結合したリガンドにより，細胞内で三量体 GTP 結合タンパク質が活性化されて，情報が伝達される経路がある（図 25・14）。この受容体は，GTP 結合タンパク質と共役しているということで GPCR（G タンパク質共役型受容体，G-protein-coupled receptor）という巨大なファミリーを形成している。GPCR は，N 末端が細胞外に，C 末端が細胞内に配位され，膜を 7 回貫通するという共通の構造をもっている。ゲノムの塩基配列の推測からすると 2000 種類以上存在し，200 種類以上は，そのリガンドが不明（孤児受容体，orphan receptor）とされる。1000 種類程度は匂い受容体と考えられている。ある受容体のリガンドを同定するハンティング（狩り）は，新たな生理機能を解明する研究手段の 1 つでもある。

G タンパク質は α（分子量 40 kDa 程度），β（35 kDa），γ（8 kDa）の 3 サブユニットから構成される。これらサブユニットは低分子量 G タンパク質とは別個のものである。Gα と Gβγ として解離する（Gβ と Gγ は解離しない）。膜を貫通している領域はないが，脂肪酸側鎖を介して膜にアンカーされている。Gβ は 5 種類，Gγ は 12 種類ほどが特定されているが，機能の違いは不明である。G タンパク質の特性は基本的には Gα（16 種類以上）によって決定されている（表 25・5）。

表 25・5　三量体 G タンパク質サブユニット Gα の分類

種類	毒素感受性	標的・効果
Gsα（s=stimulatory）	コレラ毒素は Gsα の GTPase 活性（活性型を不活性型に戻す）を抑制する。その結果，Gsα の活性が異常に持続する。	アデニル酸シクラーゼの促進。それによる cAMP の増加
Giα（別名 Gi/oα）（i=inhibitory）	百日咳毒素は Giα に結合し，GPCR との結合を阻害する。従って，受容体情報伝達を抑制する。	アデニル酸シクラーゼの抑制。それによる cAMP の低下
Gqα（別名 Gq/11α）		ホスホリパーゼ C-β の活性化。それによる IP_3 産生促進

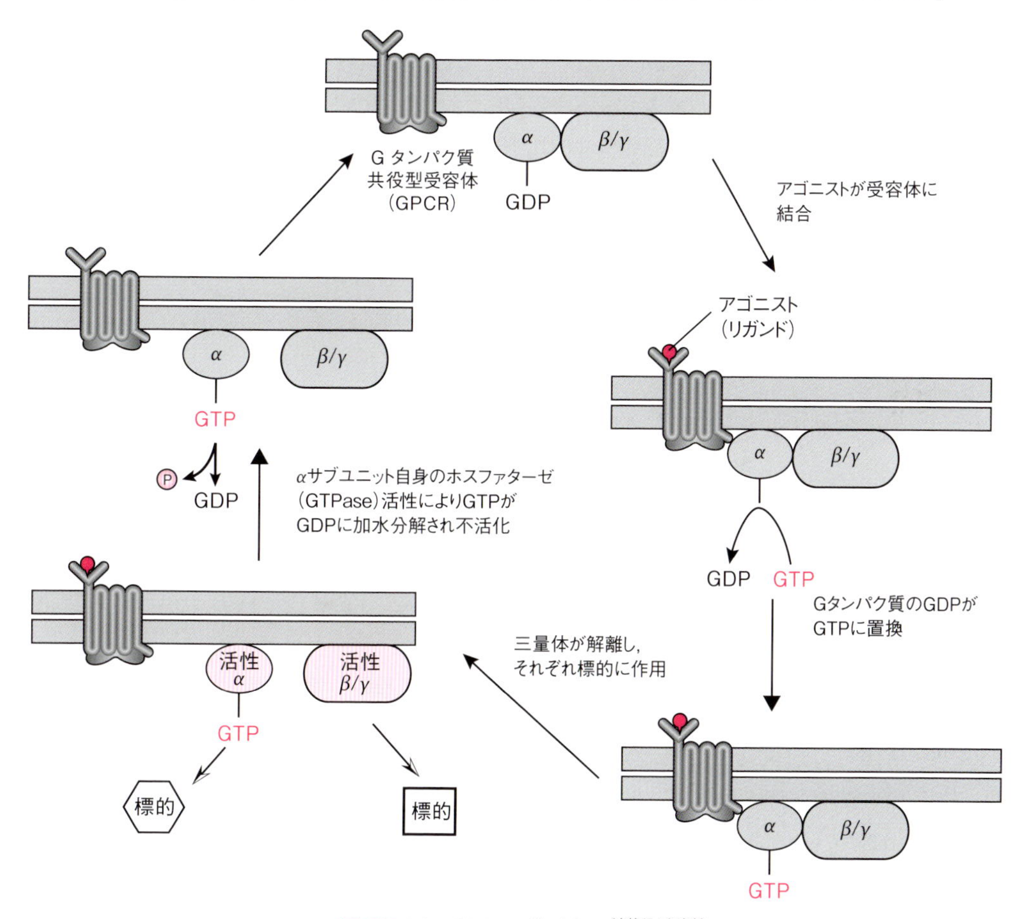

図 25・14　GPCR のサイクル（文献 25-1 を改変）

BOX5　バイアスド（biased）リガンド

GPCRについては膨大な研究成果があり，話は非常に複雑である。興味あるいは必要に迫られた場合は，最新の総説で勉強してほしい。1つのトピックスであるバイアスドリガンドを説明しておく。

GPCRは基本的にはGタンパク質を活性化して情報を伝達していく。しかし，それとは別個に，GPCRにβアレスチンが結合して，Gタンパク質を介さない情報伝達が行われる場合がある。例えば，βアドレナリンGPCRにはGタンパク質系とアレスチン系の2系統の情報伝達系が存在する。通常のリガンド（アゴニスト）は両経路を同等に活性化するが，どちらかの経路を優位に活性化するリガンドが存在する。これをバイアスドリガンドという。創薬の観点から注目されている。なお，βアレスチンが結合すると，GPCRはエンドサイトーシスにより細胞内の小包系にとりこまれる。つまり，そこで情報を伝達することはできなくなる。小胞に取り込まれたGPCRはそこで分解することもあれば，再び細胞表面に運ばれて再利用されることもある。これらの研究のほとんどはβアドレナリン受容体で行われている。いずれにしても情報伝達系は非常に複雑である。

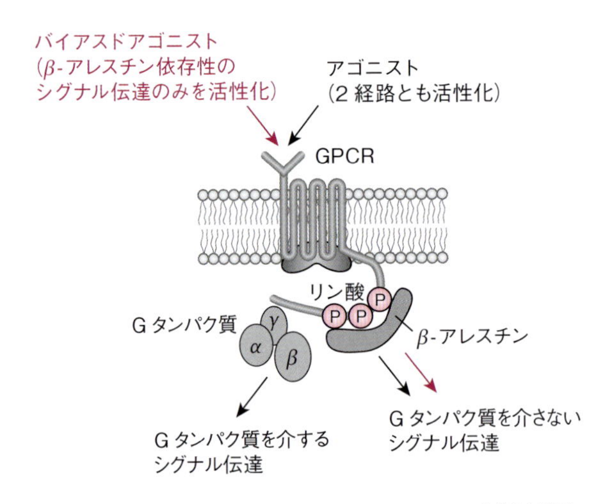

図25・15　バイアスド（biased）アゴニストの例（文献25-4を改変）

25・17　チャネル受容体

チャネルは疎水性の細胞膜に形成されるトンネル構造であり，イオン（Na^{2+}，K^{+}，Ca^{2+}）など親水性小分子が通過できる。多くのチャネルは開口や閉口が制御されており，情報伝達や細胞活動の調節を行っている。情報伝達物質の結合により制御されているチャネルをチャネル受容体という。シナプスや神経筋接合部の神経伝達物質受容体などがある（図25・16）。

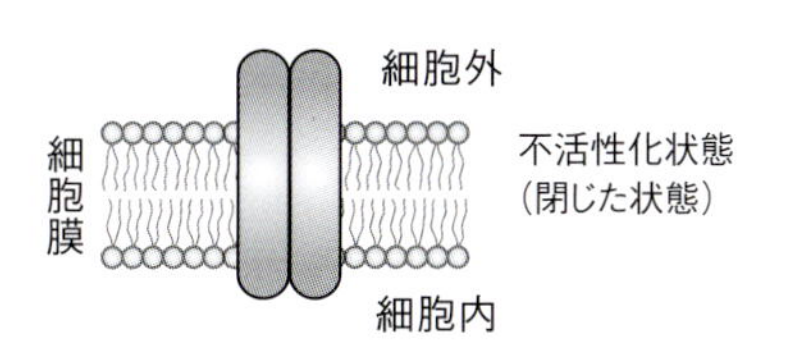

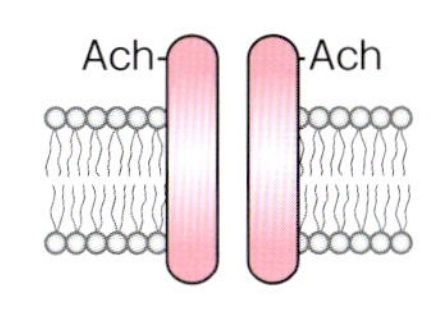

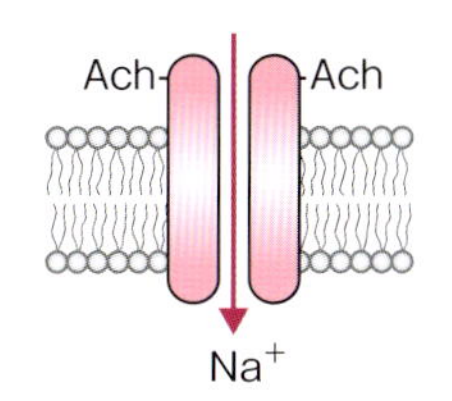

図 25・16　チャネル受容体
情報伝達物質が結合すると，イオンの透過性が変化する。例えば，骨格筋の終板ではアセチルコリンが結合すると，ナトリウムイオンが流入して脱分極が生じる。その脱分極により筋小胞体からカルシウムイオンが放出され，収縮が開始される。（文献 25-1 を改変）

25・18　ステロイド受容体

ステロイドホルモンは細胞膜を貫通して細胞内に到達し，細胞質受容体と結合する（図 25・17）。

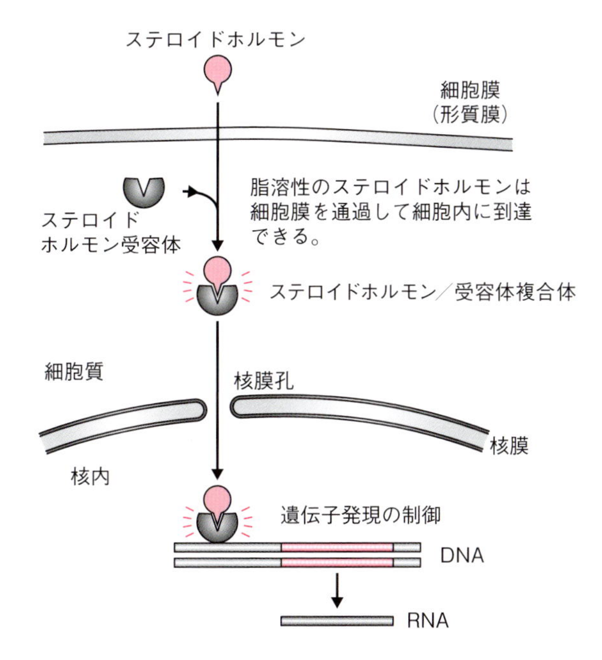

図 25・17　ステロイドホルモン受容体
ステロイドホルモンは細胞質（細胞内）にある受容体に結合して活性化する。ステロイドホルモン・受容体複合体は核内に移行して，遺伝子発現を制御する（ある遺伝子の発現を増減する）。（文献 25-3 を改変）

BOX6　ステロイドホルモンの非ゲノム効果

ステロイドホルモンは，一般的に細胞質受容体に結合して，遺伝子発現を制御するゲノム効果を発揮する。しかし，細胞表面受容体への作用も知られている（非ゲノム効果）。

GABA（γ-aminobutyric acid，γ-アミノ酪酸）は抑制性神経伝達物質として知られている。GABA 受容体に GABA が結合すると，Cl イオンが流入して神経細胞は過分極となり，興奮性が低下する。睡眠薬のバルビツール酸や精神安定薬のベンゾジアゼピンは，GABA 受容体に結合して GABA 受容体を活性化する。同様にステロイドホルモン（プロゲステロンやテストステロンなど）も GABA 受容体に結合して活性化させる。抗不安作用や鎮静作用が発揮される。神経組織で非ゲノム効果を発揮するステロイドを，とくに神経ステロイドという。

BOX7　ATP も情報伝達物質

ATP は言うまでもなく代表的なエネルギー供給分子である。グルコースは ATP を産生するために酸化（燃焼）されるのであり，細胞内部で機能している。しかし，神経伝達物質として，開口分泌によって細胞外で機能する情報伝達物質でもある。ATP の受容体としては，ATP そのものが結合する ATP 受容体（P2）と，ATP が細胞外で分解されて生じたアデノシンが結合するアデノシン受容体（P1）がある。それらを総称してプリン受容体という。P1 は数種類の GPCR，P2 には非選択的カチオンチャネル（P2X）と GPCR（P2Y）が存在する。非選択的カチオンチャネルは Na^{+}，Ca^{2+}, K^{+}のいずれもが通過できる。プリン受容体の作用は様々である。例えば，ATP を静注すると，とくに心血管が拡張する。また，ATP 受容体拮抗薬は血小板凝集抑制薬（クロピドグレル），アデノシン受容体拮抗薬はパーキンソン病治療薬（イストラデフィリン）として用いられる。

25・19　メカニカル情報伝達（mechanotransduction）

光受容体は，光という物理的情報を化学的情報（GPCR の活性変化）に変換している。聴覚では振動をイオンの変化（電位）に変換している。しかし，細胞外の物理的情報が，「テコ」の原理で，そのまま物理的に情報伝達されることも知られている。例えば，細胞外マトリックスの力学的変化は，細胞骨格を伝わって核まで情報伝達される（図 25・18）。

すでに 20 年ほど前から，細胞の形を変えることによって遺伝子発現を変化させる研究が知られている。例えば，半導体の微細写真技術を用いてフィブロネクチンを細かいパターンとしてコートした接着面を作製し，細胞の接着面によるアポトーシスの誘引が研究されている。接着面積は同じであっても，1 か所に細胞を押し集めるようなパターンにすると，アポトーシスが誘発された。このように，機械的な情報によるアポトーシスの制御が示されている。また，Rho 活性が細胞の形によって変化することも報告されている。

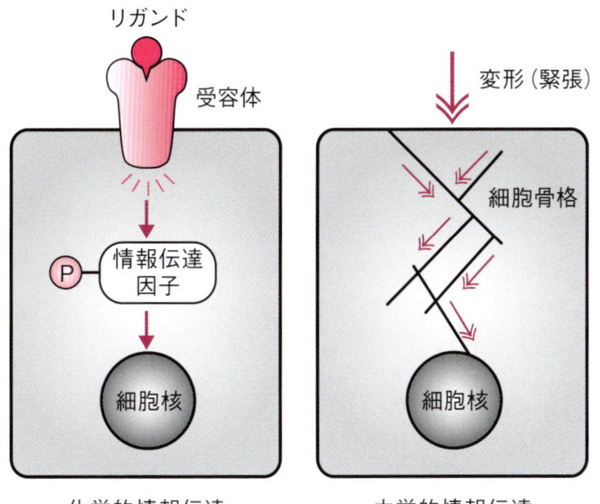

図 25・18　化学的情報伝達と機械的（力学的）情報伝達の比較
正二十面体（サッカーボールの枠のような形）は骨格だけで安定な構造を作る。細胞でもクラスリン小胞体は，クラスリンが同じ様に規則的に配列し，中の小胞がつぶれないようになっている。この様な単純な骨格が連結してできた立体構造を緊張によって維持する機能の概念として，tensile（張力）と integrity（統合性）を合わせて tensegrity（テンセグリティ；強いて訳せば，張力統合構造性か）という言葉が作られている。テンセグリティを構成するものは，非連続的な骨格とそれを連結する連続的な弾性体である。細胞も細胞骨格による形はテンセグリティによるものとなる。この連結構造を利用して情報が伝達されることが考えられている。細胞外の情報は酵素の変化など化学的に伝達される化学的情報伝達では，各ステップごとに，ある程度の時間（タイムラグ）を必要とする。しかし，機械的情報伝達では，ほとんど瞬時に情報伝達を行うことができる。（文献 25-1 を改変）

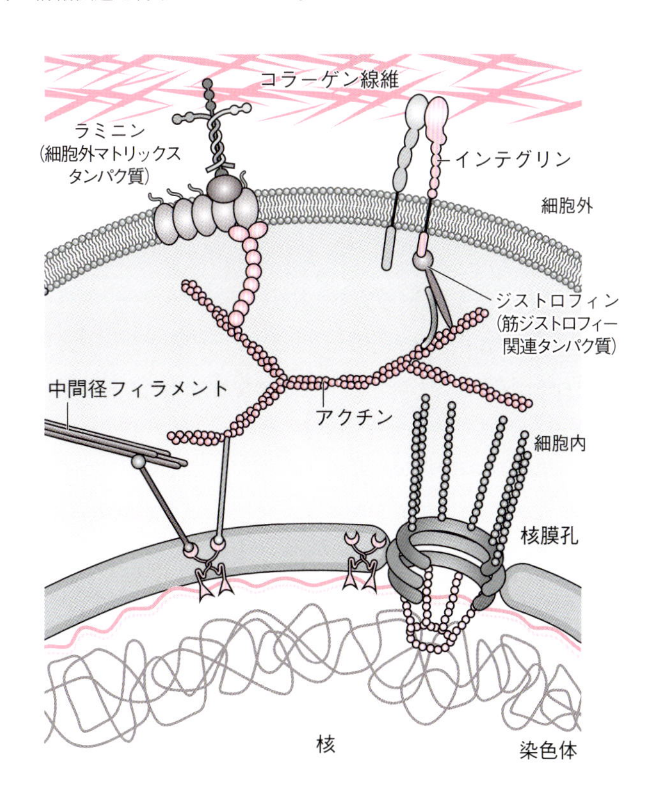

図 25・19　機械的情報伝達の例
細胞外マトリックスは膜表面の受容体と結合している。細胞外マトリックスのズレはレバーを動かすように細胞内に機械的に伝えられる。その後，細胞骨格（アクチンフィラメントや中間径フィラメント）を介して核に伝達され，遺伝子発現に影響を及ぼす。（文献 25-1 を改変）

理解度確認問題

1. ジピリダモールはアデノシンの再取り込みを抑制する。ジピリダモールはどのような作用を発揮すると考えられるか？

2. ATP を静注すると冠血管が拡張する。心血管が狭窄した狭心症患者に ATP を静注するとどうなるだろうか。

3. アラキドン酸からは，シクロオキシゲナーゼ（COX）によって炎症情報伝達するプロスタグランジン，リポオキシゲナーゼ（LOX）によって気管支収縮作用のあるロイコトリエンが産生される。抗炎症薬のアスピリンは COX を阻害する。アスピリンの副作用にどのようなものが考えられるか。

解　答

1. アデノシンの濃度が上昇するため，アデノシン投与とほぼ同じ作用を発揮する。アデノシン取り込み抑制以外の作用もあるため複雑であるが，抗血小板作用などにより虚血性心疾患に用いられる。

2. 一般的に正常血管のほうが狭窄血管よりも ATP によって拡張しやすい。そのため ATP を投与すると正常血管が拡張し血流が増加する。そのために狭窄部位の血流は低下し（stealing），狭心症症状をエコーや心電図検査で検出しやすくなる。運動負荷と同等の負荷を薬物によって行うことができる。

3. アスピリンによって COX が阻害されて炎症が抑制される。すると，アラキドン酸からは，より LOX によってロイコトリエンが産生されるようになる。ときとして，過剰となったロイコトリエンによって気管支収縮（アスピリン喘息）が誘発される。

引用文献

25-1）丸山 敬・松岡耕二（2013）『医薬系のための生物学』裳華房.

25-2）Katzung, B. G. *et al.*（2009）『カッツング薬理学』（原書 10 版），丸善.

25-3）Bruce, A. *et al.*（2016）『Essential 細胞生物学』（原書 4 版），南江堂.

25-4）丸山　敬（2015）『休み時間の薬理学』（第 2 版），講談社.

26章　細胞外情報伝達(ホルモンなど)

ホルモンは血中を流れる情報伝達物質であり，古典的な内分泌器官（下垂体，甲状腺，膵臓，副腎，精巣／卵巣など）から分泌される。体全体を統合する情報伝達機構と言える。神経伝達物質はニューロンとニューロンを連絡するシナプスで分泌される情報伝達物質であるが，例えば，代表的な神経伝達物質ノルアドレナリンは副腎髄質から分泌されるホルモンでもある。また，古典的な内分泌器官以外にも心房（心房性ナトリウム利尿ペプチド）や消化管（ガストリン，その他）など様々な器官からも血中に情報伝達物質が放出されていることが明らかになってきた。ホルモンと他の細胞間の情報伝達物質の区別は曖昧になっている。

古典的なホルモンの過剰／不足は良く知られている内分泌疾患となる（バセドー病，アジソン病など）。治療は不足している場合にはホルモンを補充し，過剰な場合にはホルモン拮抗薬やホルモン合成阻害薬の投与である。

26・1　細胞外情報伝達物質の分類

細胞内の情報伝達とともに，ある細胞から化学物質（情報伝達物質）が放出され，標的細胞に情報が伝達されるという細胞間情報伝達は，多細胞生物では，個体の細胞機能を統合するために必須といえる。古典的には，エンドクリン（内分泌，ホルモン），パラクリン，オートクリン，接触型情報伝達物質（ジャクスタクリン），神経伝達に分類されてきた（図26・1)。しかしながら，ある情報伝達物質が，ホルモンでもあり神経伝達物質でもあるというのはまれではない（例えばノルアドレナリン)。ホルモンの定義も曖昧となっており，古典的な内分泌器官（下垂体や副腎）から分泌される情報伝達物質をホルモンとするが，古典的ホルモン以外にも，様々な化学伝達物質が血中に分泌されて情報伝達を行っている（表26・1，表26・2，表26・3)。NO（一酸化窒素，前章参照）などガス性情報伝達物質以外のほとんどには特異的な受容体が存在する（前章のGPCRなど)。

26・2　いわゆるホルモン

古典的なホルモンとは，古典的内分泌器官［視床下部，下垂体，甲状腺，上皮小体（副甲状腺)，膵島，副腎髄質，副腎皮質，精巣／卵巣／黄体］から分泌される，20年以上前より明らかになっている主要な情報伝達物質である。現在では，消化管ホルモンや心房性ナトリウム利尿因子など，数多くの臓器から様々な「ホルモン」が組織間の情報伝達物質として分泌されていることが判明している。

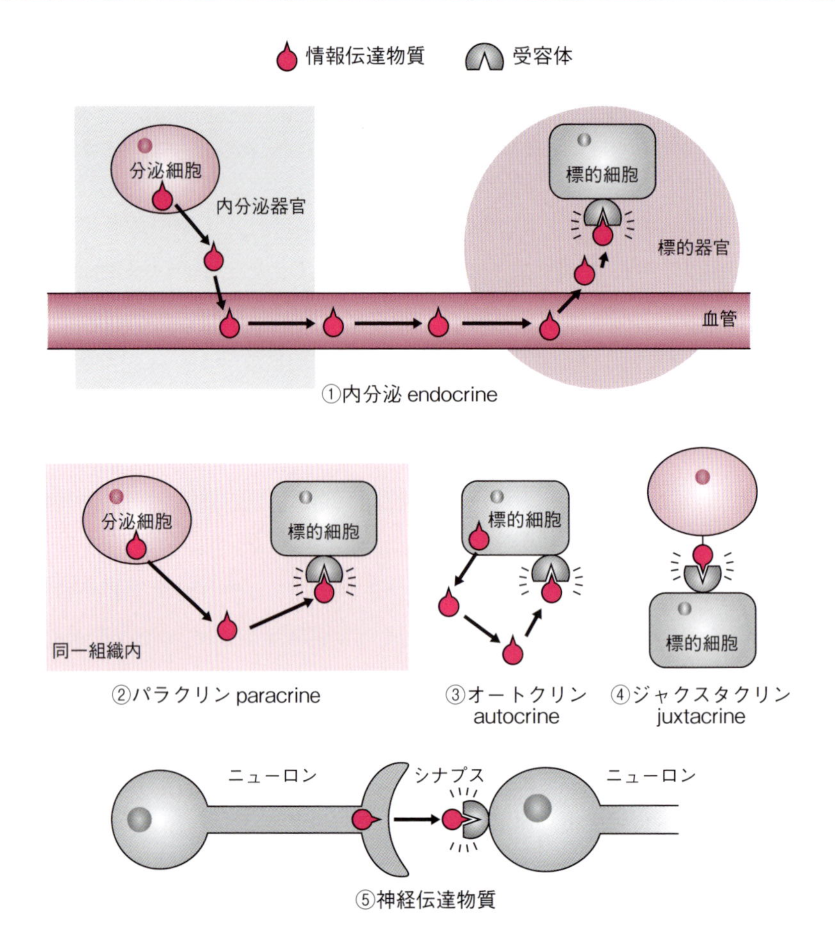

図 26・1　細胞外情報伝達の古典的な分類
①情報伝達物質が血流を介して別の組織の標的細胞に作用する。内分泌，ホルモン　②情報伝達物質が同じ組織内の近傍の別の標的細胞に作用する。パラクリン　③情報伝達物質が分泌細胞と同じ自己に作用する。オートクリン　④細胞外に結合したリガンドが遊離することなく別の細胞に情報を伝達する。ジャクスタクリン　⑤神経伝達物質。ニューロトランスミッター（文献 26-1 を改変）

表 26・1　特定の領域で汎用される細胞間情報伝達物質の総称

サイトカイン	免疫応答に関連して，主として血球系細胞，とくにリンパ球系から分泌される抗体以外の情報伝達物質。炎症系反応の様々な機能をもつ分子種が見いだされている。広義には細胞間の情報伝達を行うタンパク質を含む（非タンパク質性因子は含まれない）。インターフェロン（IFN），インターロイキン（IL），腫瘍壊死因子（TNF），トランスフォーミング増殖因子（TGF），コロニー刺激因子，エリスロポエチンなど，様々な種類が含まれる。
ケモカイン	サイトカインの一種であるが，白血球遊走と活性化作用をもつ塩基性タンパク質の総称
エイコサノイド	炭素数 20 の高度不飽和脂肪酸より生成される生理活性物質（情報伝達物質）の総称。各種プロスタグランジン，トロンボキサン，ロイコトリエンなど。これらはアラキドン酸から産生される。
オータコイド	細胞から分泌されて，ホルモンよりも近傍の標的に作用するものを言う。ペプチドやアミノ酸，その誘導体を含む。ヒスタミン，ブラジキニン，プロスタグランジン。アンギオテンシンや NO を含める場合もある。

表 26·2　代表的な古典的ホルモン

内分泌器官	ホルモン	機能の概略	過剰症	低下症
視床下部	GIH，growth hormone release inhibiting hormone（ソマトスタチン somatostatin）	GH，TSH の分泌抑制		
	TRF，thyrotropic hormone releasing factor	TSH，PRL の分泌刺激		
	CRF，corticotropin releasing factor	ACTH の分泌促進		
	GnRH，gonadotropin releasing hormone	gonadotropin（LH，FSH）の分泌刺激		
下垂体前葉	GH，成長ホルモン growth hormone	成長促進	巨人症	低身長症（小人症）
	TSH，甲状腺刺激ホルモン thyroid stimulating hormone	甲状腺ホルモン分泌促進	甲状腺機能亢進症	甲状腺機能低下症
	PRL，プロラクチン prolactin	乳汁分泌促進	乳汁漏出症，月経異常	
	ACTH，副腎皮質刺激ホルモン adrenocorticotropic hormone	副腎皮質ホルモン分泌促進	クッシング病	
	gonadotropin（LH，黄体化ホルモン luteinizing hormone，／FSH，卵胞刺激ホルモン follicle-stimulating hormone）	性ホルモン分泌促進		
下垂体中葉	MSH，メラニン細胞刺激ホルモン melanocyte-stimulating hormone	メラニン細胞刺激		
下垂体後葉	抗利尿ホルモン antidiuretic hormone／バソプレシン vasopressin	抗利尿作用	SIADH，抗利尿ホルモン分泌異常症 syndrome of inappropriate secretion of antidiuretic hormone	尿崩症
	オキシトシン oxytocin	子宮収縮促進，乳汁射出作用		
甲状腺	甲状腺ホルモン		甲状腺機能亢進症	甲状腺機能低下症
上皮小体／副甲状腺	副甲状腺ホルモン，PTH，上皮小体ホルモン parathyroid hormone	血中カルシウム濃度上昇	高カルシウム血症	低カルシウム血症，組織へのカルシウム沈着（石灰化）
膵臓（膵島）	インスリン insulin	血糖降下（血糖降下作用があるのはインスリンのみ）	低血糖症	糖尿病
	グルカゴン glucagon	血糖上昇		
副腎皮質	糖質ステロイド，コルチゾール	抗炎症作用	クッシング病	アジソン病
	鉱質ステロイド，アルドステロン	塩類貯留作用	高血圧	
副腎髄質	アドレナリン	血圧上昇，抗ストレスホルモン	高血圧発作	
	ノルアドレナリン			
性腺	性ステロイドホルモン，アンドロゲン，エストロゲン，黄体ホルモン	性機能発達，維持	例えば，女性で男性ホルモンが過剰になると男性化	例えば，女性では更年期障害

表 26·3 古典的ホルモン以外の血液を介する情報伝達物質の例

松果体	メラトニン（24 時間リズムなどに関与）
心房	心房性ナトリウム利尿因子
腎臓	活性ビタミン D（カルシトリオール）
肝臓	インスリン様成長因子 I （insulin-like growth factor I，IGF-I）（成長ホルモンの刺激により肝臓で産生され，細胞増殖を促進する）
消化管	インクレチン（インスリン分泌を促進する。グルカゴン様ペプチド 1, GLP-1 など）
	セクレチン（胃酸分泌抑制，膵臓外分泌促進）
	ガストリン（胃酸分泌促進）

表 26·4 ホルモンの分類の 1 例

	水溶性ホルモン	疎水性ホルモン
例	ペプチド（バソプレシン） タンパク質（インスリン） カテコールアミン（アドレナリン）	ステロイド（アンドロゲン） 甲状腺ホルモン（T_3，T_4） ビタミン D
受容体	細胞表面受容体	細胞質受容体（遺伝子発現の制御）
血中輸送タンパク質	不要	必須（例；サイロキシン結合グロブリン，コルチコステロイド結合グロブリン）

ホルモンの作用は分子レベルで解明が進んでおり，様々な疾患に関与しているとともに「副腎ステロイド」などは治療薬としても汎用されている。ホルモンの分類の 1 つとして，小分子（ステロイドホルモン）とペプチドホルモン（インスリンなど）という分類がある（表 26·4）。小分子のステロイドホルモンや甲状腺ホルモンは経口投与することができる。インスリンなどのペプチド（タンパク質）ホルモンは経口投与できない（ドラッグデリバリーシステムの改良によりインスリンの経口剤の開発は行われている）。

代表的ホルモンとして，ステロイドホルモン，比較的身近なバセドー病（過剰症）の原因となる甲状腺ホルモン，増加している糖尿病との関連でインスリンについて概説する。

26·3 ステロイドホルモン

主要なステロイド系ホルモンは，黄体ホルモン（プロゲステロン），女性ホルモン（エストロゲン），男性ホルモン（アンドロゲン），鉱質（ミネラル）コルチコイド（アルドステロン），糖質（グルコ）コルチコイド（コルチゾール）である。それぞれの機能や関連疾患の概略は

表 26·5 糖質ステロイドホルモンの臨床適用

炎症性疾患	膠原病（慢性関節リウマチ，全身性エリセマトーデス，多発性筋炎），気管支喘息，劇症肝炎，多発性硬化症，ネフローゼ症候群，アトピー，リウマチ熱
アレルギー性疾患	薬物アレルギー，血清病，アナフィラキシーショック
白血病	急性白血病，慢性リンパ性白血病，
その他	臓器移植の拒絶反応防止，副腎不全，サルコイドーシス

表26・2, 表26・5に示した。これらのホルモンの異常は，まれではない様々な疾患の原因となっている。糖質コルチコイドは薬物として投与すると，抗炎症作用（生体防御の重要なシステムではあるが，様々な苦痛の原因ともなる炎症を抑制する）が強い。いわゆるステロイド剤は，この糖質ステロイドホルモンである。

薬物として合成された抗炎症ステロイドは，表26・6にあるように，天然型コルチゾールと比して，鉱質コルチコイドの作用が非常に少なくなっている。ステロイド剤の有害作用が喧伝されており，時として使用するのが躊躇される場合もあるが，しっかりと管理すれば非常に有用な薬物である。

表26・6　ステロイド剤の比較

	作用時間（hr）	抗炎症作用（コルチゾールを1として）	塩類貯留作用（コルチゾールを1として）	皮膚浸透
コルチゾール	8～12	1	1	0（炎症が起こっているときは浸透する）
プレドニゾロン（合成）	12～24	4	0.3	＋
デキサメタゾン（合成）	24～36	30	0	＋＋＋
アルドステロン	1～2	0.3	3000	0

26・4　ステロイドホルモンの作用機序

ステロイドホルモンは，細胞膜をそのまま通過して細胞質の受容体と結合する。ステロイドホルモンが結合したホルモン受容体は核内へ移行して遺伝子発現を制御する（図26・2）。

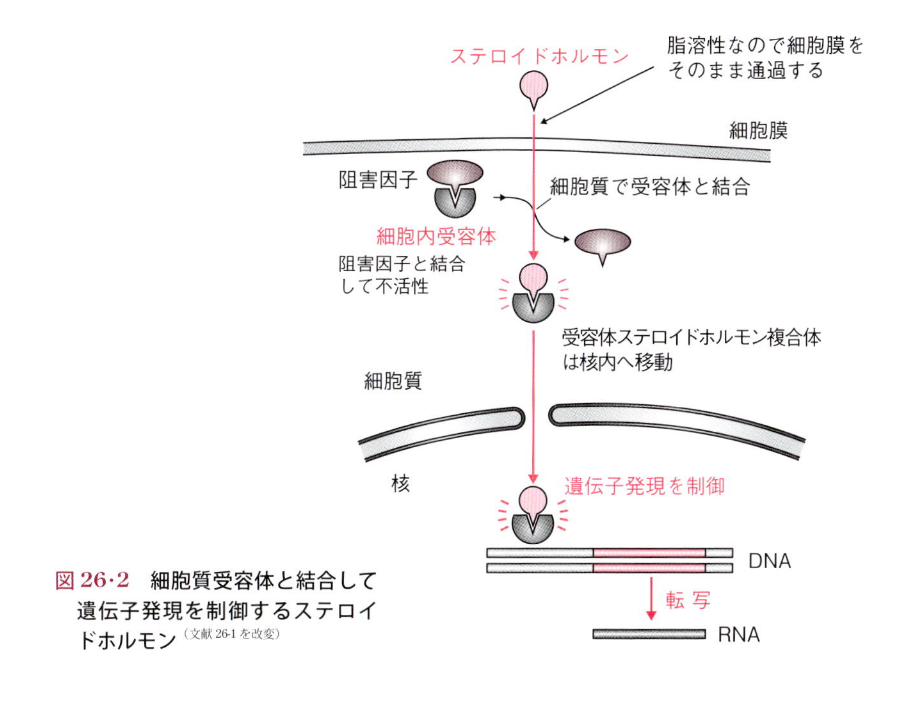

図26・2　細胞質受容体と結合して遺伝子発現を制御するステロイドホルモン（文献26-1を改変）

26･5　ステロイドホルモンの産生

ステロイドホルモンはステロイドを骨格として副腎や性腺で合成される。まれではあるが，図 26･3 の酵素の先天的欠損症（時として活性の低下）が存在する。これらの酵素が欠落するとコルチゾールの産生が低下する。するとフィードバック制御により下垂体からの ACTH の分泌が増加し，副腎皮質の細胞増殖が促進される。その結果，副腎が肥大する先天性副腎過形成となる。

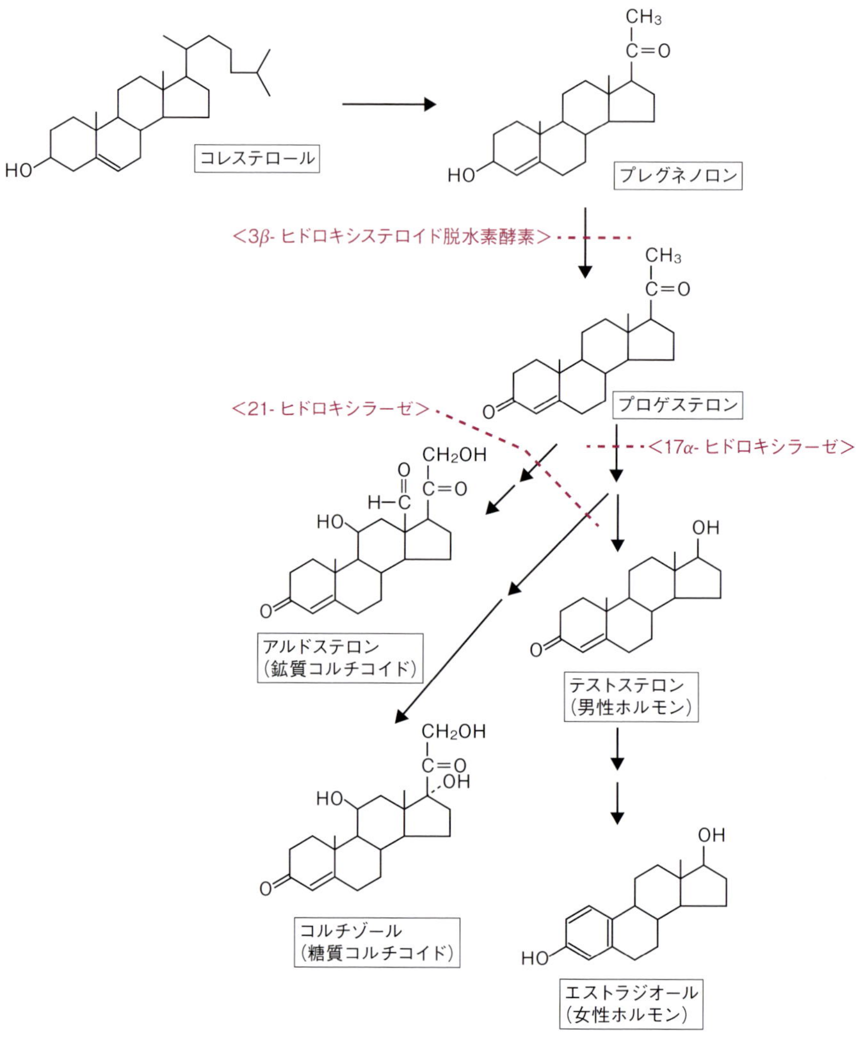

コレステロール
プレグネノロン
<3β- ヒドロキシステロイド脱水素酵素>
プロゲステロン
<21- ヒドロキシラーゼ>
<17α- ヒドロキシラーゼ>
アルドステロン（鉱質コルチコイド）
テストステロン（男性ホルモン）
コルチゾール（糖質コルチコイド）
エストラジオール（女性ホルモン）

図 26･3　ステロイドホルモンの産生経路
<　>に示したのは表 26･7 で説明している酵素である。これ以外にも先天性副腎過形成の原因となる酵素の欠損は知られているが，ここでは代表的な 3 酵素を示した。（文献 26-1 を改変）

表 26·7 先天性副腎過形成の原因となる代表的な酵素の欠損

欠損酵素	ステロイドホルモン産生の変化	主症状
17*α*-ヒドロキシラーゼ	コルチゾールと性ホルモンの産生が低下する。 余剰となったプロゲステロンから，アルドステロンが過剰に産生される。	・男性：女性化 ・女性：2次性徴の欠落 ・アルドステロン過剰による低K血症と高血圧症
21-ヒドロキシラーゼ （先天性副腎過形成のなかではもっとも頻度が高い）	アルドステロンとコルチゾールの産生が低下する。 余剰となったプロゲステロンから，テストステロンが過剰となる。	・男性：思春期早発症 ・女性：男性化 ・アルドステロン不足によるナトリウム喪失
3*β*-ヒドロキシステロイド脱水素酵素	すべてのステロイドホルモンの低下	・男性：テストステロンの低下による女性化 ・女性：余剰のプログネノロンから産生されるデヒドロエピアンドロステロンの男性ホルモン作用により軽度の男性化 ・アルドステロン不足によるナトリウム喪失

26·6 甲状腺ホルモン

甲状腺ホルモンは生体で唯一ヨウ素化されている物質である。生体内のヨウ素のほとんどは甲状腺に集積している。従って，甲状腺機能亢進症の際に，放射性ヨウ素を経口投与すれば，そのほとんどは甲状腺に集積し，甲状腺のみに放射線照射することができる。

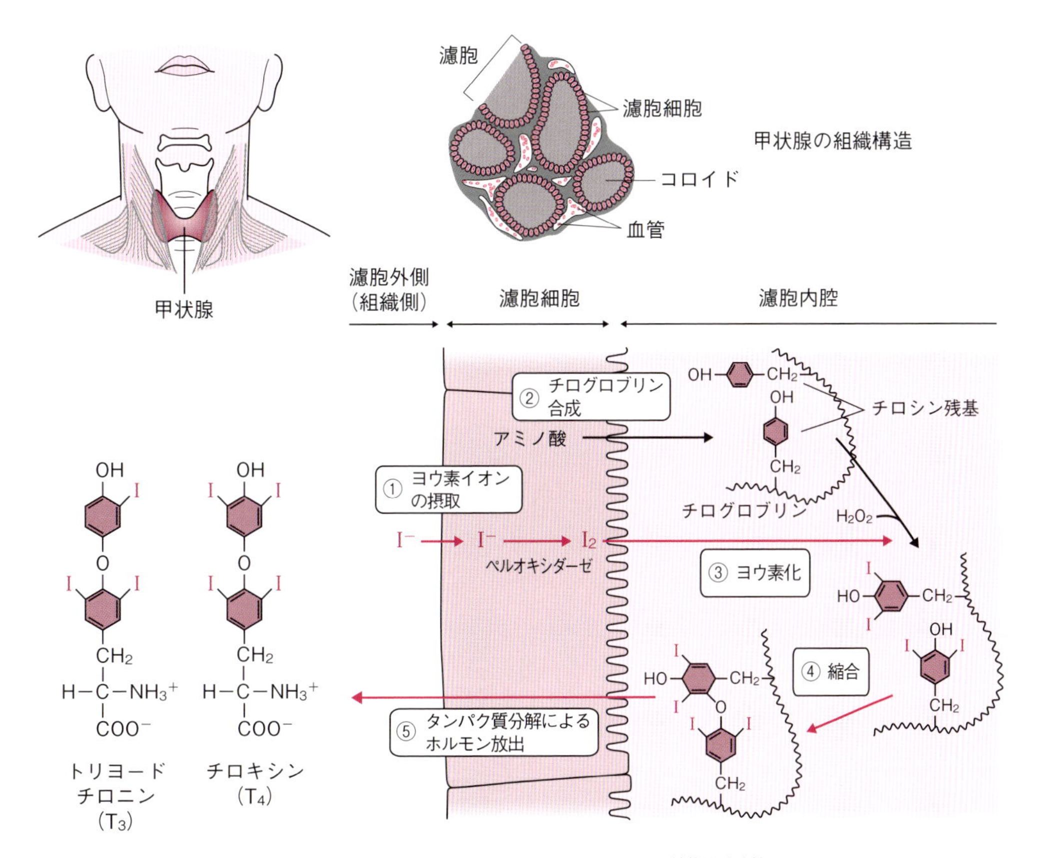

図 26·4 甲状腺と甲状腺ホルモンの合成（文献 26-1 を改変）

甲状腺ホルモンにはT_3とT_4がある。血中ではチロキシン結合タンパク質やアルブミンと結合して存在する。血中のT_4はリザーバーとして働き，末梢組織でT_4からT_3に脱ヨウ素化されて標的組織の細胞内受容体に結合する。なおT_3とは逆のヨウ素が除去されたリバースT_3は活性をもたない（図26•5）。

T_4は細胞内でT_3に変換され，T_3はそのまま核のTRE（甲状腺ホルモン応答配列 thyroid hormone-responsive element）の制御下の遺伝子の発現（転写）を促進する（図26•6）。このいわゆる genomic function 以外にも，イオンチャネルやミトコンドリアの遺伝子発現制御など，non-genomic function の存在も明らかになっている。

甲状腺ホルモンの受容体は詳細に解析されているが，発現が制御される遺伝子については，DNAアレイを用いた研究により，様々な遺伝子の発現増加や低下が報告されているものの，甲状腺ホルモンの機能を分子レベルで解明するには至っていない。現象論としては，甲状腺ホルモンは代謝を促進し，発生分化や機能（例えば神経）の維持に必須である。

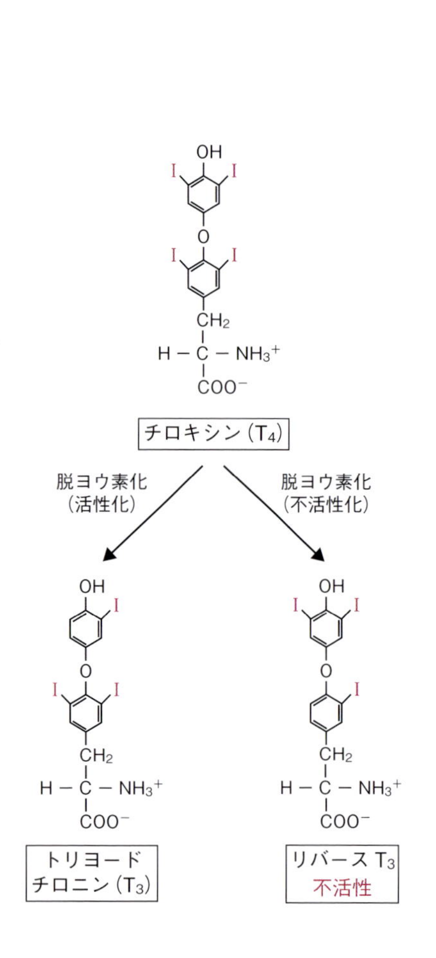

図26•5　甲状腺ホルモンT_3とT_4（文献26-1を改変）

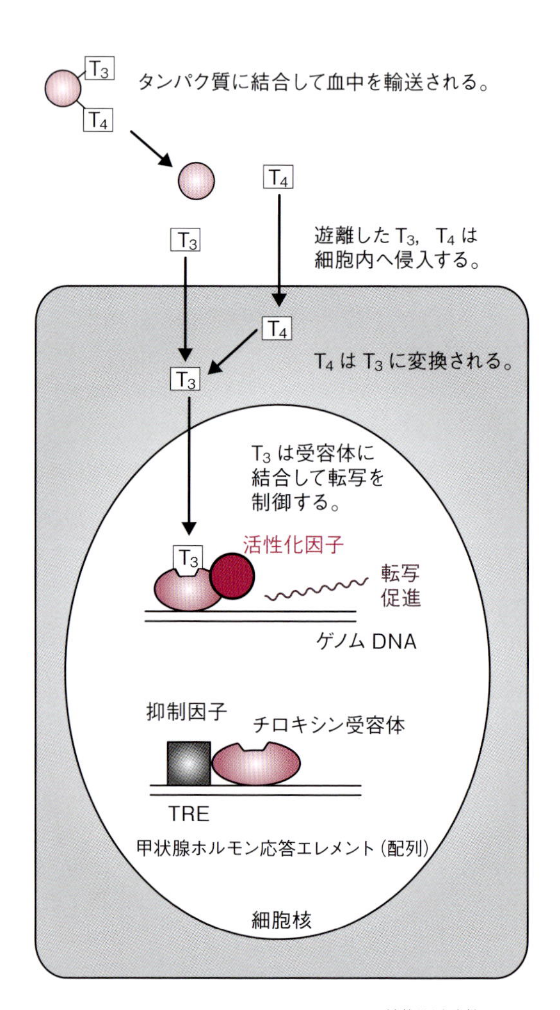

図26•6　甲状腺ホルモン受容体（文献26-1を改変）

表 26･8　甲状腺機能異常の症状

	甲状腺機能亢進症	甲状腺機能低下症
皮膚	温かく湿った皮膚	冷たく乾燥した皮膚
眼球	突出	陥凹
心血管系	高拍出，頻脈	低拍出，徐脈
胃腸系	食欲増加	食欲低下
基礎代謝	増加，体重減少	低下
神経系	情動不安定	抑鬱，知能低下
発達		遅延

26･7　インスリン

インスリンはペプチドホルモン（タンパク質ホルモン）の代表例である。ペプチドホルモンの多くは前駆体（成熟ホルモンより長いペプチド）から切り出される。インスリンには図 26･7 のように前駆体が存在する。ペプチドホルモンの多くも前駆体が見いだされている。

A 鎖と B 鎖の間に存在する C ペプチドはインスリンの作用（例えば血糖降下作用）は示さない。しかし，インスリンが膵 B 細胞から分泌されるとき同時に血中に放出される。インスリンはタンパク質として mRNA から翻訳される場合，シグナル配列をもった 1 本の長いペプチドが生成される。（このシグナルは分泌情報を担うという意味である。シグナル伝達のシグナルとは少し意味が違う。）シグナル配列は小胞内に取り込まれると同時に切断され，プロインスリンとなる。プロインスリンはさらにゴルジ体で切断されて，A 鎖と B 鎖はお互いに S-S 結合によって連結されて成熟インスリンとなる。取り除かれた介在配列が C ペプチドである。生理機能は不明であるが（受容体が発見されており，インスリンと協調するホルモンの可能性がある），例えばインスリン抗体によるインスリン測定が困難な場合に，C ペプチド量を測定することによって B 細胞の機能を評価することができる（インスリン分泌については 20 章を参照）。

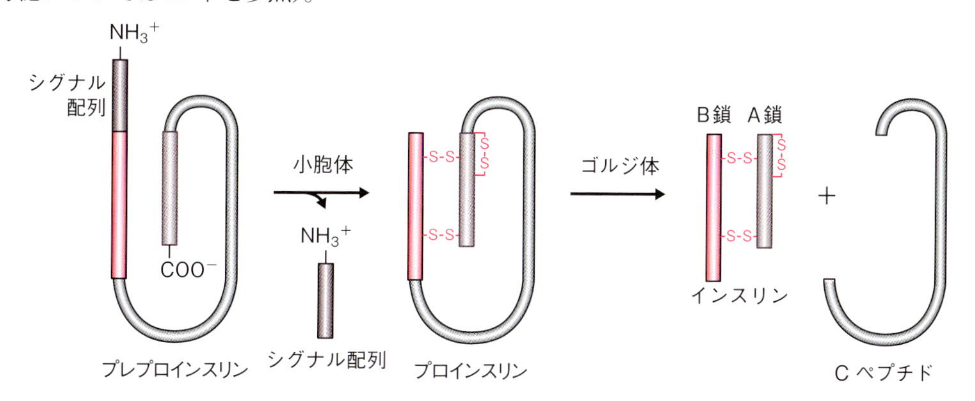

図 26･7　A 鎖（アミノ酸～ 21 個），介在配列（C ペプチド）（アミノ酸～ 30 個），B 鎖（アミノ酸～ 30 個）（文献 26-1 を改変）

第V部　情報伝達系

26･8 インスリン受容体

インスリン受容体は1本のペプチドとして合成され，その後にαサブユニットとβサブユニットに切断される。αサブユニットとβサブユニットはSS結合で連結され$\alpha+\beta$がさらにダイマーを形成してインスリン受容体を構成する。βサブユニットにはインスリンが結合すると活性化されるキナーゼドメインが存在する（受容体型チロシンキナーゼ，receptor tyrosine kinase：RTK)。インスリンの結合により，インスリン受容体基質（insulin receptor substrate：IRS）がリン酸化され活性化し，さらに情報伝達が行われる。その結果，糖新生が抑制され，グリコーゲン合成が促進され，血糖が低下するといったインスリンの細胞応答が行われる（図26･8)。

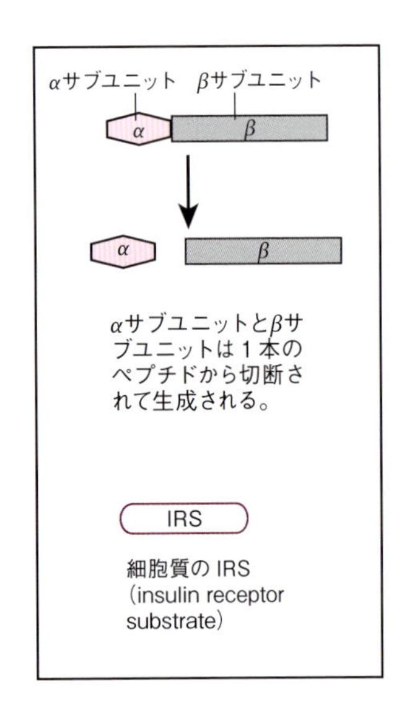

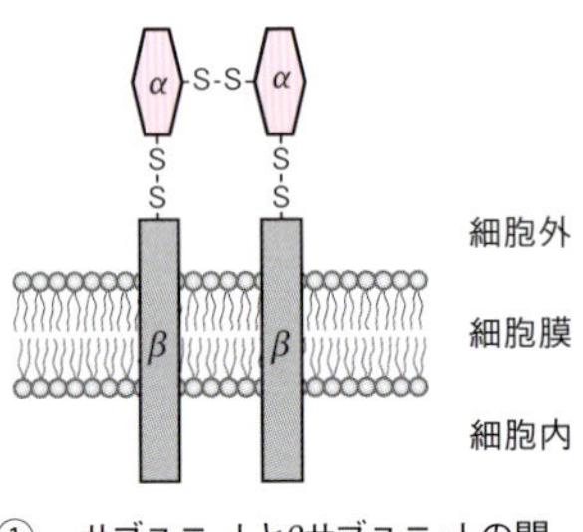

① αサブユニットとβサブユニットの間にSS結合，さらにαサブユニットの間にSS結合が形成されて，インスリン受容体が構成される。

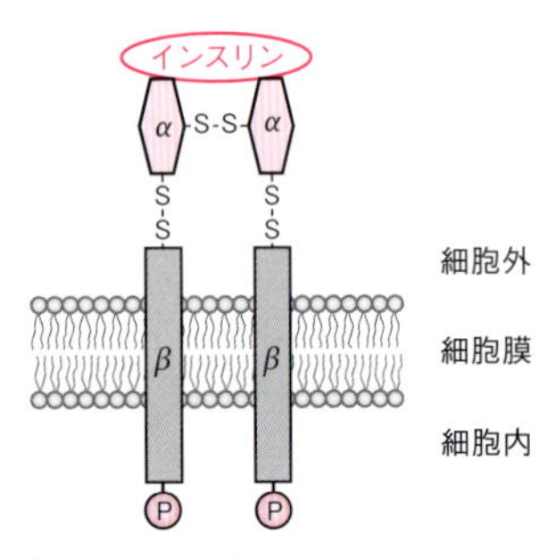

② インスリン受容体にインスリンが結合すると，βサブユニットに存在するキナーゼが活性化され，自己リン酸化が行われる。

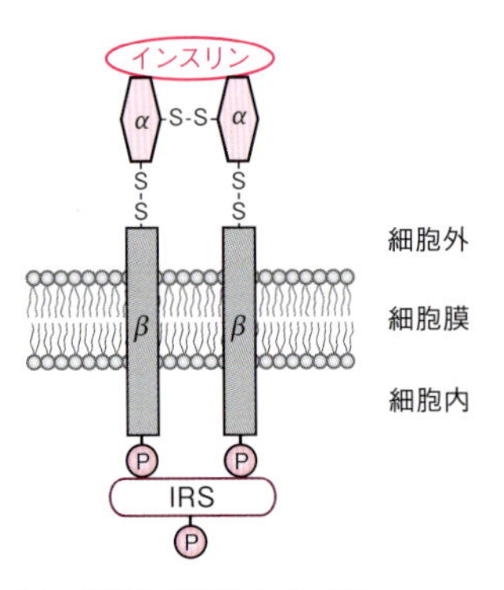

③ 自己リン酸化したインスリン受容体は，IRSを結合してリン酸化して活性化する。

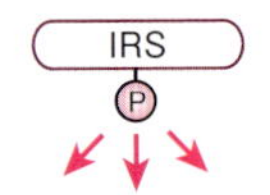

④ 様々な制御系を活性化し，インスリンの効果をもたらす。
グルコースの取込み上昇，グリコーゲンの合成上昇，糖新生の抑制，グリコーゲン分解抑制など。→血糖の低下

図26･8 インスリン受容体
インスリン受容体は受容体型チロシンキナーゼ（receptor tyrosine kinase：RTK）に分類される。インスリンが結合すると受容体に存在するキナーゼが活性化され，その結果，様々な情報伝達が行われる。

26·9 グルカゴン様ペプチド

血糖上昇ホルモンのグルカゴンは，前駆体プログルカゴンから切断されて産生される（図26･9）。このプログルカゴンで，グルカゴンよりC端側に存在し，グルカゴンにアミノ酸配列が類似するペプチドは，グルカゴンの側からグルカゴン様ペプチド1（glucagon-like peptide-1：GLP-1）およびグルカゴン様ペプチド2（GLP-2）と呼ばれる。GLP-1，2は膵臓と消化管で産生される。GLP-1は糖質を含む食物摂取後に小腸から血中に放出され，膵B細胞からのインスリン分泌を促進する。従来より存在が推測されていたが，本態が不明のままインクレチン（incretin）と命名されていた消化管由来の膵臓のインスリン分泌促進物質に相当すると考えられている。GLP-2に関してはその生理的意義はよくわかっていない。

GLP-1が膵B細胞を活発にすることから，インスリン機能不全に対して，GLP-1の機能を補助する治療薬が開発された。その1つはGLP-1に類似したアナログ製剤である（図26･10）。低血糖を起こしにくいことに加え，体重減少効果やβ細胞再生効果が見られるなど，これまでの糖尿病治療薬になかった効果をもつ薬剤として期待が高まっている。これらはペ

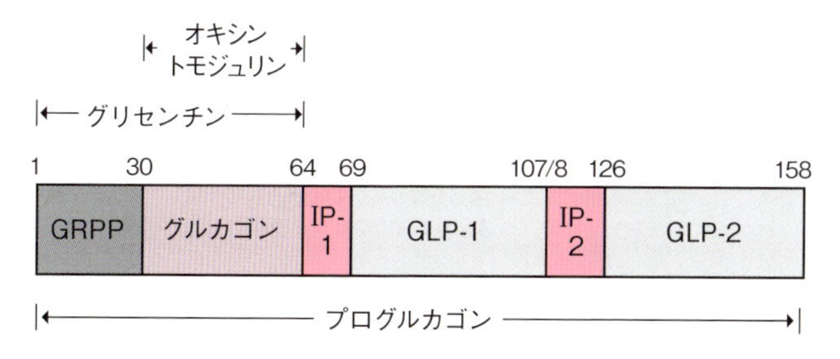

図26･9 プログルカゴンの構造
プロセシング（タンパク質の切断）によりグルカゴン，GLP以外にもいくつかのペプチドが産生される。（文献26-1を改変）

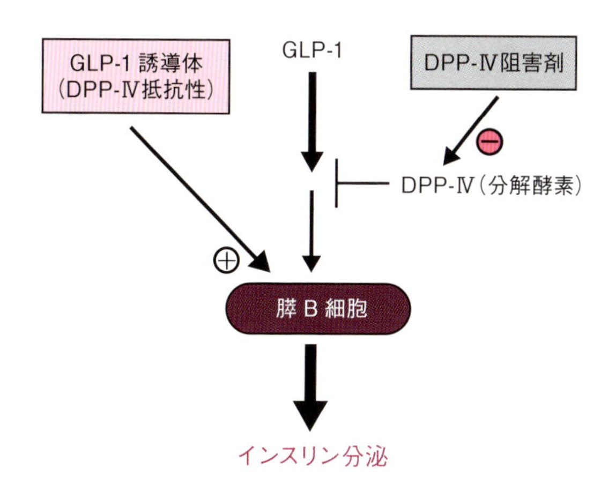

図26･10 インクレチンとインクレチン作用増強薬（文献26-1を改変）

プチド製剤なので，経口投与ではなく非経口投与（皮下注射）となる。GLP-1を分解する酵素，DPP（ジペプチジルペプチダーゼ）-IVを阻害しても結果としてGLP-1の作用を増強することができる。この阻害薬は小分子のために経口投与することができ，糖尿病（インスリン作用の低下）の治療薬として，類似薬も続々と認可されている。膵臓の保護作用があるなど，平成28年では大いにDPP-IV阻害薬のすばらしさが喧伝されている（多くの新規の薬物は発売後数年は大いに推奨される）。

26·10　脂質情報伝達物質と抗炎症薬

炎症とは生体の防衛機構であり，代表的な症状は発赤，腫脹，発熱，疼痛である。なんらかの異常（例えば細菌の侵入）に対して，白血球などの防衛系細胞を送り込むために血管が拡張する（発赤）。拡張した血管壁は透過性が高まり白血球や抗体タンパク質が組織に出やすくなる（腫脹）。白血球の働きを高めるために温度が上昇する（発熱）。脳に異常を知らせるために痛みが発生する（疼痛）。これら炎症は不快ではあるが，敵と一生懸命戦っているのである。だから，本当は炎症は抑えるべきではない。しかし，時として，敵（細菌など）がすでにいなくなっているのに炎症だけが続くことがある。あるいは，大切な試験があるときなどは，多少，治るのが遅くなるにしても，とりあえず不快な症状を抑える必要がある。このような抗炎症薬の代表がNSAID（非ステロイド性抗炎症薬 nonsteroidal antiinflammatory drug：NSAID）である。

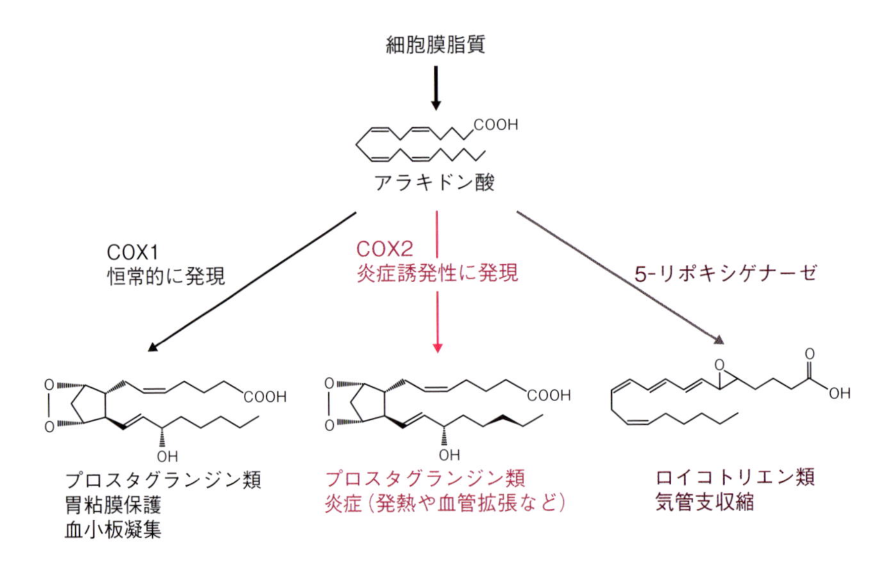

図26·11　プロスタグランジン経路
細胞膜由来の脂質からアラキドン酸が切り出され，COXによりプロスタグランジン類が，5-リポキシゲナーゼによりロイコトリエンが産生される。COXには，多くの細胞で恒常的に発現しているCOX1と，炎症系細胞で炎症時に誘導されるCOX2がある。（文献26-1を改変）

炎症のメカニズムは複雑だが，大きく関わっているのがプロスタグランジンという脂質である。プロスタグランジンには様々な機能があり，複雑な生理機能を担っているが，その1つが炎症反応の促進である。このプロスタグランジンは，アラキドン酸から酵素COX（シクロオキシゲナーゼ cyclooxygenase）によって産生される（図26•11）。NSAIDはこの酵素の働きを抑える（阻害する）。

COXには恒常的に発現しているCOX1と炎症系細胞で誘導されるCOX2がある。COX1で産生されるプロスタグランジン類は主として胃粘膜防護や血小板凝集を促進している。COX2で産生されるプロスタグランジン類は炎症反応を惹起する。NSAIDの代表であるアスピリンは，このCOXをアセチル化することによって非可逆的に不活性化する。

理解度確認問題

1. 原発事故の際に無機ヨウ素剤が配布される。その作用機序と投与時期を論ぜよ。

2. アナフィラキシーショックをもたらした時点で直ちに投与するのはアドレナリンか，糖質ステロイドか？

解　答

1. ヒトの体内でヨウ素を使用しているのは甲状腺のみである。従って，体外から摂取したヨウ素はほとんどが甲状腺に集積する。放射性ヨウ素は，甲状腺機能亢進症で，甲状腺を特異的に破壊するために臨床的に用いられている。生物学的半減期（放射性物質そのものの半減期と体外に排出されることによる半減期を合わせた値）は約1週間と短いためか，放射線治療後の発がんはほとんど報告されていない。甲状腺の破壊が進んで甲状腺機能低下症になることがある（甲状腺ホルモンの経口投与で対処できる）。原発事故でまき散らされた放射性ヨウ素による甲状腺障害，とくに発がんが心配される。その対処法として，安定ヨウ素剤の服用がある。飲むタイミングが重要であり，被曝寸前の服用が最も効果的である。放射線感受性が低い中高年は不要である。ヨウ素の過剰摂取は甲状腺機能障害をもたらすために，日常的な服用は不可能であり，上述のタイミングが重要となる。また，海藻にもヨウ素が含まれているが，少し食べたくらいでは量が少なすぎるし，消毒薬は無効もしくは有害である。

ブロック効果（効果は24時間ほど継続）
被曝24時間前：93%
被曝2時間後：80%
被曝8時間後：40%
被曝24時間：7%
40歳以上：ヨウ素剤不要

2. ショックは簡単に言えば急性の循環不全であり，迅速な処置（直ちに効果を発揮する治療薬）が必要となる。アドレナリンは膜受容体に結合して，GPCR を介して血圧維持や気道拡張など即効的に作用する。糖質ステロイドは遺伝情報を制御して作用するために，効果の発現には少なくとも 15 ～ 30 分以上を必要とする。そのため直ちに投与すべきはアドレナリンで，血中に到達しやすい筋注が投与経路として用いられる。

引用文献

26-1)　丸山 敬・松岡耕二（2013）『医薬系のための生物学』裳華房.

索　引

記　号

数　字

A

B

C

D

へ

ほ

ま

み

む

め

も

ゆ

よ

ら

り

る，れ

ろ，わ

編著者略歴

石 崎 泰 樹（いしざき やすき）

1955 年　宮城県仙台市に生まれる
1981 年　東京大学医学部医学科卒業
1985 年　東京大学大学院医学系研究科修了（医博）
1985 年　日本学術振興会特別研究員
1987 年　東京医科歯科大学歯学部助手
この間，1991 年～ 1994 年英国ロンドン大学ユニヴァシティカレッジ生物学部客員研究員
1997 年　神戸大学医学部助教授
2001 年　群馬大学医学部助教授
2004 年　群馬大学大学院医学系研究科教授
2017 年　群馬大学大学院医学系研究科長・医学部長

著 書

「脳の分子生物学」（メディカル・サイエンス・インターナショナル，1996，共監訳）
「著作から見たジェームズ・D・ワトソン －人間性と名著誕生秘話－」（丸善，2005，共訳）
「症例ファイル 生化学」（丸善，2006，共監訳）
「カラー図解 アメリカ版大学生物学の教科書　第 1 ～ 3 巻」（講談社，2010，共監訳）
「カラー図解 アメリカ版大学生物学の教科書　第 4 ～ 5 巻」（講談社，2014，共監訳）
「イラストレイテッド生化学　原書 6 版」（丸善，2015，共監訳）

医学系のための 生化学

2017 年 10 月 25 日　第 1 版 1 刷発行

検印省略

定価はカバーに表示してあります．

編 著 者　石 崎 泰 樹
発 行 者　吉 野 和 浩
発 行 所　東京都千代田区四番町 8-1
電 話　03-3262-9166（代）
郵便番号 102-0081
株式会社 裳 華 房
印 刷 所　三報社印刷株式会社
製 本 所　株式会社 松 岳 社

社団法人
自然科学書協会会員

ISBN 978-4-7853-5235-6